오벨리스크와 뒷벽 - 본래는 높이가 약 25m 되는 오벨리스크 4개가 나란히 세워졌으나 지금은 하나만 남아있다

본래는 높이가 약 30m 되는 오벨리스크 4개가 나란히 세워졌으나 지금은 하나도 남아있지 않다 (오벨리스크가 있었던 뒷벽에 상하부분으로 구멍이 2개가 있고 오벨리스크를 세울 때 밀리거나 앞으로 넘어오는 것을 방지한 목재 받침대를 세웠던 곳이 수직으로 격관된 것을 알 수 있다)

오벨리스크를 세우기 위한 종합적인 방법의 전개도

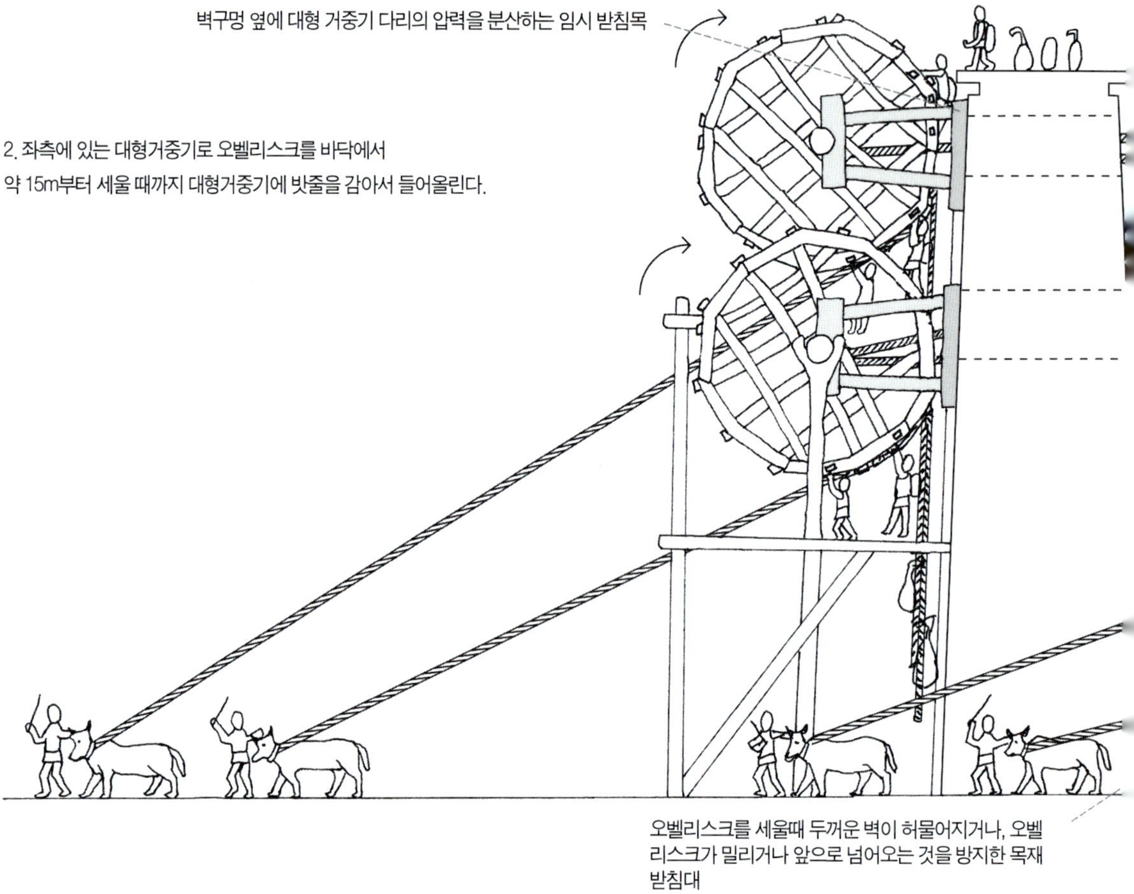

벽구멍 옆에 대형 거중기 다리의 압력을 분산하는 임시 받침목
2. 좌측에 있는 대형거중기로 오벨리스크를 바닥에서
약 15m부터 세울 때까지 대형거중기에 밧줄을 감아서 들어올린다.
오벨리스크를 세울때 두꺼운 벽이 허물어지거나, 오벨리스크가 밀리거나 앞으로 넘어오는 것을 방지한 목재 받침대

〈벽 후면도〉

회전목

〈측면도〉

1
2
3
4
5
6
오벨리스크 뒷벽
· 대형 거중기 장력을
증강 하는 다양한 방법
1. 인부들이 앞으로 민다
2. 인부가 등짐을 지고
매달린다
3. 갈고리 포대를 건다
4. 인부들이 등짐
5. 인부들이 부착물 탄다
6. 소나 인부가 끈다

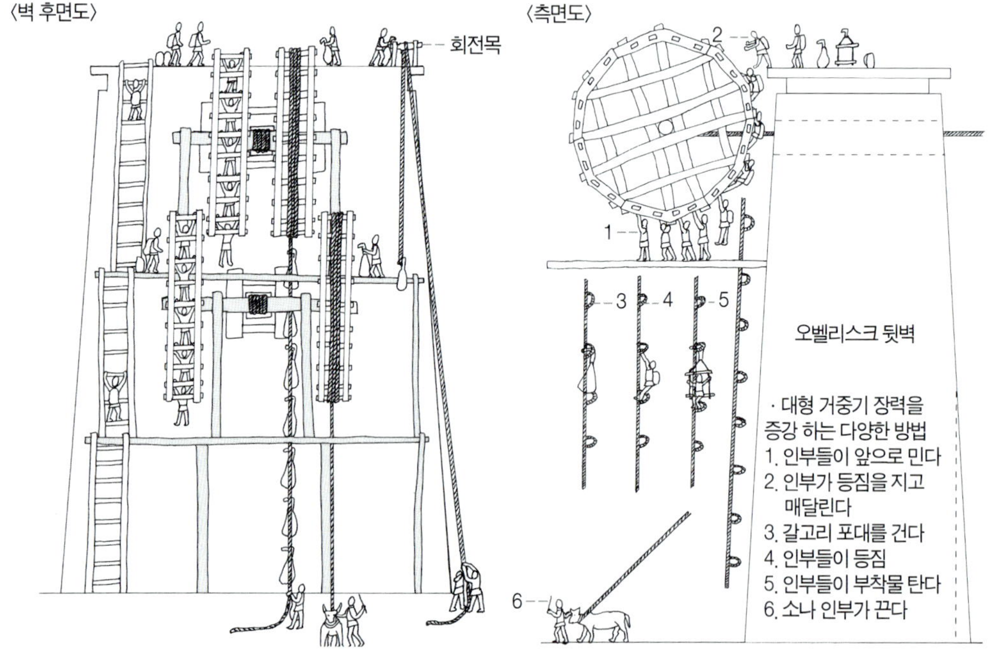

1. 먼저 우측에 있는 대형거중기로 오벨리스크를 바닥에서
약 15m 정도(좌측 대형 거중기의 밧줄을 묶는 지점)까지 대형
거중기에 밧줄을 감아서 들어올린다

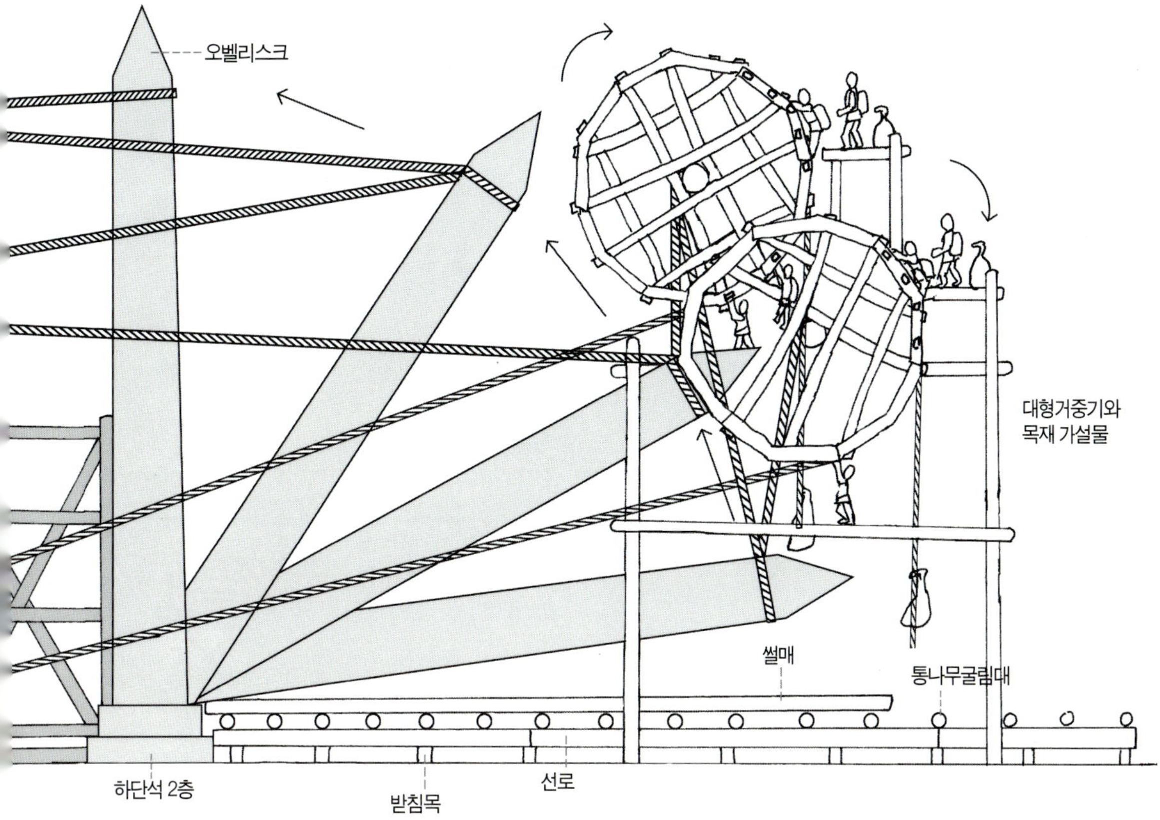

〈정면도〉

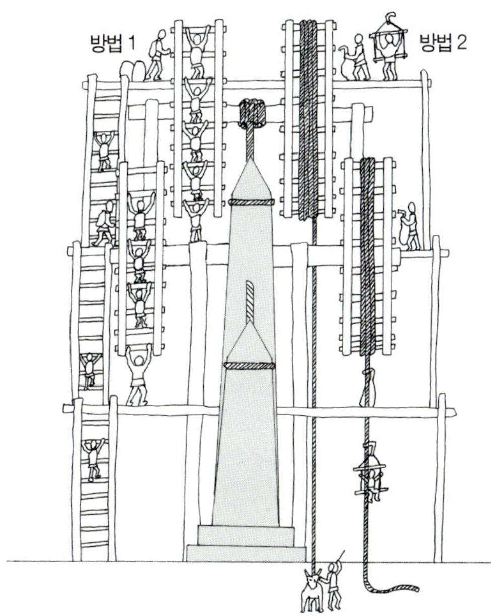

오벨리스크를 안전하고 효율적으로 세우기 위해서는
H형태의 정지 지지목을 4~5개 사용해야 한다.
(이 정지 지지목은 세로는 굵은 나무, 가로는 밧줄로 만들 수 있다.)
우측에 있는 대형 거중기 두 대로 오벨리스크를 점차적으로 들어올
려 세울 때 아래 부분에서 인부들이 4~5개의 정지 지지목을
높이 8m까지(오벨리스크를 세우는 15m 지점) 계속 받치면
효율적이고 안전하게 작업할 수 있다. 이것을 알기 쉽게 설명한다면,
현대의 장비 호이스트와 같은 역할을 할 수 있는 것이다.
(이 그림들은 지면 관계상 여기에서 표현하지 않았다.)

그림이 매우 복잡하여 상세도를 모두 표현하지 않았다.
이것을 부분적으로 삭제되었기 때문에 전개도, 후면도,
측면도, 정면도를 아울러 보아야 이해가 될 수 있다

〈전개도〉 스핑크스앞 밸리신전(선착장)에서 대형 거중기로 대회랑석(대형석재) 하역의 방법 (공정)

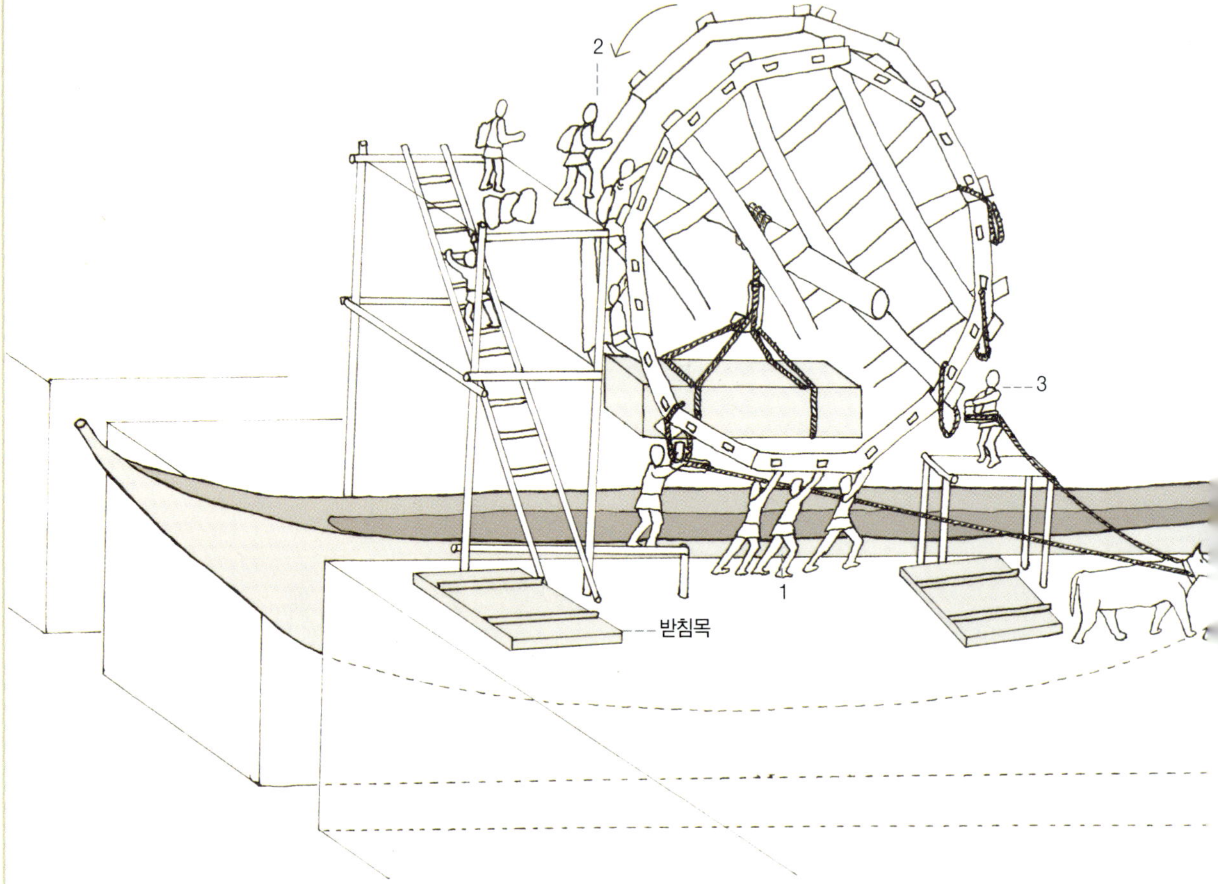

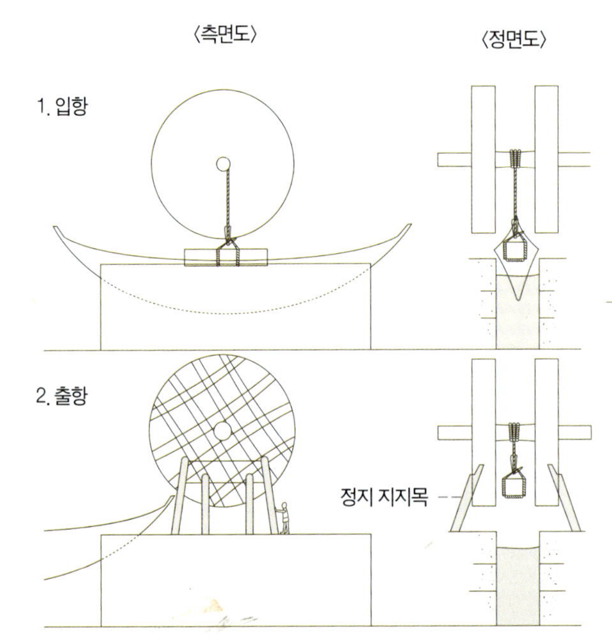

〈측면도〉

〈정면도〉

1. 입항

2. 출항

정지 지지목

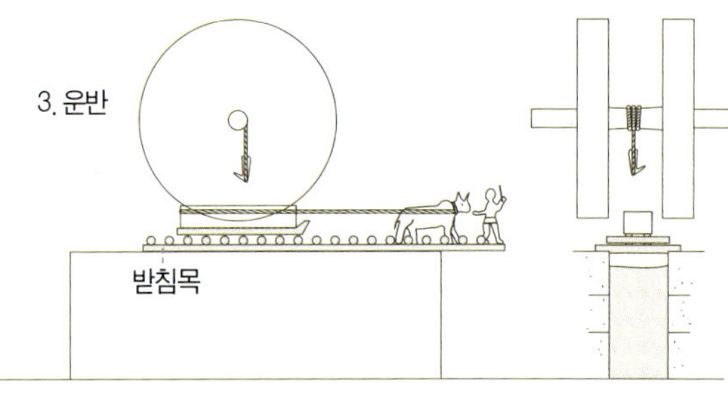

위에 전개도는 좌측에
1.입항 2.출항 3.운반과정과 우측에 있는 거중기 받침대가 같이 있다
이 그림들이 하나이면 매우 복잡하여 분리하였기 때문에
아우러지게 보아야 이해할 수 있다

뱃머리(선수선미)가 없는 바지선은 선착장 ⊔구조의 양 방향 위에서
약 70명의 인부들이 목도의 방법(250면 그림참조)으로 대회랑석을 들어 하역이 가능하다
그러나 뱃머리(선수선미)가 있으면 목도의 방법으로 하역이 불가능하다
고대 그림들에서는 바지선이 없기 때문에 태양의 배와 거의 같은 뱃머리가 있는 배에서 대형 거중기를 사용하여
대회랑석을 하역하는 방법으로 구성한 그림이다.

 * 목도의 방법(250면 그림참고)으로 약 70명의 인부로 대회랑석을 대피라미드 앞까지 운반할 수 있다

· 대형거중기 회전판 돌리는 방법
1. 인부들이 거중기 회전판 가로목을 앞으로 민다
2. 인부들이 등짐지고 거중기 회전판 가로목에 매달린다
3. 거중기 회전판 간살밧줄에 갈고리를 걸고 소가 끈다

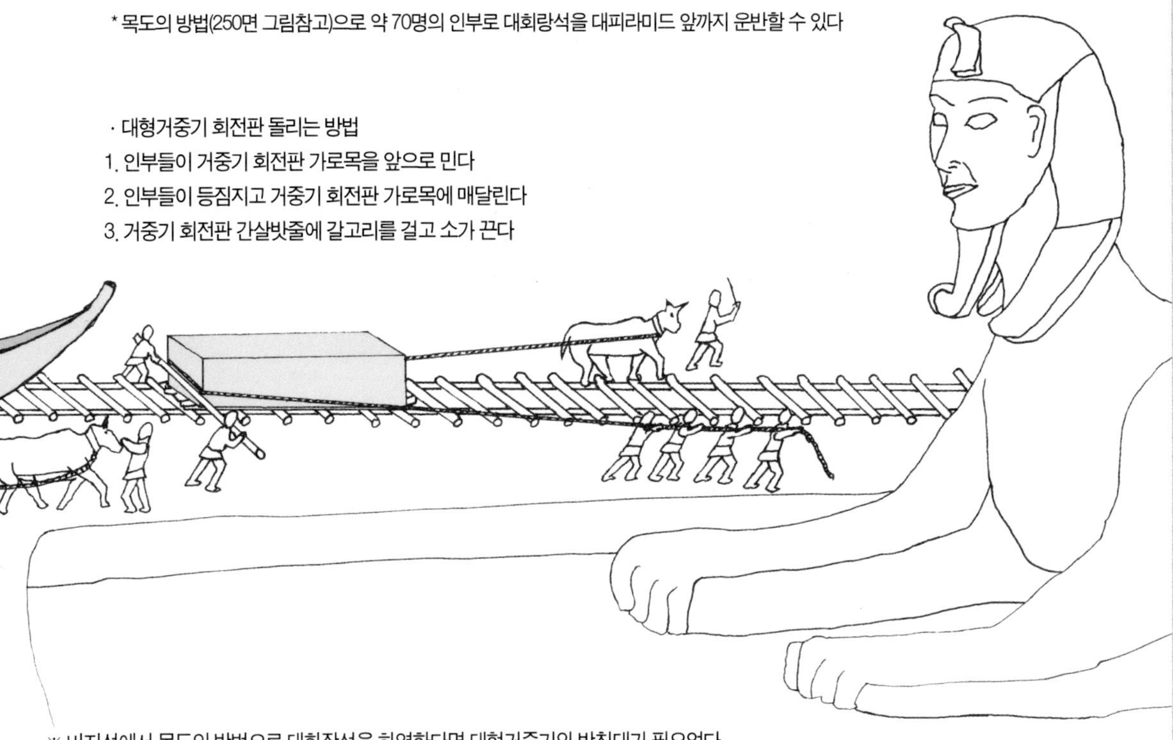

※ 바지선에서 목도의 방법으로 대화장석을 하역한다면 대형거중기와 받침대가 필요없다

여러가지 형태의 거중기 중심축의 받침대 (거중기 중심축이 회전할 때 마찰이 적도록 ⊔곳에 기름을 칠한다)

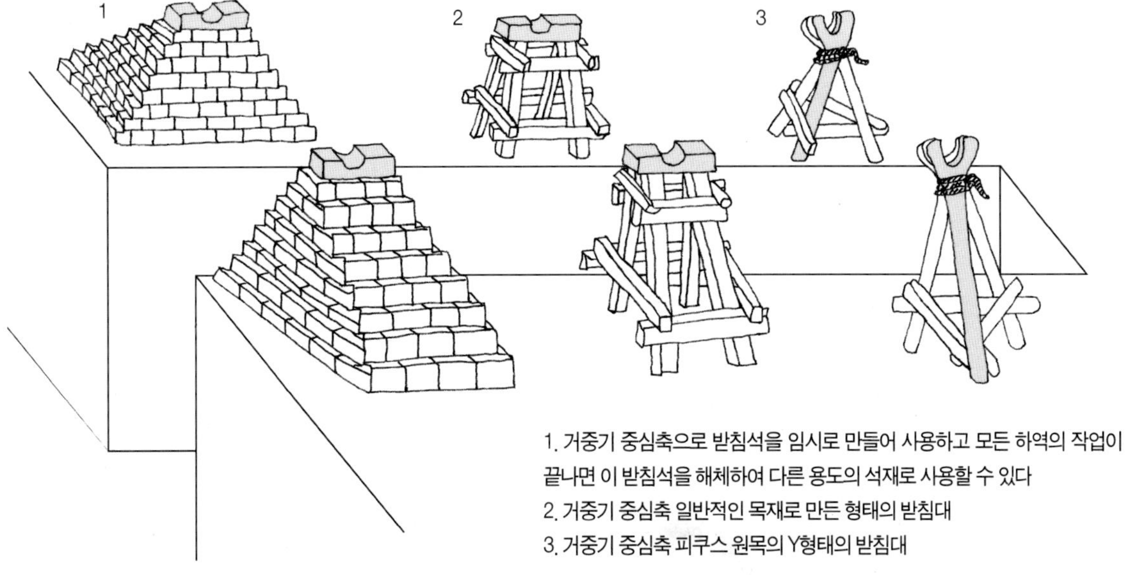

1. 거중기 중심축으로 받침석을 임시로 만들어 사용하고 모든 하역의 작업이
끝나면 이 받침석을 해체하여 다른 용도의 석재로 사용할 수 있다
2. 거중기 중심축 일반적인 목재로 만든 형태의 받침대
3. 거중기 중심축 피쿠스 원목의 Y형태의 받침대

(뒤에서 부터) 카프라피라미드, 스핑크스, 밸리신전 앞에서 필자
필자는 이 밸리신전의 구조를 보는 순간에 이것이 본래는 선착장이라는 것을 직관적으로 알 수 있었다

밸리신전은 필자가 추정하는 선착장 뒤에 스핑크스와 대피라미드

수평, 직각, 기울기, 길이, 대칭의 기하학적으로 완벽하게 시공된 대피라미드

항공사진에서 바라본 쿠푸왕 대피라미드 사면의 중심부가 상하 방향으로 함몰된 모습

반달형 파텐으로 조립하기 전의 거중기 형태

반달형 파텐으로 조립된 거중기 형태

조립 완성 후 정면에서 바라본 대형 거중기 형태

피라미드 축조의 비밀

세계 최초로 명확하게 밝힌 피라미드 축조 방법(공법, 공정, 기술)

김경제 지음

— 글, 그림, 기구제작, 연구 외 —

청어

　　고대 이집트에서 피라미드가 만들어진 이유는 아득한 6000년 전으로 거슬러 올라간다. 처음에 왕족들의 무덤은 광대한 지역에서 흙벽돌로 작은 사각형 모양으로 만든 마스타바라고 불리는 것부터 시작되었다.

　　그 이후에는 사카라 지구에서 석회암으로 만든 어머니 젖가슴과 같은 봉분형태에서 점차 삼각형태로 발달하면서 피라미드가 축조되었다. 그리고 축적된 기술들로 상당히 큰 계단식으로 피라미드는 거듭 발달하게 된다.

　　여기에서 발달된 기술력을 바탕으로 광대한 지역으로 굴절식 등 중형의 피라미드로 이어지다가 기자지구에서, 우리가 말하는 현존하고 있는 세계 7대 불가사의 중 최고라고 꼽는 쿠푸, 카프라, 맨카우라의 3대 피라미드로 왕들의 무덤을 만들었다.

　　카프라 피라미드 축조 초기부터 가뭄 때문에 나일강에서 화강암을 조달할 수 없는 문제가 생겼다. 그래서 그 후 왕들의 무덤은 피라미드 축조에 많은 석회암 돌들과 피라미드 내부에 화강암을 사용하지 않기 위해 석회암 절벽을 파내 왕들의 무덤을 만들었는데, 그것이 왕가의 계곡이다. 여기까지 왕들의 무덤 문화는 이어져간다.

　　이 책은 이러한 모든 일련의 과정들을 그 당시 왜 그랬어야만 됐는지 철저히 원인을 분석했고, 피라미드에 사용되는 석재 크기와 기울기, 피라미드 크기와 형태에 따라 지금이라도 현대의 장비를 사용하지 않고도 고대에 사용되었던 연장, 기구, 장비들로 그 당시의 시공 방식 그대로 다양하게 축조할 수 있는 방법(공법, 공정, 기술)들을 통합해 보았다.

　　그리고 수천 년 전 그 당시 대형 석재로 엄청나게 큰 대피라미드를 어떻게 대칭의 기하학적으로 완벽하게 측정하여 축조하였는지, 여러 피라미드에서 남겨진 흔적을 근거로 독자들이 쉽게 납득할 수 있게 필자 나름대로 재구성하여 집대성해 보았다.

피라미드 축조의 비밀

피라미드는 세계 곳곳에서
여러 시대에 걸쳐 저마다 다른 이유로 축조되었다.
그러나 고대 이래로 세계의 불가사의한 기적으로 여겨지는 피라미드는
오직 이집트에 있는 쿠푸, 카프라, 멘카우라 뿐이다.

고대 이집트에서 피라미드를 축조하려고 부단히 노력한
파라오와 수많은 인부들, 그리고 고대부터 지금까지도
평생을 바쳐 피라미드 축조 방식을 밝히려 했던
많은 학자들에게 이 책을 바친다.

CONTENTS

이 책의 주요 내용 · 10

　– 대피라미드 축조에 관한 풀리지 않은 50여 가지 의문점과 학자들이 주장하는 문제점 · 12

머리말

　– 피라미드 축조에 관한 고대의 잃어버린 기술을 찾아서 · 14

1　고대 이집트 문명의 어머니, 나일강 · 22

2　고대 이집트 왕조의 연대기 · 26

3　사카라지구에 있는 초기의 피라미드들 · 31

4　사카라(Saqqarah)의 계단식 피라미드(Step pyramid) · 34

5　쿠푸(Khufu)왕의 대피라미드(great pyramid) · 37

　– 피라미드 건설의 목적과 광대한 지역에 산재해 있는 피라미드

6　세계 학자들의 주장과 탐구활동, 연구 성과 · 44

7　대피라미드 축조의 방법은 거중기인가 경사로(직선형, 나선형)인가(학자들의 주장) · 68

　– 거중방법과 경사로 방법

8　종래의 경사로(직선형, 나선형), 거중기, 사두프의 매우 단순한 학설들의 문제점 · 83

　– 경사로(직선형, 나선형) 학설의 시공 방법에 대한 문제점

－ 거중기, 샤두프 학설의 시공 방법에 대한 문제점

－ 학자들이 주장하는 경사로(직선형, 나선형) 피라미드 축조방법에 대한 모순점

－ 학자들이 주장한 경사로(작업로)의 흔적

－ 세인키에 있는 계단식 피라미드의 평면도

9 쿠푸왕 대피라미드에 대한 터무니 없는 여러 학설과 주장들 • 90

10 피라미드 축조의 시도와 우댕 박사의 주장 • 93

11 세계의 피라미드 • 97

－ 멕시코, 수단, 고구려, 이라크(지구라트), 중국, 과테말라, 스페인

12 석회기반암 절단의 방법 • 99

13 석재 운반의 방법 1 (썰매 등) • 102

－ 투라의 채석장에 그려진 그림

－ 베르샤에 거대한 조각상의 그림

－ 효율적인 석재 운반 방법의 발달과정

14 L자형 선로와 직경 차이를 둔 통나무굴림대 • 109

15 석재 운반의 방법 2 (목도의 방법) • 111

－ 목도의 방법으로 석재를 운반과 시공하는 방법

－ 대칭의 기하학적으로 완벽하게 시공된 대피라미드

16 피라미드의 종합적인 측정(관측)방법 • 115

17 세케드(Seked) • 117

－ 학자들이 주장하는 수평측정(관측)의 세 가지 방법

18 소 창자를 이용한 수평측정기구 • 120

19 메르케트와 바이 • 123

20 세케드를 응용한 종합측정자 • 129

－ 세케드에 기울기(경사)를 추가하여 응용 제작한 종합측정자기구

21 청동선 · 131

　－ 대피라미드 측정(관측)의 전 공정 요약

　－ 피라미드 석회기반암 부분의 길이와 수평 측정(관측)의 방법

　－ 피라미드의 종합적인 측정(관측)과 시공 방법

22 굴절 피라미드의 각기 다른 기울기를 종합측정자기구로 측정(관측)하는 방법 · 136

　－ 대피라미드 내부 측정(관측)의 방법

23 카이로 박물관 · 139

　－ 피라미드 축조에 사용한 여러가지 연장과 장비들

24 고대 생활상 민속 박물관(Pharaonic Village) · 142

　－ 고대에 사용했던 여러가지 도구

25 필자가 암반을 절단, 운반하고 축대를 축조한 곳(서울 불광동) · 144

26 지렛대 사용과 거중기의 원리 이해 및 발달의 토대 · 146

　－ 여러가지 거중기 형태와 필자가 만들어 사용한 거중기의 원리

　－ 목재상자

27 이집트 물레방아 · 150

　－ 아스완 지역에 원형 그대로 남아있는 물래방아

28 고대 이집트의 거중기 발생 토대와 추정근거(회전력을 이용한 방법들) · 153

　－ 알라바스타 제작도구와 석관을 만드는 방법

　－ 거중기 발생의 토대와 발달 과정의 이해

29 반달형 파텐과 L자형 사다리를 거중기의 일부 부품으로 추정하는 근거 · 157

　－ 반달형 파텐으로 거중기 조립 전과 후 형태

　－ L자형 사다리로 대형 거중기 조립 전과 후 형태

30 거중기(중형, 대형) 장력 산출과 인부의 수 · 162

　－ 중형 거중기로 약 2.5톤 석재를 들어 올리는 방법

　　　 – 대형 거중기로 약 40톤 석재를 들어 올리는 방법

　　　 – L자형 목재 갈고리

31 고대와 현대의 기술력 비교 분석 · 166

32 간추린 피라미드 형태와 석재 무게 발달과정과 변천사 · 168

33 고대 이집트 문명의 간략한 이해와 피라미드 축조의 기술력 발달과정 분석 · 170

34 사카라 초기 소형 피라미드 축조방법(공법, 공정, 기술) · 172

　　　 – 사카라 초기 소형 피라미드 축조의 두가지 방법

35 계단식 피라미드 축조 방법(공법, 공정, 기술) · 175

　　　 – 계단식 피라미드 축조의 네 가지 방법

　　　 – 피라미드 기본 공정도

36 중형 피라미드 축조 방법(공법, 공정, 기술) · 180

　　　 – 중형 피라미드는 두가지 축조방법

37 대피라미드 축조 방법(공법, 공정, 기술) · 183

　　　 – 대피라미드 한가지 축조방법

38 대피라미드 축조의 공정 이해도 · 187

　　　 – 격관 위에서 거중기로 석재 들어올리는 방법을 요약한 설명

　　　 – 격관 위에서의 1, 2, 3차 공정 개념도

39 대피라미드 축조 방법(공법, 공정)의 요약 · 198

　　　 – 기자지역 석회 기반암과 대피라미드 기초부분부터 완성까지 개념도

　　　 – 대피라미드 기초부분의 석회 기반암 주진입로, 부진입로 형성과정

　　　 – 피라미드 격관 형성의 방법

　　　 – 피라미드 1, 2, 3차 공정에 따라 사용되는 거중기의 보조기구 받침대

40 헤로도토스 증언의 널빤지 기계(거중기)와 피라미드 축조의 격관식 공법 · 205

41 격관식 공법의 개념과 추정근거 · 207

- 격관식 공법에 대한 이해

- 축대, 성벽 축조시 격관식 공법의 개념도

- 조세르 묘역과 프라흐셉세스에서 나온 그림들

42 메소포타미아의 신전 지구라트 · 211

- 멘카우라 피라미드가 격관식 공법으로 축조된 추정근거

- 격관식 공법으로 피라미드를 축조한 간접적인 추정근거

- 대피라미드와 붉은 피라미드가 격관식 공법으로 축조된 추정근거

- 항공사진에서 대피라미드 사면의 중심부가 상하방향으로 함몰된 모습

43 대피라미드 석회기반암과 주위의 채석장 · 223

- 퇴적층 기반암에서 피라미드에 사용할 석재절단의 방법

44 대피라미드 축조의 기간 · 226

45 대피라미드 축조 시 사용된 석재 수 · 228

46 대피라미드 축조 시 필요한 총 인부 수와 소요기간의 대략적인 산출 · 230

47 대피라미드 축조 시 사용되는 여러 가지 주요 장비(기구, 연장) 추산 · 232

48 대피라미드 축조 시의 목재 사용량 · 234

49 특이한 형태의 이집트 가로수 '피쿠스' · 235

- 피쿠스 나무로 대형, 중형, 거중기 만드는 방법

- 대피라미드 축조 시에 거중기 사용 대수의 대략적인 산출

- 석문(입구)의 시공방법(공법)

50 피라미디온(꼭지점석) 시공의 방법 · 240

- 피라미디온

- 피라미디온 올려놓기 시공공정

51 대회랑 시공의 방법(공법, 공정, 기술)과 추정근거(단서, 증거) · 243

- 격관 위에서 대형 거중기로 대회랑석을 들어 올리는 방법과 운반 방법

- 아치형 구조물과 역계단형 대회랑 구조의 이해

- 대회랑 시공 방법의 공정

- 목도의 방법으로 수십명 인부가 대회랑석을 운반과 시공하는 방법

52 대피라미드의 발견되지 않은 미지의 구조물(공간) · 252

53 대스핑크스 · 254

54 스핑크스 앞에 있는 밸리신전 · 259

- 4500년 전 스핑크스, 밸리신전과 대피라미드와의 관련성

- 스핑크스 앞 밸리신전이 선착장(도크)이라는 추정근거

- 스핑크스 앞 밸리신전 선착장(도크)에서 하역의 방법 전개도

55 태양의 배(Solar boat) · 271

56 오벨리스크(Obelisk) · 274

- 오벨리스크는 고대 이집트의 찬란한 기념 석주

- 오벨리스크 채석 방법의 개념도

- 오벨리스크를 세우기 위한 종합적인 방법의 전개도

〈부록〉 · 284

1. 이스터섬의 모아이(거상) · 285

2. 영국의 스톤헨지 · 290

3. 요르단의 그리스(로마)시대 제라시 · 296

전망 · 301

맺음말 · 303

이집트 피라미드 발굴, 연구에 특별한 공적을 남긴 학자들 · 306

부록 － 대표적인 피라미드 계록치 · 313

참고문헌 · 317

이 책의 주요 내용

　세계 7대 불가사의 중 지금까지 유일하게 남겨져 현존하는 불가사의는 B.C 2551~2528년 쿠푸왕 재위 시절, 그러니까 지금으로 부터 약 4500년 전에 축조된 고대 이집트 최고의 건축물인 쿠푸왕 대피라미드이다. 대피라미드가 과연 그 당시에 어떻게 축조되었는지 규명하기 위하여 세계에서 약 2600년 전부터 현대에 이르기까지 그리스 역사가 헤로도토스를 필두로 하여 알렉산더대왕, 나폴레옹(연구진), 고고학자, 과학자, 수학자, 인류학자, 이집트학자, 천문학자, 공학자, 물리학자, 건축학자, 역사가, 교수, 박사들까지 연구를 계속하고 있다. 그러나 대피라미드를 그 당시 어떻게 축조하였는지 그 축조 방법에 관해서 아직도 심층적, 구체적, 논리적, 실증적, 체계적으로 연구가 되어 있지 않았기 때문에 아직까지 명확하게 밝혀진 바가 없다.

　앞서 언급한 고대부터 지금까지 세계 여러 분야의 수많은 학자들의 결론은 대피라미드를 대체적으로 경사로(직선형, 나선형)와 혹은 샤두프, 거중기 등을 이용하여 축조하였다고 막연한 주장들을 해왔다. 그렇기 때문에 독자들은 이러한 내용들을 많은 책이나 영상물로 익히 보아왔을 것이다. 그래서 세계에서는 아직도 대피라미드 축조가 대체적으로 경사로(직선형, 나선형) 방법으로 가능하다고 유치원부터 고등학교, 심지어는 대학 건축과에서도 막연히 교육하고 있다.

　그러나 필자가 볼 때는 세계의 수많은 학자들이 주장하고 있는 매우 단순한 방법들로는 도저히 피라미드를 축조할 수 없는 불가능한 방법들이었기 때문에 고대의 방법을 모색하여 연구하고 이 책을 출간하게 되었다.

　그리고 종래의 모든 학설들의 이론을 이 책 속에서 집대성하고 왜 이런 방법들이 불가능한지, 많은 문제점들과 더불어 아직도 풀리지 않는 의문점들을 앞에 놓고 거기서부터 다시 논지를 전개해 독자들이 납득할 수 있게 풀어보았다.

고대부터 지금까지 세계 여러 분야의 수많은 학자들이 고대 이집트를 탐방하고 거의 평생을 바쳐 고대 이집트와 피라미드를 연구하였지만, 피라미드 축조방법에 관해서는 누구라도 납득할 수 있을만한 타당성이 있는 주장과 정확한 규명을 하지 못했다.

그래서 필자는 나름대로 피라미드 축조방법에 관한 대명제를 두고 지금까지 수천 년 동안 풀리지 않았던 많은 의문점과 문제점과 많은 기술적인 요소들을 가능한 한 낱낱이 파헤쳐 보았다. 그리고 수천 년 전 당시의 사용되었던 연장과 장비, 기구를 사용한 건축 기술 수준만으로도 얼마든지 다양한 크기의 피라미드들이 축조가 가능한 방법으로 철저하게 연구하여 본 것이다.

이것은 이집트에 있는 피라미드, 특히 대피라미드가 어떠한 방법으로 축조되었는지 명확하게 밝히기 위해서 피라미드 축조에 관한 연구에만 매달려오게 한 원동력이기도 하다. 또한 석재 크기에 따라 소형, 계단식, 중형, 대형 피라미드마다 각기 다른 축조 방법을 명확히 밝히는 것이 나의 소명이라고 생각한다.

피라미드를 축조한 이후 수천 년 세월의 흐름에 따라 지금은 흩어져 분리 변형되거나 이미 사라져버린 원천의 기술력과 여러 가지 장비 기구를 찾아내어서, 이것들이 과연 어디에 사용되었는지 면밀한 분석을 통해 추정하고 응용하여 장비 기구들을 필자 나름대로 재현 한 후 이것들을 완성하여 제작하였다. 대칭의 기하학적으로 완벽하게 축조된 대피라미드에 걸맞는 기술 수준을 찾아내고 밝혀본 것이다.

고대부터 지금까지 피라미드와 관련된 것을 세계의 학자들은 지금까지 파리미드에 관련된 10여 가지의 주장을 해왔다. 그래서 세계의 어떠한 연구진이나 학자들도 정확하게 풀지 못했던 50여 가지의 의문점과 문제점과 많은 핵심적이고 기술적인 요소들을 간과하거나 배제한 것을 모두 보충해 밝혀야만 했다. 그리고 이것들은 단순히 주장만이 아닌 근거(흔적)을 앞에 놓고 심층적인 분석과 체계적, 논리적, 구체적, 실증적으로 설명하였고 막연하게 주장하는 것이 아니라, 현대의 장비를 전혀 사용하지 않고 고대 방식 그대로 재현할 수 있는 입증(검증)이 가능한 방법으로 접근해보았다. 그리고 이것은 내용이 워낙 광범위하기 때문에 한꺼번에 모두를 설명할 수 없었다. 그래서 뒷장에서 소개되는 것처럼 50여 가지의 의문점과 문제점과 많은 기술적 요소들을 독자들이 이해가 쉽도록 각각 분리하여 서술하였다.

대피라미드 축조에 관한 풀리지 않은 50여 가지 의문점과 학자들이 주장하는 문제점

이 책에서는 독자들이 납득할 수 있도록 아래와 같은 50여 가지의 논지를 앞에 두고 이것과 관련된 의문점과 문제점과 많은 기술적인 요소들을 필자의 시각으로 풀어보았다.

- 대피라미드 축조의 방법은 거중기인가 경사로(직선, 나선형)인가(학자들의 주장) • 68
- 학자들이 주장하는 경사로(직선, 나선형)나 샤두프로 피라미드 축조가 가능한가 • 83
- 경사로(직선, 나선형) 학설들의 시공방법에 대한 문제점 • 84
- 거중기, 샤두프 학설들의 시공방법에 대한 문제점 • 86
- 학자들이 주장하는 경사로(직선, 나선형)나 샤두프, 피라미드 축조 방법에 대한 모순점 • 87
- 학자들이 주장하는 소형 피라미드 일부에서는 직선 경사로 흔적이 있지만, 계단식형, 중형, 대형의 피라미드에서는 왜 경사로 흔적이 없는가 • 88
- 세계 수많은 학자들이 다양하게 주장한 대피라미드에 관한 학설들이 과연 맞는가 • 90
- 학자들이 피라미드 축조를 시도한 방법과 우댕 박사의 주장으로 과연 대피라미드 축조가 가능한가 • 93
- 석회 기반암에서 어떠한 방법으로 석재를 절단하였나 • 99
- 많은 석재를 어떠한 방법으로 운반하였나 • 102
- 석재를 실은 썰매를 좌우 또는 직각 방향으로는 어떻게 운반하였나 • 109
- 인부들이 어떠한 방법으로 무거운 석재를 들어서 시공하였나 • 111
- 대피라미드는 왜 2.5톤짜리 직사각형의 석재로 축조하였나 • 112
- 피라미드를 어떠한 기구들로 어떻게 종합적(길이, 높이, 직각, 수직, 수평, 기울기 등의 척도들을) 측정(관측)을 하였나 • 115
- 어떠한 방법으로 동서남북 방위를 관측하였나(학자들의 주장을 필자가 유일하게 동의하는 부분) • 115
- 세케드는 어떠한 기구인가 • 117
- 메르케트와 바이는 어떠한 기구인가 • 123
- 어떠한 기구로 피라미드 수평을 측정(관측)하였나 • 120
- 어떠한 기구로 피라미드 기울기(경사)를 측정(관측)하였나 • 126
- 많은 피라미드들의 각기 다른 높이와 기울기(경사)를 어떠한 방법으로 측정(관측)하였나 • 126
- 피라미드 길이와 높이는 어떠한 기구로 측정(관측) 하였나 • 131
- 굴절피라미드가 왜 만들어지고 상, 하 부분의 기울기(경사)를 어떠한 방법으로 측정(관측) 하였나 • 136
- 대피라미드 내부는 어떻게 측정(관측) 하였나 • 137
- 대피라미드 축조 시 거중기를 사용했다면 거중기 발생의 토대와 추정근거(단서, 증거)가 있는가 • 150
- 대피라미드 축조 시 어떤 장비로 석재를 들어 올렸나 • 150
- 반달형 파텐과 L자형 사다리의 용도는 무엇인가 • 157
- 피라미드 축조시 거중기로 석재를 끌어 올린다면 장력과 인부들의 수는 얼마인가 • 162

• 사카라 초기 소형 피라미드는 어떠한 방법(공법, 공정, 기술)으로 축조하였나 · 172

• 계단식 피라미드는 어떠한 방법(공법, 공정, 기술)으로 축조하였나 · 175

• 중형 피라미드는 어떠한 방법(공법, 공정, 기술)으로 축조하였나 · 180

• 대피라미드를 어떠한 방법(공법, 공정, 기술)으로 축조하였나 · 183

• 대피라미드 축조의 방법(공법, 공정, 기술)이란 · 186

• 헤로도토스의 증언(구전)은 근거가 있는가 · 205

• 격관식 공법이란 · 207

• 격관식 공법으로 피라미드가 축조된 명백한 기록과 이것을 뒷받침하는
  근거(단서, 증거)가 있는가 · 209

• 멘카우라 피라미드의 드러난 내부 석재가 엇물려 있지 않고 왜 수직으로 축조되었는가 · 213

• 대피라미드와 붉은 피라미드 동서남북 방향 사면의 중심부 상하부분이 왜 함몰되었는가 · 218

• 대피라미드 동서남북 방향 사면에서 표면의 석재는 왜 가로 방향의 일정한 석재 재질과 무늬로
  축조되었는가 · 222

• 왜 기자지역에서 쿠푸, 카프라, 멘카우라 피라미드가 축조되었는가 · 223

• 대피라미드 축조 기간은 얼마나 소요되었는가 · 226

• 대피라미드 축조에 사용된 추정 석재 수는 과연 230만 개인가 · 228

• 대피라미드 축조 시에 총 인부 수와 소요 기간은 얼마인가 · 230

• 대피라미드 축조 시에 어떠한 장비(기구, 연장)들이 필요하였나 · 232

• '피쿠스' 가로수가 이집트에 왜 있는가 · 235

• 대피라미드의 석문(입구)이 왜 바닥에 있지 않고 높이 15m 위에 있는가 · 237

• 대피라미드 석문(입구)이 중심부에서 왜 7.3m를 벗어나 있는가 · 238

• 석문(입구)에 사용된 수십 톤이나 되는 대형 석재를 어떠한 방법으로 시공하였나 · 238

• 피라미디온(꼭지점석)을 어떠한 방법으로 올려놓았는가 · 241

• 대피라미드 내부의 대회랑 하부에는 왜 54개의 구멍을 만들어 놓았는가 · 244

• 대회랑 아래에 대피라미드 내부의 모래와 석회석 조각이 왜 있는가 · 247

• 대피라미드 내부구조물들은 어떻게 시공하였는가 · 249

• 카프라 피라미드 상층부에 어떻게 외장석이 메달려있고 대피라미드는 외장석이 왜 없는가 · 250

• 대피라미드에서 아직 발견되지 않은 미지의 구조물(공간)이 있는가 · 252

• 아스완에서 채석한 수십 톤짜리 거석을 배로 운반하여 어느 장소에서 하역하였는가 · 257

• 스핑크스 앞에 있는 밸리신전의 특이한 구조는 무엇인가 · 259

• 쿠푸, 카프라, 멘카우라 피라미드를 왜 갈수록 작아지게 만들어야 되었는가 · 265

• 기자지구에서 멘카우라 피라미드 이후로 더이상 피라미드를 축조하지 않았나, 그리고 왕가의 계
곡에서 여러왕의 무덤들을 왜 만들어야 했는가 · 270

• 오벨리스크를 어떻게 채석하고 꺼냈나 · 275

• 오벨리스크 뒤에 왜 두꺼운 벽을 세우고 구멍을 만들어 놓았는가 · 280

• 오벨리스크는 어떻게 세워졌는가 · 281

| 머리말 |

피라미드 축조에 관한 고대의 잃어버린 기술을 찾아서

아득한 4500년 전에 축조된 대피라미드는 위로 시공할수록 가파르게 좁아지기 때문에 현대의 고층건물 시공에 반드시 필요한 타워 크레인마저 설치가 불가능한 조건이다. 거듭 말하자면, 150층, 높이 600m 이상의 초고층 건물을 건설할 수 있는 현대의 최첨단 기술력으로도 시공이 매우 어렵다고 한다. 그런데 과연 이것을 수천 년 전에 어떻게 축조하였는지 아직도 속 시원하게 풀지 못하기 때문에 찬미와 경외심을 갖게 한다. 그래서 지금까지도 세계의 수많은 학자들의 여기에 관한 규명을 하려고 연구가 아직도 전혀 식지 않고 있는 것이다. 따라서 대피라미드 축조방법에 관한 연구의 주안점은 예나 지금이나 심층적, 구체적, 논리적, 체계적, 실증적으로 입증(검증)이 가능한 새 이론은 타당성 있고 납득이 되도록 정립하는 일이다. 그리고 현재 118기의 피라미드가 있으나 이제껏 전혀 알려지지 않은 모래 속에 파묻힌 피라미드가 새롭게 발견될 가능성은 지금도 여전히 존재한다.

필자는 이 책을 깊고 폭넓게 쓰기 위해 우리나라에서는 물론이고, 이집트 피라미드에 관련된 수많은 책들을 이집트에 가서도 뒤져보았으나, 최근 수십 년 동안 피라미드 연구와 같은 흥미로운 주제를 일반인에게 알기 쉽게 소개한 피라미드와 관련된 일을 모두 해본 학자의 글은 전혀 없었다. 비교적 널리 알려진 발굴 현장들을 간략하게 소개한 몇몇 안내 책자들이나, 특정 연대에 맞추어 피라미드 축조에 얽힌 의문점들을 이론적으로만 매우 간단하게 다룬 전문서적을 제외하면, 그나마 일반 독자를 대상으로 피라미드 연구의 전체적인 윤곽을 약간 밝혀주고 있는 책은 아래 소개하는 단 네 권뿐이었다.

『이집트의 피라미드』는 영국의 이집트학자이자 저명한 피라미드 전문가인 이든 에드워즈(Eiddon Edwards)가 쓴 것으로, 출간 이래로 꾸준한 판매량을 유지하고 있는 가운데 세계 각국에서 번역되기도 했다. 에드워즈 못지않은 명성과 권위를 자랑하는 독일의 전문가 라이너 슈타델만(Rainer Stadelmann)이 쓴 『이집트의 피라미드: 돌로 쌓은 세계의 기적』 역시 개정

신판까지 냈다. 이 두 권의 호응도만 보더라도 세계인들이 피라미드에 대한 관심이 적지 않음을 알 수 있다. 마지막으로 미국의 고고학자 마크레너가 쓴 『피라미드 대백과』와 이 책들을 총망라한 책인 미로슬라프 베르너의 『피라미드』가 있다.

　필자는 독자들이 이 책 내용을 쉽게 이해하고 납득할 수 있도록 앞서 언급한 네 권의 책 내용과 특히 프라하 카렐대학의 이집트 연구소가 최근 20여 년 동안 벌인 발굴작업의 구체적인 성과를 바탕으로, 1990년대 중반 시점에서의 전반적인 연구 현황을 정리한 것을 부득이 부분적으로 발췌한 논지들을 앞에 놓고 의문점과 문제점과 여러가지 많은 기술적인 요소들을 철저히 지적하면서 필자가 연구한 내용과 비교 분석했다.

　이 책은 기획 단계에서부터 적지 않은 문제들과 씨름해야 했다. 특히 필자 혼자서 피라미드와 같은 복잡하기 짝이 없는 연구 대상을 일반인에게 알기 쉽게 소개해야 한다는 중압감은 만만치 않았다. 무엇보다도 당시에 어떠한 방식으로 효율적으로 시공되었을지 직접 피라미드 현장을 답사하여 그곳에서 내가 바라본 시각으로 그 당시에 어떻게 효율적으로 시공하였는지 곰곰히 상상하고 분석하였다. 그리고 고대 이집트인들의 그 당시 사용되었던 기구 장비와 잃어버린 원천적인 기술력들을 여러 곳에서 찾아내고 밝혀서 정립해야 했고, 피라미드 축조방법(공법, 공정, 기술)과 여러 곳에 남겨진 흔적(단서, 증거)들이 원인과 과정 그리고 결론으로 이어지는 것들이 명백하고 확실한 연관성을 갖고 이어져야만 총체적 관련 속에서 의문을 앞에 놓고 원인 분석으로 단정할 수 있게 설명될 수 있었기 때문이다.

　단편적이고 이론적으로만 막연하게 주장하는 학자들과는 달리 필자는 고대의 작업조건과 같은 곳에서 13년 동안 암반을 절단, 운반하여 피라미드와 거의 같은 축대를 많이 축조해 보았다. 아울러 석공, 조적, 목수 등 지금도 건축에 종사하고 있지만, 수십 년이나 되는 상당한 기간 동안 피라미드 축조와 관련된 일을 모두 체험해 보았다. 만약 이런 경험들이 없었다면, 독자들처럼 학자들이 주장하는 경사로 방법으로 피라미드를 축조되었다고 막연하게 알고 있었을 것이다. 그리고 여기에서 축적된 다양한 기술의 기초를 갖추어 비로소 통찰할 수 있는 안목이 있기 때문에 크고 작은 피라미드 축조방법을 타당성 있게 밝혀내고 심층적, 구체적, 논리적, 체계적, 실증적으로 독자들이 납득할 수 있게 설명할 수 있었다. 그동안 세계의 수많은 학자들이 이 피라미드 축조 방법을 아직 명확하게 밝히지 못한 것은, 필자와는 달리 피라미드 축조에 관련된 여러 가지의 경험들이 없었기 때문에 수많은 의문점과 문제점과 기술적인 모든 것들을 전혀 풀지 못한 것이라 생각한다.

또한 소형, 계단식, 중형, 대형 피라미드 크기와, 석재 크기마다 축조방법이 다른 핵심적인 기술들과 피라미드가 변모해가는 과정과 혁신적인 새로운 방식의 요소 등, 그 부분들을 설명하는 것도 그리 간단한 문제가 아니었다. 가능한 한 세계 여러 분야의 수많은 학자들이 평생을 바쳐 연구한 것과 서로 충돌을 일으키지 않고 합치점을 찾을 수 있도록 배려했음에도 불구하고, 필자가 보기에는 그것이 전혀 실현 불가능한 방법들이었다. 그래서 결국은 그들이 막연하게 이론적으로만 주장한 것 모두를 왜 불가능한지 일목요연하게 비판적으로 반박하게 되었다. 또한 독자들의 이해를 돕기 위해 특정의 표준 상황을 거듭 강조하는 한편, 그 기초가 되는 자료들을 되풀이해서 밝혔다.

그밖에도 '이 책의 주요 내용'에서 제시한 50여 가지나 되는 많은 의문점과 문제점과 기술적인 요소들을 필자 나름대로 해명하려고 노력했다. 이것은 지금까지 세계의 어느 학자도 전혀 못 밝힌 것들로 세계 최초로 명확하게 밝히는 피라미드 축조방법(공법, 공정, 기술)에 대해 이 책에서 밝혀진 연구된 결과를 기대하는 다양한 층의 독자도, 또 나름의 안목을 갖추고 비판적인 시각에서 보려는 학자들도 두루 만족할 수 있다면, 더할 나위 없는 보람이겠다.

깊고 폭넓은 연구의 완성이라는 결론을 정립하기 위해 필자가 직접 그린 그림과 만든 기구 장비들도 가능한 한 많이 실었다. 그리고 그림들은 지루하게 이어지는 복잡한 설명으로는 독자들이 쉽게 이해할 수 없는 부분을 명쾌하게 설명하는 동시에, 피라미드 축조 당시의 시공 여건과 실제 상황을 쉽게 납득할 수 있도록 조망해줄 것이다.

또한 피라미드를 하나 축조하려면 얼마나 많은 핵심적이고, 기술적인 요소와 어려운 문제들을 안고 있는가를 비교 분석하기 위해, 앞서 소개된 네 권의 책 내용에서 의문점과 문제점과 기술적인 모든 것들을 철저히 지적했다.

이 책에서는 파리오 왕조의 계보와, 고대 이집트 피라미드 연구에 평생을 바쳐온 주요 인물들, 피라미드의 실측자료, 참고문헌 등을 모아 쉽게 찾아볼 수 있도록 했다. 아울러 현대와 고대 기술력의 차이점을 독자들의 이해를 돕기 위해 피라미드를 축조한 시대와 장소는 아니지만, 석재 문명과 관련이 있는 이스터섬의 모아이, 영국의 스톤헨지, 요르단의 제라시, 그리스(로마)신전 등을 통해 그 당시 어떻게 석재를 절단 운반 시공할 수 있었는지 참고할 수 있도록 부록을 달아두었다.

지금 세계의 출판시장에는 이집트와 피라미드에 관한 많은 책자가 나와 있다. 그럼에도 불구하고 이 책을 출간하게 된 것은 본래의 피라미드 축조방법을 건축적 시각에서 바라보고 명확하게 설명하고 있는 책이 전혀 없기 때문이다. 그래서 이 책에서는 필자 나름대로 그동안의 다양한 건축을 통해 얻은 경험과 기술을 이것들을 피라미드를 시공하는 방식으로 접목하여서 소형, 계단식, 중형, 대형 피라미드 방법(공법, 공정, 기술)을 고스란히 소견으로 적었다.

5000년 전 아득한 옛날에 인간이 어떻게 살았는지 더듬어가는 것은 정말 흥미진진한 일이다. 필자는 대칭의 기하학적으로 완벽하게 축조된 대피라미드와 이에 걸맞는 기술 수준에 대한 고대의 잃어버린 기술을 찾아 혼자서 광범위한 지역의 고대 이집트 건축문화유적을 탐방하면서, 비록 수천 년 전에 축조되었으나 오늘의 이 시점에서 기술력은 비교하여도 전혀 손색이 없는, 아니 오히려 더 능가하는 공법 공정 기술로 이어지는 시공 능력을 확인할 수 있었다.

그리고 카이로박물관이나 대영박물관, 루브르박물관 등에서 전시하고 있는 많은 고대 이집트 유물에서 우리가 그리스나 로마의 것이 으뜸으로 알고 있었던 건축양식, 종교, 천문학, 물리학, 과학, 기하학, 수학, 의학 등 대부분을 발견하고 찬탄을 금치 못했다.

고대 이집트에서 피라미드가 만들어진 가장 큰 이유는 고대 이집트에서는 인간의 죽음과 사후에 대한 고민이나 두려움에 관해 종교에서 해답을 찾았고, 그 종교가 문화와 예술, 건축 등을 발달시켰다. 그리고 이러한 종교, 문화, 예술, 풍속, 건축의 기술 등이 모두 담겨져 용해된 피라미드와 신전이 국가사업으로 진행되었다. 이집트의 역사와 어머니의 젖줄인 나일강의 문명으로 이어진 피라미드가 축조된 것은 많은 인류의 역사, 문화, 종교, 과학 등 커다란 하나의 축이 되었기 때문이다.

고대 이집트인들은 인간이 죽으면 사후에 부활을 한다고 믿었기 때문에 시신이 훼손되는 것을 극히 꺼려 했다. 그래서 권력자들의 시신과 함께 묻은 부장품의 도난 방지와 짐승들에 의한 시신의 훼손을 막기 위해 흙 벽돌로 만든 마스타바에 안장했다. 그리고 이 작은 상자형의 마스타바에서부터 시작한 무덤은 어머니 젖가슴 같은 봉분 형태에서 대칭의 기하학적으로 완벽하게 거대한 돌무덤인 피라미드 축조할 수 있는 기술로 발달하게 되었다.

필자가 이집트를 탐방하며 직접 눈으로 확인하고 느낀 바로는, 다양한 크기의 많은 피라미드 축조방법은 종합적으로 요소의 축적된 기술로 점차 발전하였고, 소형, 계단식, 중형, 대형 피라미드로 갈수록 큰 석재들로 웅장하고 매우 정교하게 축조된 것을 알 수 있었다. 비록 수천 년 전에 인간들에 의하여 만들어진 피라미드이기는 하나, 세계의 수많은 학자들이 주장한 대로 원시인이 만든 것처럼 주먹구구로 단순하게 축조된 것이 결코 아니다. 이것은 매우 발달된 건축학적, 공학적, 과학적, 물리학적, 기하학적으로 비추어 보면 이것은 매우 진보된 복합적, 체계적, 효율적인 방법으로 승화하여 시공된 고대 최고의 건축물이었다.

이 책에서 필자는 여러 가지 건축의 실제적인 경험을 토대로, 수천 년 전의 기술문명으로도 충분히 피라미드를 축조할 수 있다는 입증을 하기 위해 다양한 증거 자료들을 제시해 놓았다.
이집트에서 직접 보고 온 다양한 것들을 바탕으로, 고대에서 피라미드를 축조하기 위해 필요한 것들을 유추하여 거중기를 비롯한 작은 부품들과 장비 기구 하나까지도 직접 재현해서 제작했다. 그것도 현대적인 가공의 기술을 빌리지 않고 고대 이집트에서와 같은 방식 그대로 직접 자귀와 망치, 끌, 톱 등을 사용해 그들이 만든 것과 똑같은 조건 하에서 소형으로 만들어 보았다.

| 책 내용의 개념·피라미드 축조 방법의 실증적·해석적 탐구와 연구 분석의 과정 |

(연구의 기획 과정과 이 책의 전체 개념도)

실증적·해석적 탐구
(축대 위에 축대를 축조한 실제적인 경험을 토대로 한 것으로, 피라미드 축조 방법과 동일)

종래의 다양한 학설들의 많은 문제점과 풀리지 않은 의문점 제기

개념의 명확화(종래의 다양한 학설들과 본 연구 내용의 차이점 비교 분석)

가설 설정 및 연구, 그림과 설계

자료수집 및 실물 확인·분석(이집트 탐방)
이집트 유물을 바탕으로 여러 가지 장비 기구 제작과 피라미드 축조 방법(공법, 공정, 기술) 확인

가설 입증(검증), 해석, 이해(종합적인 설명, 추정근거[물증, 단서, 증거] 제시)

법칙(실증적, 해석적) 이론 도출 및 개념(운반, 축조, 측정[관측])
방법 입증(검증), 납득 이해 가능

접착제와 못 하나 사용하지 않고 원목의 본래 형태를 그대로 이용하여 앞서 말한 연장들로만 깎고 끼워 맞추어 다양한 장비 기구들을 제작하고, 모두 일일이 그 기능들을 실험하여 가능한 것들로 완성도를 높혀 보았다.

세계 여러 곳에 많은 피라미드들이 있지만, 이집트의 피라미드와 특히 쿠푸왕 대피라미드의 축조방법에 대해 기자지구의 언덕 위에서 우리나라의 떡시루 같은 석회 기반암을 어떻게 절단하고 종합적인 측정과 어떤 방법들로 시공할 수 있는지 여기에 따르는 모든 것들을 독자들이 납득할 수 있게 집중적으로 다루었다.

아득한 4500년 전, 천 년이라는 장구한 세월에 걸쳐 광대한 지역에서 여러 피라미드들을 축조하는 것을 현대의 독자들이나 필자가 목격하지 못한 것은 당연한 사실이다. 그러나 세인키(계단형), 붉은, 멘카우라, 쿠푸 피라미드만 두고 보더라도 여기에서 어떠한 방법으로 축조되었는지 독자들이 납득할 수 있도록 해명했다. 물론 여기에는 여러 곳에서 남겨지고 확연히 드러난 증거(흔적)들을 근거를 앞에 두고, 그 당시 어떠한 방식을 피라미드를 효율적으로 시공이 가능한 것으로 분석한 내용을 재구성해 보았다.

그리고 그 당시의 남겨진 증거와 여러가지의 잃어버린 기술들을 모두 통합하고 분석해 볼 때 이 책에서 밝혀지는 방법으로 수년전 당시에 소형, 계단식, 중형, 대형 피라미드들을 만들었다고 확신하는 것이다.

고대의 잃어버린 기술을 찾아서 이집트를 탐방하여 많은 피라미드와 카이로박물관, 고대 생활상(민속촌), 재래시장 등 광범위한 지역에서 기구 장비 유물 등을 각각 조사와 파악을하여 나름대로 정리한 것이다. 이것은 그동안 피라미드 축조방법을 연구한 세계의 많은 학자들이 아직까지 전혀 밝혀내지 못했던 소형, 계단식, 중형, 대형 피라미드 축조방법(공법, 공정, 기술)을 누구나 납득할 수 있는 추정근거(단서, 증거) 흔적을 바탕으로 재구성해 보았다.

그리고 피라미드와 관련된 것들과 고대 벽화의 내용을 분석한 것은 물론이고 약 2600년 전의 그리스 역사가 헤로도토스가 피라미드 축조방법에 대하여 증언하는 이집트 구전마저도 면밀히 분석한 것이다. 더욱이 수천 년 전에 사용되었던 잃어버린 기술, 장비나 기구가 지금은 거의 흩어져 분리되거나 이미 변형되었을 것이다. 그래서 이 책속에서 소개되는 반달형 파텐, L자형 사다리, 바이, 세케드 등의 장비, 여러 가지 기구들을 분석(어떠한 곳에 사용했는지), 추정하고 조합하여 재현해 보았다. 이것들은 거중기, 종합측정자, 소창자 측정기구 등을 축소(소형)하여 직접 제작한 것을 사진으로 실었다. 더불어 이것들이 피라미드 축조시에 왜 반드시 필요하고 어디에 사용되는지 독자들이 납득할 수 있게 그 당시 정말 가능할 수 있는 방법들로 재구성해 놓았다.

　나에게 학문은 무한한 상상력과 실증적인 경험을 바탕으로 하는 직관적인 안목과 통찰력 그리고 응용력, 창의적 열정이다.
　이집트를 탐방하여 여기에는 여러 곳에서 수집한 자료들과 피라미드가 어떠한 방식으로 축조되었는지 가늠할 수 있는 세인키(계단식) 붉은, 쿠푸, 멘카우라 피라미드에 남겨진 흔적(단서)들의 철처한 원인과 과정, 결론을 심도있게 분석하였고 이것을 집대성한 직·간접적인 필자의 해설과 그리고 그것에 대한 독자들의 이해가 포함된다.

　그리고 이 책 내용에 대한 결론을 미리 요약하여 말한다면 그동안 세계의 많은 학자들이 단순하게 주장한 경사로(직선형, 나선형) 방법과 거중기와 샤두프라는 장비로는 대피라미드 시공이 절대 불가능하다.
　고대 이집트에서 작고 큰 많은 대피라미드 축조가 가능했던 것은 지금까지 세계의 어떤 학자도 밝히지 못한 격관식 공법과 여기에 걸맞는 많은 연장 장비 기구들과 종합적인 기술의 요소와, 여러 분야의 뛰어난 장인들의 응용력과 창의력, 건축학적 지식 등이 아울러지게 복합되어야만 대피라미드 축조가 가능했다.

　대피라미드를 대칭의 기하학적으로 완벽하게 시공하기 위해서는 다양한 측정기구들도 반드시 수천 번 이상 종합적인 수치의 측정과 피라미드를 효율적으로 시공할 수 있는 격관식 공법과 1,2,3차에 의한 공정이 수반되어야 가능한 것이다.
　그리고 목도의 방법과 다양한 많은 연장 기구 장비들이 공정에 따라 적재적소에 반드시 사용되어야 비로소 대피라미드를 효율적으로 시공이 가능한 것이다.
　그렇기 때문에 피라미드는 크기에 따라 다르지만, 적어도 일만개에서 많게는 이백만개의 석재들을 앞서 설명한 모두의 것들로 공법과 공정에 따라 여러 가지 기술들이 적재적소에 반드시 수반되어야만 비로소 피라미드 시공이 가능한 것이다.
　피라미드 시공 방법을 전체적으로 이해하려면 평균 백만개 정도가 되는 매우 난해한 퍼즐을 단 한 번의 오류가 없이, 모두 정확한 위치에서 순서에 의해서 맞추는 것과 같은 것이다. 고도로 집약된 다양하고 많은 기술력의 요소들을 공정에 따라 모두 사용해야 비로소 피라미드 축조가 가능하다.

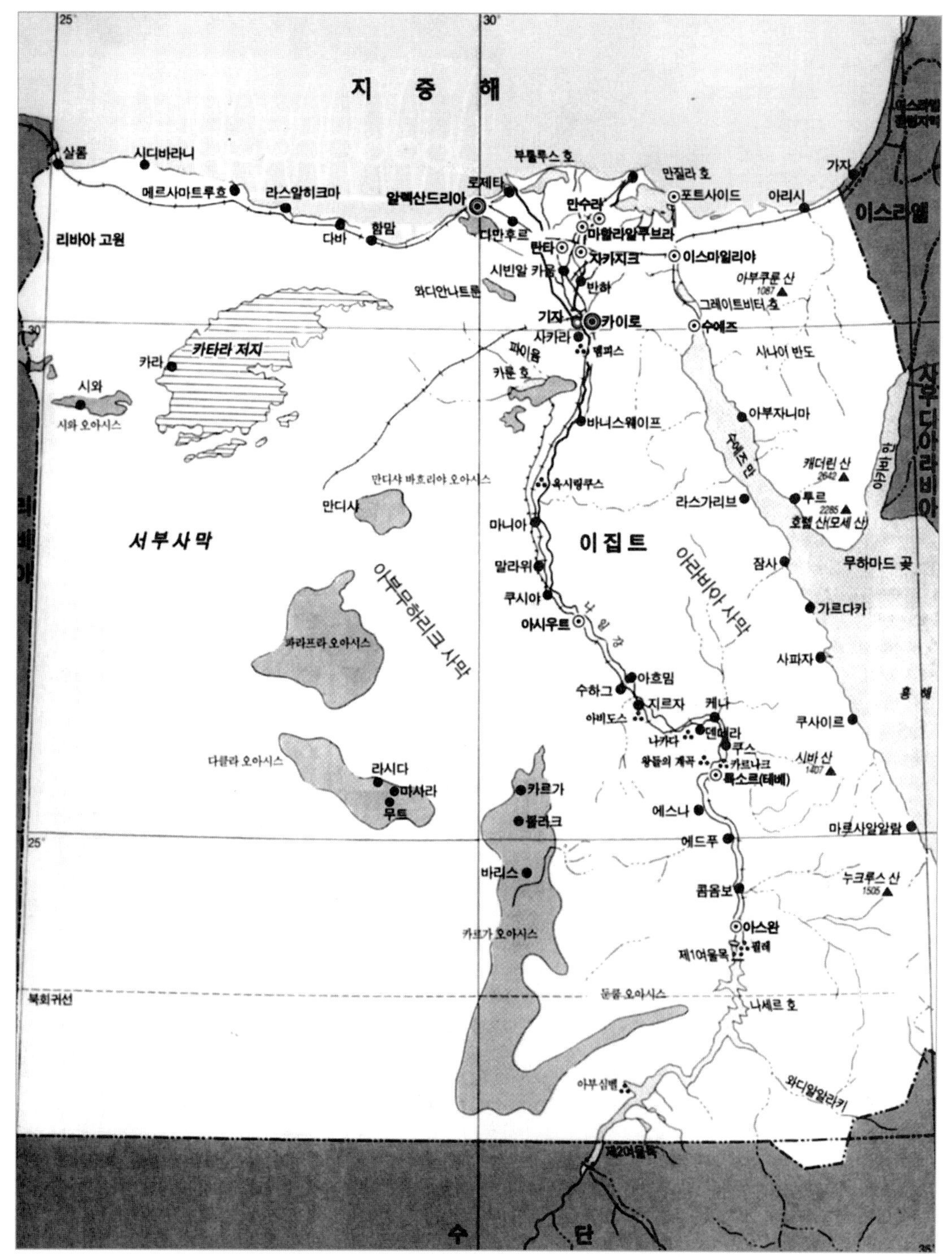

나일강이 광대한 이집트를 가로질러 지중해로 흘러가고 있다

1. 고대 이집트 문명의 어머니, 나일강

고대 이집트 문명과 피라미드를 이야기하는 데 나일강을 빼놓을 수 없다. 이집트 고대문명의 모태는 어머니의 젖줄 나일강에서 시작되었기 때문이다. 6,700여 킬로미터나 되는 나일강은 미국 미시시피강과 함께 세계에서 제일 긴 강이다.

이집트는 대부분이 사막이고, 남쪽에서 북쪽으로 흐르는 나일강 줄기가 사막 복판을 뱀처럼 구불구불 가로질러 지중해로 흘러 들어가고 있다. 이러한 신비의 강에 대해 탐험가나 학자들은 고대부터 강 원류를 찾으려고 노력해왔다. 그러나 살인적 더위와 끝없이 펼쳐지는

아스완에서 본 나일강
인류 문화의 원류로 6,700여 킬로미터나 되는 나일강이 인류 문화의 흥망성쇠를 말없이 지켜보면서 오늘도 유유히 지중해로 흘러가고 있다

사막, 강 주위의 야생동물은 당시 탐험자들은 강원류와 길이를 알아내려 노력했다. 이집트를 정복한 페르시아왕 캄비세스 2세가 강 원류를 찾으려 했다는 기록이 있고, 그리스 역사학자 헤로도토스와 지리학자 스트라본이 시도했으나 소바트강 늪지대에서 물러났다. 이슬람이 이집트를 지배한 이후는 이곳을 마음대로 여행조차 못하다가 18세기에 들어와서야 영국, 이태리 등 유럽 여러 나라들의 학자나 탐험가가 나일강 탐험을 하기 시작했다.

1855년 영국인 버턴과 스피크가 빅토리아호수가 백(白)나일강의 발원지임을 밝혀냈으나, 나일강 원류를 밝히는 데까지는 영국 탐험가 스탠리(Henry Morton Stanley)의 수고를 기다려야만 했다. 그는 1889년 남쪽에 있는 루비론자강과 카게라강물이 우간다 고원지대의 빅토리아호수에서 만나 북쪽으로 흘러가는 물줄기가 바로 나일강 원류임을 알아냈다.

이 작은 냇물이 앨버트 호수(해발 621m)에 모이고 또 아프리카의 광대한 고원과 늪지를 지나 소바트강과 합류하여 백나일강을 이룬다. 이 강이 기이슈샘에서 발원하여 티시사폭포, 티나호수를 지나면서 형성된 청(青)나일강을 하르툼에서 만나 나일강 본류를 이룬다. 이 나일강 본류는 북쪽으로 광대한 S자 곡선을 그리면서 큰 폭포 3개, 나세르호수를 지나 이집트를 남북으로 관통하여 델타지역으로 향해 흘러가고 있다. 그리스 사람들은 이 나일강 하류가 그리스 글자 델타(δ)를 뒤집어놓은 것 같다고 생각해서 델타라고 불렀다. 델

나일강에서 물고기를 잡는 모습의 부조

타지역에서 여러 줄기의 지류로 나뉘어 삼각주를 형성하고 지중해로 들어간다.

만약 나일강이 없었다면, 이집트의 찬란한 문명은 생겨나지 않았을 것이고 많은 피라미드는 물론, 이집트를 둘러싼 끝없는 전쟁도 없었을 것이다.

광대한 이집트엔 어느 지역은 비가 거의 내리지 않으나 아프리카 깊숙이 틀어박힌 빅토리아호수 일대나 고원지대는 3~9월까지 대규모 열대성 소나기가 쏟아져 내린다. 이 열대성 소나기 빗물의 양은 상상을 초월할 정도로 엄청나다. 그러나 6,700km를 흐르면서 많

나일강의 수위를 측정하는 아스완 나일로메타

은 양의 강물이 사막의 열기에 의해 증발된다. 만약 이것이 증발없이 그대로 본류에 유입되었다면 하류의 고대 수도 멤피스나 알렉산드라아와 현재 수도 카이로는 생겨나지 않았을 것이다.

이런 형편을 잘 알고서 조세르 왕이 임호데프에게 지시하여 나일강 수량을 조절해 하류를 적당히 범람시켜 비옥한 땅을 만들게 했다. 청나일강은 급한 여울을 지나 먼저 본류에 도착하고, 이 물이 메마른 땅을 한번 적시고 잦아질 즈음 백나일강 물이 하류에 도착한다. 물의 범람 시기를 알기 위해 천문과 수학을, 물의 흐름을 조정하기 위한 치수와 수리를 연구하고, 해마다 강이 범람해서 토지 경계를 무너뜨리기 때문에 이를 다시 정비하느라 관계수로가 발달하게 되었다. 이런 과정에서 부족들 간에 분쟁이 일어나자 법률이 생기고 강력한 왕권이 생겼다.

자연의 재해와 혜택을 받으면서 자연스럽게 자연에 대한 경외심을 갖게 돼 해와 달을 믿는 신앙을 갖게 되고 또 이 신앙에 걸맞은 신전을 건설하게 되었다. 내세(來世)에 대한 간절한 소망은 어머니 젖줄 나일강이 있었기 때문에 크고 작은 백개가 넘는 피라미드를 쌓아 올리는 것이 가능했다.

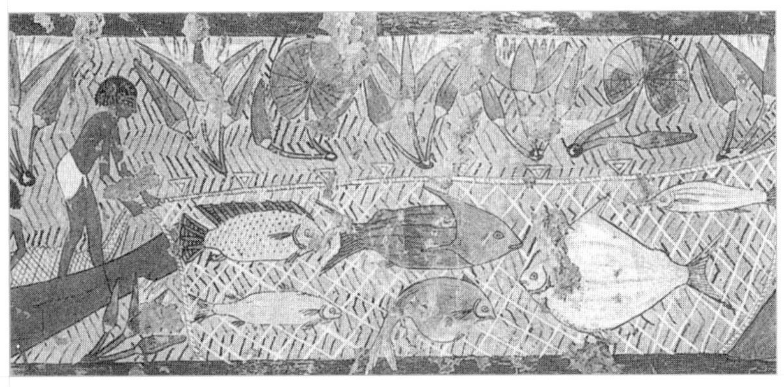

나일강 범람기에 물고기를 잡는 모습을 그린 벽화

기근 해갈에 관해 기록된 비문 - 나일강 제 1폭포의 작은 섬 세헬에 위치

인류 역사는 물과 더불어 발전해 왔다. 최초의 인류 문명이 모두 큰 강에서 발생했다.
나일강의 이집트 문명, 유프라테스강과 티그리스강을 끼고 있는 메소포타미아 문명, 갠지스강과 인터스강 유역의 인도 문명, 그리고 황하
강의 중국 문명 등이다.

파피루스 앞에 모습을 드러낸 하토르(이집트신화에 나오는 하늘 · 사랑 · 기쁨 · 결혼의 여신)

파피루스 - 나일강 가의 늪지에서 자라는 미나리과 식물의 일종. 이집트의 대표적인 수출품 중
하나였다. 온전한 종이를 만들기 위해 약 40cm로 토막을 내어, 가늘게 결대로 쪼개어 판자 위에
올려놓고 망치로 두드려 평평하게 하였다. 그런 후 그 위에 직각 방향으로 한 겹을 포개어 이것
을 물에 적셔 압력을 가하면, 식물의 진이 녹아 달라 붙어 하얀 종이가 되었다.

2. 고대 이집트 왕조의 연대기

나일강과 함께 수천 년 역사를 주관한 파라오의 역사와 연대를 알아야 많은 피라미드들과 이집트 고대 유적을 이해하기 쉽다. 고대 이집트 역사는 나일강 길이만큼이나 아득한 B.C. 6000년경에서 시작한다.

B.C. 3세기 초 이집트의 신관이었던 마네토가 그리스어로 된 『고대 이집트기』를 남겼는데, 그가 쓴 왕조연대기에 의해 이집트의 역사를 정리해 본다. 파이윰이나 마아디에서 발굴된 유적으로 B.C. 6000~3100년 때에 신석기시대와 구리를 사용한 금석병용기시대였음이 밝혀졌다. 그러나 확실한 연대가 기록으로 남아있지는 않다.

- 선사시대 (B.C. 6000~3100)
- 초기왕조시대 (B.C. 3100~2780)
- 제1왕조 스콜피온/나르메르/아하/제르/메네스/덴
- 제2왕조 헤텝세켐위/페브리센/카세케뮈

제국의 건립자 스콜피온이 B.C. 3100년경에 하 이집트를 공격하고, 나르메르왕이 상·하 이집트를 공격하고, 나르메르왕이 상·하 이집트를 통일하였다. 이것이 나르메르의 팔레트에 기록되어 있다. 나일강 계곡과 델타가 만나는 경계에 이집트 왕들의 궁성 '하얀성' 멤피스를 건설하였다. 하지만 상·하 이집트의 갈등은 고대 이집트가 멸망될 때까지 계속된다. 그것은 근본이 다른 델타문화와 나일강변 문화가 합쳐지는 데서 생긴 갈등과 반목이다. 이런 반목을 처음으로 해결한 헤텝세켐위가 제2왕조를 열었다.

그러나 제2왕조가 끝나갈 무렵 상·하 이집트가 또 분리되어 하 이집트는 타니스에서, 상 이집트는 멤피스에서 통치했다. 그들은 서로 깊은 반목과 갈등으로 파괴를 일삼다가, 상 이집트 네브카가 결정적 일격을 가해 하 이집트를 평정한다.

상 이집트의 상징인 독수리

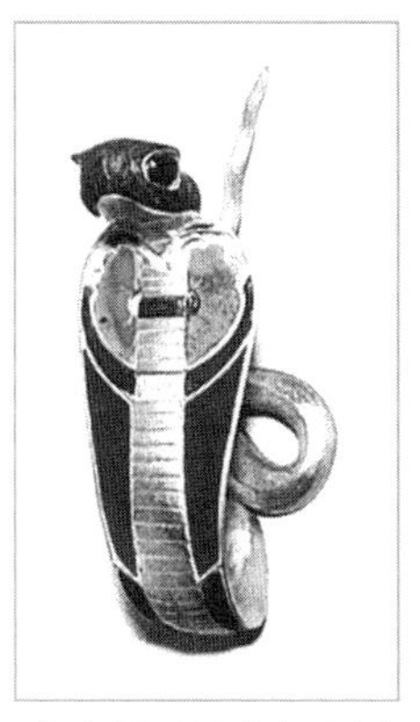

하 이집트의 상징인 코브라

- 고왕국시대 (B.C. 2780~2181)
- 제3왕조 (B.C. 2780~2613) 네브카/조세르/세켐케트/카바/후니
- 제4왕조 (B.C. 2613~2498) 스네프루/쿠푸/제데프라/카프라/멘카우라/셉세스카프

제3왕조에서 처음으로 고대 이집트의 정치, 경제, 문화의 전성기를 이뤘다. 제3왕조의 창설자 네브카의 아들 조세르는 임호테프라는 위대한 건축가에게 그때까지 사용했던 작은 상자형의 마스타바(Mastaba)와 작은 삼각형의 피라미드 무덤에서 계단식 피라미드를 축조하게 하여 무덤 문화를 새로이 창시했다. 세켐케트는 나일강의 수호신크놈 숭배사상을 도입하여 나일강 문화를 창시하였고, 후니는 엘레판티네에 왕궁을 건설하여 왕권을 굳건히 했다.

제4왕조 스네프루는 후니의 후계자인데, 그 둘의 관계에 대해선 확실한 고증이 없다. 그는 전통적으로 이어진 것이 아니고 사위로서 왕위에 올랐기에 왕조가 바뀌지 않았을까 하고 추측한다. 그의 집권기간 50년 동안 국가 전반에 걸쳐 기반을 든든하게 만들었다. 스네프루의 후계자인 아들 쿠푸는 기자의 대피라미드를 건설했다. 제데프라왕은 쿠푸왕이 리비아 혈통의 여자를 얻어 낳은 아들인데, 사위의 장자인 카우압을 살해하고 왕위에 오른다. 그러나 재위 8년 만에 카우압의 동생 카프라에게 그가 한 것과 비슷한 방법으로 희생된다.

제데프라왕의 피라미드는 오늘날 아부라와슈라는 마을 근처에 있는데 훼손이 심하다. 19세기 말까지 이 묘역은 이슬람교도 권세가의 채석장이 됐다. 다음의 카프라왕은 카프라피라미드와 유명한 스핑크스를 건설한 왕으로 유명하다. 그 다음의 멘카우라왕은 30년을 집권하면서 멘카우라피라미드를 건설했으나 왕조의 몰락을 막기엔 역부족이었다. 마지막 왕 셉세스카프라는 짧은 집권 동안 부왕 멘카우라의 피라미드 건설에 매달리다 말았다.

- 제5왕조(B.C. 2498~2345) 우세르카프/사후레/네프리르카라/네페레프레/셉세스카라/니우세라/
  멘카우호르/제드카라/우나스
- 제6왕조(B.C. 2345~2181) 테티/페피1세/메렌레1세/페피2세

제4왕조 마지막 왕 셉세스카프가 일찍이 죽자 태양신 신관단의 대제사장 우세르카프가 제5왕조를 세우게 된다. 우나스왕은 사카라의 우나스피라미드 주인공이다. 그의 사위 테티가 후계자로 등극하니 그가 제6왕조 창시자다.

- 중간기(1)(B.C. 2181~2040) 제7~11왕조 멘투호텝1세 외 4명
- 중왕국시대(B.C. 2040~1785) 제11왕조 멘투호텝2~4세, 제12왕조 아메넴하트1세~4세
- 중간기(2)(B.C. 1785~1575) 제13~17왕조 힉소스족 점령

중간기에 들어와 왕권이 쇠약하여 이민족이 침입하고 왕실 간의 알력이 심해 여러 번 왕이 바뀌었다. 테베 지방정권인 멘투호텝의 세력이 강해져 이민족의 세력을 제거하고 제11왕조를 세웠으며, 세누셀레트3세가 다시 상·하 이집트를 통일한다. 아메넴하트3세가 파이윰 지방을 개척하는 등 국력을 신장시켰으나, 힉소스족의 델타 침입으로 나라가 큰 혼란에 빠진다. 힉소스(Hykso)는 아바리스에서 아바리스왕조를 세우고 그때부터 약 200년간 하 이집트를 지배한다.

- 신왕국시대(B.C. 1575~1085)
- 제18왕조(B.C. 1575~1193) : 아흐모세/아멘호텝1세/투트모세1세/투트모세2세/하트셉스트여왕/
  투트모세3세/아멘호텝2세/투트모세4세/아멘호텝3,4세/스멘크카레/투탕카문/아이/호렘헵
- 제19왕조(B.C. 1293~1188) : 람세스1세/세티1세/람세스2세/메르네프타/세티2세 외 3제(帝)
- 제20왕조(B.C. 1188~1069) : 세트나크트/람세스3~11세

상 이집트 테베에서 지방권부 실력자인 카흐모세의 동생 아프모세는 힉소스를 추방하고 신왕국을 건설했다. 그의 아들 투트모세1세는 누비야를 정복하고 남쪽 나일강 제3폭포까지 진출하여 국토를 넓혔다.

고왕국이 왕의 무덤인 피라미드를 건축한 시대라면, 신왕국은 테베(룩소르)에서 카르나크 신전과 오벨리스크를 세웠고, 왕가의 계곡에서 석회암 절벽을 뚫어 왕들의 무덤을 건축한 시기였다. 신왕국이야말로 고대 이집트에서 가장 눈부신 건축문화 전성시대를 이룩한 시기였다. 이 건축시대는 단연 뛰어난 세넨무트라는 건축가에 의해서 만들어 놓은 건축물을 하

트셉스트여왕이 개문하고 아멘호텝3세가 발전시켰으며 람세스2세에서 만개했다. 여왕은 푼트를 원정하여 향료, 나무, 진기한 동식물 등을 국내에 반입했으며 데어엘 바하리에서 세 넨무트에게 자기 장제전을 건립하였다. 여왕의 다음 왕인 투트모세3세는 수십 차례나 출병 하여 남으로 푼트지방, 북으로 소아시아, 그리스, 페르시아 등을 점령하여 이집트 사상 최대 로 넓은 강역을 확보하였다. 그래서 이집트의 혁명가, 나폴레옹이란 별명을 얻었다. 아멘호 텝 3세는 내치에 힘써 신전을 많이 건립한 왕으로 유명하다. 그러다보니 신관의 세력이 너 무 커져 왕실에 위협이 되었다. 아멘호텝4세는 신관들의 세력을 꺾기 위해 종교개혁을 일으 키다 실패한다. 그 결과 왕권은 신관의 권위에 눌려 있었고, 그의 아들 투탕카문왕은 말에서 떨어진 후 죽는 비운을 가져오게 된다. 그러나 후대인 람세스2세의 출현으로 이집트 최강의 시대를 맞는다. 하지만 람세스 3세의 리비아 원정의 실패로 이집트 국력은 급격히 쇠퇴의 길로 접어든다.

- 중간기(3) 제21~25왕조(B.C. 1069~B.C. 672) : 에티오피아왕/타하르카왕/피누젬왕 등
- 후기왕조시대 제26왕조(B.C. 672~525) : 프삼티쿠스왕/네코왕/아으메스왕 등

제21왕조에서 제26왕조까지는 리비아와 이디오피아 출신이 이집트를 다스렸다. B.C.1069년 리비아 혈통인 오소르콘이 하 이집트 타니스에서 타니스왕조를 세웠고, 리비아 출신인 시사크1세가 부바스티스에서 제22왕조를 개국했다. B.C.751년에 이디오피아 출신 인 피앙키가 나파타에서 제25왕조를 세우는 등 혼란이 계속되다가, B.C.672년 앗시리아 아 슈르바나팔왕에 의해 테베가 점령된다. 그러나 델타지방의 사이스 출신 프삼메티코스가 그 리스 용병과 리비아의 기에스왕의 힘을 빌려 앗시리아를 물리치고 제26왕조를 세운다. 제 26왕조 프삼메티스코1세는 상·하 이집트를 다시 통일하고, 네코2세는 나일강과 홍해를 연 결하는 대운하를 건설하고, 시리아, 팔레스타인을 점령하였으나 바빌론과 카르케미쉬전투 에서 대패하여 바빌로니아의 속령이 된다. 페르시아의 캄비세스왕이 아으메스2세에게 결혼 하기 위해 왕녀를 보내달라고 요청하였으나, 아으메스2세가 가짜 왕녀를 보내는 바람에 페 르시아의 보복 피침을 받았다. 이때 카르나크의 아몬 대신전을 비롯하여 그나마 좀 남아 있 던 하트셉스트여왕과 람세스2세의 거대한 석상들도 철저히 파괴되었다. 이집트는 이후 2500년 간 타국의 지배를 받는 비운을 맞게 된다.

- 페르시아 점령기(1차) 제27왕조(B.C. 525~405)
- 중간기(4) 제28~30왕조(B.C. 405~342) 넥타네보1세~2세

- 페르시아 점령기(2차) 제31왕조(B.C. 342~333)와 알렉산드로스의 이집트 점령
- 프톨레마이오스왕조시대(B.C. 333~A.D. 30)

알렉산드로스 그리스 마케도니아왕이 페르시아 속국으로 있는 이집트를 점령했다. 지금까지 이집트는 타민족에게 점령되었어도 타민족을 이집트 문화에 동화시켜 이집트 문화를 존속시킬 수 있었으나, 이번에는 쇠락일로의 이집트 문화가 그리스의 찬란한 헬레니즘문화에 동화되게 되었다. 당시 이집트는 왕실의 권위가 이미 사라졌고, 정신적 지주로 남아 있어야 할 신관들마저 그들의 신분과 신전만 보장을 받으면 조국이야 망하든 말든 매국적 이었다. 알렉산드로스대왕이 신전을 참배한 후로는 그를 새로운 시대의 파라오와 신으로 모셨으니 말이다. 그 뒤 포틀레마이오스장군이 왕조를 세운 이후 300여 년이 지나 우리가 알고 있는 세기의 미인, 클레오파트라여왕의 자살로 이집트의 그리스시대는 막을 내리게 된다.

- 로마속주시대(A.D. 30~395)
- 비잔틴/콥트시대(A.D. 395~641)
- 아랍시대   639 사우디아라비아 이슬람군이 이집트 침략
        641 아므르 빈 알 아스가 이집트 점령. 우마이야왕조 성립
        750 압바스왕조, 툴룬왕조, 이히시드왕조 성립
        969 파티마왕조 카이로 건설
        1171 살라딘이 아유브왕조를 세우다. 카이로 시타델 건설
        1250 마물루크왕조
- 오스만투르크시대 1517 이집트가 오스만투르크의 속주가 되다
- 프랑스 점령 1798 나폴레옹1세가 이집트 전역을 점령하다
- 근대왕조시대 1805 무하마드 알리시대
        1869 수에즈운하 개통
- 영국군 점령   1882~1914 이집트가 영국의 보호령이 되다
- 이집트 왕정   1922 술탄 아흐마드 후아드가 독립 선언
        1936 파르크1세 즉위
- 이집트 공화국   1852.7.23 나기브장군 군사 쿠테타
        1953 공화제
        1954 낫세르 집권
        1956 수에즈운하 국유화, 이스라엘과 전쟁
        1958~1961 시리아와 통일 아랍 연맹, 이스라엘과 전쟁

3. 사카라 지구에 있는 초기의 피라미드들

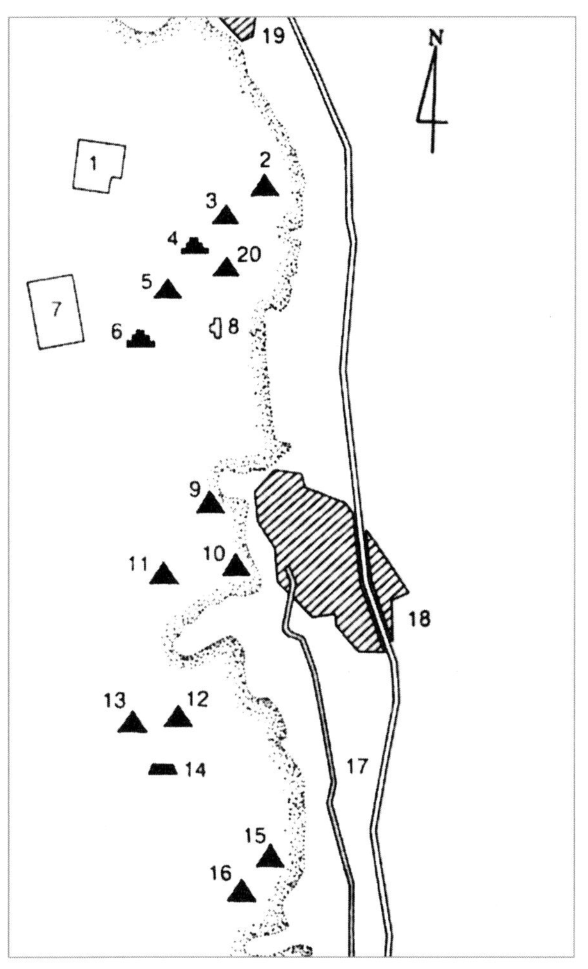

〈사카라에 산재해 있는 피라미드들의 위치〉

1. 사라페움
2. 테티
3. 우세르카프(Userkaf)
4. 조세르
5. 우나스
6. 세켐케트
7. 키스트 엘무디르(Kisr el-Mudir)
8. 성 예레미야(St. jeremiah) 수도원
9. 페피 1세
10 제드카라(Djedkara)
11. 메렌레 1세
12 이비
13. 페피 2세
14. 셉세스카프(Schepseskaf)
15. 켄제르(Chendjer)
16. 제13왕조의 피라미드
17. 운하
18. 사카라
19. 아부시르
20. 도로 공사중 새로 발견된 피라미드

    멤피스를 수도로 둔 왕조에서는 이 사카라 지역을 왕족과 귀족의 지하묘지로 사용했다. 왕족이나 귀족의 지하 묘가 부근에 매몰되어 있어 지금도 비문과 조각물 등이 많이 출토되고 있기 때문에 고대 이집트의 귀중한 유적과 유물의 보고(寶庫)이다.

    앞서 고대 이집트의 왕조의 연대기에서 설명했지만, 사카라에는 최고의 석조건축인 제3

왕조의 초대 파라오인 조세르(Djoser, B.C. 2650~2575)왕의 계단식 피라미드와 최근에 발견된 것을 포함하여 17여 기(基)의 피라미드 군과 마스타바(지하 묘) 등이 있어, 현재도 발굴·조사가 계속되고 있다.

고대 이집트에서는 초기의 무덤은 작은 상자형 마스타바에서 어머니 젖가슴같은 봉분형태에서 삼각형의 소형 피라미드로 축조하다가 임호테프라는 사람이 등장하여 사카라 조세르왕 계단식 피라미드 형태로 축조되었다. 그 후 이러한 축적된 기술력을 바탕으로 광대한 지역에서 굴절형, 상자형, 삼각형의 중형, 대형 피라미드로 점차 발전되어 기자지구의 쿠푸왕 대피라미드 축조에 이르렀다.

조세르왕의 재상이자 건축가인 임호테프는 조세르왕을 위해 그때까지 사용하던 초기의 형태인 상자 마스타바와 소형 피라미드 무덤을 혁명적으로 발전시켜서 계단식으로 여러 번 증축하여 바꾸었다고 전해진다. 임호테프는 정치가, 건축가, 사상가, 철학자, 의사, 점성가였고, 훗날 역사상 최초의 건축가로, 그리고 파라오(왕)에 준하는 의신(醫神)으로 추앙 받은 인물이다.

사카라 남쪽에 있는 페피 2세의 피라미드. 고왕국의 마지막 대피라미드다. 전경에는 장제 신전의 폐허가 보인다

임호테프가 파피루스 두루마리를 무릎 위에 펼쳐 보고 있다. 그의 이름은 파피루스에도 등장하며, 조각상이 놓인 좌대에도 새겨져 있다.
후기 시대에 신으로 숭배되면서 만들어진 청동 작품. 카이트 이집트 박물관 소장.
어떤 학자는 임호테프가 천 년에 하나 나올까 말까 하는 천재 중에 천재라고 평가하고 있다.

테티(Teti)의 피라미드는 모래더미처럼 보인다. 테티는 6왕조의 초대 파라오이며 32년간 통치한 것으로 기록되어 있다

상, 하 사카라 초기 피라미드

우세르카프(Userkaf)왕의 피라미드는 그냥 돌무덤에 지나지 않는 것처럼 초라하다. 우세르카프왕은 5왕조 초대 파라오이며 B.C. 2465년부터 7년을 통치한 것으로 알려져 있다

4. 사카라_{Saqqarah}의 계단식 피라미드_{Step pyramid}

이 계단식 피라미드는 처음에는 지하 28m 깊이에 파고 여러 번 덧씌워 세워진 조세르왕의 무덤으로 B.C. 2630년에 세워진 것이다

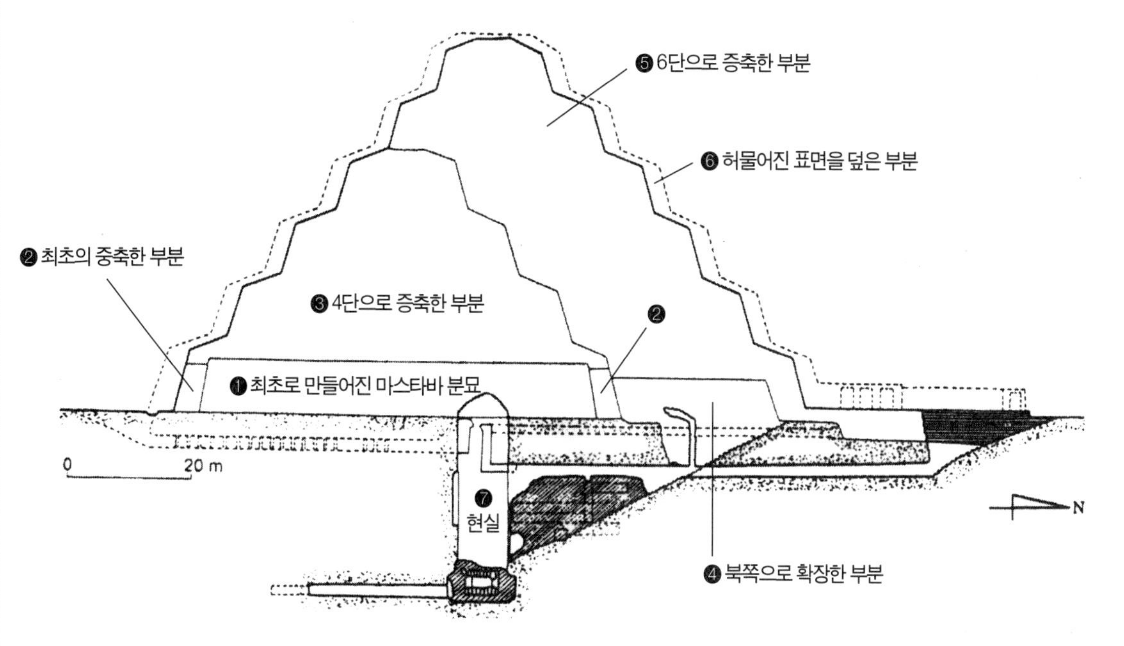

남북을 축으로 잘라 본 피라미드 단면도 (로에르가 구성한 증축 개념도)

이집트의 피라미드 축조 방법(방식)을 이해하기 위해서는 여러 지역에 광범위하게 흩어져 있는 118여 기 피라미드를 다 둘러보아야 하겠지만, 앞서 설명한 바와 같이 먼저 쿠푸왕 대 피라미드가 있는 기자지구에서 약 16km 떨어진 고대 수도 맴피스와도 인접한 사카라지구를 찾아보는 것은 필수이다. 왜냐하면 이곳에는 고대 이집트의 초기에 축조된 피라미드들이 17여 기나 있기 때문이다. 사카라는 이집트 나일강 연안에 있는 고분 마을로서 기자(Giza)·아부시르(Abusir)·다슈르(Dashur) 등과 함께 피라미드 소재지의 하나로 유명하다. 사카라는 고대 이집트 말로 '신들의 제주(祭酒)'라는 뜻이다.

이 피라미드 단지는 남북 6km, 동서 1.5km의 광대한 사막 석회암으로 된 언덕 위에 펼쳐져 있다. 계단식 피라미드는 조세르왕의 대신이었던 위대한 건축가 임호테프(Imhotep)에 의해 세워진 대형석조 건물로 전체 용적은 33만㎡이다. 넓은 장방형 담장 한가운데 남북 109m, 동서 121m, 높이 62.5m의 계단식 피라미드를 만들었다.

원래 이 무덤은 마스타바 형태로 된 것을 그 위에 4단을 쌓아 올리고 나중에 2단을 더 쌓아 올려서 6단까지 증축된 것이다. 피라미드 주변은 석축 담장으로 둘러싸여 있다. 이 담장 형태의 외곽은 사방이 모두 높이 10.5m, 남북 545m, 동서 277m의 석벽으로 둘러싸여 있다.

입구에 들어서면 기둥식 복도가 나온다. 양 옆으로 웅장하고 아름다운 주름무늬의 돌기둥이 50m나 늘어서 있고, 1924년 발굴공사가 진척된 이후 천장도 얹어 놓았다.

그 외의 사카라 피라미드들로는, 계단식 피라미드 북쪽 테티(Teti) 피라미드의 옆에 5왕조의 티(Ti)의 피라미드, 남쪽 옆에는 우나스(Unas)의 피라미드(5왕조 말), 아이두트(Idut)의 피라미드(6왕조 초), 네페르(nefer)의 피라미드(5왕조), 카르(Qar)의 피라미드(6왕조), 18왕조의 마야(Maya)의 피라미드, 메리네스(Meryneth, Akhenaten왕 시절의 재상, 사용하지 못했다)피라미드, 호렘헵(Horemheb, Akehenaten왕조의 장군, 후에 파라오가 되지만, 왕이 된 후 다른 곳에 무덤을 썼다)피라미드, 더 남쪽으로는 6왕조의 페피(Pepi)1세의 피라미드, 그 옆에 안케센페피(Ankhesenpepi) 왕비의 피라미드, 그 남쪽으로 메렌레(Merenre, 페피1세와 안케센페피 왕비 여동생의 아들)의 피라미드, 더 남쪽으로 페피(Pepi)2세(Merenre와 Ankhesenpepi 왕비와의 사이에서 난 아들로, 90년이나 재위한 최장수 파라오이지만 그의 사후 이집트는 연이은 기근과 정치적 혼란에 빠져들어 고 왕조시대를 마감하게 된다)의 피라미드가 있다.

사카라와 인접한 고대 수도 멤피스 박물관 뜰에 있는 대리석 스핑크스

5. 쿠푸 Khufu 왕의 대피라미드 great pyramid

　이집트 기자의 3대 피라미드는 세계의 어떠한 고대 건축물보다도 전율을 느낄 정도로 압권이다. 카이로는 대체적으로 지평선인데 기자지구는 사카라지구와 같은 석회암으로 구성된 언덕 위에 축조된 대피라미드, 이것은 유일하게 현존하고 있는 세계의 7대 불가사의 중에서도 첫번째 손꼽히는 기적이다. 신비한 수많은 전설을 휘감은 피라미드는 언제나 경탄과 찬미의 대상인 동시에 의혹과 질시의 시선을 한 몸에 받고 있다. 정말 저런 것이 어떻게 수천 년 전에 인간의 손으로 만들어졌단 말인가! 무수히 많은 탐험가들과 학자들이 오랜 세대에 걸쳐 대피라미드를 찾았었다. 기자의 언덕 위에 우뚝 선 위용은 거대한 한자의 山자 형태가 가까이 다가갈수록 점점 더 완벽한 대칭의 기하학적 모습으로 나타나는 것이다.

기자의 3대 피라미드 - 좌측부터 쿠푸, 카프라, 멘카우라 피라미드. 앞에 작은 세 개는 멘카우라 왕비들의 피라미드

　고대 그리스인들은 지중해 주변의 거대한 건축물 7개를 골라 세계 7대 불가사의 건축물로 명명했다. 이집트 쿠푸의 피라미드, 그리스 올림피아의 제우스 신전, 할리카르나수스의 마우솔로스 왕릉, 바빌론의 공중정원, 로도스 섬의 콜로서스 거상, 알렉산드리아의 파로스 등대, 에페수스의 아르테미스 신전이 그것이다.

인간은 세월을 두려워 하고, 세월은 피라미드를 두려워 한다.
(Man fears time, but time fears the Pyramids.) — 아라비아 속담

이 그림은 내가 이제까지 목도한 것 가운데 가장 놀라운 건축양식상의 개념을 나타내고 있다. 이것을 능가하는 무언가를 짓는다는 게 가능할까? 아니다. 나는 그렇게 믿지 않는다.
— 1787년 로마를 찾았던 괴테가 프랑스의 여행가 루이 프랑수아 카사가 그린 대피라미드 그림을 보고 한 말

카프라피라미드 앞에서 필자

　피라미드란 말은 그리스어의 Pyramis에서 유래했는데 고대 이집트 왕들의 무덤을 말한다. 이것은 고대 이집트에만 있었던 것은 아니고 수메리아, 앗시리아, 바빌로니아 그리고 여러 메소포타미아 문명에서도 볼 수 있다. 고대 이집트인들은 피라미드를 메르(Mer)라 하고 상형문자 ▲로 표시했다.

　보통 세계 7대 불가사의로 언급되는 피라미드는 기자의 3대 피라미드 전체를 의미하거나 3개 중에서 가장 규모가 큰 쿠푸의 대피라미드만을 뜻한다.

　이집트의 피라미드를 보다 쉽게 이해하기 위해서는, 먼저 피라미드와 깊은 연관이 있는 미라를 알아야 한다. 고대 이집트인들은 사후에 부활한다고 믿었기 때문에 사후에도 생전과 같은 완벽한 시신 보존이 필요했다. 그러기 위해서 시신에서 부

이집트인들이 미라를 만들 때 내장을 보관하던 카노푸스 단지. 신들의 머리 모양으로 만든 네 개의 항아리로 구성되어 있다

패하기 쉬운 뇌와 내장을 적출하고, 그 내장은 따로 4개의 카노푸스 단지에 보관했고, 몸은 방부처리를 해 미라를 만들었다. 왕조시대 이전의 고대 이집트에선 사망한 사람들을 사막의 약간 깊은 구덩이에 놓고 모래로 덮어 매장했다. 그러면 건조한 공기와 더운 모래 때문에 시신은 급속히 탈수되어 수의가 썩기도 전에 건조한 상태인 자연적인 방법으로 완전하게 보존 처리가 되곤 하였다.

그리고 '사자의 서'가 시신과 함께 묻힌다. 이것은 사후세계에서 평온하게 살 수 있다는 주술적인 의미라고 한다. 이것은 파피루스로 만든 것인데, 처음에는 왕족에서만 행해지다가 후왕국 시대에서는 평민까지도 이어서 하였다. 이런 용도로 개발된 것이 피라미드의 기원이 되는 마스타바는 현대 아랍 말로 '벤치'라는 뜻의 직사각형 묘로, 무덤 모양이 이집트인들의 집 앞에 놓여 있는 흙벽돌로 만든 벤치와 유사하기 때문에 그러한 이름이 붙었다.

오늘날 이 마스타바 무덤들은 아비도스, 나카다, 사카라, 기자, 메이둠, 아부시르 등지에서 발견된다. 초기의 마스타바들은 암반을 파고 내려가서 매장실을 만든 다음, 장례가 끝난 뒤 천장을 나무 등으로 메우고 그 위에 흙벽돌로 직사각형의 구조물을 만들었다.

오랜 기간이 흐르면서 점점 더 큰 마스타바가 만들어져 지상 또는 지하에 여러 개의 방을 만들고, 그 중 한 방에는 죽은 사람의 미라를 안치했고, 다른 방에는 사자(死者)를 위한 물건들을 넣었다. 높이가 5m에 달하는 것도 발견됐는데, 마스타바를 다 만든 다음에 매장하기 쉽도록 매장실로 통하는 계단식 통로를 설치하기도 하였다. 이 마스타바는 곧 피라미드로 발전하는 토대와 서막을 열게 된다.

마스타바

피라미드의 기원인 마스타바는 왕족이나 고관의 무덤으로 지하에 미라를 안치했다

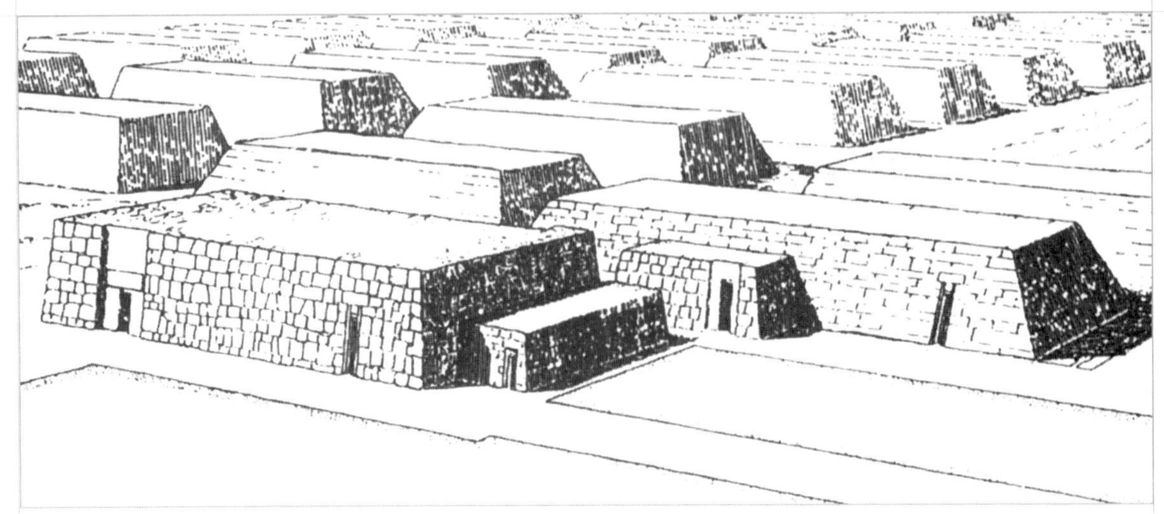

기자에 있는 서쪽 공동묘지 일부를 재구성해 본 모습. 전면에 있는 것은 니수트네페르(Nisutnefer)와 카니니수트(Kaninisut)의 마스타바다(융커)

　　제1왕조(B.C. 3000년 경)의 파라오는 가까운 사막의 절벽에서 절단한 석회암을 무덤구멍 바닥에 깔았고, 제2왕조의 파라오는 묘실 내부 전면을 석회암으로 두르기도 하였다.

　　세계 최초로 석재로 축조된 피라미드는 사카라 지역에 세워진 것으로, 제3왕조(B.C. 2600년 경) 조세르시대에 시작되었다. 조세르는 제3왕조의 두 번째 왕인데, 조금 다듬어진 장방형 돌을 사용하여 여러 번 증축하여 계단식 피라미드를 완성하였다. 제4왕조의 스네프루는 쿠푸의 아버지로 피라미드의 전형을 세운 사람으로 유명하다. 그는 일반적으로 5개의 피라미드를 건설했다고 알려지고 있는데, 그가 이루어 놓은 피라미드의 건설 방법을 토대로 이집트의 수많은 피라미드들이 건설될 수 있었다.

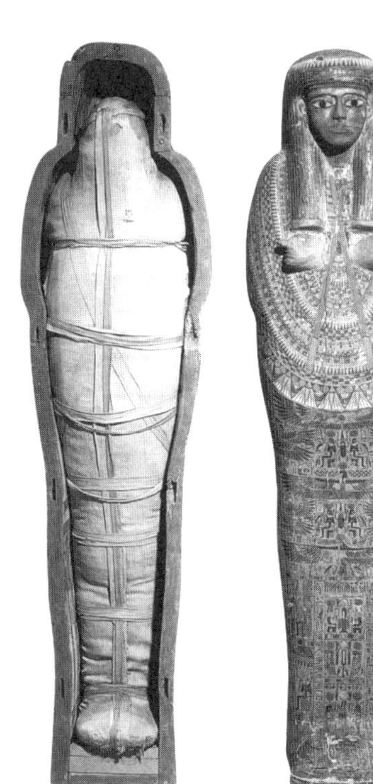

미라와 채색한 관

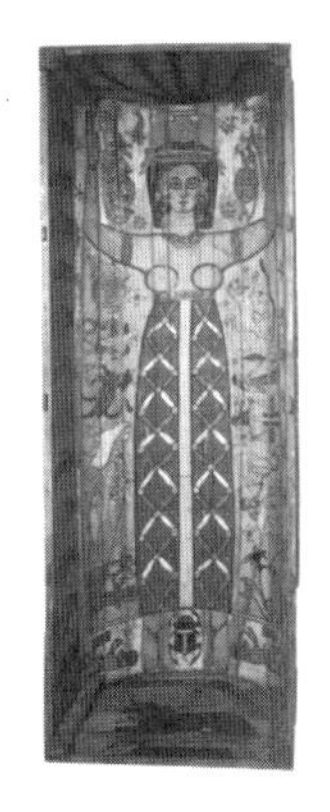

관 뚜껑 안에 그려진 하늘의 여신 누트

　　스네프루를 이은 쿠푸왕(B.C. 2551~2528 재위) 때부터 피라미드의 축조술은 더욱 발전하여 쿠푸, 카프라(그리스어로 케프렌), 멘카우라(그리스어로 미케리노스)의 3대 피라미드 즉, 기자의 3대 피라미드가 세워진다. 이들은 현재 카이로(카이로 이름은 기자에서 따왔다) 교외에 있는데, 이 중에서 쿠푸의 피라미드가 가장 크며 일반적으로 대(大)피라미드라고 부른다.

대피라미드의 규모에 관한 모든 수치는 통상 이집트 정부가 1925년에 최종적으로 내놓은 보고서에 따른다. 바닥면 길이는 남쪽면 230.45m, 북쪽면 230.24m, 동쪽면 230.39m, 서쪽면 230.24m이다. 대피라미드의 높이는 146.60m로 추산하고 기울기는 51.52°이다. 바닥 면적은 5헥타르나 되며, 학자들의 주장에 의하면 2.5톤의 돌덩어리가 230만 개가 사용되었으며, 무게는 거의 700만 톤에 달한다고 한다.

이집트의 피라미드라고 하면 거의 대부분 기자에 있는 3개의 피라미드를 연상하는데, 이들은 이집트의 제4왕조(B.C. 2613~2494)시대에 세워진 것이다. 이집트에서는 크고 작은 피라미드가 많이 만들어졌으며, 현재 그 위치가 확인된 것만도 118여 기나 된다.

현대 기하학의 요람이 이집트라는 설은 많은 학자들의 지지를 받고 있다. 대부분의 고대 지식인들, 즉 헤로도토스, 플라톤, 세르비우스, 클레망 알렉산드르, 헤론르 지오미트르, 시실리의 디오도로스, 포르피우 등은 고대 이집트가 동시대의 다른 문명에서는 상상할 수 없는 고도의 과학적 지식을 갖고 있었다고 입을 모았다.

피라미드 건설의 목적

피라미드를 왜 축조하였을까?

이 의문에 대해서 아직까지 명확하게 결론이 내려진 것은 없다. 다만 이집트 종교 학자들은 피라미드 형태가 태양 숭배와 관련있다고 설명한다. 그들에 따르면 피라미드의 각 모서리는 하늘을 향해 올라가는 사다리를 표현하는 것이다. 즉, 피라미드는 태양의 기념물이라는 주장이다. 매의

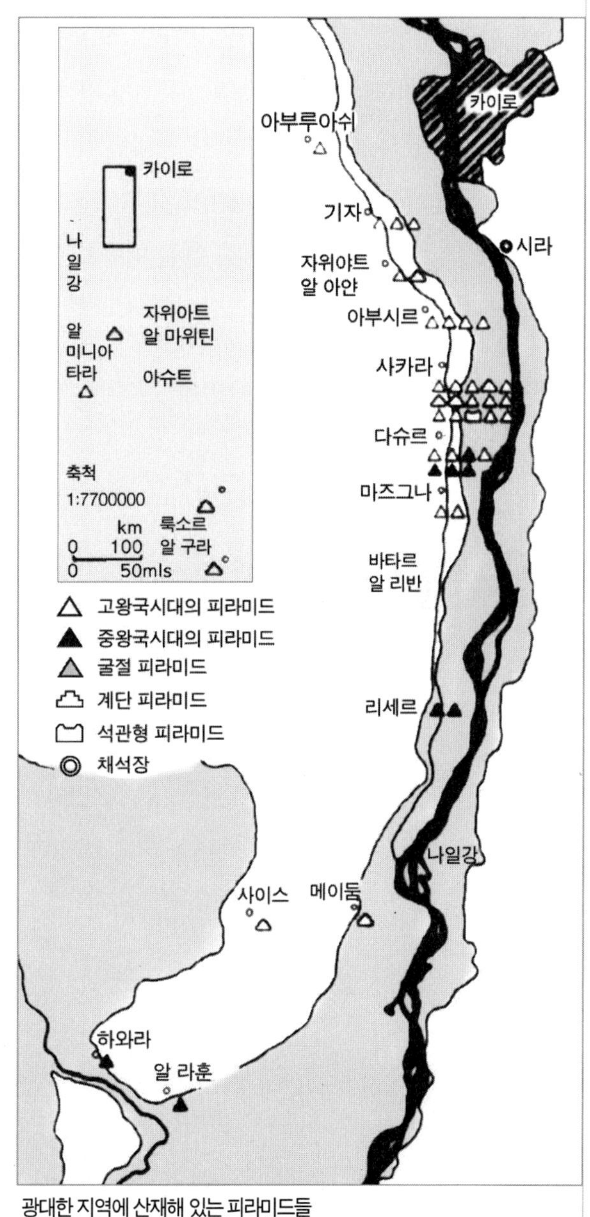

광대한 지역에 산재해 있는 피라미드들

머리를 가진 태양신 '레'의 숭배가 고대 이집트 종교의 중추를 이루었기 때문이다.

1881년에 발견된 우나스 왕의 '피라미드 텍스트'와 파라오의 피라미드 석주(石柱)에는 하늘에 이르는 성스러운 계단 또는 사다리의 개념이 적혀 있다. 파라오가 하늘에 도달할 수 있도록 계단을 건설하였다는 것이다.

기자의 경우 구름 사이로 태양이 비칠 때, 그 빛은 종종 대피라미드와 각이 똑같아진다. 기자의 대피라미드는 바로 하늘에서 내려오는 태양광선을 상징하는 것으로 볼 수도 있다는 것이다.

홀과 같은 학자들은 피라미드는 상부로 향하는 비밀 통로의 기능이 있다고 주장하였다. 홀에 따르면 고대의 이집트인들은 피라미드 내에서 신비스런 의식을 거친 선택된 사람들만이 신으로 변할 수 있다고 생각했다. 그들은 피라미드 안에서 3일 밤낮을 누워 있으면 그동안 그들의 카(ka: 각 사람의 영혼 또는 본질)가 육신의 몸을 떠나 정신적인 공간의 영역으로 들어간다고 믿었다. 이 과정을 거친 사람만이 신이 된다고 믿었으므로, 이 의식은 파라오들에게 매우 중요한 것이었다. 피라미드가 파라오의 영생을 위한 신탁의 장소라는 뜻이다.

많은 학자들은 피라미드의 건설 이유를 명확히 대지 못하는 것은, 피라미드가 무덤이라는 한 가지 목적만을 위해서 건설되었다고 보기에는 엄청나게 거대하기 때문이다. 그러므로 오

우나스 피라미드의 묘실 벽
고대 피라미드 텍스트가 적혀 있다. 그러나 학자들은 이 내용을 명확하게 해석하지 못하고 있다

늘날에 와서는 피라미드는 단순하게 무덤이라는 한 가지 목적이 아니라 여러 가지 복합적인 목적으로 이루어진 복합건축물이라는 해석이 많은 공감을 얻고 있다.

그러나 피라미드를 왜 건설하였는지에 대한 해답은 건설 당시의 지리적인 입지 그리고 사회상과 종교적인 관념으로 연결하면 쉽게 찾을 수 있다. 피라미드는 약 5000년 전에 1000년 동안의 이집트가 국가 운명을 걸고 건설한 신성하고 엄숙한 건축물이다.

리슈트에 있는 아메넴헤트1세의 파라미드

이집트 제4왕조 초대 파라오이며, B.C. 2575년부터 24년간 통치하고 아들인 쿠푸(Khufu)에게 파라오의 자리를 물려준 스네프루도 메이둠(Meidum, 사카라부터 100km 남쪽에 위치)에 선왕 후니(Huni)를 위해 피라미드를 축조한 바 있다.

그 이후 스네프루는 어떤 이유인지는 알 수 없으나 피라미드를 다슈르에 옮겨 굴절피라미드를 축조하기 시작했고, 이 공사가 끝나기 전에 다시 북쪽에 삼각형으로 피라미드를 축조했다. 이 피라미드는 석재(석회석)가 붉은 빛을 띠고 있다 하여 '붉은피라미드' 로 불리기도 한다.

이 피라미드 이전의 피라미드들은 소형이고 어머니 젖가슴 형태의 봉분으로 축조되었다. 그 후 계단식 피라미드를 축조하고 그 후 스네프루의 굴절피라미드와 이후의 피라미드는 모두 중형 크기와 대칭의 기하학적인 모서리의 각이 일정한 형태를 이루고 있다.

〈스네프루가 건설했다는 대표적인 피라미드와 그 구조〉

무너진 피라미드, 메이둠

굴절 피라미드, 다슈르

붉은 피라미드, 다슈르

6. 세계 학자들의 주장과 탐구활동, 연구 성과

먼저 필자가 연구한 내용과 비교하기 위하여 부득이하게 학자들에 의하여 서술된 것을 가능한 원문 그대로 인용하였다. (44~82면까지) 이미 널리 알려진 대피라미드에 대한 세계 학자들의 주장과 탐구활동, 연구 성과에 대하여 알아보자.

대피라미드에 대한 연구 활동을 벌인 사람들의 이름 모두를 여기에서 소개하는 것은 거의 불가능하기에 대표적인 몇몇 학자들의 주장만 참고적으로 살펴보자.

먼저 헤로도토스나 스트라본, 디오도로스 그리고 플리니우스 같은 고대의 인물들은 대피라미드를 보며 감격했다. 꾸며낸 이야기도 적지 않게 섞여 있는 이들의 기록들은 수백, 수천 년을 이어오면서 오늘까지도 전해지고 있다. 기록들은 예를 들어 당시 동원된 인력의 규모나 파라오가 묻혔다는 지하의 인공 섬에 이르기까지 다양한 면면을 자랑한다.

중세의 아랍 역사가들 중에서 대피라미드에 혼신의 정열을 바친 사람들은 마수디, 이드리시, 라티프, 마크리지 등이다. 이들이 전하고 있는 정보는 물론 의심의 여지가 없는 것들이 대부분이기는 하다. 예를 들어 대피라미드 내부로 들어가기 위한 시도들에 관한 것이나 멘카우라의 피라미드를 허물었다는 이야기 등은 정확한 전언들이다. 그러나 이들의 기록 역시 전설과 상상의 흔적을 적지 않게 담고 있다.

대피라미드는 유럽 탐험가들 또는 성지 순례자들의 목표이거나 적어도 꼭 한번 들러봐야만 할 곳이었다. 예를 들어 중세 16세기 말엽에는 하란트, 17세기에는 멜턴, 18세기에는 니부어와 포콕이 각각 대피라미드를 찾았다. 영국학자 그리브스(1602~1652)의 1646년에 출간된 『피라미도그라피아—이집트의 피라미드에 관하여』는 이집트학 연구가가 최초로 대피라미드를 다룬 책이다. 그리브스는 몸소 대피라미드에 올라 그 석재들의 크기를 실측하고, 피라미드 내부로 들어가려는 시도까지 했던 인물이다. 그가 그린 대피라미드의 단면도는 당시로서는 놀라우리만치 정확한 것이었다. 이런 노력에도 불구하고 대피라미드는 대부분의 여행가들에게 여전히 신비하고 놀라운 경외의 대상인 것이다.

대피라미드에 관한 연구 상황은 근대 19세기에 들어와서 일대 변환이 이루어진다. 물론 여전히 모험적이고 아마추어적인 요소들이 남아 있기는 하지만 점차 학문의 틀을 갖춘 본격적인 연구가 진행되기 시작한 것이다. 나폴레옹 탐사대의 학예위원회 위원들 즉 드농, 조제프 쿠텔, 에드메 조마르 등은 대피라미드를 정확하게 실측하고 기록하면서 그 주변까지 철저히 탐사했다.

영국인 바이스와 페링이 대피라미드를 탐사한 것은 1837년이다. 이들은 주로 왕의 묘실 바로 위에 있는 과부하 방지 체계 즉, 소위 통풍구와 피라미드 자체 그리고 대피라미드의 동쪽에 있는 왕비들을 위한 세 개의 작은 피라미드를 집중 탐구했다. 이들의 저서 『기자의 피라미드들』은 오늘날까지도 귀중한 학문적 자료로 남아있다.

이미 1760년대에 영국의 외교관이자 탐험가인 너대니얼 데이비슨은 하부의 과부하 방지용 공간과 이 공간을 대회랑과 연결시켜 주는 터널을 발견했다. 조반니 바티스타 카빌리아가 피라미드 내부의 그 많은 공간들을 정리해가며 탐사 작업을 벌인 것은 19세기 초였다. 그 중에는 내리막의 통로도 있었고, 지하의 묘실도 작업 대상이었으며, 왕비들을 위한 석실을 찾아내기도 했다.

렙시우스는 1843년과 1844년에 걸쳐 이집트를 탐사하면서 특히 대피라미드의 구조를 집중 조사했다. 작업을 끝낸 그는 피라미드의 중심부가 돌을 쌓아 만든 와형을 가지고 있을 것이라는 의견을 내놓았다. 탐구 중에 프로이센의 왕 프리드리히 빌헬름4세의 생일을 맞은 독일 고고학자들은 모든 영광을 그들의 최대 후원자인 왕에게 바쳤다.

이들이 이집트학의 역사에서 학문적으로나 수집가로서 가장 큰 성공을 거둔 팀이라는 사실은 우연의 결과가 아닌 것이다. 프로이센의 탐사대는 한때 최고의 이집트학 역저였던 『이집트와 에디오피아의 유적들』을 펴냈으며, 자그마치 15,000개나 되는 고대의 유물들을 베를린으로 실어 날랐다. 이는 단일 탐사대가 세운, 지금껏 깨지지 않은 최대 기록이다.

1881년과 1882년에 걸쳐 대피라미드를 철저히 조사한 피트리는 렙시우스의 이론에 승복할 수가 없었다. 일벌레를 자처하는 피트리는 아예 대피라미드 근처에 있는 암굴 묘에 거처를 정하고 탐사 작업에 몰두했다. 이 암굴 묘에는 피트리 이전에 위인먼 딕슨도 기거했었다.

현대 이집트 고고학의 창시자로 불리는 피트리는 지독하게 꼼꼼한 성격의 소유자였다. 피트리는 기자의 피라미드들을 연구한 성과를 종합해서 『기자의 피라미드들과 신전들(The Pyramids and Tempels of Gizeh)』이라는 책을 펴냈다. 이 책은 오늘날까지도 이집트학의 중요한 저술로 꼽힌다.

피트리는 1860년대에 영국의 천문학자 찰스 피아지 스미스가 내놓은 의견도 비과학적인, 터무니없는 신비 사상임을 입증하고 싶어 했다. 그의 형제인 에드거(Edger)는 20세기 초에 소중한 측량 자료들과 사진 그리고 연구기록들을 모아 출판한 인물이다.

보르하르트가 특히 집중한 대목은 당시 피리미드의 터를 측량하고 방위를 잡는 데 쓰인 도구들이 무엇이었는가에 대한 것이었다. 물론 피라미드의 건설과정을 재구성하는 데도 많은 관심을 가졌다.

1954년 이집트의 고고학자 카말 말라크와 자키 이스칸데르 등이 대피라미드의 남쪽에 있는 두 개의 커다란 구덩이에서 보존 상태가 매우 양호한 배를 발견했다. 동쪽의 구덩이는 천장을 들어낸 다음, 그 안에 있는 배를 원상태로 복원했다. 서쪽의 구덩이는 지금까지 발굴을 못하고 있지만, 최근 탐사봉을 박아 넣은 다음 소형 카메라로 그 안을 확인했다.

1980년대 후반 프랑스의 건축학자 장 파트리스 도르미옹과 질 구아댕은 피라미드 내부 구조를 최신의 정밀한 지구물리학적 방법을 동원해 측정함으로써 대피라미드 연구에 새로운 활력을 불어넣었다. 앞으로도 다루게 될 이 프랑스 학자들의 연구는 최근의 일본 연구 팀의 측정을 통해 그 정확성이 다시 입증되었다.

가장 현대의 최근에 이루어진 이집트의 고고학자 자히 하와스(Zahi Hawass)의 탐사도 대피라미드 연구에 결정적인 기여를 했다. 오르막길과 장제 신전, 그리고 대략의 위치를 추정한 하안 신전을 집중 조사해 숭배용 피라미드와 그 피라미디온을 발견하는 데 성공한 것이다.

쿠푸가 다흐슈르에 있는 왕의 네크로폴리스를 포기한 것은 대피라미드를 지을 만한 공간이 부족하기도 했고, 충분한 석회암을 확보할 수 없었기 때문인 것 같다. 물론 점판암 지반에 대한 불안감도 한몫했을 것이다. 그래서 쿠푸가 택한 곳이 리비아 사막에 있는 암벽이었을 것이다. 바로 현재의 기자지구이다. 이 입지는 지반이 단단하기도 하거니와 무엇보다도 양질의 석회암을 충분히 구할 수 있었다.

피라미드의 중심을 떠받들고 있는 중앙의 돌출 부분에 이르기까지 암벽은 거의 수평으로 다듬어졌다. 보르하르트는 그 고도의 정밀성으로 미루어 볼 때 동쪽을 기점으로 측지를 한 것 같다는 의견을 밝히고 있다.

피라미드의 주축 공사에 쓰인 석재는 피라미드 남동쪽에 있는 채석장에서 나온 것이다. 석회암은 작업용 경사로를 통해 공사장으로 운반되었다. 앞서 살펴본 바 있는 로에르의 이론처럼 피라미드는 여러 경사로들이 체계를 이룬 상태에서 건설되었을 것이다. 그 중 채석장에서 공사 현장에 이르는 주된 경사로는 그 밑동의 폭이 50m에 이른다. 그 밖에도 많은 소로들이 연결되면서 중심의 일부를 형성한 것 같다.

어찌 보면 어처구니가 없을 정도로 간단한 방법이기는 하지만 이 경사로의 효과는 아주 크다. 이 경사로를 통해 약 5헥타르 정도의 피라미드 부지에 하층부로는 3톤까지, 상층부로는 1톤까지 석재를 운반할 수 있었던 것이다. 물론 훨씬 더 무거운 석재들도 적지 않았다. 예컨대 왕의 묘실을 짓기 위해서 들어간 장밋빛 화강암은 40~70톤이나 될 정도로 무거웠다. 이런 묵직한 석재를 약 70m 높이까지 끌어올린 것이다.

보르하르트는 렙시우스와 마찬가지로 피라미드 중심부가 경사가 진 돌 판들로 만들어졌다고 추정했다. 그러나 최근 프랑스 지구물리학자들의 조사에서 드러났듯, 내부 구조에는 매우 다양한 이질적 재료들이 사용되었다. 짐작컨대 대피라미드의 중심부에는 모래로 채워진 공간이 있는 것 같다. 이런 방법은 우선 비용이 저렴해서 건축 기법상으로도 매우 효과적이다.

경우에 따라서는 자갈도 채워 넣고, 공사현장에서 나온 각종 자투리들도 넣어가면서 쌓아 올린 중심부에는 서로 엇갈리면서 만들어진 작은 공간들이 많다. 이 공간의 전체 크기와 구조를 처음부터 정확하게 산출하기는 어려웠을 것이다. 이런 건축 방법은 그냥 돌만 쌓아 올린 경우보다 내부의 압력을 아주 효과적으로 분산시켜 준다. 이집트가 가끔씩 지진이 발생하는 지역임을 감안하면 대단히 현명한 선택이 아닐 수 없다. 대피라미드가 과연 어느 정도 규모의 모래 산인지를 밝혀보는 것도 매우 흥미로운 일이다.

중심부의 외벽을 형성하고 있는 것은 커다란 석재를 수평으로 맞추어 가며 쌓아 올린 담이다. 현재 남아 있는 석재의 수는 겨우 203개에 지나지 않는다. 위에서부터 7열까지의 석재들이 빼내어졌기 때문이다. 각 석재의 높이는 1~1.5m 정도다. 붉은피라미드와 마찬가지로 여기서도 약간 오목하게 쌓은 벽이 피라미드 외벽의 안정성을 높이는 데 기여하고 있다.

나일강 동쪽의 무카탐 산에서 채취된 곱고 흰 석회암이 외장재로 쓰였다. 이 외벽의 몇 군데는 현재도 원위치에 그대로 보존되어 있다. 최근에는 여기에 쓰인 돌들이 더 가깝고 접근하기 쉬운 장소에서 채취된 것이 아닐까 하는 의견도 제시되고 있다. 이를테면 아부 라와슈에 있는 제데프라피라미드의 서쪽에 있는 채석장 같은 곳 말이다. 이곳에도 눈이 부실 정도로 하얀 최고급 석회암이 있기 때문이다. 중심부와 외벽 사이에는 작은 돌들을 모르타르를 발라가며 쌓은 중간층이 있다. 이것 때문에 중심부와 외벽은 더욱 공고하게 결합되어 있다. 이 ‘중간층’ 을 두고 이집트학 관련 서적들에서는 영어 표현을 써서 ‘Backing stones’ 라고 부른다. 피라미드 정상 피라미디온은 어디론가 사라져버려 찾을 길이 없다.

원래의 입구는 북쪽 사면에 있었다. 약 1m 높이의 입구는 중심부를 쌓은 열아홉 번째 층과 맞닿아 있다. 어찌된 일인지 입구는 피라미드의 중심축과 정확히 맞지 않고, 동쪽으로 약 7.3m 정도 밀려나 있다. B.C. 25년 이곳을 방문했던 스트라본은 입구가 커다란 돌로 막혀 있었으며, 돌문은 이동이 가능했다고 적고 있다.

전해오는 애기로는 현재의 입구는 9세기경 칼리프 알마문이 뚫었다고 한다. 아랍 역사가들의 기록에 따르면 하룬 아라시드의 아들인 알마문은 겨우 식초만으로 굴을 뚫었는데, 파고 들어간 굴의 끝에서 금이 가득 담긴 커다란 그릇을 발견했다는 것이다. 그동안의 수고와 투자를 상쇄하고도 남는 금으로 알마문은 행복하게 살았다고 한다. 그러나 알마문은 이미 고대에 도굴꾼들이 파놓은 통로에 연결되는 굴을 판 것에 지나지 않은 것 같다.

내리막길로 되어 있는 원래의 통로는 먼저 중심부의 벽을 지나 지반인 암반을 통과한다. 지하 약 30m 정도를 내려간 통로는 평평한 길로 바뀌면서 석실에 이르게 된다. 이 석실은 정체를 알 수 없는 묘한 곳이다. 완공이 안 된 석실의 입구는 아무런 막이가 없이 그저 휑하니 뚫려 있다. 아무리 보아도 석실에는 단 한 번도 석관이 들어선 적이 없는 것 같다. 하기는 그 좁은 통로로 어떻게 석관을 운반했겠는가.

남쪽 벽에는 미완성인 막다른 통로가 남쪽으로 나 있다. 대부분의 연구가들은 이 통로가 원래 설계된 왕의 묘실에 이르는 것으로 보고 있다. 그러나 중간에 공사가 중단되면서, 상부의 공사가 채 끝나기도 전에 왕이 죽을 경우를 대비한 비상용 묘실이 되었다는 것이다. 하지만 슈타델만의 의견은 다르다. 그는 지하의 묘실이 죽음의 신 소카르를 위한 상징적인 묘혈이라고 주장한다. 소카르에게 제례를 드리는 원래의 사당은 기자에 있었다. 이 가설에 따르면 죽은 파라오는 이 무덤에서 소카르와 상징적으로 하나가 되는 의식을 치렀다는 것이다.

내리막길 통로는 피라미드 지반에 이르면 오르막길 통로로 갈라진다. 이 오르막길의 입구는 장밋빛 화강암으로 봉쇄되어 있었는데, 이곳을 알마문은 터널을 파서 돌아 들어갔던 것이다. 화강암 바로 뒤로는 대회랑이 이어진다.

대회랑은 정말 대단한 건축물이다.

천장은 거대한 화강암 판을 모두 일곱 겹으로 쌓은 벽면이 떠받들고 있고, 벽면의 각 층은 화강암 판을 모두 일곱 겹으로 쌓은 벽면이 떠받들고 있다. 벽면의 각 층은 화강암 판을 모두 일곱 겹으로 쌓은 벽면이 떠받들고 있고, 벽면의 각 층은 아래층보다 손바닥 너비만큼, 그러니까 7.5cm 정도 튀어나와 있다.

회랑의 양쪽 벽면에는 야트막한 받침대가 길게 놓여 있고, 각 받침대의 표면에는 전부 27

대회랑. 벽면의 벽감과 받침대 위에 난 구멍들이 보인다

개의 크고 작은 사각형 구멍들이 일정한 간격을 두고 나 있다. 구멍과 마주한 벽면에는 벽감들이 마련되어 있다. 이 공간의 정체를 두고 논란이 계속되었는데, 솔직히 말해서 그 어떤 설명도 만족스러운 해결을 제시하지 못하고 있다. 나무들보와 널빤지로 그 형태를 고정했을 것이라는 보르하르트의 의견에는 대부분 동의하고 있지만, 이 공간의 용도가 무엇인지는 도대체 알 수가 없다. 건자재를 나르기 위한 장치였을까. 아니면 침입을 막기 위한 봉쇄용 석재를 놓아두는 지지대였을까. 누구도 시원한 대답을 해주지 못하고 있다.

대회랑 끝의 서쪽 벽면 바닥 바로 위에 구멍이 나 있다. 여기서부터는 좁은 통로가 시작되는데, 이 통로를 두고 사람들은 작업로 혹은 대피로라고 부른다. 이렇게 이어지는 통로를 계속 따라가다 보면 피라미드 지하 깊숙이에서 길이 끊겨 있다. 그런데 흥미로운 점은 끊긴 지점이 지하 묘실로 들어가는 입구와 가깝다는 사실이다. 그러나 통로와 입구 사이는 막혀 있으며, 석회암 파편들과 모래를 쌓아 일부러 막아 놓았음을 알 수 있다. 과연 이 길이, 피트리가 생각하듯 장례식을 치르고 나서 인부들이 오르막 통로를 화강암을 내려뜨려 막아놓고 빠져나오는 대피로였을까.

믿을 수가 없다. 그랬다면 왜 위에서 모래를 쏟아 부어 굴을 막았단 말인가. 다른 의견에 따르면, 굴은 그저 암벽 속에서 지하 묘실 공사를 하던 인부들을 위한 통풍구에 지나지 않는다고 한다. 그렇다면 지하 묘실은 이 굴과 더불어 대회랑이 생겨난 다음에야 만들어졌다는 말이 된다. 하지만 지하 묘실은 대피라미드의 첫 공정에서 만들어진 것이다.

이른바 왕비들의 방으로 들어가는 입구는 마찬가지로 대회랑의 끝에서 시작해 남쪽으로 나아가는 평평한 통로다. 프랑스 탐사대가 지구물리학 탐사 작업을 벌인 곳이 바로 이곳이다. 통로 끝에서 약 5m 정도 떨어진 곳에는 낮은 턱이 있는데, 이곳의 바닥은 왕비들의 방바닥보다 정확하게 60cm가 낮다. 왜 그럴까. 혹자들은 이곳 바닥에 깔아 놓은 장밋빛 화강암을 도굴꾼들이 뜯어냈기 때문이라고 생각한다. 그러나 다른 의견은 이곳의 설계가 변경되어서 그렇다는 것이다. 즉, 왕의 묘실을 왕비들의 그것과 비교해 더 거창하게 만들려고 했다는 주장이다.

왕비들의 묘실은 정확하게 피라미드의 동서축에 맞춰져 있으며, 박공천장까지 포함해 모두 석회암으로 만들어져 있다. 그 동쪽 벽에는 약 4.5m 높이의 벽감이 만들어져 있으며, 그 천장은 와형으로 되어 있다. 이 벽감이 어떤 용도로 쓰였는지는 분명치가 않은데, 왕의 조각상을 세워두었던 곳 같다.

정체가 불분명한 것은 또 있다. 묘실의 남쪽 벽과 북쪽 벽에서 시작해서 위로 가파르게 올라가는 폭이 아주 좁은 굴이다(굴의 단면은 약 20×20cm 정도 크기밖에 되지 않는다). 어떤 학자들은 이 굴이 통풍구라고 주장하고 있고, 다른 학자들은 별을 관측하는 점성술과 관계가 있다거나 주술적 기능을 가진 것이 아닌가 한다. 비슷한 굴은 왕의 묘실에도 있다.

왕비들의 방에 있는 굴의 초입은 원래 막혀있던 데다가 위장까지 되어 있던 것을 1872년 딕슨이 발견해서 뚫은 것이다. 독일 고고학 연구소의 위탁을 받은 기술자 루돌프 간텐브링크는 1993년 직접 조립한 비디오카메라 장착로봇 'UPUAUT 2(개척자 2)'를 투입해서 남쪽 굴의 내부 벽을 촬영하게 했다. 조사 결과 굴의 끝이 작은 석회암 판으로 막혀 있으며, 판에는 심하게 부식된 구리 조각이 두 개 달려 있다는 것이 밝혀졌다. 이 돌 판 뒤에 무엇이 숨겨져 있을까를 두고 다시 무수한 의견들이 쏟아졌다. 하나만 예를 들어보면, 이 굴이 왕의 조각상이 있는 공간으로 들어가는 입구라는 주장이 있었다. 하지만 그 주장은 신빙성이 적다. 그 좁은 굴을 통해서 어떻게 조각상이 들어갈 수 있단 말인가. 또 하나 지적한다면, 굴의 끝 부분과 피라미드 표면 사이는 불과 6m밖에 되지 않는다는 사실이다.

논쟁을 더욱 뜨겁게 한 것은 대영박물관의 보관 창고에서 다시금 발견된 유물들이다. 여기서 나온 세 개의 물품은 딕슨이 왕비들의 방 북벽에 있는 굴에서 발굴해 가져다 놓은 것으로, 다시 발견된 지 그리 오래되지 않았다. 공 모양을 한 둥근 돌과 나무 막대기 그리고 제비꼬리 모양을 한 구리 물건이 그것들이다.

슈타델만은 로봇 탐사 결과와 대영박물관의 유품을 토대로 이 굴들이 통풍구라는 것은 말도 되지 않는다고 결론짓고 있다. 그가 보기에는 오히려 이 굴들이 영혼의 숨통이라는 것이다. 즉, 파라오의 영혼이 북녘 하늘로 날아올라 '꺼지지 않는 별(주극성)'이 됨과 동시에 남녘 하늘의 '빛의 나라'로 올라가기 위한 통로가 바로 이 굴들이라는 것이다. 묘실이 피라미드 입구보다 높게 만들어져 있기 때문에, 파라오의 영혼이 밖으로 나가려면 밑으로 내려갔다가 다시 올라와야 한다. 이 얼마나 번거로운 일인가. 그래서 이 굴들은 파라오의 영혼이 거침없이 하늘로 오르도록 배려한 것이라는 주장이다.

그러나 또한 여기에는 적잖은 의문이 있다. 우선 묘실에서 북쪽으로 나가는 길이 처음에는 밑으로 내려가다가 다시 출구를 향해 올라가도록 만든 피라미드가 대피라미드만은 아니라는 점이다. 예를 들어 메이둠의 피라미드나 다흐슈르의 붉은피라미드도 구조는 마찬가지로 되어 있다. 즉, 파라오의 영혼은 번거롭더라도 내려갔다가 올라오는 수고를 해야만 하는 것이다. 사정은 꺾인 피라미드도 비슷하다. 여기서도 영혼은 상부 묘실에서 나와 북쪽 통로를 거쳐 위로 올라가는 수고를 피할 수 없는 것이다. 하지만 이 피라미드들 어디에도 북이든 남이든 빠져나갈 수 있는 좁은 굴은 보이지 않는다.

더구나 슈타델만은 위에 언급한 피라미드들 대부분이 같은 방식으로 설계되었다고 주장하지 않았는가. 만일 그렇다면 왜 하필 대피라미드에 있는 왕비들이 방에만 굴들이 있는가. 다른 피라미드에서는 그런 것을 전혀 찾아볼 수 없지 않은가 말이다.

그렇다면 해답은 어디에 있을까.

왕비들의 묘실이 파라오의 갑작스런 죽음을 대비한 비상용 묘실일 수도 있다는 것은 충분히 가능한 이야기다(그래서 여기에는 석관도 없고, 그 복잡한 보안용 장애물도 없는 것이 아닐까). 당시 건축가들은 대회랑과 왕의 묘실을 짓는다는 것이 얼마나 복잡하고 어려운 공사인지를 충분히 의식하고 있었던 것 같다. 이런 대공사는 일찍이 그 예를 찾아볼 수 없었지 않은가. 따라서 그들은 어려움을 과소평가할 수도 없었고, 준공의 정확한 시점도 예견할 수 없었을 것이다.

왕비들의 방이 먼저 마련된 것은 이런 사정을 염두에 두었기 때문이다. 그러나 왕의 묘실을 덮은 높다란 과부하 방지용 박공지붕이 완공되자, 왕비들은 방의 그 의미를 잃고 말았다.

그래서 왕비들의 방에 있는 굴들은 그 용도가 무엇이었든 간에 화려한 의식과 함께 막아졌으리라. 눈여겨 볼만한 점은 로봇이 조사한 왕비들 묘실의 남쪽 굴을 막아 놓은 위치가 파라오 묘실의 박공지붕의 정점 높이와 딱 맞아떨어진다는 사실이다.

물론 왕비들 묘실의 정체를 밝혀내기 위해 머리를 짜낸 이 궁리도 굴의 용도를 설명하지는 못한다. 여러 이론들 중에서 가장 그럴듯하게 들리는 것은 그래도 통풍구라는 주장이다. 당시 공사 책임자들은 피라미드 입구보다 높게 만들어진 묘실의 위치 때문에 공기 순환이 어렵다는 것을 잘 알고 있지 않았겠는가. 이는 심각한 상황을 빚을 수도 있는 문제다.

이를테면 장례식을 치르느라 동시에 많은 사람들이 묘실 안에 모여 있다면 대단히 위험할 수 있다. 굴들이 정확히 '별들을 향해 있다는 것' 도 전혀 이상할 것이 없는 당연한 결론이다. 고대 이집트인들은 바람이 주로 북쪽에서 불어온다는 것을 잘 알고 있었다. 이는 당시 나일강을 오가는 배의 운항을 봐도 분명하다. 따라서 굴의 방위를 정하면서 북녘이나 남녘 하늘에 떠 있는 별의 위치를 따른다는 것은 조금도 이상할 것이 없는, 아주 현실적인 선택이다.

게다가 당시의 종교관이나 장례풍습에서 별을 중시하는 것은 당연하지 않은가. 왕의 묘실에 있는 굴들은 이래서 만들어졌을 것이다. 물론 이 '통풍구 이론' 이 풀어야 할 또 다른 의문은, 그렇다면 도대체 왜 하필이면 대피라미드에만 이런 굴들이 있는가 하는 것이다. 그렇지만 다른 피라미드들에서는 묘실이 입구보다 낮지 않은가.

대회랑의 위쪽 끝과 왕의 묘실을 잇는 짧은 통로에는 파라오 미라에 대한 접근을 막는 마지막 장애물이 있다. 장애물의 정체는 아차 하는 순간 떨어져 내리는 세 개의 붉은 화강암으로, 이 돌들은 원래 밧줄과 활차를 이용해 수직으로 매달아 놓았던 것이다.

쿠푸의 시신이 있는 것이 분명한 왕의 묘실은 고대 이집트 건축의 또 다른 걸작이다. 엄청난 하중을 지탱하기 위해 묘실은 화강암으로만 지어졌다. 묘실의 평평한 천장만 해도 아홉 개의 거대한 석재들이 모여 이루어진 것으로, 그 전체 무게만 400톤이 넘는다. 물론 천장에는 몇 개의 작은 갈라진 금이 보인다(남쪽 벽으로 갈수록 많아진다). 그러나 세월의 무게도 함께 고려해야만 한다. 묘실의 천장이 그 엄청난 무게를 견디고 있은 지도 벌써 4,500년이 아닌가. 워낙 튼튼한 석재를 쓴 탓도 있지만, 특히 중요한 것은 당시의 사려 깊은 시공 방식이다. 천장 위로 다섯 개나 되는 과부하 방지 및 분산용 공간을 만들어놓고 있다.

야트막한 이 공간들을 덮고 있는 것은 별로 손질을 하지 않은 커다란 화강암이다. 이 공간 중에서 가장 높은 것만이 박공지붕을 하고 있다. 공간의 벽면들은 석회암과 화강암을 교대로 써가며 만들었다. 벽에는 정말 많은 낙서가 되어 있는데, 여기에는 물론 현대 방문자의 것만이 아닌 건축 당시의 진품들도 적지 않다. 그 중 하나가 '제17차(가축) 마리 수 조사'인데, 이는 쿠푸의 재위기간을 입증하는 것 중에서 가장 나중의 것이다. 현재 이 공간들로 들어가는 입구는 대회랑 끝의 남쪽 벽 천장 아래 있다.

영국의 외교관 데이비슨은 이미 18세기에 이 공간들 중에서 가장 낮은 곳을 방문했다. 그래서 이 공간의 이름도 데이비슨이다. 나중에 붙여진 다른 공간들의 이름은 넬슨(Nelson), 웰링턴(Wellington), 레이디 아버스닛(Lady Arbuthnot)이며, 가장 큰 공간은 스코틀랜드의 외교관이자 아마추어 고고학자인 패트릭 캠벨(Patrick Campbell)의 이름을 따고 있다. 파라오 묘실 바닥에서 이곳 캠벨 석실의 박공지붕 정점에 이르기까지의 높이는 자그마치 21m이다.

파라오 묘실의 서쪽 벽 가까이에 있는 쿠푸의 관은 화강암으로 만든 것으로 남북 측을 따라 놓여 있다. 뚜껑은 없으며, 물론 왕의 유골도 흔적을 찾을 수가 없다. 그 규모로 미루어 관은 묘실 공사가 진행되는 동안 그곳에 세워놓았음에 틀림없다. 관의 단순하고도 조촐한 모습은 전체 묘의 웅장함과 좋은 대조를 이룬다. 이를 염두에 둔 에드워즈는 관이 원래의 것이 아니라 급히 날조된 대리품이라고 추정한다. 진짜 관은 아스완의 채석장에서 운반하는 도중 깨지고 말았다는 주장이다. 혹시 관을 실은 배가 침몰한 것은 아닐까?

디오도로스가 전하는 바에 따르면, 쿠푸는 결국 자신의 피라미드에 묻히지 않았다고 한다. 중세의 아랍 역사가들은 한술 더 떠서 미라 모양의 관과 파라오의 유골에 관해 언급하고 있다. 그러나 정작 어디에 있다는 말은 아무 데서도 찾아 볼 수 없다. 이런 사정에 맞게 상상의 나래를 펼친 사람은 폴란드의 건축가 코진스키다.

그는 앞서 언급한 왕의 묘실 천장에 있는 갈라진 금들이 얼핏 보기보다 더욱 심각한 파국을 낳았다고 주장한다. 즉, 피라미드가 완공되기도 전에, 화강암과 석회암의 서로 다른 강도로 인해 멀리 떨어진 곳에 있는 사람의 귀청이 떨어져 나갈 정도의 엄청난 굉음과 함께 묘실이 무너져 내리고 말았을 것이라는 의견이다. 과연 이런 위험한 사고가 정말 있었을까? 그래서 어쩔 수 없이 묘실을 새로 지은 것일까?

누차에 걸친 탐사에도 불구하고 많은 의문들은 풀리지 않고 있다. 정말이지 대피라미드는 그 몸집만큼이나 많은 신비를 담고 있다. 특히 논란이 되고 있는 것은 피라미드의 건축 진행과정이다. 단계별로 설계를 달리해가며 피라미드가 지어졌다는 주장과 처음부터 통일적인 하나의 설계 아래서 공사가 진행되었다는 반박이 한 치도 양보하지 않고 맞서고 있다.

단계적 변화를 주창하는 선봉에는 보르하르트가 서 있다. 그에 따르면 공사는 전부 세 단계로 진행되었는데, 특히 묘실의 위치가 단계마다 변경되었다는 것이다.

묘실을 지하에 두기로 한 첫 번째 단계는 지하 구조의 높이가 약 13m에 달하자 중단되었다. 두 번째 단계는 이른바 왕비들의 방을 왕의 묘실로 선택했었다. 그러나 이 단계도 미완으로 끝나고 말았다. 그런 다음 시작된 세 번째 단계는 대회랑과 왕의 묘실 그리고 소위 대피로의 건설을 포괄하는 것이었다.

보르하르트의 이론에 결정적인 반론을 제기하고 있는 사람들은 마라졸리오와 리날디다. 이들의 주장은 지하구조에 자리를 잡은 모든 공간들이 통일적인 전체를 이루고 있으며, 때문에 이 건조물이 동시에 설계된 것임에 틀림없다는 것이다. 지하의 묘실은 예기치 못한 왕의 죽음을 대비해 비상 묘로서 만들어둔 것이다. 무엇보다도 통로의 아래 부분이 약간 좁아진 것을 보면, 이미 설계 단계서부터 대회랑의 건축을 계획했다는 것이다. 비상시 통로를 차단할 암석을 둘 장소를 마련하기 위해 통로가 좁아졌다는 주장이다. 이 이탈리아의 학자들은 이른바 왕비들의 방이 왕의 묘실로 계획되었을 것이라는 설을 인정하지 않는다. 특히 왕비들의 방 동쪽 벽에 있는 벽감을 근거로 이 공간이 어떤 특별한 목적을 위해 묘실과는 전혀 별도로 만들어졌을 것이라고 주장한다.

슈타델만도 대피라미드의 통일적 설계를 지지한다. 피라미드들이 본래 세 개의 공간을 갖는 체계로 만들어졌을 것이라는 자신의 이론에 비추어보면, 왕비들의 방은 다흐슈르에 있는 붉은피라미드의 두 번째 전실과 맞아떨어진다는 것이다.

대피라미드, 특히 그 복잡한 내부 체계를 둘러싼 논쟁은 앞으로도 오래 지속될 것임이 분명하다. 여기서 웨스트가 파피루스에 나오는 다음 대목을 인용해 보겠다.

"쿠푸 폐하는 헬리오폴리스에 있는 토트의 성지에서 그 비밀의 방을 찾으시느라 머무르셨다. 폐하의 지평선 위에도 그와 같은 것을 우뚝 세우기 위해서다."

쿠푸의 피라미드는 '쿠푸의 지평선'이라는 이름으로 잘 알려져 있음을 생각나게 하는 대목이다. 이로 미루어 볼 때, 중왕국시대의 파피루스 필자는 그 복잡한 공간 설계를 익히 알고서, 이렇게 설계한 근거를 추적한 것으로 보인다. 오늘도 끊임없이 계속되고 있는 대피라미드의 숨은 공간들을 찾아내려는 지치지 않는 노력은 이렇듯 '훌륭하고도 확실한 근거'를 가지고 있는 것이다.

　스트라보는 이집트에 머물면서 이집트에 대한 많은 자료를 수집했는데 3대피라미드 중에서 가장 작은 피라미드로 다소 경시되던 멘카우라의 피라미드에 대해 적었다.

　대피라미드라면 프린느도 제외할 수 없다. 그는 쿠푸가 자신의 재산을 그의 후계자나 라이벌들에게 주지 않기 위해 거대한 피라미드를 세웠는데, 그 돌들을 아랍에서 갖고 왔다고 했다. 그가 적은 대피라미드 각 변의 길이는 231.53m로 실제와 거의 같지만, 높이는 214.38m로 적었다. 그것은 아마도 그 당시에 정확하게 높이를 잴 수 있는 방법이 별로 없었기 때문으로 보인다. 그 역시 36만 명의 노동자가 20년 동안 일을 했다고 하는 것을 볼 때 스트라보의 자료를 그대로 인용한 것으로 보인다.

　피라미드에 대해서는 필론도 빼놓을 수 없다. 그는 쿠푸의 대피라미드 정상까지 직접 올라가 아래를 바라본 감회를 다음과 같이 적었다.

　"멤피스의 피라미드는 인간의 힘을 초월하여 건설한 것이므로 그들에 대한 설명도 상상을 초월할 수밖에 없다. 그것은 산 위에 쌓여진 산으로서 그곳에 놓여진 돌들을 모두 멀리서 운반했을 거라는 생각을 하면 머리가 아플 지경이다. 제일 먼저 어떤 거중기를 사용하여 그 높은 곳까지 돌들을 옮겼을까 하는 의문이 생긴다."

　사각형의 기초 위에 피라미드를 만들었는데, 우선 땅 위로 돌로 건물 높이만큼의 기초를 만들었다. 그런 다음에 건물을 점차 줄여가면서 건설했는데 마지막에는 한 점으로 끝난다. 고대에 헤로도토스를 포함하여 모두 12명의 학자들이 대피라미드에 대해 적었는데 각자가 바라보는 각도가 다르기 때문에 기록된 내용은 서로 많이 달랐다.

　그 중에서도 헤로도토스의 이야기는 현대의 과학자에 의해 거의 모두 부정되었다. 우선 피라미드를 건설하기 위한 인원부터 엄청난 차이가 난다. 헤로도토스는 10만 명이 동원되었다고 했지만, 피트리 경(영국의 고고학자 겸 이집트 학자. 대피라미드를 과학적으로 측정했으며 노동자들의 숙소를 발견하는 등 피라미드를 연구하여 이집트학의 원조라고 불림)은 카프라 왕의 피라미드 서쪽에서 작업 인부들의 숙소 터를 발견했다. 숙소를 엄밀히 검증한 결과 수용인원은 4~5천 명을 넘지 않았을 것으로 추산했는데, 이 숫자는 당시의 노동력을 감안하면 적절한 숫자로 여겨지고 있다.

　이를 보면 디오도로스와 스트라보가 대피라미드를 건설하기 위해 투입된 인원이 36만 명이라고 적은 것이 얼마나 터무니없는 것인가 하는 것을 알 수 있다. 과거의 학자들이 적은 자료의 신빙성을 따질 때 자주 인용하는 예 중의 하나이다.

대피라미드에 대한 실질적인 연구는 유럽이 암흑시대를 벗어나는 시기부터 시작된다고 볼 수 있다. 로마 제국이 동서로 분리된 후부터 11세기까지의 500년간 서유럽은 대체로 암흑시대였다. 오랜 세월 동안 특별한 접촉이 없었던 서유럽과 아랍세계는 12세기에 십자군전쟁을 계기로 본격적으로 접촉한다.

수많은 학자들이 척도의 기본단위가 적혀 있을 고문서들을 뒤졌다. 곧바로 이집트에 건설되어 있는 신비의 피라미드가 그들의 주목을 끌게 되었다. 피라미드야말로 그들이 찾고 있는 도량형의 척도라고 생각했고 그 중에서도 대피라미드에 관심이 집중되었다.

이 시점에서 나폴레옹이 등장한다. 나폴레옹의 이집트 원정은 결국 실패로 끝나지만 그가 이집트 연구에 직간접적으로 미친 영향은 지대하다.

대피라미드의 내부는 건설 중에 최소한 두 번 계획이 변경되었다. 공사가 완료되기 전에 왕이 죽을 경우를 대비해서 두 개의 묘실을 우선적으로 만들었기 때문이라는 설이 지배적이다.

입구에서 조금 내려가면 상향 경사로와 하향 경사로로 나뉘는데 각도는 똑같이 26도이다. 하향 경사로 끝까지 가면 첫 번째로 계획된 장례 방에 도달하게 되는데, 이곳은 지표면에서 약 30m 하부에 있다.

이 장례방을 완성시키지 않고 제2의 장례방을 건설하기 시작한 듯하다. 이른바 왕비의 방으로 불리는 곳이다. 지표면으로부터 21m 높이에 있으며 5.76×5.23m의 직사각형에 천장은 八자보로 되어 있으며 높이는 6.26m이다. 이곳에서 수평 갤러리와 대회랑이 연결되는데 이 갤러리는 장례 후에 화강석으로 틀어막아 차단하였다,

대회랑은 길이 47.85m, 폭은 기저 부분에서 2.09m에 지나지 않지만 높이는 8.5m나 된다. 이 회랑을 거쳐 허리를 구부려야만 지나갈 수 있는 좁은 복도의 끝에 입구를 폐쇄하기 위한 용도의 공간이 있다. 이것은 상향 통로를 경사지게 하여 화강석 석재가 미끄러져 내리도록 계획된 것이다.

대회랑을 따라가면 세 번째 왕인 파라오의 현실(玄室)에 도달하는데, 현재는 뚜껑이 없이 비어 있는 석관만 남아 있다. 쿠푸의 현실은 지상 42m 높이에 만들어져 있다. 현실의 입구는 좁은 통로이므로 쉽게 막아버릴 수 있다. 현실 자체는 폭 5m, 길이 10.5m, 높이 6m인데, 천장은 총 중량이 400톤에 이르며 9개의 화강암 석재로 축조되어 있다.

여기에서 대피라미드가 다른 피라미드보다 특이한 것은 천체창이 있다는 것이다. 1638년

영국의 수학자 존 그리브가 길이의 척도가 대피라미드에 숨겨져 있다는 믿음을 갖고 안을 들어갔다. 그런데 놀랍게도 그 안에 박쥐들이 살고 있었다. 낯선 인간들이 대피라미드 안으로 들어오자 박쥐들이 공격을 해서 총을 쏘면서 박쥐를 쫓았다고 기록하고 있다. 윌리엄 해리는 박쥐들이 살아있다는 것을 근거로 대피라미드 내에 외부와 통하는 구멍이 있다고 지적했다. 그의 추측은 옳았다.

대피라미드의 현실에는 남쪽과 북쪽으로 높이 20cm, 폭 22cm의 환기 구멍이 있었다. 미국의 천문학자 트림블은 남쪽의 환기 구멍이 B.C. 2600년에서 B.C. 2400년경의 오리온자리 세 별에 정확하게 조준되어 있다고 발표했다. 이것을 근거로 환기구멍이라기보다는 천체창이라는 명칭으로 더 많이 불린다.

실제로 이집트의 피라미드 중에서 완성된 천체창은 쿠푸의 대피라미드에만 있다. 왕비의 방이라고 알려진 곳에도 천체창이 있으나 미완성이며, 카프라의 피라미드도 천체창을 계획하기는 하였으나 완성하지는 않았다.

쿠푸의 대피라미드는 중세시대에 카이로와 기자에 건물을 짓기 위해 주민들이 무분별하게 석회암으로 된 외부 피복을 벗겨내 수난을 당하기도 했다.

쿠푸의 대피라미드가 수차례 도굴의 대상이 되었다는 것은 잘 알려진 사실이다. 그리스의 스트라보는 로마의 아우구스투스 황제 때에 도굴되었다고 적었다. 반면에 도굴 당하지 않았을 것이라는 강력한 주장 중의 하나는 도굴꾼들이 침입하여 보물들을 약탈해갔다면 어떻게 장애물인 화강암 돌들을 통과할 수 있었을까 하는 점이다. 일부 학자들은 도굴할 때 만들어 놓은 통로가 세월이 흘러서 자연 붕괴되어 그 흔적을 찾을 수 없다는 가설을 내세우기도 하지만, 피라미드의 외형을 보면 전혀 그런 흔적을 찾아볼 수 없다. 더구나 도굴범들이 도굴을 완료한 후 피라미드를 원상태로 복구해 놓지 않았을 것이라는 추측이 아직도 엄청난 재화가 대피라미드 속 어딘가에 감추어져 있을 것이라는 근거이다.

이러한 추측이 난무하는 상황에서 1985년 프랑스의 건축가 도르미옹과 골뎅이 대피라미드의 구조상 틀림없이 비밀의 공간이 존재할 것이라고 하여 세계를 깜짝 놀라게 했다. 그들의 제안에 의해 프랑스, 일본, 독일의 발굴 팀들은 피라미드 내부에서 과학적인 탐사를 펼쳤다.

(1) 프랑스 팀의 탐사

대피라미드 내부에 또 다른 미지의 공간이 있다는 것은 현대에 와서 프랑스 건축가 도르미옹과 골댕에 의해 보다 구체화된다. 1985년 그들은 쿠푸의 대피라미드를 조사하면서 이제까지 알려지지 않았던 몇몇 새로운 사실들을 발견했다. 돌덩어리 몇 개가 일반적인 조적법(벽돌, 석재 등의 비교적 작은 개체를 모르타르로 쌓아 구조체를 만드는 방법)처럼 서로 엇갈려 포개져 있지 않고, 상하로 쌓여 있으며 벽의 중간 부분에 반짝이는 돌을 여러 개 박아 넣었다는 것이다. 게다가 어떤 돌들은 가공하지 않은 채 시공되기도 했다.

그들은 이 이상한 구조가 대피라미드 내부에 비밀 공간이 존재하는 증거라고 판단했다. 이 공간 중 하나에 쿠푸의 부장품이 있을 것이고, 수천 년 동안 많은 호사가들을 설레게 했던 쿠푸의 진짜 관이 있을 것이라고 그들은 생각했다.

이 발견은 당시 이집트 연구자들을 비롯한 전 세계인들의 이목을 집중시켰다. 이집트 정부는 두 건축가의 제안을 근거로 한 EDF(프랑스 전력회사)의 탐사계획을 허가하였다. EDF의 지원을 받는 CPGF(프랑스 지구물리학 탐사회사)는 마이크로 중력 장치를 사용하여 대피라미드 내부를 조사하기 시작했다. CPGF와 EDF가 대피라미드 복도와 대피라미드 표면의 질량을 측정하자 평균 밀도가 2.05로 나왔다. 학자들이 생각했던 것보다 훨씬 가벼웠다. 일반적으로 석회석의 밀도는 2.4이므로 2.05는 매우 낮은 척도였다.

특이한 것은 파라오의 현실 상부의 평균 밀도는 1.85밖에 되지 않는다는 것이었다. 대피라미드 전체를 분배해서 비교해보면 각 부분이 서로 다른 비중을 차지하고 있다는 뜻이다. 이 결과는 비밀의 방이 존재한다는 믿음을 더욱 부추겼다. 밀도가 낮다는 것은 빈 공간이 있다는 추론이 가능하다는 얘기기 때문이다.

그러나 탐사 팀은 두 건축가가 예언한 장소에서 비밀의 방이나 비밀의 복도를 발견하지 못했다. 반면에 왕비의 방으로 가는 서쪽 복도에 적은 양의 질량 결핍을 근거로 빈 공간이 있다는 결론을 짓고 수많은 토론을 거쳐 빈 공간으로 예상되는 지점의 벽을 뚫기 시작했다.

드디어 두꺼운 석회석 벽이 뚫리고 빈 공간에 도착했다는 신호가 포착되었다. 수천 년 동안 비밀스럽게 간직되었던 대피라미드의 신비가 모습을 드러내는 긴장된 순간이었다. 그들은 소형 카메라를 빈 공간 안으로 들여보냈다. 그러나 그곳은 그들의 기대와는 달리 반짝이는 고운 모래층 외에는 어떤 것도 없었다. 즉, 마이크로 중력 장치가 빈 공간이라고 지적한 장소는 모래나 잡석들만 쌓여 있는 무용의 공간이었다. 다시 한 번 쿠푸의 대피라미드는 그 비밀에 접근하려는 인간의 시도를 좌절시킨 것이다.

(2) 일본 팀의 탐사

프랑스 조사단에게 미지의 공간에 대한 발굴 허가를 내주었던 이집트 정부는 사쿠지 요시무라 교수가 이끄는 일본 팀에게도 똑같은 발굴 조사 허가를 내주었다. 일본 팀은 마이크로 중력측정 장치 외에 레이더도 사용했다. 레이더를 사용한 것은 마이크로 중력 장치의 단점을 보완하기 위한 것이었다.

그들은 왕비의 방으로 갈 수 있는 기존 복도와 평행하는 또 다른 30m 정도의 통로를 발견했다고 발표하였다. 그들에 의하면 중력 결핍은 서쪽 면에서 빠짐없이 나타났으며 새로운 통로의 크기는 4.05×3.50m라고 했다.

이것은 프랑스 팀이 조사한 결과와 많은 차이가 있는 것이었다. 학자들 간에 일본 팀의 조사에 대한 신빙성 여부로 격론이 벌어졌다. 레이더 장비는 습기를 먹은 흙이나 돌의 경우 공간 유무를 판독하기 어려우므로 일본 팀의 발표가 부정확할 수 있다는 지적이었다. 이집트 당국은 결국 일본 팀에게 더 이상 발굴 허가를 내주지 않았고, 일본 팀은 발굴을 포기할 수밖에 없었다.

(3) 독일 팀의 탐사

독일 팀은 프랑스와 일본 팀과는 다른 이유로 대피라미드 내부를 조사하고 있었다. 1990년 8월 이집트 고고청은 독일 고고학 연구소에게 대피라미드에 환기 시스템을 설치해 달라고 의뢰하였다.

독일 고고학 연구소자 라이너 슈타델만은 독일의 로봇 기술자인 루돌프 간텐브링크에게 최첨단 소형 로봇을 이용하여 환기창을 탐색하도록 허가하였다. 간텐브링크는 왕비의 방 남쪽 갱도의 좁은 입구로 카메라가 달린 로봇을 투입하여 놀라운 사실을 포착하였다. 60m 지점에서 '내리닫이식 문'을 발견한 것이다. 기묘한 손잡이가 달린 이 문을 촬영한 비디오는 1993년 4월 런던의 〈인디펜던트〉지에 게재되어 세계적인 주목을 받았다.

그 당시의 기사는 다음과 같다.

'고고학자들은 이집트 최대의 피라미드 내부에서 이제까지 알려지지 않았던 방의 입구를 발견했다. (중략) 몇 가지 증거에 의하면 이 방에 쿠푸 파라오의 보물이 소장되어 있을 가능성이 있다. 보물은 거의 틀림없이 완전한 상태로 있을 것이다. 방의 입구는 폭과 높이가 20cm에 길이가 65m인 긴 통로 끝에 있다. (중략) 이 통로는 큰개자리의 시리우스별을 가리키며……'

이 내용이 발표되자 전 세계의 매스컴은 피라미드의 열기로 들끓었다. 런던의 〈더 타임〉지에서는 '비밀의 방이 피라미드의 수수께끼를 풀어 줄지도 모른다' 고 했고, 파리의 〈르 몽드〉지는 '피라미드 미스터리' 라고 전했으며, 〈로스앤젤레스 타임〉지 역시 '피라미드의 미스터리' 라고 보도했다.

그러나 이 같은 보도에 대해서 간텐브링크로 하여금 갱도를 탐사하게 했던 독일 고고학 연구소조차 의문을 제기하였다. 연구소 측은 '갱도 끝에 방이 있을지도 모른다는 생각은 넌센스다' 라고 단호히 발표한 것이다. 결국 이집트 정부는 이들의 논쟁이 가열되자 독일 탐사 팀에게 대피라미드 탐사 재개를 허가하지 않았다.

1) 위치 선정

거대한 건축물을 건축할 때 가장 중요한 것은 수평을 고르는 것인데, 고대 이집트인들은 원시적이기는 하지만 매우 효과적인 수준기(水準器. 어떤 평면이 수평을 이루고 있는가를 조사하는 기구)를 사용했다. 우선 피라미드를 건설할 장소로 비교적 평평한 바위를 고른다. 그 후 측량기사의 지시 하에 바위에 물길을 파고 물을 부은 다음 막대를 꽂아 물높이를 표시해 놓는다. 그러고 나서 수면의 높이까지 바위의 표면을 깎아내면 평탄한 대지 즉, 기초 부분이 되는 것이다. 이집트에서 측량 기사란 '줄을 치는 사람' 이라는 뜻을 갖고 있다.

정확한 방위를 알아낼 수 있는 방법도 여러 가지 학설로 주장되었다. 우선 소머스 크라크와 R. 엥글백은 피라미드를 안치할 정확한 방위는 별이 뜨고 지는 것을 측량하면 얻을 수 있다고 제시했다. 북쪽 방향을 측정하여 얻은 두 점이 만드는 각을 둘로 나누면 방위를 얻을 수 있기 때문이다. 그러나 이 방법의 단점은 수평선 주위가 불규칙할 경우 오차가 많다는 것이다.

I.E.S. 에드워드는 원통형 벽으로 만든 인공 수평면을 이용하면 보다 정확한 방위를 알아낼 수 있다고 수정안을 주장했다. 그러나 당시의 여건을 감안해 볼 때, 곡선과 벽 상부를 완전한 수평면으로 만들기가 그렇게 쉽지 않다는 것이 지적되었다. V. 마라질 그리오와 C. 리

날디는 해가 뜨고 지는 깃대의 그림자가 만드는 각을 둘로 나누면 된다고 주장하였는데, 그것 역시 전자와 마찬가지로 그림자가 정확치 않음은 물론 수평면을 정확히 만들어야 하는 어려움이 있다.

마르텐 이스레가 제안한 태양의 그림자를 측정하는 방법도 원칙적으로는 그리오와 리날디의 제안과 같다. 해가 천정점에 오면 작은 깃대의 그림자는 매우 짧아진다. 그 점을 미리 파악한 후 그림자가 가장 긴 점도 알아낸다. 그곳에서부터 북쪽으로 땅에 원형호를 그리면 깃대는 중앙이 된다. 태양이 서쪽으로 지기 시작할 때 그림자의 점이 새로운 호에 도달하는데 이 두 점의 이등분이 남과 북의 방향을 가리켜준다는 것이다. 이 방식은 원시적인 기구로 방위를 알아내는 데는 아주 효율적이지만 당시의 여건을 볼 때 정말로 이러한 방법이 채택되었는지는 확실하지 않다.

이집트인들이 피라미드가 건설되기 몇 천 년 전부터 태양, 달, 별, 행성들의 운동을 세밀하게 관측하고 있었음은 여러 자료에서 나타난다. 그러므로 이집트인들이 태양을 관측하여 방위를 알아내었다고 추정하는 것이 결코 무리한 이야기는 아니다. 단지 그들이 어떤 방법을 사용하였는지 현재로서는 아직 명확하지 않지만 상술한 방법 중에 한두 가지를 사용했을 것으로 학자들은 추정한다.

2) 채석장

피라미드에 사용되는 돌들은 대체로 현장에서 가까운 채석장에서 운반했다. 기자 지역은 대부분 석회암 지역으로 거의 모든 피라미드는 이들 재료로 건설했다. 그러나 쿠푸의 대피라미드의 경우 세 곳의 채석장에서 채석된 돌을 용도에 따라 구분하여 사용했다. 기자 지역에서 나오는 석회암은 내부의 석재로 사용하였고, 외벽용의 매끄러운 석회석은 카이로에서 남쪽으로 50km쯤 떨어진 투라에서 채석되었다. 그리고 회랑과 묘실의 내부에 사용된 화강석은 약 960km나 떨어진 나일강의 첫 번째 카타락스(급류) 부근에 있는 아스완에서 가져왔다.

3) 운반

채석장에서 돌을 추출할 때에는 쐐기를 박은 후 뜨거운 물을 부어 돌이 갈라지게 한 후 떼어냈다. 나무쐐기에 뜨거운 물을 부으면 나무가 팽창하여 바위가 갈라진다. 또한 돌을 연마할 때는 석영가루를 물에 적셔 사용했다.

돌을 운반할 때는 목재로 만든 바구니, 썰매나 특정 모양의 거중기를 제작하여 사용했다. 대형 돌덩어리나 거상을 운반할 경우에는 주로 썰매가 사용되었는데, 드제우티에텝의 알바트르로 된 거상을 운반하는 그림의 경우 172명이 4줄로 나뉘어 앞에서 끌고 있다. 거상의 무게는 약 60톤으로 추정되며 미끄러지기 쉽도록 썰매 앞에서 기름이나 물을 뿌리고 있는 장면도 그려져 있다.

그러나 쿠푸의 대피라미드의 경우 평균 중량이 2.5톤, 큰 것은 70톤이나 나가는 화강석을 아스완에서 운반해야 하는 문제점이 있었다. 이집트인들은 이 문제를 간단하게 해결했다. 나일강이 범람하는 시기에 거대한 거룻배를 제작하여 항구까지 운반한 다음 그곳에서 피라미드 현장까지 주로 썰매를 사용하여 운반한 것이다.

고대 이집트의 선박 건조 능력을 감안할 경우 이 정도의 돌덩어리를 운반하는 것은 결코 어려운 일이 아니었을 것이다. 이집트인들의 배 건조 능력은 상상을 초월하기 때문이다. 제18왕조의 하트셉스트여왕(B.C. 1473~1458)시대에 카르나크의 아몬 대신전을 위하여 두 개의 오벨리스크를 단 한 번의 항해로 옮겼다는 기록이 있다. 오벨리스크 하나의 길이가 30m에 300톤이므로, 이 배는 채석장인 아스완에서 카르나크까지 600톤의 돌을 운반하여야 했다. 그 당시에 사용된 배는 1천 톤이 넘는 엄청난 규모였다는 뜻이다.

4) 재료의 선별

대부분의 피라미드는 중앙 핵을 둘러싸는 축대(계단) 형태의 연속적인 구조로 시공하였다. 이 벽들은 위로 올라가면서 좁아지고 중앙에서 외부로 쌓는다. 계단을 채우는 데 이용되는 돌이 외부 측벽 전면부에 쌓아지기도 하며, 외피용 마감재로서는 주로 질 좋은 석회석이나 대리석이 사용되었다. 외부 피복 부분에는 상형문자와 채색된 그림을 그리거나 돋을새김으로 조각을 했다. 쿠푸의 대피라미드도 채색된 그림이 그려져 있을 거라는 설이 있다.

제12와 13왕조에서는 경제적인 이유 때문에 매우 간단한 건설 방법이 사용되었다. 현대적인 건물의 기초 부분에서도 종종 사용되는 방식으로 약간 저급의 재료를 사용한 것이다. 돌로 된 벽(줄기초)들을 먼저 만든 후에 연마되지 않은 돌이나 점토, 굽지 않은 벽돌 등을 채우는 것이다. 이 방법은 매우 빨리 건축할 수 있는 장점이 있는 대신 장기간 보존하는 데 문제가 있어 현재까지 완전하게 보존된 것은 없다.

파라오의 미라와 부장품들을 피라미드 내부의 정해진 현실과 부속 공간에 안치시킨 후에 도굴꾼에 대비한 올가미 장치들을 작동시킨다. 쿠푸의 대피라미드의 경우 도굴꾼에 대비한 보안 조치는 상상을 초월한 것이었다. 서관의 육중한 돌 뚜껑이 제자리에 맞추어지면 돌 빗장이 석관의 움푹 파인 홈통으로 떨어지면서 단단히 잠궈진다. 작업 인부들이 밖으로 나오면서 지주를 무너뜨리면 3개의 거대한 돌이 떨어져 내려 쿠푸의 현실 전면에 있는 대기실의 입구를 막아 버렸다. 그리고 다시 대회랑의 지주들을 제거하면 3개의 커다란 화강암 덮개가 승강 통로로 미끄러져 떨어지면 입구가 봉쇄되었다.

입구를 봉쇄하는 돌로 된 문은 너무나도 교묘하게 설계되어 일단 닫히면 전혀 구별이 되지 않았기 때문에 바그다드의 칼리프 알 라시드와 알 마문이 대피라미드를 약탈하고자 할 때에도 대피라미드의 입구를 찾아낼 수 없었다. 그래서 그들은 돌더미 속을 마구잡이로 뚫고 들어가야만 했다. 현재 관광객들이 쿠푸의 대피라미드 내로 들어갈 때 사용하는 입구는 바로 그들이 뚫어 놓은 것이다.

세르비우스는 다음과 같이 적었다.

'나일강이 범람할 때마다 과거에 구획된 토지의 경계를 알아낼 수 없는 문제와 직면하곤 했다. 이러한 경계를 정확히 찾기 위하여 이집트인들은 모든 경작지를 선으로 구분하는 지혜를 발휘하였다. 그런 과정에서 기하학이 생겼는데, 그들은 땅을 재는 것뿐만 아니라 바다, 하늘까지 영역을 넓혔다.'

천문학적으로 볼 때 의심할 수 없는 사실은 고대 이집트인들이 임의적으로 방위를 알아낼 수 있었다는 것이다. 쿠푸의 피라미드는 방위의 평균 오차가 3분 6초이다. 카프라의 경우는 5분, 멘카우라의 경우는 14분이 차이가 나는데 이러한 오차는 매우 미소한 것이다.

피라미드를 건설할 당시에 북쪽을 의미하는 용자리 알파별을 이집트인들이 알고 있었다는 사실은 대지와 건물의 방위로 보아 거의 의심할 여지가 없다. 단순한 추와 조준시 사용하는 막대기가 측량 장비의 전부였을 것으로 추측했을 때 정말 놀라운 일이 아닐 수 없다.

더욱이 이집트인들은 피라미드가 건설되기 몇 천 년 전부터 태양, 달, 별, 행성들의 운동을 세밀하게 관측하게 관측하는 등 천문학에 고도의 지식을 갖고 있었다. 우선 그들은 태양력을 사용했다. 이집트에서 달력을 사용하기 시작한 때를 보통 B.C. 4241년으로 공인하고 있으므로, 쿠푸의 대피라미드를 건설할 당시를 B.C. 2500년으로 볼 때 태양력이 사용된 지는 이미 1700년이나 되었음을 알 수 있다.

그들은 매년 정기적으로 발생하는 나일강의 홍수가 일어나는 날과 큰개별자리 시리우스

아몬과 투탕카문의 조각상

별이 1년에 1회, 동트기 직전에 나타나는 것을 정확히 탐지하여 1년이 365.25일이 되는 것도 알았고, 이 순간을 1년의 시발점으로 정하였다. 한 달을 30일로 한 12개월에 여분으로 5일을 더해 1년으로 하였다.

피라미드를 건설하는 데 가장 필요한 것은 체적과 표면적을 계산하고 수직을 세우는 것인데, 이집트인들이 그 방법도 숙지하고 있었음이 틀림없다. 또한 현실을 건설할 때 의식적으로 기하학 지식을 적용한 것을 발견할 수 있다.

피라미드 건설에 관해 가장 널리 퍼져 있는 이야기 중 하나는 폭군 파라오가 수많은 노예, 주로 이스라엘인들을 채찍으로 혹독하게 부렸다는 것이다. 그러나 이것은 매우 과장된 것이다. 영화에서 종종 나타나는 것과는 다르게 채찍으로 노예를 부려서 피라미드를 건설하지 않았다는 것은 수많은 기록에 나타나 있다. 더군다나 이집트에는 노예 제도가 없었으며, 노예라는 말은 가사에 종사하는 사람을 뜻했다. 영화와 같이 혹독한 조건에서 피라미드를 건설하였다면 1천 년이나 되는 장구한 세월 동안 계속 피라미드를 건설할 수 없었을 것이다.

일반적으로 이집트를 방문하여 피라미드나 거대한 기념물을 보고는 고대 이집트인들이 압제에 억눌린 사람들이었다고 상상하기 쉽다. 죽음에 대한 강박관념에 항상 사로잡혀 있고, 감독자의 난폭하고 잔인한 채찍 밑에서 평생 거대한 돌덩어리를 끌면서 노예처럼 살아야 했던 불쌍한 존재라고 생각하는 것이다. 그러나 이러한 생각은 전혀 터무니없는 그릇된 상상에 지나지 않는다.

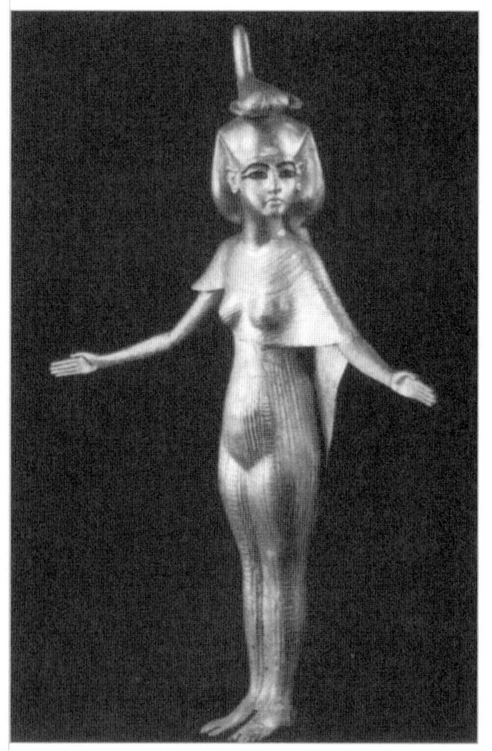

투탕카문의 관함을 둘러싸고 있는 죽음의 여신, 네프티스

이집트인들은 인생을 즐긴 낙천적인 사람들이었다. 그들은 인생을 사랑하고 죽음 또한 행복한 인생의 연장이라고 생각했다. 또 수많은 고대 민족 중에서도 가장 근면한 사람들이었다고 해도 과언이 아니다.

신이자 지배자인 파라오의 지배 하에서 이집트인들의 생활은 전체적으로 볼 때 결코 나쁜 상황이 아니었다. 3200년 역사 동안 전쟁이나 정치적 혼란, 기근 등으로 불안한 기간도 있었으나 평소 생활은 대체로 평온했다. 지리적 조건상 정치적으로 침입자에게 짓밟히고 약탈당하는 다른 고대민족들에 비해 이집트인의 생활은 훨씬 평안하고 근심도 적었다.

고대 이집트의 농부는 노예가 아니었다. 파라오나 귀족, 신전의 신관을 위해서 땅을 경작하기는 했지만 신분은 자유로운 소작인이었다. 수확한 작물 대부분을 지주에게 바쳐야 했지만, 나머지를 자신의 몫으로 사유화할 수 있었고, 절약한 작물로 사후에 가지고 갈 인형(우샵티 혹은 샤읍티)이나 일상용품 등을 물물교환 할 수 있었다(이집트에서는 B.C. 332년 알렉산더대왕이 점령하기 전까지 화폐가 없었다).

고대 이집트에서 가장 놀라운 사실 중 하나는 그들의 계급이 세대를 내려가도 변하지 않았다는 것이다. 파라오의 가계에서 파라오가 나오고, 재상의 가문에서 재상이 나오며, 장군의 가문에서 장군이 나왔다. 벽돌공이나 상형문자를 새기는 사람도 마찬가지로 직업이 기술과 함께 전수되었다. 이집트인들은 자신 앞에 정해진 벽을 깨뜨리려 하지 않고, 자신의 운명에 스스로 순종하려고 했다.

그들의 자부심도 대단하였다. 세계의 중심이 그들에게 있으므로 그들의 생각이 바로 세계인의 생각이었다. 더구나 그들의 문명을 본 다른 지역의 사람들이 이집트를 따르려고 노력하였으므로, 그들이 야만인으로 생각하는 다른 문명을 본받을 필요도 없었다.

피라미드 건설은 제13왕조까지 지속되지만 대형 피라미드들은 사실상 제4~5왕조(B.C. 2475~2323)에 대부분 건설되었다. 제4~5왕조를 포함하여 피라미드를 건설한 황금시대가 500년쯤 계속되다가 파라오의 절대 권력이 무너지고 실질적인 지배자로 지방 제후들이 등장한다. 파라오의 권위가 떨어지자 가장 두드러지게 나타난 현상은 피라미드가 조직적으로 약탈당하기 시작했다는 것이다. 후대에 들어서 도굴은 더욱 심해졌고, 심지어는 자신이 건설하는 피라미드의 부장품을 확보하기 위하여 파라오가 직접 선왕의 피라미드를 공개적으로 파헤치기도 했다. 쿠푸의 대피라미드가 B.C. 2000년 이전에 약탈되었을 것으로 추정하는 근거도 여기에 있다. 국가적으로 쇠락하기도 하였지만, 이와 같은 폐단을 잘 알고 있는 후대의 파라오들은 그 이후 쿠푸의 대피라미드처럼 웅장하게 축조하지 않았다.

왕가의 계곡(상)과 왕비의 계곡(하)

피라미드 건설이 쇠퇴한 또 다른 이유는 비실용적이었기 때문이다. 파라오의 미라를 영구히 보존하는 데도 문제점이 발견되었지만, 피라미드를 건설하기 위하여 국가적으로 엄청난 많은 예산이 필요했던 것이다.

그러므로 테베(룩소르)의 신왕국은 피라미드를 건설하기 위해서 새로운 방안을 생각해냈다. 바로 나일강 서쪽 절벽 밑의 바위를 지하로 비스듬하게 100m 이상을 뚫어 여러 왕들의 현실을 만들어서 매장하는 방법이었다. ‘왕가의 계곡’ 과 ‘왕비의 계곡’ 이 바로 그것이다. 그러나 그 당시 경제 사정이 매우 좋지 않아 무덤을 만든 인부들에게 제대로 인금을 주지 못했다고 한다. 그래서 인부들은 관리인과 결탁하여 조직적으로 왕의 무덤에 손을 댔다고 전해진다. 그렇기 때문에 결국 투탕카멘 파라오를 제외한 63기의 모든 무덤이 인부들에 의해 약탈, 도굴되었다.

하지만 다행히 수 km 떨어진 협곡에는 아직 인부들에 의해 훼손되지 않은 왕의 무덤이 여전히 존재한다.

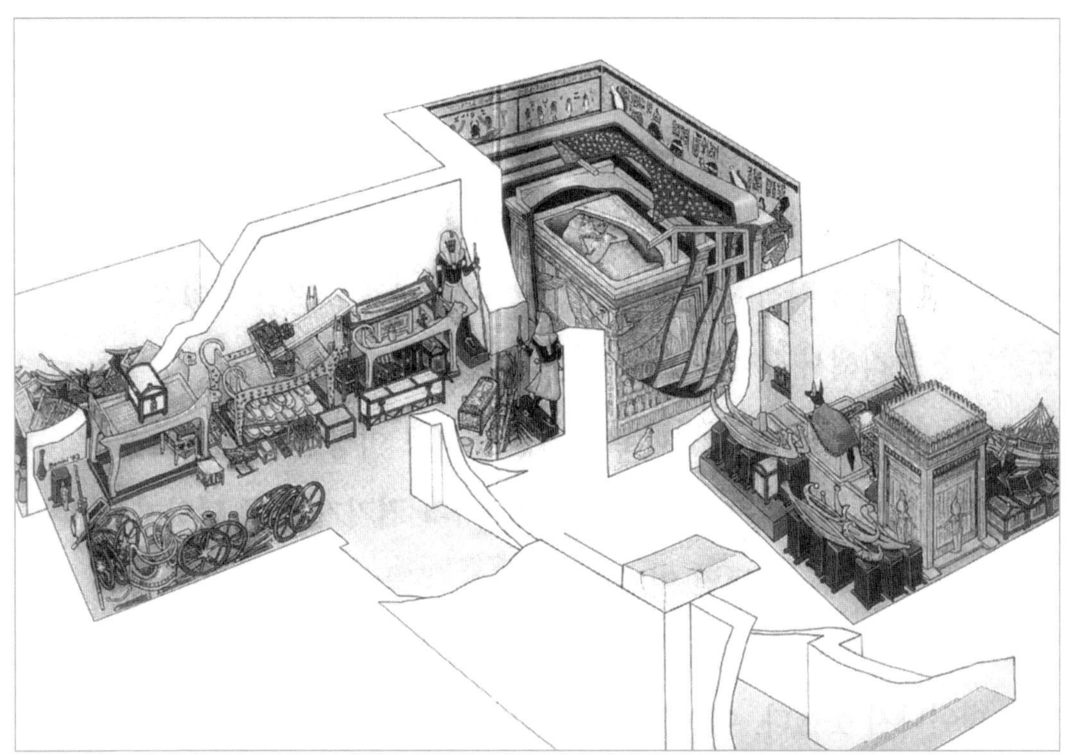

투탕카문 왕 무덤 발굴 당시 전경 - 왼쪽이 전실, 가운데가 현실, 오른쪽 방이 보물실

7. 대피라미드 축조의 방법은 거중기인가 경사로(직선형, 나선형) 인가 – 학자들의 주장

얼마나 많은 사람들이 어떤 조건에서 공사에 참여했는가에 대한 의문은 피라미드에 담긴 '수수께끼' 의 한쪽만을 다루는 것이다. 그에 못지않게 흥미를 끄는 문제는 무게가 2톤부터 수십 톤을 훌쩍 넘기는 230만 개나 되는 엄청나게 많은 돌덩이들을 어떻게 146.6m 높이까지 올렸는가 하는 점이다.

고대에도 이미 이 문제를 본격적으로 다룬 두 명의 역사가가 있다. 우선 헤로도토스의 증언을 들어보자.

그리스 역사가인 헤로도토스는 대피라미드에 관한 체계적 정보를 수집한 첫 방문객이었다. 헤로도토스가 B.C. 5세기에 기자를 방문했지만, 피라미드가 건설된 지는 거의 2천 년이나 지나서였다. 그는 입구가 감추어져 있었기 때문에 대피라미드 내부로 들어갈 순 없었다. 다만 그와 대화한 이집트인들의 전설(구전)과 말을 근거로 대피라미드는 폭군인 쿠푸가 자기 자신을 위해 만든 무덤이었다고 말하고 있다.

헤로도토스는 10만 명의 일꾼들이 대피라미드에서 일을 했는데 세 달마다 바뀌었고, 강에서 고원에 이르는 경사로를 만들기 위해 10년이 걸렸으며, 대피라미드를 건설하는 데는 20년이 걸렸다고 했다. 일꾼들이 짧은 널빤지로 된 기계로 거대한 돌들을 벽에 따라 조금씩 들어 올렸다고 했는데, 이 기계가 어떻게 작동하였는지는 설명하지 않았다. 또한 주요 공사가 끝난 후 표면을 덮은 돌들은 상부로부터 하부로 내려오면서 붙였다고 한다.

헤로도토스 다음에는 시칠라의 디오도로스가 대피라미드에 대해 적었다. 그는 헤로도토스보다 더 많은 36만 명의 인부가 20년 동안 대피라미드를 건설했다고 적었다.

시칠리아의 디오도로스는 정반대의 설명을 하고 있다.

'석재는 저 먼 아랍 지방에서 가져왔다고 한다. 공사 현장에는 여러 층으로 만들어진 둑

을 쌓았는데, 이 둑을 활용해 돌을 올렸다. 당시만 해도 거중기는 아직 발명되지 않았기 때문이다.'

이런 서로 다른 전언들이 오늘날 상반된 입장이 존재하게 된 배경이다. 헤로도토스의 말을 믿는 연구가들은 석재를 올렸다는 나무 장비가 거중기에 해당하는 것이라고 주장한다. 그러나 디오도로스의 편에 선 사람들은 그저 인공으로 쌓은 둑 경사로를 이용해 공사를 했을 것이라는 의견을 굽히지 않는다.

그 밖에도 극히 다양한 의견들이 제시되고 있다. 상상의 나래를 활짝 펼친 주장들을 보면 탄성을 자아낼 만큼 기발하기까지 하다. 그러나 고고학 연구로 집적된 자료들을 보면, 이런 주장들은 고대 이집트 당시의 기술적 가능성과는 거리가 멀다.

활처럼 생긴 모양의 '파텐' 이라는 나무 장비가 발굴된 것은 19세기의 일이다. 비교적 작은 형태의 모델로 보이는 이 장비는 중간 부분을 막대기로 쭉 이은 것이다. 이게 바로 헤로도토스가 말하는 거중기와 같은 것이라는 견해가 당장 힘을 얻기 시작했다. 그런데 묘한 것은 이 모델이 발굴된 장소다. 피라미드와 가까운 것이 아닌, 상 이집트에서 모델이 출토된 것이다. 그리고 나무 받침목을 한, 일종의 시소와도 같은 이 파텐 장비는 거중기라기보다는 여러 사람들이 함께 달라붙어 돌을 지그재그 방법으로 들어 올리는 '받침대' 라고 불러야 마땅하다.

이 장비로 작은 돌들이야 문제없이 들어 올릴 수 있었지만, 수십 톤에 이르는 거대한 석재를 움직이기란 결코 가능하지 않다. 출토된 지리적 환경과 그 소박한 기능으로 볼 때, '받침대' 는 문제를 해결하기보다는 더 많은 의문들만을 낳았다.

이 밖에도 헤로도토스의 언급은 많은 궁리들을 낳게 했다. 앞에서도 언급한 바 있는 독일의 기술자 크론은 20세기 초에 아주 간단한 기구를 고안했다. 이 기구는 마치 우물의 두레박을 연상시킨다. 수직의 기둥에 수평 들보를 연결한 기구는 옛 천칭 저울처럼 기능한다.

석재를 위로 올리고 난 다음에는 헤로도토스의 말처럼 장비를 더 높은 곳으로 올려서 쓸 수도 있다. 그러나 크론의 발명도 적지 않은 문제점들을 안고 있었다. 무엇보다도 이 장비로는 역시 거대한 돌덩어리를 처치하기가 곤란했다. 그리고 지금까지 그 비슷한 것도 발굴된 사례가 없다. 물론 고대 이집트인들이 '샤두프(schaduf, 통나무를 배 모양으로 길쭉하게 파서 몸통을 만든 뒤, 그 가운데 양쪽에 작은 구멍을 뚫어 가는 나뭇가지를 끼우고 여기에 끈을 맨 뒤, 긴 작대기 3개의 끝을 모아 원뿔 모양으로 세운 꼭대기에 이 끈을 묶어 몸통을 적당히 들어 올리게 하는 기구)' 라는 물 긷는 장비를 사용했던 것은 사실이다. 그러나 이 장비는 신왕국의 피라미드시대에서 다시 천 년이라는 세월이 지난 다음에야 비로소 등장한다.

　이런 여러 약점과 문제점들을 보완하기 위해 속속 새로운 제안들이 나왔다. 가능한 한 크론의 고안을 보충하기 위해서였다. 혹자는 크론 식의 거중기에 반대 하중을 걸 장치를 만들어 보기도 했다. 여러 가지 시도가 있었는데, 그 중에는 일종의 도르래를 장착한 것도 있다. 도르래 장치를 한 다음 지상에서 많은 사람들이 달라붙어 석재를 끌어 올렸을 것이라는 식이다. 그러나 이런 기술 장치들은 피라미드 건립시대에 존재하지 않았다.

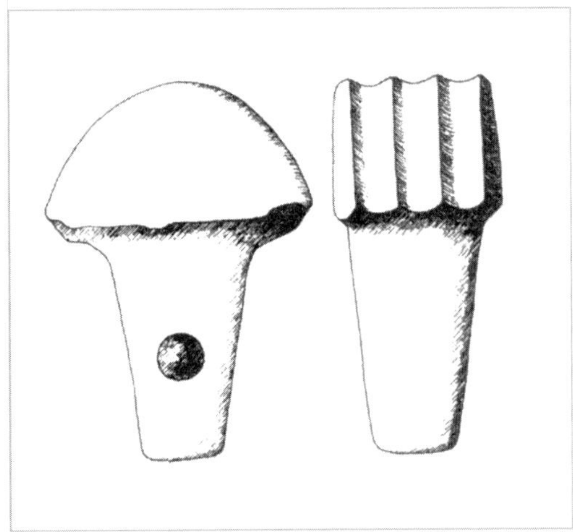
돌로만든 도르래. 하산이 기자에서 발굴한 것

　1930년대에 폭발적인 관심을 끈 것은 이집트 출신 고고학자 셀림 하산이 기자의 피라미드 묘역 인근에서 발굴한 것이다. 하산은 돌로 된 커다란 물건을 찾아냈는데, 돌의 모양은 못을 연상시켰다. 툭 튀어나온 못 대가리에는 세 개의 홈이 나란히 파여 있다. 이 장치를 나무받침대 위에 고정시키고 홈에 밧줄을 감는다면 이 물건은 아마도 지렛대나 일종의 회전 장치를 단 지지대로 쓰였던 것이 아닐까 한다.

　돌 부속이 일종의 회전 장치이거나 지렛대를 올리기 위한 받침일 것이라는 데서 출발하고 있는 이 이론은 프랑스의 건축학자 게리에르의 것이다. 그는 과감하게 다음과 같은 가정을 했다. 즉, 피라미드는 우선 원하는 높이의 중심축부터 세운 다음 그 꼭대기에서 반경을 그리며 살을 붙여 나가는 식으로 만들어졌을 것이라는 주장이다. '양파껍질' 처럼 차곡차곡 쌓아졌다는 말이다.

　중간축의 꼭대기에는 회전 장치를 장착한다. 이제 여기다 밧줄을 걸고 석재를 끌어 올린다. 즉, 두 패로 나뉜 일꾼들이 꼭대기에서 깃발 같은 것으로 내려주는 신호를 보고 방향을 정해가며 바위를 끌어올리는 일을 했다는 것이다. 이렇게 하면 물론 양쪽의 균형이 잡히기 때문에 쉽사리 일이 진행될 수 있다.

　그러나 이 이론은 곧 심각한 난관에 봉착한다. 우선 지적하지 않을 수 없는 것은 도대체 피라미드 높이를 어떻게 먼저 정확하게 계산할 수 있는가 하는 점이다. 두 번째로 당시 밧줄은 파피루스, 짚단 혹은 종려나무 줄기 등을 엮어 만든 것이다. 이런 밧줄이 그 엄청난 비중

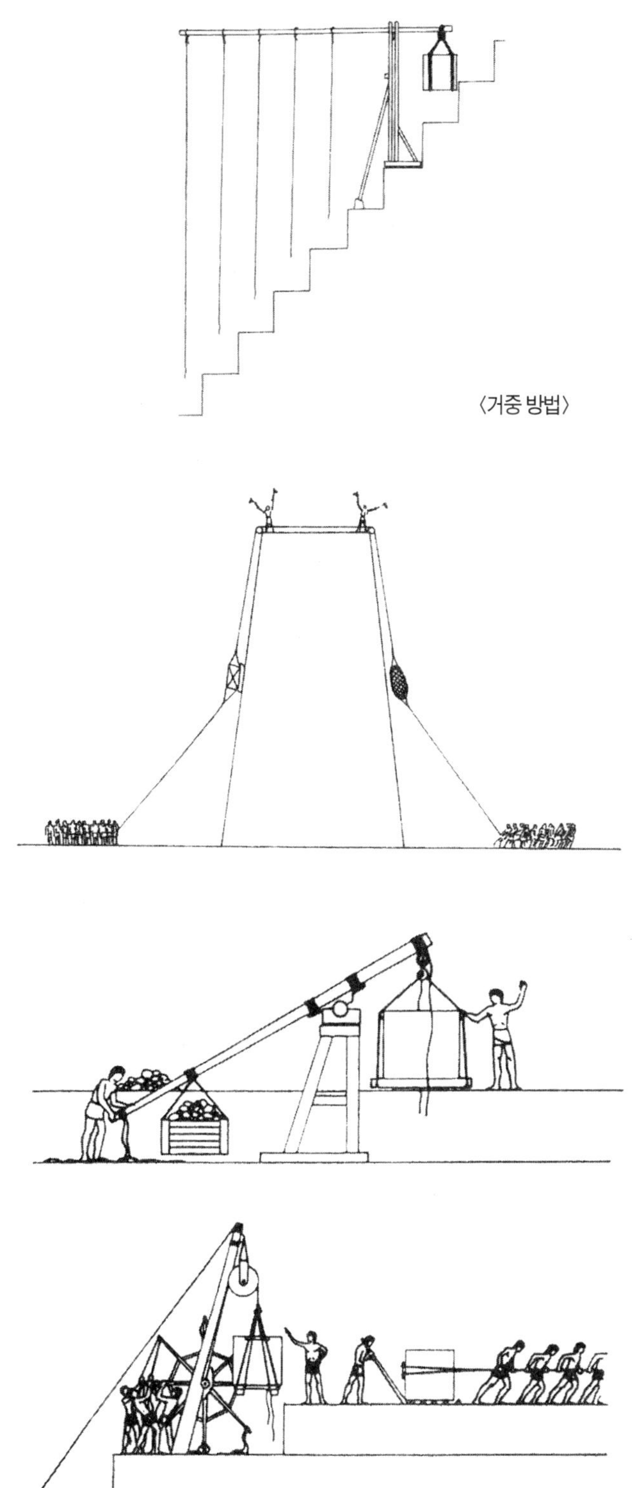

피라미드 건축에 쓰였을 것이라고 추정되는 여러 가지들의 상상도
모두 근대에 들어와 이집트 연구가들이 고안해 본 것이다
(크론, 게리에르, 이슬러)

의 석재를 어떻게 감당하는가의 문제이다.

이후의 고고학 발굴작업들도 이미 파손되어 속이 드러난 피라미드를 샅샅이 검토했으나, 위의 이론을 뒷받침할 만한 아무런 근거도 찾지 못했다.

오늘날 주로 선호되고 있는 것은 디오도로스가 묘사한 일종의 경사면을 이용한 피라미드 축조법이다. 이런 관점은 경사로 같은 흔적들의 발굴에 의해 더욱 힘을 얻고 있다. 물론 이런 것들이 건축 자재의 운반로였을 것이라는 설명이 더 적절해 보이기는 하지만 말이다. 메이둠이나 다흐슈르, 아부구랍 혹은 아부시르 등에서는 이런 운반로들은 얼마든지 찾아볼 수 있다.

경사로 이론은 그 밖에도 여러 근거들을 가지고 있다. 특히 축조 작업과 직접 연관이 있는 것으로 보

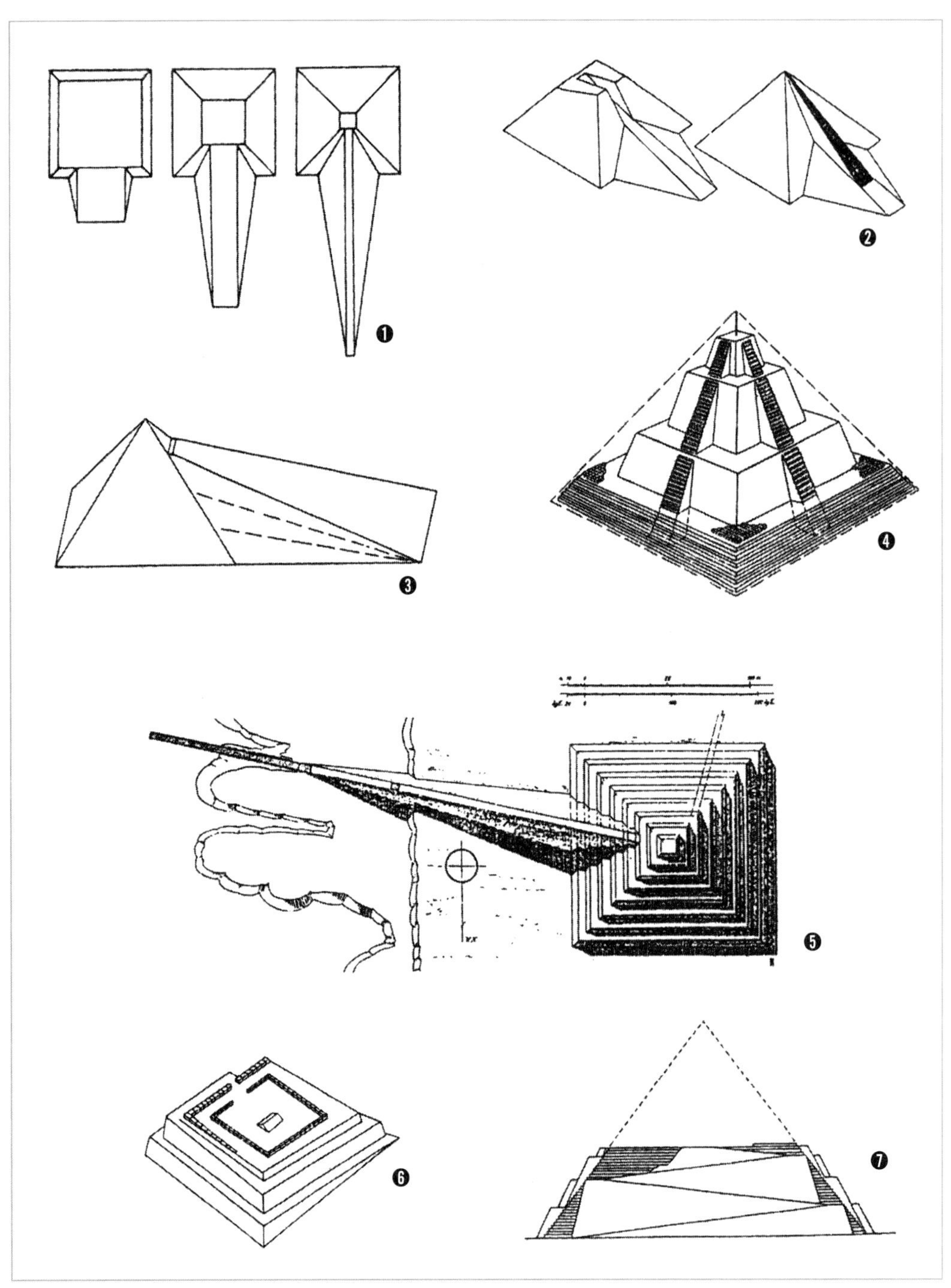

피라미드 축조 공사에 쓰인 것으로 보이는 경사로의 상상도

❶❷아르놀트　❸피트리　❹이슬러　❺보르하르트　❻구아용　❼휠셔

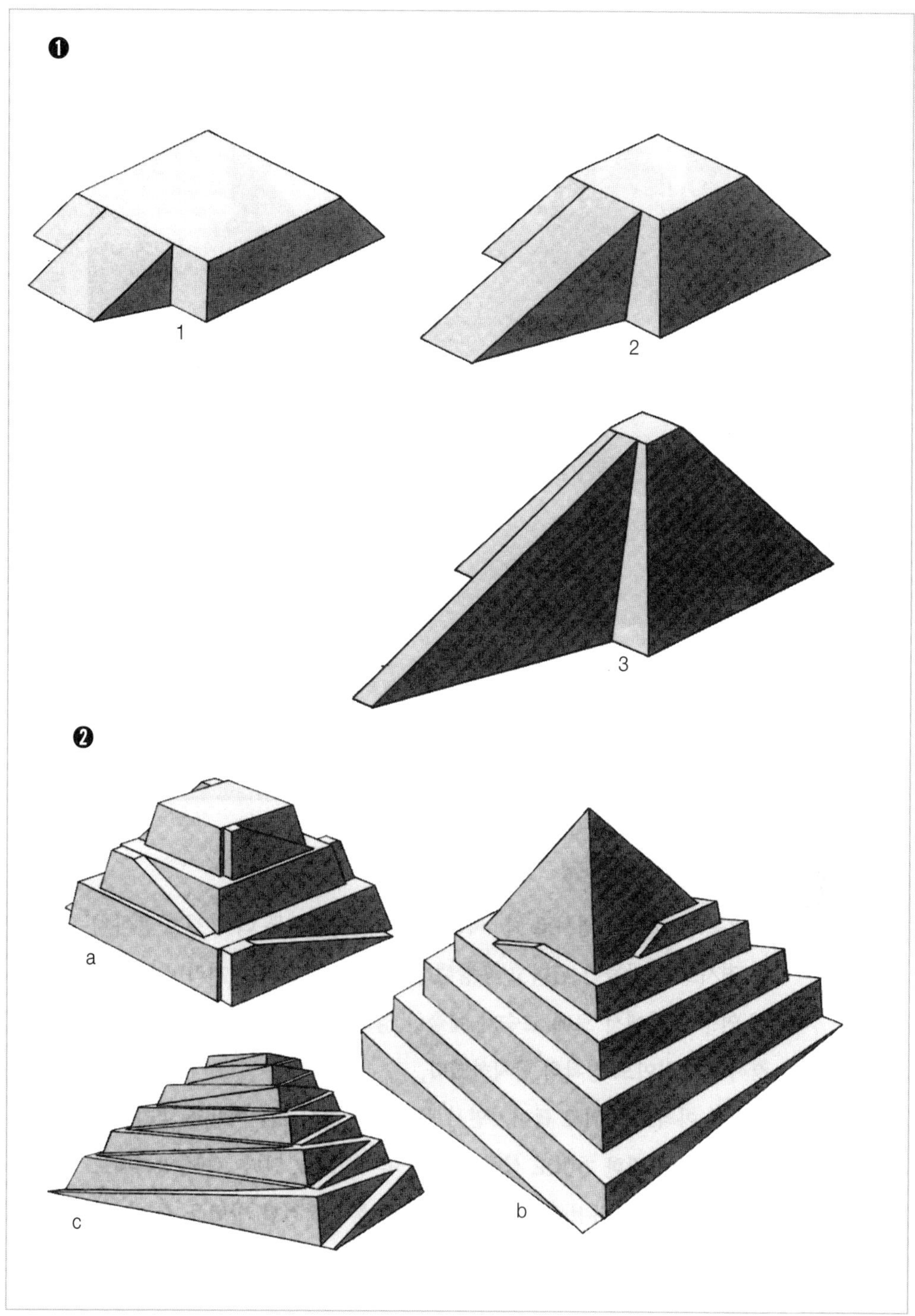

〈경사로 피라미드를 건설하는 방법〉 좌우 그림들을 직선형, 나선형 경사로

· 로에르 교수가 제안한 방법으로 피라미드 상단부까지 단일 경사로를 이용한다
· 단일 경사로 대신 측면 계단을 사용하여 피라미드를 건설할 수도 있다
　그러나 쿠푸나 카프라의 피라미드와 같은 대형 피라미드 건설에는 부적합하다

이는 파피루스는 다양한 수학적 기록들을 담고 있다. 예를 들어 '아나스타시 1'이라는 이름이 붙은 파피루스는 경사로의 크기를 밝히고 있다. 그 길이는 730엘레(Elle, 1엘레는 약 0.52cm)이며, 폭은 55엘레이고, 높이는 가장 높은 곳이 60엘레에 이른다. 이 경사로의 표면과 골조를 이루는 것은 점토를 구운 벽돌이며, 그 내부를 모래로 채웠다. 그러나 이 경사로가 실제로 어떤 모양을 하고 있었는지에 대해서는 연구자들마다 다른 주장을 하고 있다.

기자의 카프라피라미드 묘역을 발굴한 독일의 건축학자이자 고고학자인 우포 휠셔(1878~1963)는 피라미드의 각 측면마다 하나씩 경사로가 만들어진 것으로 보고 있다. 경사로는 지그재그 형태로 쌓아져 올라간다. 그러나 문제는 이런 경사로로는 피라미드 하부와 중간 부분의 공사에 충분한 물량을 공급하기 어렵다는 점이다. 하부와 중간부야말로 가장 많은 양의 속재가 필요한 부분이 아닌가.

경사로

원하는 높이까지 거대한 돌을 옮기는 문제는 피라미드 건축가에게 어려운 숙제였을 것이며, 거기에 대한 여러 가지 방법론이 제시되었다.

독일의 루이스 크룬은 이집트에서 지금도 쓰이고 있는 샤두프를 사용했다고 주장했다. 이러한 간단한 방법으로도 커다란 돌을 임의로 옮길 수 있다는 것이다. 특히 샤두프와 같은 방법을 사용할 경우 번거로운 경사로를 구태여 건설할 필요가 없다고 강조하였다. 그러나 이 방법은 소규모 건축물에서는 적용 가능할 수도 있으나 대형 피라미드인 경우엔 불가능하다고 많은 학자들이 지적하고 있다.

그러므로 학자들은 고대의 기술 수준을 감안할 경우 알려진 유일한 방법은 비탈길을 만드는 것이라고 주장한다. 주로 벽돌을 사용하여 경사로를 미리 만든 후에 썰매로 돌덩어리를 끌어당기는 것이다. 피라미드가 높아질수록 비탈길의 길이와 기저 부분의 폭은 늘어나지만 비탈길이 주저앉지 않게 하기 위하여 경사각을 10도 정도로만 유지해주면 대형 피라미드라 할지라도 정상까지 운반할 수 있다는 주장이다.

경사로를 만드는 방법도 여러 가지가 제시되었지만 일반적으로 두 가지가 유력하다. 피라미드 주위를 돌아가면서 경사로를 만드는 이론과 단일 경사로 혹은 4면에서 같은 크기의 경사로를 만드는 방법이다. 그러나 로에르 교수는 밑변의 길이가 150m 이상으로 긴 경우 첫 번째 방법은 불합리하다고 지적하면서 단일 경사로를 주장했다. 주위를 돌아갈 경우 상부와 하부가 같은 폭을 갖고 있어야 하는데 피라미드가 높아질수록 경사로로 올려져야 하는 돌들을 손쉽게 다룰 수가 없다는 것이다.

그는 단 하나의 경사로 즉, 피라미드가 높아질수록 더욱 길고 좁아지는 경사로를 만들면 된다고 주장했다. 실제로 근래의 대피라미드에 대한 연구조사에서 로에르 교수가 예측한 경사로의 잔해가 발견되었고, 또 경사로의 길이도 정확히 합치하였다.

물론 아직도 주위로 돌아가면서 올라가는 경사로를 이용한 피라미드 건설 방법에 대한 가설도 심심치 않게 이야기되고 있다. 결국 피라미드의 규모와 현장 사정에 따라 두 방법 중에서 적절한 방법을 선별하여 채택하였을 것으로 보인다.

샤두프로 물을 긷는 모습

거중 방법

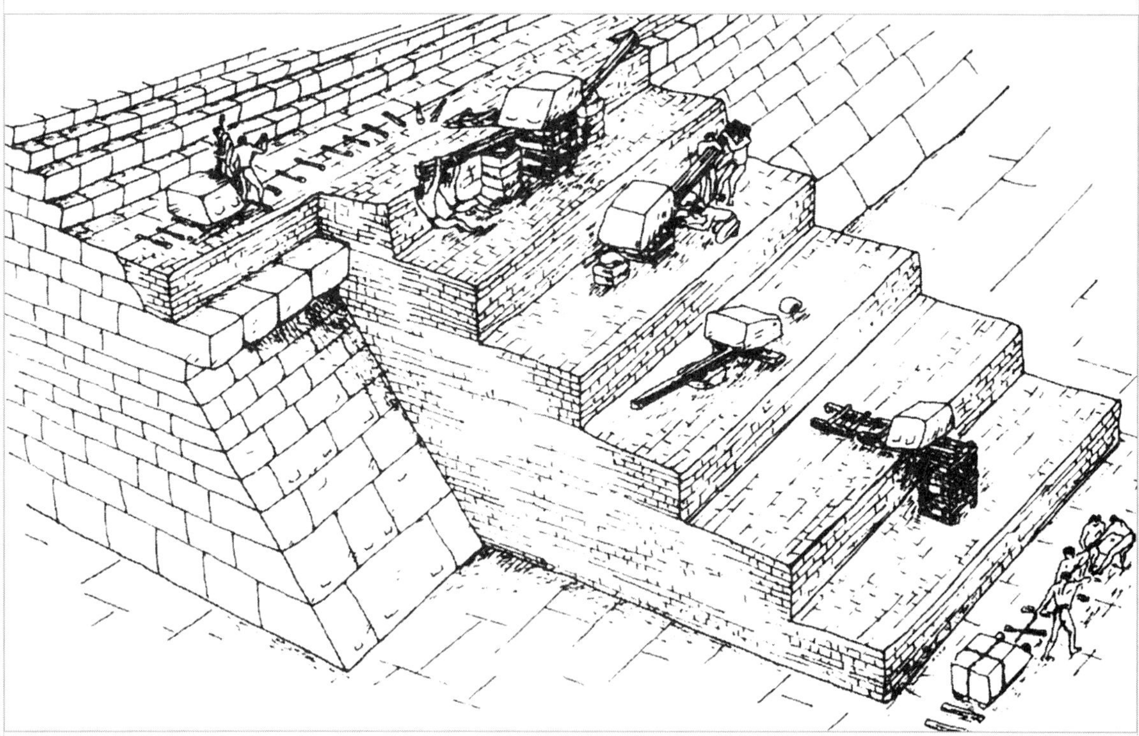

거중 방법

피라미드 상부로 돌을 올리는 방법으로 현재도 사용되고 있는 지렛대 원리의 샤두프를 사용했다고 믿는 학자들이 많이 있다

일단 경사로로 필요한 돌을 옮긴 다음, 필요한 위치에 대형 돌들을 정확하게 안치시키는 작업도 간단한 일은 아니다. 지렛대와 굴림대 그리고 경사면 이외에는 대형 돌들을 쉽게 움직이게 만들 수 있는 방법이 없었기 때문이다.

커다란 돌을 옮기는 방법으로 흔들리는 배라고 불리는, 나무로 만든 '파텐'이라는 시소 개념도 제시되었다. 이 파텐에 돌을 올려놓고 측면으로 쐐기를 넣어 조금씩 밀어내면서 올려 가는 것이다. 그러나 이런 방법으로 거대한 돌 몇 개를 계획된 어느 지점까지 올릴 수는 있지만, 몇 백만 개나 되는 많은 돌들을 운반하는 기본 방법이라고 단정 짓기는 어렵다는 문제점이 제기되었다.

크룬은 앞서 말한 물을 푸는 기구 즉, 샤두프 원리를 다소 개량한 방법을 제시하였다. 그의 이론은 많은 학자들의 지지를 받았다. 문제는 이를 증빙할 증거가 없다는 것이다. 이집트인들은 자신들이 목격하거나 직접 수행한 작업에 대해서 철저하게 기록하였는데도 불구하고 거중 방법에 대한 어떠한 자료나 유물도 발견되지 않고 있다. 이것은 역발상적으로 생각하면 거중 방법에 특별한 방식이나 기구를 사용하지 않았다는 근거가 될 수도 있다.

로에르 교수는 거대한 운반용 경사로를 만들어 여러 명의 일꾼들이 돌덩어리를 경사로 끝까지 끌어올린 후, 그것을 모르타르로 도장한 바닥으로 미끄러뜨렸다고 주장했다. 이 역시 특별한 방법이 아니므로 이집트인들이 기록하지 않은 이유에 부합된다.

앞서 설명된 거중 방법은 헤로도토스도 적었다. 그는 짧은 나무판자로 만들어진 기계들을 이용해서 돌들을 끌어올렸다고 적었다. 첫 번째 기계는 땅에서부터 첫 번째 계단까지 들어올리고, 그 위에 또 다른 기계가 있어서 도착한 돌을 받아 그것을 두 번째 계단으로 운반하며, 계속 그와 같은 작업을 반복했다고 했다.

스트뤼브 로에스러는 헤로도토스의 설명에 따라 외피용 돌덩어리를 올릴 수 있는 커다란 거중기를 제안하였다. 그러나 이에 대한 반론이 즉각 제기되었다.

⑴ 길이가 한정된 목재로 이렇게 큰 거중기를 만들기 어렵다.

⑵ 피라미드 각 층 토대의 시공 상태로 추정해 볼 때 거중기를 안정되게 설치하기 어렵다.

⑶ 100m 이상 높이에서는 바람이 심하게 부는데 이를 안정되게 붙들어 매기 위해서는 밧줄의 길이가 최소한 150~200m는 되어야 한다.

결국 헤로도토스의 자료 자체가 틀렸다고 결론을 지었으며, 일반적으로 크룬과 로에르가 제시한 방법이 가장 널리 받아들여지고 있다.

거중 방법이 어떠했든 간에 피라미드가 완성되면, 석공들은 피라미드의 꼭대기에서부터 경사로를 철거시키면서 정교하게 다듬은 석회석으로 외장공사를 하였다.

미국의 던햄과 보즈는 경사로가 단 하나뿐이었을 것이라고 보고 있다.

폭이 약 3m인 이 경사로가 나선형으로 피라미드 전체를 감싼다는 것이다. 말하자면 오늘날 건축 현장에서 흔히 볼 수 있는 구조물이다. 그러나 이 주장도 별반 설득력을 갖지는 못한다. 우선 그 좁디좁은 폭도 문제지만 과연 그 오랜 축조 기간을 버틸 수 있을 정도로 경사로가 튼튼했을까 하는 의문이 든다. 자료들에서 확인할 수 있듯 피라미드 건설은 매우 장기간에 걸친 것이다. 피라미드가 완성되어 갈수록 하중은 늘어만 갔을 텐데, 하부의 낡은 경사로가 얼마나 오래 지탱되었을지 의문이 아닐 수 없다.

이런 약점을 보완하기 위해 나온 것이 구아용의 이론이다.

이 이론도 경사로는 단 하나뿐이었다고 주장한다. 그러나 이 경사로는 피라미드 전체를 감싸지도 않으며, 폭도 넓어서 동시에 몇 쌍의 석재를 감당할 수 있을 정도다. 그 밖에도 구아용은 이 경사로가 항상 피라미드의 네 귀퉁이를 열어놓고 있어서 언제라도 건조물의 실측을 가능하게 해주었을 것이라고 주장했다. 몇몇 약점을 보완하기는 했지만, 이 이론도 만족할 만한 답을 주지는 않는다. 이 경우에도 경사로는 꼭대기에 이를수록 좁아질 수밖에 없고, 더구나 계속해서 연장되어야만 한다. 다시 말해서, 구아용의 이론대로라면 기껏해야 조그만 피라미드 하나를 지을까 말까다.

피라미드 연구에 평생을 헌신한 영국의 고고학자 피트리는 다음과 같은 상상을 했다. 피라미드의 측면에 하나의 경사로를 수직으로 만들었을 것이라는 주장이다. 피라미드가 높아지면서 경사로도 함께 높아진다. 그런데 이 이론의 근본적인 결함은 경사로 자체에만 엄청난 양의 자재가 들어간다는 것이다. 피트리는 물론 그 재료들이 그저 점토덩어리, 굽기 전의 벽돌, 모래 그리고 나무토막들뿐이어서 아무리 많아야 피라미드 자체에 들어간 총용량만 못할 것이라고 토를 달았다. 그렇다면 문제는 이렇게 만들어진 경사로가 언제, 누구에 의해, 어디로 사라졌는가 하는 것이다. 피라미드가 완공되고 나면 허물어야 했을 것 아닌가. 그러나 그만한 양의 자재들은 피라미드 근처 어디에서도 발굴되고 있지 않다.

여러 모로 피트리의 이론을 보완하고 있는 사람은 아르놀트로, 마찬가지로 한쪽 측면에만 수직으로 만들어진 경사로에서 출발하고 있다. 그러나 피트리와는 반대로 아르놀트는 다음과 같은 가정을 세웠다. 즉, 이 경사로는 사이즈가 피라미드보다 훨씬 작았을 것이며, 또 피라미드 내에 있었을 것이라는 주장이다. 이 경우 자재를 이중으로 사용할 수 있다. 다시 말해서 경사로 자체가 피라미드의 일부가 되는 셈이다.

아르놀트의 이론이 꽤 현실적으로 보이기는 하지만, 그래도 약점은 있다. 그럼 피라미드의 상부를 어떻게 마감할 수 있었을까 하는 문제가 제기된다. 더구나 피라미디온은 어떻게 씌울 것인가. 아르놀트는 이 문제에 대해 피라미드 내부에 가파른 계단 길을 만들어 처리했을 것이라는 짐작을 내놨다. 그러나 이는 실제로 거의 불가능한 일이다.

과연 위에 소개한 이론들의 최고 접점은 무엇일까?

각 이론들의 단점을 살펴보면 아무래도 가장 좋은 해결책은 두 방법의 결합이 아닐까 싶다. 즉, 거중기 장비와 경사로가 함께 등장해야 할 것 같다. 쉽게 말해서 둘 다 쓰였다는 가정이다. 그리고 여기에는 한 가지 요소가 더 추가되어야 하는데, 사실 이것이 가장 중요한 점이다. 즉, 노동자들을 얼마나 효율적으로 부리는가가 결정적인 열쇠인 것이다. 주된 에너지원을 확실하게 사용해야 한다. 여기서 말하는 에너지원이란 일꾼들의 근력을 말한다.

어느 모로 보나 이 문제에 대해 가장 그럴듯한 답을 내놓고 있는 사람은 의심할 바 없이 피라미드 최고의 권위자인 로에르이다. 그가 제시하고 있는 해답은 공사기간 내내 다양한 크기와 기울기의 경사로들이 적절하게 어울리면서 활용되었다는 것으로, 말하자면 종합판인 셈이다. 종합판에 걸맞게 온갖 작업 도구들도 망라된다. 나무 거중기, 들보, 몽둥이, 밧줄 등 자신의 이론을 입증하기 위해 로에르가 택한 것은 이집트 피라미드의 완결판이라고 할 수 있는 기자의 대피라미드다.

하부 구조를 짓기 위해 등장하는 것은 네 개의 거대한 경사로인데, 이는 네 사면에 수직으로 만들어진다. 이 구조물은 하나가 더 등장한다. 남동쪽에 설치된, 마지막으로 남는 하나의 경사로는 채석장에서 채취되어 온 건축 자재를 피라미드 내부로 나르는 통로 구실을 한다. 이 통로는 처음에는 짧고 그 기울기도 매우 완만해서 약 4도밖에 되지 않는다. 그러나 그 길이는 점차 길어져서 남쪽으로 300m가량 뻗어간다. 물론 북쪽으로도 마찬가지다. 내부에 이르는 통로가 점점 길어지기 때문이다. 최대 길이에서의 통로의 북쪽 높이는 약 35m에 달하게 된다. 이렇게 해서 내부에 위치한 갤러리 전체가, 즉 약간 높은 곳에 위치하는 왕실과 그 왕실 위의 몇몇 작은 부속실들이 만들어지게 된다. 이를 위해 필요한 약 40~70톤의 석재들은 위에서 말한 사면의 경사로를 통해 피라미드 내부로 운반된다.

이런 엄청난 양의 돌 무게를 지탱하기 위해 쓰인 것은 모래주머니다. 말하자면 석재가 운반되는 동안 그 반대편 구조물에 모래주머니로 균형을 잡아준 것이다. 피라미드의 상부를

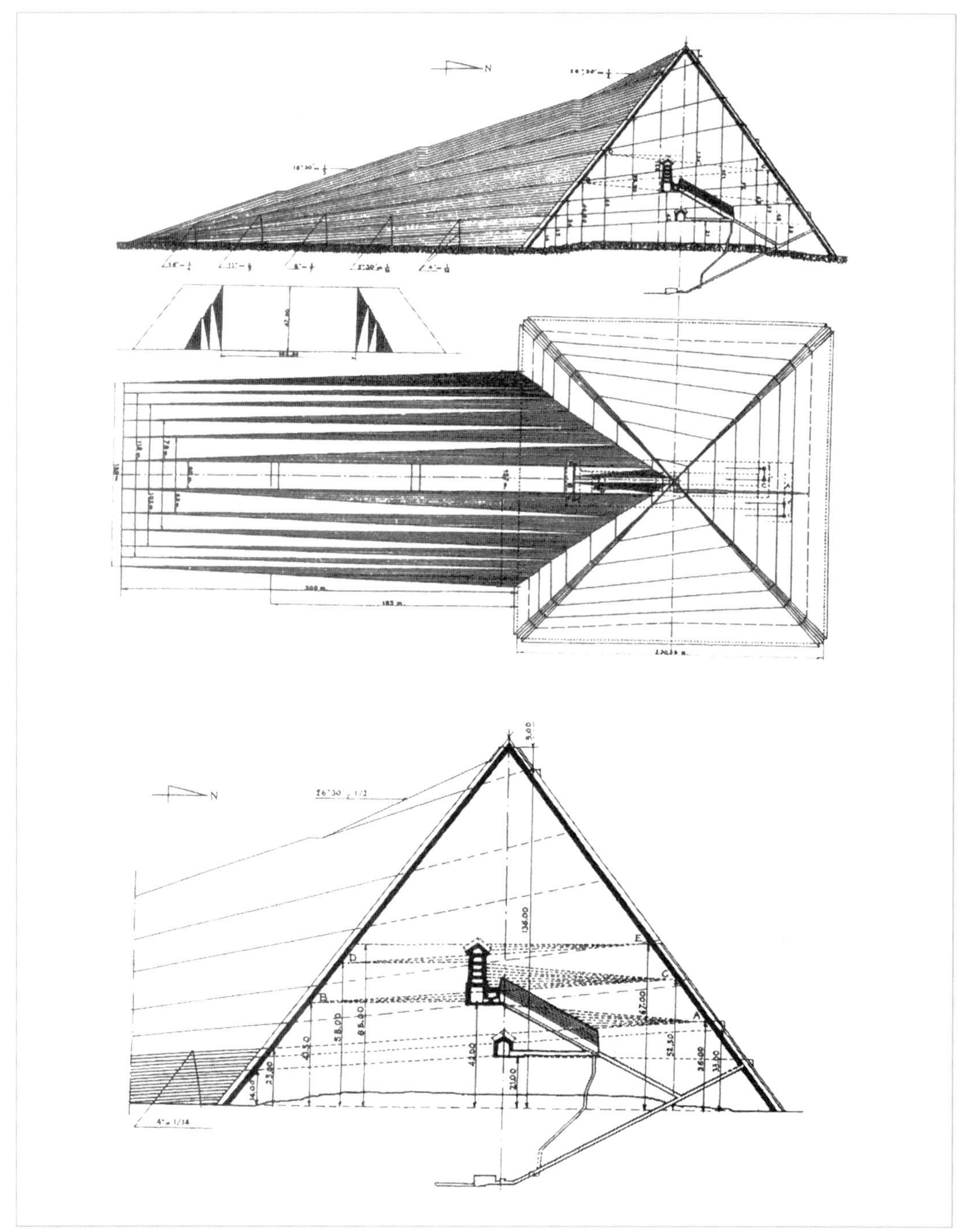

대피라미드 축조에 쓰인 경사로의 복원도 (로에르)

완성하기 위해서 쓰인 것은 사면의 기본 통로다. 공사가 진행되면서 그 기울기는 점차 커지고 폭은 좁아지게 된다. 14도 각도의 통로는 1톤에 달하는 무게를 111m 높이까지 끌어 올릴 수 있다. 18도인 경우에는 약 700kg의 무게를 약 136m 높이까지 끌어올릴 수 있다.

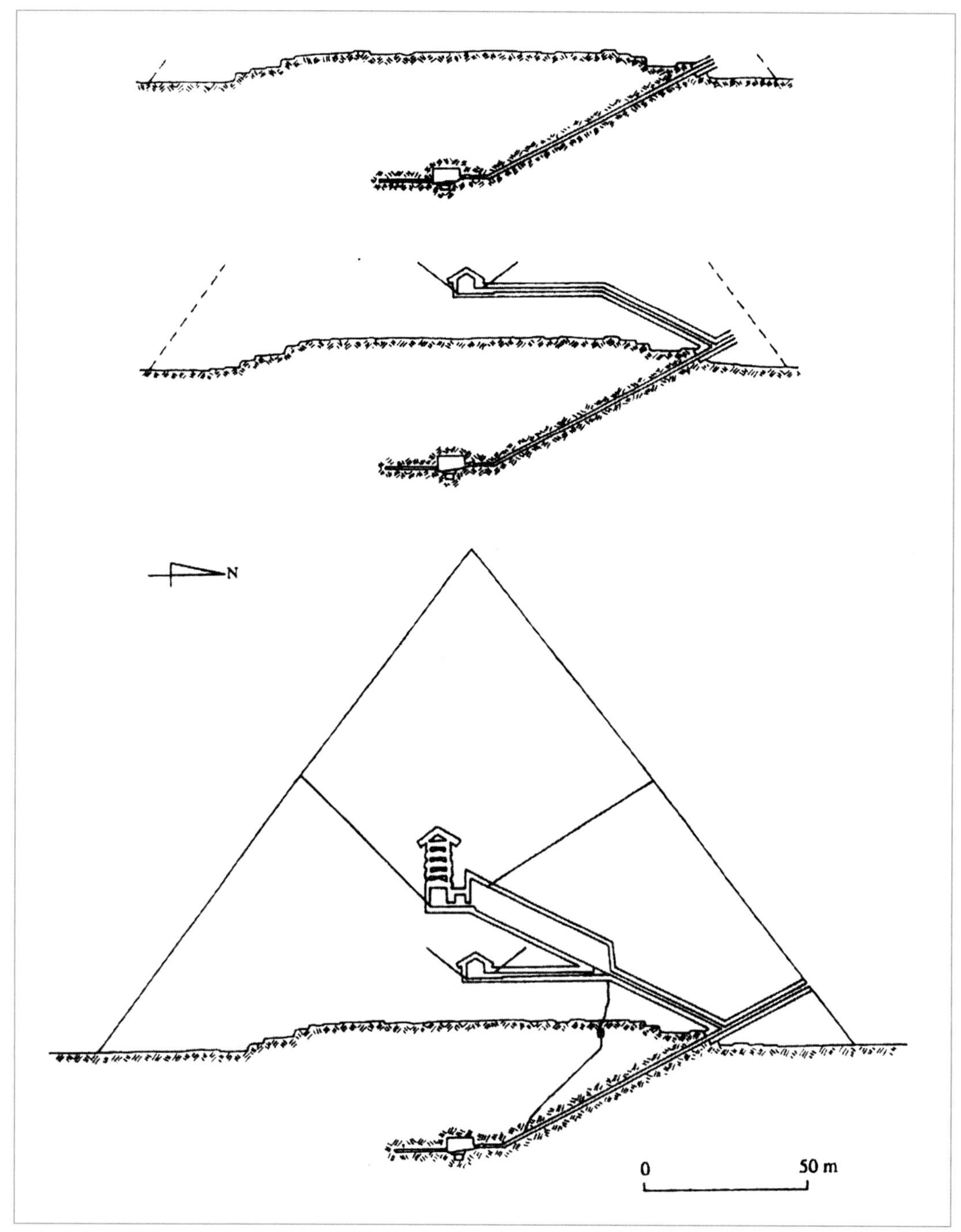

대피라미드 축조의 주요 세 단계를 재구성해 본 그림(보르하르트)

피라미드 공사의 압권은 역시 그 정점을 놓는 일이다. 5~7톤 정도 무게의 피라미디온을 피라미드 꼭대기에 올려놓는 일은 가장 어려운 일이기도 했다. 이를 위해서는 커다란 나무 들보와 기름을 칠한 활차 그리고 가장 두꺼운 밧줄 등이 쓰였을 것으로 로에르는 보고 있다.

물론 여기에는 균형을 잡기 위한 반대 하중도 무시할 수 없는 중요한 요소다.

굽지 않은 벽돌, 돌 부스러기들 그리고 모래 등으로 이루어진 기초경사로의 총용량은 156만㎥에 이를 것으로 로에르는 계산하고 있다. 그의 계산이 정확하다면 이 피라미드에는 도합 416만㎥에 달하는 자재들이 최고 높이 146.6m까지 운송되었다는 말이 된다. 현대의 기술로 가늠해도 피라미드는 정말 세계의 기적이 아닐 수 없다.

그럼 로에르의 이론은 완벽한 것일까?

적어도 지금까지는 그렇다. 거의 모든 이론들을 두루 섭렵하고 포용한 것이라서 가장 들어맞을 확률이 높은 이론이다. 그렇지만 이 이론은 대피라미드에만 들어맞는다. 그리고 또 공사가 끝난 다음에 그 경사로들이 어디로 사라졌는지에 대해서는 답을 하지 못하고 있다.

완벽함을 기하기 위해서는 짚고 넘어가야 할 주장이 하나 더 있다. 미국의 고고학자 레너의 설이 그것이다. 마찬가지로 오랫동안 기자의 대피라미드를 연구해 온 레너는 로에르와는 반대로 직선이 아닌 나선형의 경사로를 주장하고 있다. 대피라미드 남동쪽에 있는 채석장에서부터 이 경사로가 시작되었을 것이라는 게 레너의 추론이다.

대피라미드에 관해서는 더 많은 학자들의 주장이 있지만 이쯤 해두기로 하자.

물론 피라미드가 어떻게 만들어졌는가에 대해서는 아직도 다뤄야 할 문제들이 많다. 지금까지의 고고학 연구에 따르면 이집트의 피라미드는 크기와 입지 그리고 그 공사 기간으로만 구분되는 것이 아니다. 설계도, 자재 그리고 축조 방법 등에서도 많은 차이를 드러낸다.

지금까지 소개한 내용들은 대부분 앞서 소개된 세 권의 책과 미로슬라프 베르너의 『피라미드』, 세계의 불가사의를 다룬 서적 등에서 발췌한 내용이다. 앞서 설명한 바와 같이 독자들의 이해를 돕기위해 필자가 연구한 것과 비교하기 위하여 부득이하게 여러 학자들의 추론을 참고적으로 가능한 원문 그대로 인용하였음을 밝혀둔다.

여기에 필자의 견해를 결론적으로 밝히면, 앞서 학자들이 주장한 방식들이 모두 불가능하다. 이것은 독자들이 학자들의 주장한 방식으로 과연 피라미드 축조가 가능한 것인지, 납득할 수 없게 혼선만 가중시키고 있다고 본다.

8. 종래의 경사로(직선형, 나선형) , 거중기, 샤두프의 매우 단순한 학설들의 문제점

학자들이 주장하는 경사로(직선형, 나선형)나 거중기, 샤두프로 피라미드 축조가 가능한가

필자의 시각으로 볼 때, 이러한 매우 비효율적이고 단순한 방법들로는 피라미드 축조가 불가능하다. 그래서 학자들이 주장한 종래의 모든 논지들을 앞에 놓고, 이러한 방법들로 피라미드 축조가 왜 불가능한지 독자들이 납득할 수 있도록 상세한 설명을 하려고 한다.

사카라 계단식피라미드 목재비계로의 축조 방법

직선형 경사로 축조 방법

직선, 나선형 경사로를 병행한 축조 방법

나선형 경사로 축조 방법

필자가 고대생활상 Pharaonic Village (민속박물관)에서 찍은 사진(모형)

아직도 세계의 수많은 학자들은 앞서 72, 73면 그림과 같은 사진(모형) 내용과 같은 방법으로 피라미드를 축조하였다고 믿고 있다

지금부터 세계의 수많은 학자들이 지금까지도 정확하게 풀지 못하였던 피라미드에 관련된 50여 가지의 의문점과 문제점들을 납득할 수 있는 상식 선상에서 하나씩 파헤쳐 보자.

경사로(직선형, 나선형) 학설들의 시공방법에 대한 문제점

1. 앞서 72~73면에 소개되었던 아르놀드, 피트리, 이슬러, 보르하르트, 구아용, 횔셔, 로에르, 학자교수가 제시된 경사로 학설에 따라 피라미드를 축조하는 것은 결론적으로 말하면 전혀 실현 불가능하다. 왜냐하면 경사로(직선형)를 조성한다면 그 자체가 피라미드보다 더 많은 부피를 차지하고 해체 시 많은 문제가 발생한다. 거듭 설명한다면, 피라미드 높이와 같게 경사로를 만들어야 하고, 완성 후 해체하는 것도 큰 문제로 피라미드 축조의 자체보다도 몇 배 이상 되는 많은 인력과 자재가 소모되기 때문에 공사의 기간도 매우 길어질 수밖에 없는 것이다.

(지금까지 일부 소형 피라미드에서는 경사로 흔적이 있으나 중형, 대형 피라미드들에서는 경사로의 잔해가 발견된 적이 없다는 것이 이러한 경사로 학설들이 틀렸다는 것을 직접, 간접적으로 반증하고 있다.)

2. 경사로 위에서 석재 운반을 어떻게 할 것인가. 경사로 위로 석재를 운반하면 통나무굴림대가 아래로 굴러가므로 통제가 불가능하고 매우 비효율적이어서 이러한 방법으로는 석재 운반이 사실상 거의 불가능하다. 따라서 통나무굴림대를 이용해 경사로 위로 석재 운반이 가능하다고 주장하는 것은 실험에 근거하지 않은 막연하고 단순한 이론적인 발상이다. 왜냐하면 경사로(직선형, 나선형) 위로 석재를 운반하는 것은 모든 통나무굴림대가 아래로 굴러 내려가서 통제할 수가 없기 때문이다. 즉 바닥이 평평해야 비로소 통나무굴림대가 아래로 굴러가지 않는 것이다.

물론 선로가 없이 통나무굴림대가 아래로 굴러가지 않게 통나무굴림대 뒤에 모래나 흙으로 받치는 방법으로 석재 운반이 가능은 하다. 그러나 문제는 피라미드 크기이다. 즉, 석재 사용량이 수백 개냐 수십만 개냐 하는 것이다. 왜냐하면 많은 석재를 운반할 때 받침목과 선로가 없으면 통나무굴림대가 지면에 박혀 잘 구르지도 않지만 어쨌든 통나무굴림대와 썰매에 석재를 실어서 운반한다면 수많은 통나무굴림대 뒤에 모래나 흙으로 매번 번거롭게 받쳐야 하기 때문이다. 따라서 소형 피라미드에 사용되는 적은 수의 석재 운반은 이와 같은 방법으로도 그럭저럭 가능하지만, 수십만 개의 석재를 사용하는 중형, 대형 피라미드에서는 사실상 전혀 불가능한 방법이다. 왜냐하면 경사로 위에 받침목과 선로를 설치한다면 받침목 위 선로의 높이 때문에 선로 위에 설치되는 통나무굴림대 뒤에 그나마 아래로 굴러가는 것을 방지하기 위해 받쳤던 모래나 흙을 받칠 수 없기 때문이다.

그리고 영화에서나 많은 학자들이 제시한 것처럼 모래나 석재 위에서 통나무굴림대도 없이 썰매에 석재를 실어서 운반하는 방법도 역시 마찰력 때문에 사실상 더 더욱 불가능하다.

1) 대피라미드는 사면의 저변 길이가 230m, 높이가 146.6m나 되는데, 앞서 아르놀트, 피트리, 이슬러, 보르하르트, 구아용, 휠셔, 로에르와 같은 학자들이 주장한 대로 경사 10°를 유지하게 경사로를 조성한다면 그 자체만 해도 엄청나게 난해한 시공조건이다. 피라미드 높이에 따라서 이어지는 직선형 경사로 길이만 해도 약 1,500m(기자지구는 언덕 위기 때문에 이 길이가 나올 수 없다)가 되고, 또한 경사로를 아래와 위가 똑같이 수직으로 조성할 수가 없기 때문에 경사로 높이에 따라 경사로가 허물어지지 않게 위로 갈수록 좁아지게 하려면 하부 폭이 100m 이상이 되도록 조성하여도 경사로 상부 폭은 겨우 10m 내외가 된다.

2) 효율적으로 석재를 운반하려면 반드시 받침목, 선로, 통나무굴림대, 썰매가 있어야 한다. 직선형이든 나선형이든 경사로 위에서는 반드시 받침목과 선로가 설치되어 있어야 통나무굴림대가 바닥에 박히지 않고 잘 굴러갈 수 있다. 그러나 두 가지 경사로 방법은, 직선형 약 1,500m, 나선형 약 5,000m의 석재 운반에 반드시 필요한 선로가 없이 석재 한 개를 운반할 때마다 약 40cm 간격으로 설치되는 수천 개나 되는 통나무굴림대 뒤에 수많은 인부들이 흙이나 모래를 번거롭게 계속 받쳐야 하는 것이다.

나선형 경사로 방법은(대피라미드의 외부 경사각이 51.52°나 되는 가파른 곳에 흙이나 석재 등의 가설재를 고정시킬 수도 없지만), 어쨌든 경사 10°를 유지하게 경사로를 조성한다면 대피라미드 외부로 감아올라 이어지는 길이가 무려 약 5,000m나 된다. 또한 대피라미드 모서리 부분에서는 통나무굴림대 위에서 썰매가 직각으로 회전하는 것이 불가능하다.

3) 즉, 받침목과 선로가 없이는 거의 불가능하지만, 어쨌든 통나무굴림대와 썰매만으로는 수백 명 인부로 하루에 겨우 석재 두세 개 정도만 운반할 수 있을 뿐이다. 그러나 이와 같은 매우 비효율적인 방법으로 약 180만 개(대피라미드 축조 방법과 석재 사용량에 대하여는 뒤(228,229면)에서 상세하게 설명할 것이다)나 되는 엄청나게 많은 석재를 운반하려면, 10m밖에 되지 않는 좁은 경사로 위에 수만 명 인부가 꽉 들어찬 채 수백 년 동안을 작업해야 겨우 가능한 일이다. 고대에 과연 수만 명의 인부들을 긴 기간동안 동시에 동원할 수 있었을까 하는 점도 모순으로 지적된다.

이와 같이 경사로로 피라미드를 축조하였다는 것은 분명히 말도 안 되는 단순한 이론적인 발상의 주장이다. 거듭 구체적으로 설명한다면 효율적으로 많은 석재를 운반하려면 반드시 바닥이 경사져 있는 곳이 아닌 평평한 곳에서 받침목, 선로, 통나무굴림대, 썰매를 모두 갖추어야 가능한 것이다.

앞서 지적한 대로 고대 이집트인들도 이와 같은 경사로로 다량의 석재를 운반하는 것은 매우 비효율적이고 거의 불가능하다는 것을 당연히 알고 있었을 것이다. 즉 받침목, 선로, 통나무굴림대, 썰매를 모두 갖추었다고 하더라도 다량의 석재를 효율적으로 운반하려면 반드시 평평한(수평) 곳에서만 가능한 것이다. 그래서 학자들이 막연하게 주장하는 경사로 축조 방식은 많은 석재를 운반할 수 없기 때문에 그 상상 자체가 불가능한 것이다.

앞서 설명한대로 바닥이 평평하지 않은 굴곡진 구릉지에서 통나무 굴림대등을 사용할 수 없기 때문이다. 이와 같은 구릉지에서는 인부들이 목도의 방법(111면 참고) 으로만 석재운반이 가능하다. 결론적으로 말하면, 대피라미드 축조 방식은 사용된 180만 개나 되는 석재를 평평(수평)하게 운반하여 '격관식 공법' 으로 거중기를 사용하여 아래에서 위로(수직) 끌어올려야만 가능할 수 있는 것이다. (격관식 공법에 대하여는 207면에서 구체적으로 설명한다.)

이에 대해서는 뒤에 상세하게 설명되는 석재 운반 방법과 피라미드 축조 방법(공법, 공정, 기술), 격관식 공법을 보면 쉽게 납득할 수 있을 것이다.

3. 경사로(직선형, 나선형) 학설의 가장 큰 문제점은 경사로의 사각지대에서는 무엇으로 어떻게 수직, 직각, 수평, 길이, 높이, 기울기 등의 기하학적인 척도를 동시에 종합적으로 측정(관측)할 것인가이다. 즉, 이러한 것들에 대한 정확한 측정(관측)이 불가능하다는 것이다. 경사로(직선형, 나선형) 학설은 반드시 먼저 선결되어야 할 가장 중요하고 핵심적인 요소인 종합 측정(관측)의 방법을 무엇으로 어떻게 해야 하는지 아예 배제하거나 간과하고 있기 때문이다.

그러면 어떠한 방법으로 필요한 수치를 매우 정확하게 종합적으로 측정할 수 있을까? 이에 대해서는 뒤(16. 피라미드의 종합적인 측정(관측) 방법−115면)에 상세히 설명하기로 하고, 다음은 거중기, 샤두프를 이용한 피라미드 축조 방법에 대한 문제점들에 대하여 설명하려고 한다.

거중기, 샤두프 학설들의 시공방법에 대한 문제점

앞서 서술된 것처럼 크론, 게리에르, 이슬러 등의 학자들은 거중기나 샤두프로 무거운 석재를 들어 올릴 수 있다고 믿고 있다. 그러나 이러한 구조는 견고하지 못하고 또한 장력(들어올리는 힘)을 크게 할 수가 없어서 무거운 석재를 들어올릴 수 없다. 만약 샤두프로 약 2.5톤의 석재를 1m 들어올리기 위해 약 10m 길이의 긴 목재를 사용한다면 중심점에서 회전 반경이 약 9m나 되는데, 수많은 석재를 이와 같은 방법으로는 들어올리는 것은 거의 불가능한 일이다.

어쨌든 여러 학자들의 주장대로 만약 이러한 거중기나 샤두프로 무거운 석재를 들어 올린 다 하여도, 피라미드 축조의 방법(공법, 공정, 기술)이 없다면 좁은 대피라미드 외부 계단에 형 성된 약 70㎝의 좁은 작업공간이나 약 51°의 가파른 경사진 외장석 위에서는 이것들을 설치 할 수가 없기 때문에 대피라미드 축조가 불가능하다.

필자의 결론은 위에서 소개한 종래의 모든 학설들은 매우 단순하고 비효율적이기 때문에 피라미드 시공이 전혀 불가능하다.

학자들이 주장하는 경사로(직선형, 나선형) 대피라미드 축조 방법에 대한 모순점

1. 이집트에서 지금까지 발견된 소형, 중형, 대형의 피라미드는 118여 기이다. 이것 모두 가 경사로 방법으로 축조를 하였는가. 아니면 유일하게 쿠푸왕 대피라미드만을 경사로 방법 으로 축조하였는가.

2. 고대 이집트에는 대형석재를 사용한 많은 원형기둥과 오벨리스크, 높게 축조된 카르나 크 신전 등의 석조 건물이 많다. 이것들도 또한 경사로 방법으로 세우고 축조하였는가.

3. 고대 이집트에서는 모든 분야에서 기술 문명이 매우 발달되었고, 기하학적으로 완벽하 게 시공된 대피라미드와는 전혀 걸맞지 않게 과연 원시인 수준의 발상인 것처럼 매우 비효 율적인 경사로 방법으로 대피라미드와 모든 피라미드를 축조하였나.

4. 또한 세계의 수많은 피라미드들과 높게 축조된 석조 건축물, 그리스(로마)신전 등도 모 두 경사로 방법으로 대피라미드와 축조하였나.

위에서와 같이 경사로(직선형, 나선형)방법으로 대피라미드를 축조하였다고 막연하게 주장 한 학자들의 모순점이 지적된다.

이와 같이 단순하게 주장한 학설을 살펴보면 학자들이 간략한 실험은 물론이고, 실제적으 로 피라미드 축조에 기본이 되는 일들에 대한 경험이 전혀 없는 것 같다. 정말 경사로 위에서 통나무 굴림대와 썰매로 석재 운반이 가능한지 약간의 실험과 경험이라도 있다면 이러한 터 무니없고 추상적인 이론을 주장하지는 못했을 것이다. 거듭 설명을 하면 경사로(직선형, 나선형) 나 거중기, 샤두프 학설들은 석재운반의 방법으로부터 종합적인 측정(관측)의 방법과 대피라 미드 축조 방법(공법, 공정, 기술)을 여러가지 많은 핵심적인 기술들에 대하여 한 가지도 확실하 게 제시하지 못했을 뿐더러, 아예 배제하거나 간과되었기 때문이다.

필자 견해로는 피라미드가 만들어지기 전 고대 이집트에서는 여러 분야에서 이미 상당한 기술력이 있었다고 보는 것이다. 그리고 회전력을 철저히 사용한 기술력으로 거중기라는 장비를 만들어 사용하였다고 보는 것이다.(여기에 대한 근거들은 〈28. 고대 이집트의 거중기 발생 토대와 추정근거〉 153면에서 설명된다.)

아울러 좌측의 세인키 계단형 피라미드와 뒤에 설명되는 붉은, 멘카우라, 쿠푸 대 피라미드를 어떠한 방법으로 축조하였는지 흔적(근거)으로 가늠할 수 있는 격관식 공법 1, 2, 3차 공정으로 시공되는 것을 독자들이 납득할 수 있게 재구성하여 밝혀보았다.

또한 〈16. 피라미드의 종합적인 측정(관측)방법〉은 115면에서 경사로(직선형, 나선형) 방식으로는 대피라미드 축조가 전혀 불가능하다는 것에 대해 거듭 상세하게 설명이 이어진다.

여기에 대한 결론을 미리 말한다면, 상당한 여러가지 기술력의 요소들을 공법 공정 기술 등으로 이어진 것들을 집약해야만 비로소 기하학적으로 완벽하게 축조된 대피라미드를 시공할 수 있고, 이것들과 아우러지게 걸맞은 기술 수준이 되는 것이다.

학자들이 주장하는 소형 피라미드 일부에는 경사로의 흔적이 있지만, 왜 계단식, 중형, 대형의 모든 피라미드에는 경사로의 흔적이 없는가

경사로는 피라미드를 축조할 때는 당연히 필요 없지만 이것을 굳이 설명한다면, 어떠한 건축물을 효율적으로 시공하기 위해서는 공사의 현장과 연결된 작업로가 반드시 필요하다. 물론 작업로 없이도 소형 피라미드는 석재 크기와 관계없이 목도의 방법만으로 직접 축조는 가능하지만, 그러나 더 효율적으로 피라미드를 시공하기 위해서는 공사현장의 주위에 있는 목재, 석재 부스러기, 모래, 흙 등을 이용하여 높이 약 5m 정도까지 간단하게 목도를 할 수 있게 작업로를 조성해서 사용하였을 것이다.(일부 세인키, 메이둠, 다흐슈르, 아브쿠랍(아브시르), 네페레프레 미완성 피라미드 등을 필자는 모두 가지 못하여 관찰할 수 없었지만, 학자들이 주장한 경사로 흔적은 실제로는 격관이었을 것으로 보는 것이다.)

그러나 경사로(작업로)가 필요하다고해서 건축물 높이까지 계속 경사로를 조성하고 해체하는 자체가 매우 힘들기도 하지만 그 위로 석재를 운반하거나 그것을 작업로로 사용하는 것은 매우 비효율적이다.

(여기서 중형, 대형 피라미드를 구분하는 기준은 한 면의 저변 길이가 약 80m 이상, 높이 약 60m 이상, 축조에 사용된 석재 하나의 무게가 약 1톤 이상, 사용된 석재 수는 수만 개 이상 되는 것을 필자가 임의로 기준을 정한 것이다.)

학자들이 주장한 경사로(작업로)의 흔적
〈계단식 피라미드가 격관식 공법으로 축조된 추정 근거〉

경사로를 주장하는 학자들은 아래 그림과 같이 단편적인 것만을 보고 경사로(직선형, 나선형)의 방법으로 쿠푸왕 대피라미드를 축조하였다고 주장한다.

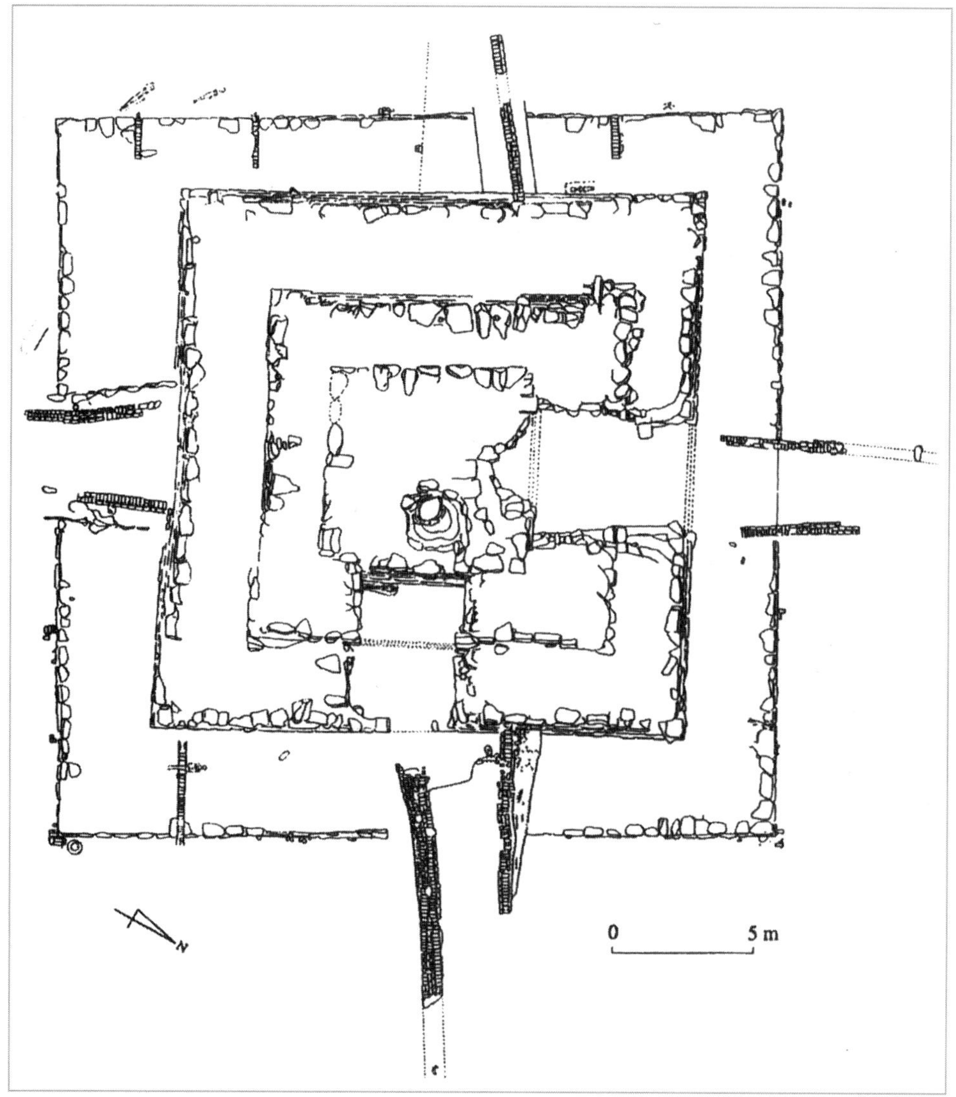

세인키(Seinki)에 있는 계단식 피라미드의 평면도
그러나 필자의 견해는 이것이 직선 경사로(작업로)의 흔적이 아니고 격관식 공법으로 이 계단식 피라미드를 흔적(근거)로 보는 것이다. 여기에 대한 근거들이 205면부터 계속 이어진다.
격관식 공법의 개념이란 당연한 것도 모르면서 경사로 방법으로 피라미드를 축조했다고 막연하게 상상하는 것은 학자들이 고대 이집트인들의 상당한 기술력들을 이해하지도 못한 채 기술력이 없는 자기의 기준에서 단정짓는 것은 아닐까.

9. 쿠푸왕 대피라미드에 대한 터무니 없는 여러 학설과 주장들

— 세계 수많은 학자들이 다양하게 주장한 대피라미드에 관한 학설들이 과연 맞는가

이집트 고대 문명을 소재로 많은 글을 써낸 영국의 그레이엄 핸 콕은 『창세의 수호신』에서 이렇게 내용을 설명하고 있다. 몇 가지만 소개하면 아래와 같다.

· 대피라미드 높이와 밑변 길이의 상관관계

네 밑변의 길이를 모두 합하면 높이를 반경으로 하는 원주의 길이가 된다는 것이다.

네 밑변의 합은 230.365m×4=921.46m이고, 대피라미드 높이를 반경으로 하는 원주도 146.73m×2×3.14=921.46m이다. 원주율 3.14는 B.C. 3세기에 그리스의 알키메데스가 발견하기까지는 아무도 모르는 일로 되어 있었는데, 그보다 2300여 년 전에 이것을 어떻게 알아냈을까.

· 대피라미드 높이와 지구 반지름과의 상관관계

높이 146.73m의 43,200배는 지구 반지름 6,354km와 거의 같은 6,338km이다.

· 대피라미드 높이와 지구 – 태양 사이 거리와의 상관관계

높이 146.73m의 10억 배는 지구와 태양 사이의 거리와 일치한다.

· 대피라미드 무게와 지구 무게와의 상관관계

피라미드 무게 5,995,000톤의 100만 배는 지구 무게와 일치한다.

· 대피라미드와 위도와의 상관관계

대피라미드가 지구 북반구의 1/3 지점인 북위 30도에 위치한다.

피라미드를 본격적으로 조사하기 시작한 것은 나폴레옹의 이집트 침공(1798년) 이후라고 한다. 이집트 침공에 참가한 학자, 기술자, 예술가, 화가 등 비전투원이 조사한 자료를 정리하여 『이집트기』를 발간했는데, 이를 본 프랑스를 비롯한 유럽사회의 충격은 대단했다. 그

들은 고대 그리스 로마 문화만 보다가 그보다 더 오래되고 더 우수한 5000년 전의 고대 이집트 문화를 접하고는 눈을 의심할 정도였다.

프랑스 나폴레옹이 이집트를 점령한 직후 1800년대에는 이집트 고고학 외 '피라미드학' 이라는 학과가 생겼다. 여기에서 대피라미드만 전문으로 연구해서 신비에 싸인 많은 것을 발표하였다. 그러나 모두가 근거가 없어 대피라미드에 관한 신비만 더해 주었다. 기자의 대피라미드 안에서 미라를 발견한 것도 아니고, 그렇다고 벽화나 문헌이 남아있는 것도 아니어서 여러 주장이 빈번했다.

그중 터무니없는 주장 몇 가지를 소개하면 이렇다.

· 피라미디온(대피라미드 꼭대기)에서 천체를 관측했다는 설이다. 지금 꼭대기에 7단의 석재가 없고 편편한데 피라미드 위가 확 틔어서 밤하늘의 별들을 관측하기에 매우 좋다는 것이다.

· 대피라미드는 우주인의 지구 기지였다는 주장이다. 한때는 대피라미드가 신에 의해 만들어졌다고 하다가 우주인이 지구로 들어오는 비행체 착륙기지로 대피라미드를 건설했다고 발전했다.

· 대피라미드 안의 현실(玄室)에는 불가사의한 우주의 힘이 작용한다고 주장한다. 다른 피라미드들은 현실이 지상에 있거나 지하에 있는데, 유독 대피라미드만이 피라미드 중심(重心)에 위치해 있다. 유리로 된 모형 피라미드를 만들어 어둠 속에서 전등을 비춘 실험결과 빛이 한 점에 모였는데, 그 점이 바로 왕의 방이 있는 지점이라고 했다. 거기에서는 생체가 부패하지 않고 식물의 발육이 빠른데, 그것은 우주로부터 오는 X선이나 감마선을 대피라미드가 프리즘이 되어 집중적으로 중심에서 받아들이기 때문이라는 것이다.

· 대피라미드가 고대 이집트 과학을 집대성한 작품이라는 주장

· 대피라미드의 밑변이 정확하게 동서남북을 가리키기 때문에 해시계라는 주장

· 대피라미드는 지구의 축소판 모형이라고 주장하면서 대피라미드 꼭지가 북극이고 밑변이 적도를 의미한다는 주장도 있다.

· 또 세례 장소라는 주장도 있다. 대회랑은 인간과 신이 만날 수 있는 가장 적합한 장소라는 것이다.

· 또 대피라미드의 오르내리는 통로는 인류의 장래를 예측한 연대 표시판이라는 설도 있다. 거기에는 기원후 2444년에 지구의 멸망이 온다는 것이다. 이 또한 믿거나 말거나일 것이다.

· 파라오의 영혼이 대피라미드 꼭대기에 올라가 태양을 만나 죽은 자들의 신 가운데 최고의 신인 오시리스(Osiris)신이 되어 다시 왕의 방으로 회귀하여 영원한 생명을 얻어 부활한다는 고대 이집트의 믿음이 진실이라는 주장도 나왔다.

· 기자의 3개 피라미드 형태가 오리온 별자리 형태와 같다는 주장도 있다.

(이와 같이 터무니없는 것들을 모두 대꾸하는것은 지면 낭비이다. 여기서 한 가지를 예를 든다면, 미국 캘리포니아 야경의 위성사진이 한국지형과 매우 비슷하다고 한다. 위와 같은 학설대로라면, 캘리포니아 야경을 한국지형처럼 만들었든가 아니면 한국지형을 캘리포니아 야경에 맞추어 형성되었는가 실제로 이것도 저것도 아닌 것처럼, 학자들은 이와 같이 하나의 우연한 것을 가지고 근거 없는 많은 주장들을 하며 설왕설래하는 것이다.)

이 외에도 모순된 논리와 여러 학설들이 난무하지만 지면이 부족하여 생략한다.

세계적으로 7대 불가사의 중 유일하게 현존하고 있는 쿠푸왕 대피라미드가 워낙 많은 관심을 받고 유명하다보니 이와 같은 전혀 근거 없는 여러 학설들이 난무하고 있다. 그리고 이러한 학설대로 어떤 한 부분이 만약 우연하게 일치한다고 치자. 그렇다면 쿠푸 전에 축조한 약 백여 기 피라미드와 쿠푸 후에 축조한 카프라, 멘카우라피라미드는 무엇을 의미하는가를 묻고 싶다. 많은 학자들은 피라미드에 대하여 정확한 이해와 해석은 하려하지 않고 어떻게 하면 세계인들의 관심을 갖게 하고 이것을 상업적으로 이용하거나 이목을 갖기위해 자기의 주장을 하고 있는 것 뿐이라고 본다. 필자가 앞서 언급한 백 여 기의 피라미드에 대해 논리적인 근거를 제시하라는 것은, 이와 같은 터무니없는 학설을 믿거나 주장하는 사람들이 범하는 우를 지적하기 위해서이다. 독자들이 이 책을 탐독한 후에는 이와 같은 주장들이 얼마나 터무니 없는 것인지 납득하게 될 것이다.

10. 피라미드 축조의 시도와 우댕박사의 주장

학자들이 피라미드 축조를 시도한 방법과 우댕 박사의 주장으로 과연 대피라미드 축조가 가능한가

1979년에 일본의 한 TV 방송국에서 이집트의 기자지구에서 약 10m 높이의 소형 피라미드 축조를 재현했다. 그러나 이것은 일부 경사로(직선형)와 현대의 대형 장비와 도구로 석재를 들어올려서 축조하였다. 그리고 곧바로 해체하였다.

그리고 미국 시카고대학 레너 교수는 50명의 인원으로 3주 동안 0.75~3톤 무게의 석재 186개로 8단 약 5m 높이까지 고대 연장만으로 소형의 피라미드를 축조했

피라미드 축조의 시도

다. 그러나 필자가 볼 때에는 0.75톤~3톤짜리 석재로 8단 높이까지만 피라미드를 축조하는 것은 아무 의미가 없다. 왜냐하면 앞서 설명된 바와 같이 목재나 흙으로 조성된 작업로 위로 받침목, 썰매, 선로, 통나무굴림대를 만들고 뒤에 아래로 굴러가지 않게 흙으로 받치면 석재를 운반할 수 있어 이러한 소형 피라미드는 매우 간단한 방법으로 축조가 충분히 가능하기 때문이다.

다른 방법으로는 조성하는 피라미드 외부에 목재 가설물(비계)을 설치하여 그 위로 운반하는 방법으로, 석재에 밧줄을 묶고 지지대를 약 12명의 인부들이 목도의 방법으로 어깨에 메면 간단하게 작업로 위로 운반이 가능하다. 그러나 문제는 피라미드의 크기에 따라 달라지는 수백 개냐 수십만 개냐 하는 석재의 크기와 사용량이다. 즉 석재 수백 개를 사용한다면 직접 시공이 가능하지만, 석재 수십만 개를 사용한다면 격관식 공법으로 반드시 시공한다는 것을 알지 못했기 때문에 시도한 것이다.

이러한 방법들은 소형 피라미드 축조에서는 거의 문제가 없으나, 대형 피라미드를 축조하려면 여러 가지 복잡한 문제에 곧바로 부딪치게 된다. 왜냐하면 거듭 말하지만 매우 중요하고 핵심적인 요소인 피라미드 축조 방법(공법, 공정, 기술), 들어올리는 장비 기구, 기하학적인 척도(길이, 높이, 직각, 수직, 수평, 기울기 등)를 동시에 종합적으로 측정(관측)하는 문제 때문인데 여기에 관련된 모든 기술적인 요소에 대해 주장하지 못하고 아예 배제하거나 간과하였기 때문이다.

(일본 방송국과 레너 교수는 이러한 많은 문제점들을 알고 있었다면 전혀 의미가 없는 소형 피라미드의 축조는 시도하지 않았을 것이다. 또한 여기에 뒷받침되는 고대 이집트에서 사용된 여러 가지 흩어져 분리된 기술력과 유물의 장비, 기구 등이 왜 반드시 필요하고 어떻게 이것들을 사용하는지 밝히지 못하였기 때문이다.)

또한 이들은 쿠푸왕 대피라미드 15m 위에 있는 수십톤짜리 석문과 내부 높이 약 60m 지점으로 위에 축조된 여왕의 방, 대회랑, 왕의 방(현실)에 축조된 수십 톤짜리 수백 개 석재를 어떠한 방법으로 들어 올려서 시공했느냐에 대해서도 전혀 설명하지 못하고 있다.

여기서 최근에 학계에 나온 주장을 살펴보자. 아래 내용은 세계일보 서명덕 기자가 인터넷 뉴스에 제공한 기사를 요약한 것이다.

프랑스의 장 피에르 우댕(Jean—Pierre Houdin) 박사는 "경사로를 이용하면 피라미드는 4,000명의 인원으로 만들 수 있다"고 했다.

또한 지금까지 피라미드를 연구하는 학계에서는 "2.5톤짜리 300만개의 돌을 옮겨 쌓기 위해 10만 명 이상 동원됐을 것"이라는 가설이 설득력을 얻고 있었다. 그러나 당시 건축 기술을 가늠할 수 없는 상황에서 피라미드 건축은 불가사의로 남았다.

이번에 우댕 박사는 피라미드의 건축 비밀에 대한 새로운 가설로 '내부 나선형 경사로'를 제시했다. 그는 3D 테스트 대상으로 세계 최대의 피라미드이자 세계 7대 불가사의 중 현존하는 유일한 건축물인 이집트 쿠푸왕의 대피라미드를 선택했다.

우댕의 설명은 이렇다.

가장 아래부터 위로 43m 높이까지는 '외부 경사로' 를 사용해 건설했다. 이후에는 피라미드 표면에서 10~15m 가량 들어간 내부에 나선형 경사로를 세워 높이 136m까지 올렸다는 것이다. 내부에 경사로를 만들면 경사로를 만들기 위해 추가 석재가 필요 없으며, 직사광선을 피할 수 있어 노동자의 작업 환경도 크게 개선된다. 이렇게 되면 약 4,000명으로 23년 만에 건설이 가능하다는 설명이다.

4500년 전 피라미드 건축의 신비는 세계 7대 불가사의 중 아직까지 유일하게 풀리지 않고 있어 오랫동안 사람들을 매료시켜 왔다. 피라미드 건축법과 관련한 수많은 이론이 존재하고 있지만 분석까지 시도한 경우는 드물었다.

1999년부터 시작한 우댕 박사의 연구는 8년에 걸친 고민을 통해 케이옵스 건축지를 그 대상으로 정했다. 자신의 이론을 정리하고 검증하기 위해 3D 모델링을 사용하기로 했다. 결국 우댕 박사는 피라미드의 건축과정을 처음부터 끝까지 설명하는 최초의 이론을 확립했다. 이제 우댕 박사와 다쏘 시스템은 케이옵스 현장에서 실시되는 검증을 통해 실제 이론을 증명하는 최종 과제를 남겨두고 있다.

이집트 피라미드 전문학자인 라이너 스타델만(Rainer Stadelmann) 박사는 "장 피에르 우댕 박사의 이론은 흥미로울 뿐만 아니라 일관성 있고 혁명적"이라면서 "당시 건축 인부들을 실제 엔지니어로 인정하고, 건축의 위대한 마스터로 바라보았다"고 평가했다.

이집트 미라 전문학자인 밥 브라이어(Bob Brier) 박사 역시 "지금까지 위대한 피라미드에 관해 많은 절반의 이론들이 제시되었지만, 분석적이라는 검증단계를 통과한 이론은 없었다"면서 "우댕 박사의 이론은 현장 기반의 다양한 증거로 증명된 과학적 접근법이라는 점에서 검토의 가치가 충분하다"고 강조했으며, 스타델만 박사와 브라이어 박사 모두 우댕 박사의 현장 탐험 팀에 합류하게 된다.

한편 이날 열린 회의에는 1986년 EDF 재단의 후원으로 케이옵스 마이크로 중력 측정 프로젝트를 이끈 프랑스과학아카데미(French Science Academy) 회원이자 폴리테크니크(Poytechnique)의 수석 연구원인 휘 덩 보(Hui Duong Bui), 에펠 말라우(Eiffel and the Millau viaduct) 프로젝트 매니저인 마크 보노모(Marc Buonomo), 현대 프로젝트 관리 기법으로 케이옵스피라미드 건축을 연구한 바 있는 크레이그 B. 스미스(Craig B. Smith) 등이 참석했다.

(홈페이지 http://khufu.3ds.com/introduction를 방문하면 우댕 박사가 주장하는 피라미드 축조 방법을 볼 수 있다. 그러나 필자가 볼 때, 이것은 종래의 실현 불가능한 여러 학설들을 짜깁기한 종합 편으로, 독자들은 이 책을 탐독 후 꼭 찾아서 비교하기를 바란다.)

우댕 박사가 주장하는 것을 요약하면 다음과 같다.

수 km나 되는 먼 채석장에서부터 통나무굴림대도 없이 모래 위에서 석재를 썰매에 실어 운반하고, 직선·나선형 경사로를 병행하여 조성 후 피라미드의 내부와 외부로 앞서 같은 방법으로 석재를 운반하고, 피라미드 내부와 외부에서 샤두프로 석재를 들어 올리는 방법으로 피라미드 축조가 가능하다는 것이다. 그리고 로에르가 제시한 대회장 아래 구멍속으로 목재 가설재 들보를 끼우고 '활자'라는 장비로 수십 톤짜리 거석들을 모두 대회랑으로 운반하여 들어올리는 것이다. 그러나 필자가 보기에는 물리적으로 이해할 수 없는 복잡한 작동방법으로는 수십 톤짜리 거석들을 대회랑으로 운반하여 들어올려 피라미드 내부를 시공하는 것은 불가능한 일이다.

왜 그런지에 대해서는 뒤에 상세하게 설명되는 석재 운반 방법, 측정(관측)방법, 피라미드 축조 방법(공법, 공정, 기술) 등의 문제점을 참고하면 알 수 있도록 하였다.

(아울러 이 건축학자는 피라미드 축조 방법과 비교조차 안 되지만, 단순한 방법으로 세운 영국의 스톤헨지나 이스터섬의 모아이 등에 사용된 석재를 어떠한 방법으로 운반하고 세웠는지조차 제시하지 못하면서, 많은 핵심적인 기술들이 집약된 대피라미드의 축조 방법을 규명하였다고 주장하고 있는데, 이것은 상식적으로 터무니없는 것이라 생각된다. 앞서 언급한 여러 기술적인 문제점들에 대하여 아예 배제하거나 간과하고 있기 때문이다.)

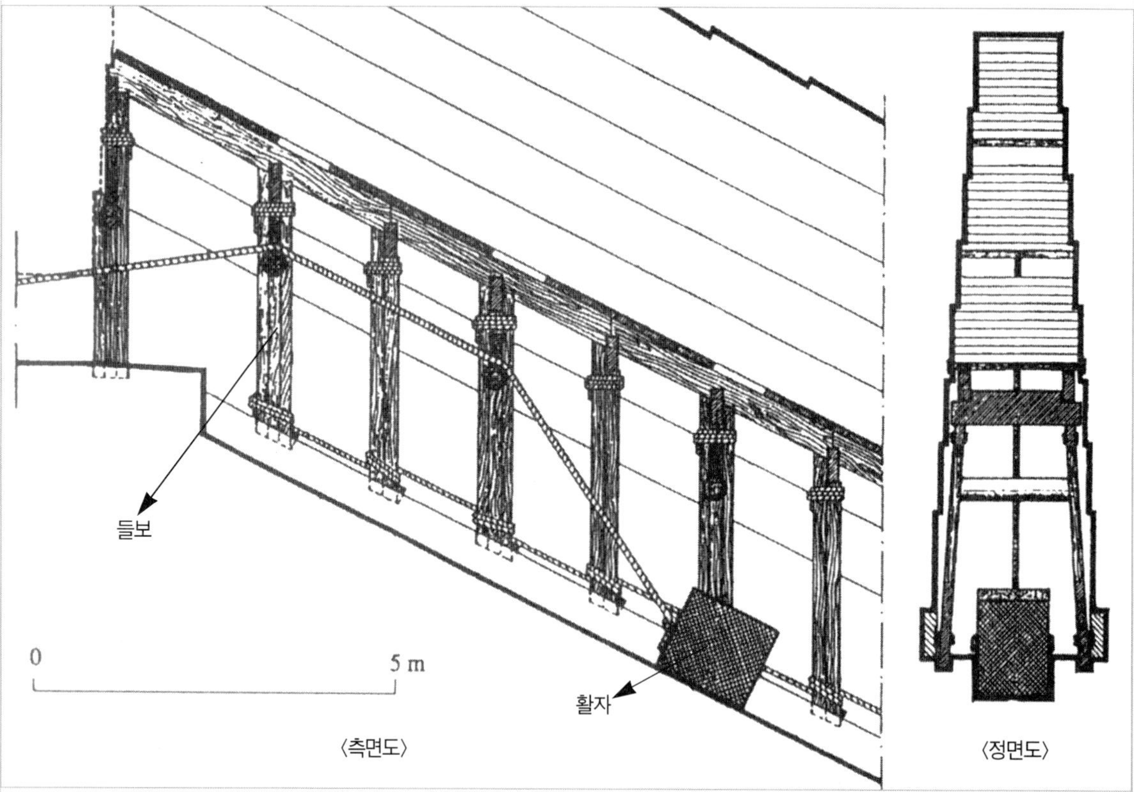

대회랑에 쓰인 화강암을 다루는 데 사용된 목재 가설재 들보와 활차의 나무 장비(로에르)

11. 세계의 피라미드

　인류가 태동하고 문명이 발달하면서 만들어진 고대의 석재 건축물들은 세계 곳곳에 많이 있다. 그리고 여러 시대에 걸쳐 축조된 세계의 수많은 피라미드들을 여기에서 모두 소개하는 것은 불가능하기에 참고적으로 비교하기 위해 몇 개만 소개하고자 한다.

달 피라미드, 멕시코

수단, 피라미드

고구려 장군총

비문의 신전, 멕시코 팔렌케

치첸이트사, 멕시코, 마야문명

이라크(지구라트), 갈대아 우르 3왕조 시기

함양 피라미드, 중국

티칼(Tikal) 제1호 신전, 과테말라

귀마르 피라미드, 스페인

이러한 건축물 중에는 특히 석재 한 개의 무개가 수 톤에서 수십 톤짜리로 축조된 것이 많다. 이와 관련하여 세계 여러 분야의 많은 학자들은 수천 년전 고대에 인간이 무엇으로, 또 어떠한 방법으로 대형석재를 들어 올려서 건축물을 시공했는지 의문을 가지고 많은 관심을 기울여 연구를 하고 있다.

세계 여러 나라에는 고대 여러 시대에 걸쳐 축조된 계단식 피라미드가 많은데, 이집트는 물론이고 수메리아, 앗시리아, 바빌로니아, 메소포타미아 문명과 수단, 에디오피아, 멕시코, 페루, 과테말라, 이란 외에 중국의 만주와 국내성(집안시)에 고구려장군총이 있다.

그러나 고대 이집트 쿠푸왕 대피라미드는 이러한 계단식 피라미드와는 달리 매우 정밀하고 기하학적인 척도의 종합적인 측정(관측)법, 약 2.5톤~수십 톤짜리 대형석재의 사용, 대규모 건축면적 등에서 상당히 많은 차이점이 있다.

그리고 우리나라에서도 피라미드가 있다. 고구려 광개토왕의 장군총은 정밀하게 깎은 화강암으로 축조했는데, 무덤은 거의 정방형 모양을 하고 있다. 한 변의 길이가 31.58m, 지상에 모두 7층의 계단이 있어 22층의 돌로 쌓고, 안에는 흙과 자갈을 이겨 다져 넣은 구조로 되어 있으며, 높이는 12.4m, 모두 1,100여 개의 돌로 축조되어 있다. (앞 쪽 사진 상단우측 참고)

북한에서 축조한 평양 단군릉

북한에서는 1994년에 광개토왕의 장군총을 본떠 현대장비를 사용하여 체적의 약 4배 크기로 9층 계단 한 변의 길이 50m, 높이 22m, 1,994개의 화강석 석재를 사용하여 단군릉(계단형 피라미드)를 축조하였다.

12. 석회기반암 절단의 방법

석회기반암에서 어떠한 방법으로 석재를 절단하였나

지금까지 피라미드 축조에 관한 세계 학자들의 주장을 필자가 문제점(모순) 지적된 것은 간략하게 살펴 보았다. 피라미드와 관련된 것들은 필자가 모두 설명하는 것으로는 독자들의 이해가 불가능하다.그래서 가능한 많은 그림과 필자가 만든 여러가지 기구, 장비등과 같이 이것들을 어떻게 사용하는지 자세히 설명하고자한다. 먼저 석회기반암에서 석재를 절단하는 방법을 알아보자.

일부 학자들은 바위에 쐐기구멍을 파고 그 속에 마른나무로 만든 쐐기를 박은 다음 여기에 뜨거운 물을 부으면 나무쐐기가 팽창하여 바위를 절단할 수 있다고 주장한다. (이같이 주장하는 학자들은 갈라진 바위틈에서 수십 년 동안 나무가 자라면서 바위틈이 갈라지는 현상을 보고 주장하는 것 같다.)

그러나 필자가 실제적으로 바위를 무수히 절단해본 경험에 비추어 보면 이러한 방법으로는 암반을 절단하는 것이 절대 불가능하다. 분리되지 않은 석회나 화강암에 아무리 많은 쇠로 된 쐐기(일명 '야 라고 부른다)를 박아서 큰 망치로 타격을 가하여도 석회나 화강암을 절단하는 것도 불가능한데, 나무쐐기에 물을 부어 석회나 화강암을 절단한다는 것은 더더욱 불가능하다. 왜냐하면 석회기반암의 깊숙이까지는 이러한 절단력이 절대로 전달되지 않기 때문이다. 따라서 석회기반암을 석재로 만들 수 있고 절단이 가능한 방법은 먼저 가로, 세로, 하부를 정이나 쇠쐐기로 분리시켜야 한다. 어쨌든 석회기반암에서 분리된 석재라도 나무쐐기에 물을 부어 석재를 절단하는 것은 절대 불가능하다.

일반적으로 화강기반암에서 석재를 분리하는 방법은 가로, 세로, 하부에 화강기반암의 틈새가 있다면 이 사이에 정을 박거나 지렛대로 분리할 수 있다. 또 틈새가 없는 기반암이라면 가로, 세로, 상하부분을 정으로 골짜기를 파내어 기반암과 석재 사이를 ㄷ자형으로 만들고,

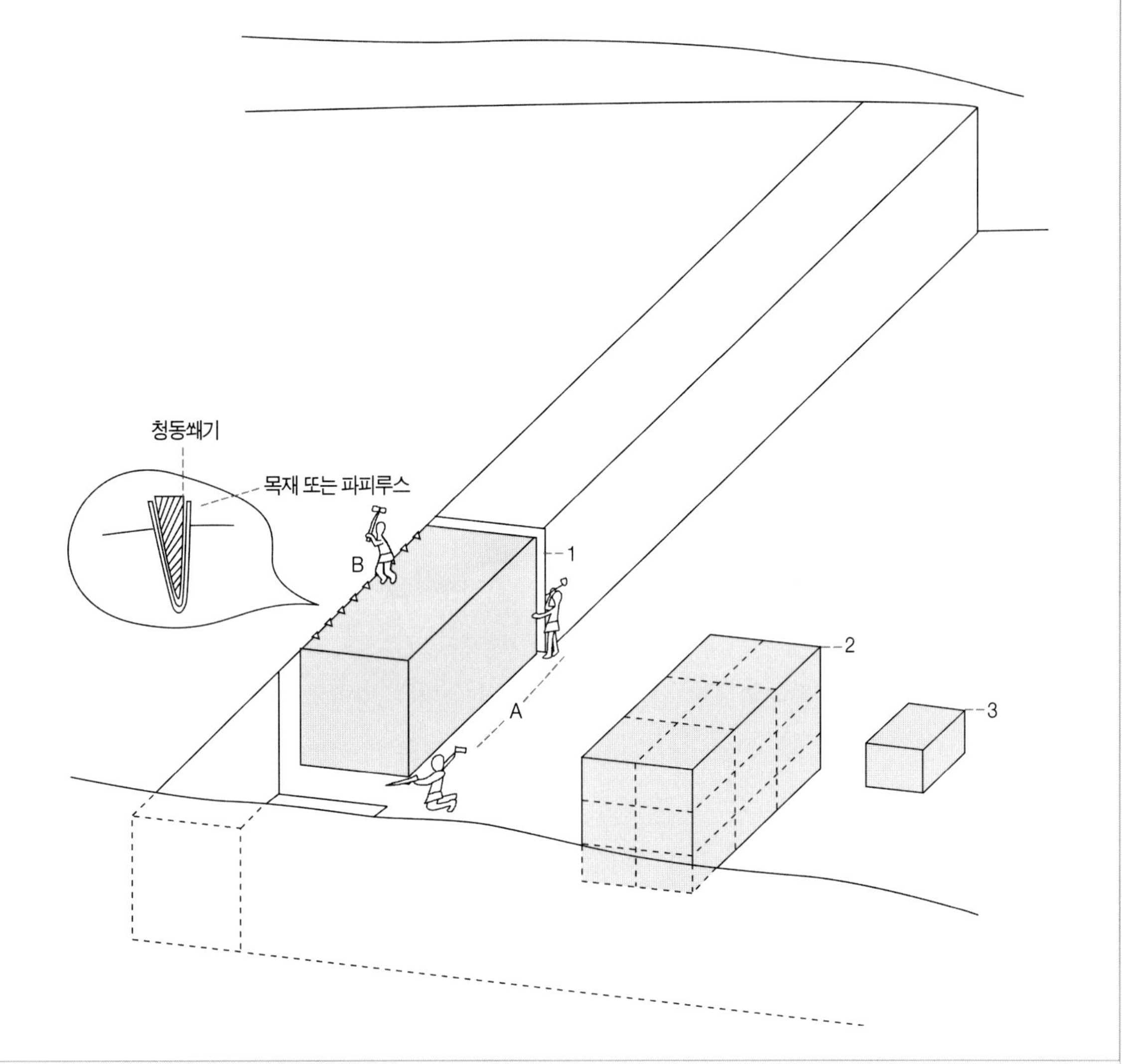

일반적으로 기반암에서 석재를 절단하는 방법 (이집트 석회기반암을 절단의 방법 225면 그림 참고)

필요한 높이에 따라 가로 세로 방향으로 쇠쐐기를 박아 큰 망치로 타격을 가하여 먼저 분리시켜야 한다. 그런 다음에 필요에 따라 1/2에서 1/18의 크기로 석재에 다시 쇠쐐기를 박아서 큰 망치로 타격하면 비교적 간단하게 절단할 수 있다.

부연설명을 하자면, 필자는 피라미드에 축조된 석재에 흔적이 있는 쐐기구멍을 관찰하였는데, 그 크기가 비교적 크고 넓은 것을 알 수 있었다. 왜 이와 같이 쐐기구멍을 크고 넓게 만들었을까. 추정한다면, 고대 이집트에서 귀한 청동으로 만든 쐐기를 사용하면 큰 망치의 강한 타격에 의하여 밖으로 튕겨 나가거나 쐐기구멍 속에서 청동쐐기가 쉽게 마모되고, 모양도 빨리 변형되기 때문이다. 그렇기 때문에 쐐기구멍을 크고 넓게 만들었다고 본다. 왜냐하면 쐐기구멍을 비교적 크고 넓게 파서 여기에 마른풀이나 나무 조각 등으로 청동쐐기를 감싸서 함께 사용하면 쐐기를 보호하는 역할을 하는 것이다. 이때에는 구멍 속에 물을 부으면 마른 풀, 나뭇조각이 부풀기 때문에 큰 망치의 강한 타격에도 청동쐐기가 잘 빠지지 않고 바위를 효과적으로 절단할 수 있기 때문이다.

이집트 기자, 사카라 등지는 대부분 석회기반암 지역이라서 피라미드를 축조할 때 대부분 석회암을 채석하여 짧은 거리에서 운반하여 바로 피라미드를 축조하는데 석재로 사용하였다. 이곳의 기자지구는 석회암은 높이 약 0.4~2m 정도로 우리나라 시루떡과 같이 층층으로 거의 수평으로 결이 겹쳐 퇴적층으로 형성이 되었다.(227면 사진 참고) 이러한 곳에서 석재를 효과적으로 절단하려면 상부 석회기반암의 형태에 따라 가로 세로 방향으로 긴 정을 사용해 ㄷ자 형태로 골짜기를 파내거나 청동쐐기로 절단하는 방법이 있다. 아니면 하부 기반암의 가로 방향 결로 겹친 퇴적층의 사이를 정으로 파내거나 청동쐐기와 지렛대를 사용하여 기반암을 분리시켜 채석하는 것도 시루떡을 위에서 한겹 자르고 드러내서 아래 한겹을 다시 자르는 방식으로 비교적 쉬운 방법이다.

쿠푸피라미드 앞에서 필자

따라서 고대 이집트 피라미드 축조 당시에도 이와 같은 방법으로 채석하였을 것이다.

뒤 270면에 그림으로 설명되는 화강암으로 만든 오벨리스크 채석의 방법과 같이 기반암 하부까지 반드시 U자 형태로 파낼 필요가 없는 것이다.

대표적으로 피라미드가 많이 있는 사카라 기자지구 등은 석회기반암층이 가로 방향으로 거의 수평으로 형성되었기 때문에 석재를 절단하거나 피라미드 바닥을 수평으로 고르기에 작업이 매우 용이하였을 것이다.

석회기반암층이 만약 심하게 굴곡지거나 세로 방향으로 형성되었다면, 이곳에서 직사각형의 석재를 만들거나 피라미드 바닥을 수평으로 고르기가 거의 불가능하거나 매우 어렵기 때문이다.

13. 석재 운반의 방법 1 (썰매 등)

이집트 카이로박물관에서 전시하고 있는 썰매를 사진을 찍지 못하게 하여서 필자가 그린 그림이다. 이 썰매가 전시용으로 새로 만들어진 것인지 아니면 고대 어느 왕조시대에 만들어져서 실제로 석재 운반용으로 사용되었던 것인지는 알 수 없다. 이것을 관찰하였는데 이 썰매의 특징은 대체적으로 두껍지 않은 목재로 만들어져 있고, 특히 다리 바닥 부분은 흠집이 없고 좁은 구조로 되어 있다는 것을 알 수 있다. 따라서 이것을 분석해 보면 만약 이 썰매로 실제 석재를 운반하였다면 선로 위에서 굵기가 일정한 통나무굴림대를 같이 사용하였을 것이다.

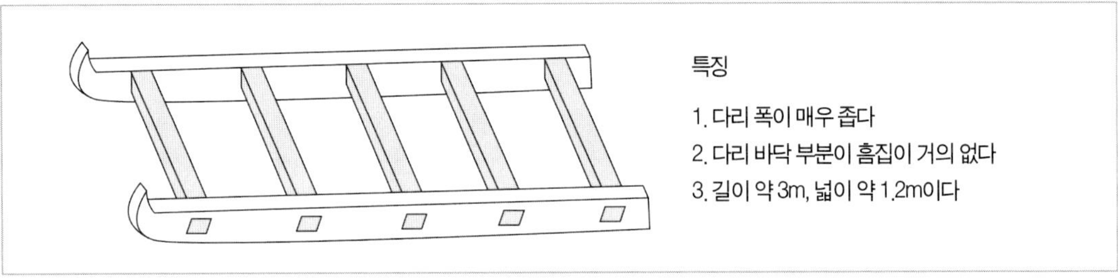

많은 석재를 어떠한 방법으로 운반하였나

신왕조에서는 마차를 타고 전투하는 벽화가 있으나 고왕국은 이런 벽화가 없기 때문에 손수레가 없었다고 가정한 것이다. 그래서 석재를 다량으로 운반하는 방법은 유일하게 받침목, 선로, 통나무굴림대 위에서 썰매를 이용하는 것이었을 것이다. 그리고 절대적으로 운반되는 바닥이 평평한 조건에서 이다.

학자들은 석재를 운반하는 방법으로(석재 한 개씩만 밧줄을 묶어 통나무굴림대, 받침목, 선로, 썰매 등 모두 갖추어 사용해야 하는데도 불구하고 여기에 대한 정확한 설명도 없이) 막연하게 석재에 밧줄을 묶어 밀고 끌어당기면서 운반하는 것으로 제시하고 있다.

현대 공학자들의 이론에 의하면 무게 2.5~15톤짜리 석조 블록 하나를 옮기기 위해서는 약 150명 정도의 인부가 필요하다고 한다. 그러나 필자의 경험으로 비추어 볼 때 혼자서도 받침목, 선로, 통나무굴림대, 썰매를 이용하여 약 2톤까지 석재 운반이 힘들지 않게 가능했다. 따라서 이와 같이 경험이 없는 학자들이 막연하게 제시하는 이론은 전혀 맞지 않는 것이다.

피라미드 축조에는 많은 석재가 필요한데, 아래 그림과 같은 방법을 사용하면 효율적으로 운반이 가능하다.

여러 대의 썰매 위에 석재를 실어서 연속적으로(기차와 같은 방법) 한꺼번에 약 3~10개를 소가 끌거나, 석재 한 개당 4명의 인부들이 밀고 끌어당기는 것이다. 또한 다른 방법은 111면에서 소개되는 목도의 방법으로 굴곡진 곳이나 물론 평평한 곳에서 적은 수의 석재를 약 30m 이하의 거리는 운반할 수 있으나 이보다 더 긴 거리는 받침목, 선로, 통나무굴림대, 썰매로 많은 석재를 운반하는 것이 더 효율적이다.

필자는 앞서 언급한 바와 같이 암반 지역에 거주하면서 고대의 작업조건과 같은 곳에서 석재를 운반하기 위해 목도의 방법과 여러 가지 형태의 썰매, 통나무굴림대와 선로, 받침목 등을 사용하여 다양한 방법으로 실험을 통한 시도를 해 본 결과 가장 효율적인 방법으로 석재 운반을 해보았다.

이런 경험에 비추어 볼 때, 학자들이 이론적으로만 막연하게 제시하는 통나무굴림대로 석재를 운반하는 방법은 실제적으로는 적지 않은 문제점들이 발생되어 매우 힘들고 비효율적

투라의 채석장 암벽에 그려진 그림. 세마리의 황소가 끄는 나무 썰매에 석회암 덩어리를 실어 옮기는 모습이다
이 썰매는 아래에는 통나무굴림대, 선로, 받침목이 있었을 것이다 (107면 그림 3, 4번 참고)

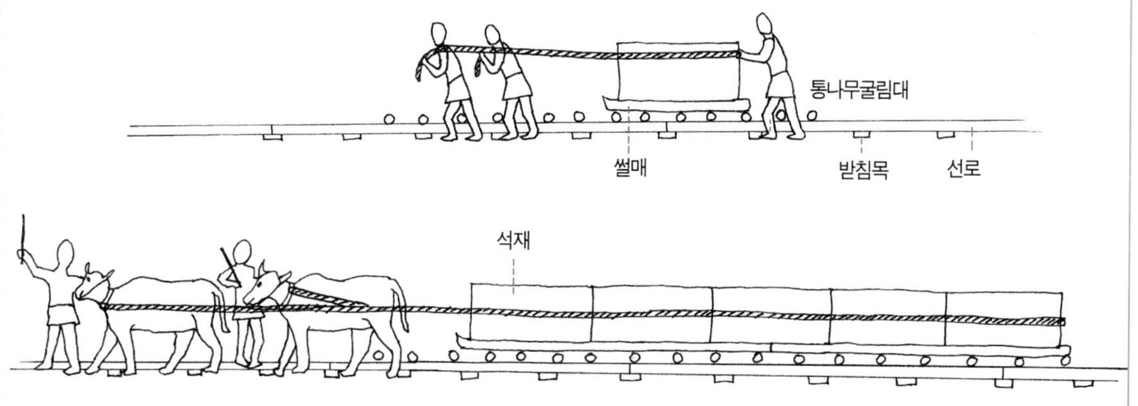

필자가 구성하여 그린 다량의 석재 운반 방법

이라 사실상 불가능하다는 것을 알 수 있었다. 그 당시 석재를 효율적으로 운반할 때의 기본적으로 필수적인 사항들을 적어 보았다.

1. 석재가 운반되는 바닥은 대부분 울퉁불퉁하고 평평하지 않으므로 목재 등의 받침목과 선로를 반드시 설치해야 한다. 왜냐하면 받침목, 선로가 없으면 석재가 운반되는 바닥의 돌부스러기 등으로 인해 통나무굴림대가 으깨어지고 잘 구르지 않기 때문이다.

2. 통나무굴림대는 받침목, 반드시 선로 위에 설치되어야 한다. 왜냐하면 받침목과 선로가 없으면 운반되는 바닥이 대부분 굴곡진 암반 위거나 흙, 모래이기 때문에 밀도 차이가 생겨 통나무굴림대가 박히고 잘 구르지 않기 때문이다.

3. 석재를 실을 수 있는 썰매 형태의 기구가 반드시 필요하다. 왜냐하면 썰매 형태의 기구가 없으면 통나무굴림대가 거친 석재의 표면에 의하여 으깨어지고 잘 구르지 않기 때문이다.

4. 석재가 운반되는 바닥이 평평(수평)한 곳에서만 석재 운반이 가능하다. 약간 오르막이나 내리막의 약간 경사진 곳에서는 석재 운반이 매우 어렵거나 거의 불가능하다. 왜냐하면 통나무굴림대가 모두 아래로 굴러가므로 이것들을 아래로 굴러가지 않게 통제를 할 수 없기 때문이다. 즉, 운반되는 바닥이 평평한 곳에서만 썰매로 석재 운반이 가능한 것이다. (이와 같은 기본 원리가 지금은 철도로 변하지 않았을까.)

운반되는 바닥이 평평한 곳이라도 위에서 언급한 석재 운반 방법의 필수적인 사항들이 모두 충족되지 않는다면 썰매, 통나무굴림대, 석재들의 몰림, 쏠림, 덜컹거리는 현상 등 여러 가지 문제들이 계속 발생하여 실제적으로 석재 운반이 매우 힘들다는 것을 알 수 있었다.

대부분의 학자들은 막연하게 석재 운반을 원목의 통나무굴림대를 그대로 사용하였다고 한다. 그러나 원목은 당연히 직경이 일정하지도 않고 구부러져 있어 그대로 통나무굴림대로 사용할 수 없다. 따라서 고대 이집트 사람들은 당연히 이러한 문제점을 알고 물레, 굴레를 사용하여 원형 토기나 돌 항아리를 만드는 회전력을 이용하여 만든 기술로 깎아내거나, 자귀 등으로 선로가 닿는 양쪽 끝부분만 직경을 일정하게 깎아서 만든 통나무굴림대를 사용하였을 것으로 본다.

우측 그림은 베르샤(Bercha)에 있는 제후티호텝(Djehuti-hotep)이라는 지방 영주의 묘에 있는 그림이다. 일부 학자들은 이 그림만 보고 큰 석재나 거대한 조각상을 운반할 때는 썰매 다리 아래 B부분에 물이나 기름을 부어서 미끄러운 것을 이용하였을 것으로 추정하고 있다.

그러나 필자의 견해는 이 방법은 절대 불가능한 방법이라고 본다. 왜냐하면 썰매 다리 아래 부분에 물이나 기름을 부으면 땅속으로 즉시 스며들 뿐이고 썰매가 전혀 미끄러지는 효과가 없기 때문에 거대한 조각상을 운반은 실제적으로는 전혀 불가능하다.

또한 다른 학설에 따르면 운반로 지면에 많은 가로목을 박고, 지면과 가로목에 묽은 진흙이나 회반죽을 칠하여 썰매 위에 거대한 석재나 조각상을 실어 운반하였을 것이라고 주장한다. 그러나 이러한 방법도 역시 썰매의 다리 폭이 좁아서 바닥과의 마찰력이 많아져 전혀 효과적이지 못하다. 만약 이 방법으로 썰매의 다리 폭을 넓혀 썰매 전체 면적을 넓게 한다면 조금은 개선이 되겠지만 거대한 석재, 조각상을 이러한 방법으로 운반하는 것은 실제로 불가능한 일이다. 예를 들어, 바다 갯벌 위에서 널판자와 폭이 좁은 목재를 서로 비교하여 실

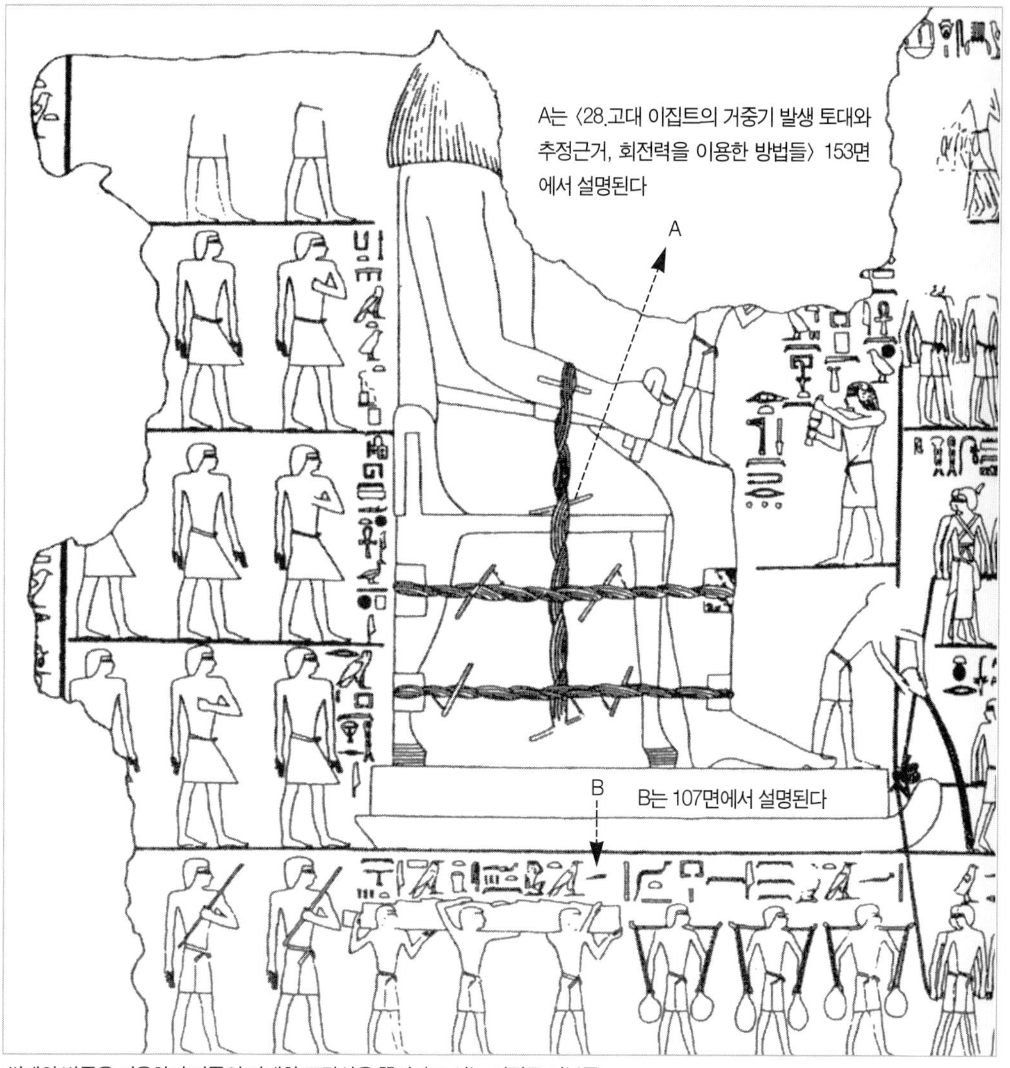

썰매와 밧줄을 이용하여 귀족의 거대한 조각상을 끌어가고 있는 이집트 인부들

험해보면 널판자가 훨씬 효과적인 것을 알 수 있다.

일부 학자들이 경사로 위에서 회를 발견했다고 한다. 이것을 필자가 직접 확인은 하지 못했지만, 만약 경사로 위에서 통나무굴림대로 석재를 운반한다면 통나무굴림대가 아래로 굴러가지 못하게 묽은 진흙이나 석회반죽을 사용할 수는 있다. 또다른 주장은 통나무굴림대도 없이 석회 반죽 위에 인부들이 썰매를 끌고 밀고서 석재를 운반하는 것이 가능하다고 하나, 이 두가지 방법은 적은 수의 석재는 그럭저럭 운반할 수 있지만 매우 비효율적이어서, 수많은 석재를 경사로 위로 운반하는 것은 사실상 불가능하다(이와 같은 방법은 필자가 주목한 290면에서 설명되는 이스터섬의 구전과 같이 산비탈에서 아래로 모아이를 운반할 때 얌을 으깬 것이나 묽은 진흙을 사용하여 산비탈에서 통나무굴림대가 아래로 굴러가는 것을 방지한 방법과 같다).

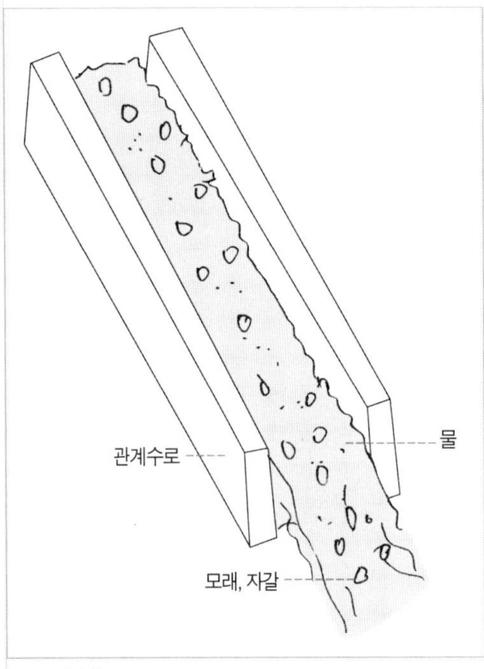

관계수로

다음은 필자가 시도한 것 중에 가장 효율적인 석재 운반 선로이다.

뒤 42장 〈메소포타미아의 신전 지구라트〉에서 임호테프에 대하여 따로 설명하겠지만, 고대 이집트에서는 임호테프가 관계수로(제방)를 많이 만들어서 농업이 발달되었다.(또한 이것을 응용하여 피라미드 축조 방식인 격관식 공법의 토대가 되지 않았나 생각된다.) 석재와 흙으로 조성된 관계수로 속에서 물이 흘러갈 때 유입된 모래, 자갈 등이 잘 굴러가는 현상을 고대 이집트인들도 보았을 것이다. 이러한 간단한 원리를 이해하고 응용한 방법으로, 관계수로와 같은 ⊔자형(채널) 구조의 목재 선로를 만들어서 이 속에 짧은 통나무굴림대를 넣고 썰매를 사

거대한 조각상 썰매 다리 아래에는 이러한 ⊔자형 선로가 있지 않았을까
왜냐하면 이와 같은 ⊔자형 선로가 썰매 다리에 있어야 기름을 붓더라도 새어나가지 않기 때문이다

용하면, 소수의 인부만으로도 가장 효율적으로 석재를 운반을 하지 않았을까.

이 선로의 장점은 소수의 인부로 간편하고 효율적으로 석재 운반이 가능하다는 점이다.

아래 ❹번 그림은 앞서 언급한 고대 벽화 속의 거대한 조각상을 운반하기 위해 썰매 다리 아래 B부분에서의 가장 이상적인 선로를 추정한 것이다. 이 선로의 특징은 단면이 凵자형의 구조이고, 따라서 선로 속에서 짧은 통나무굴림대의 몰림이나 쏠림의 현상이 발생하여도 고대 벽화와 같이 기름을 부으면 마찰력이 감소하고 석재를 실은 썰매가 잘 나가게 된다.

참고적으로 설명하면, 고대 이집트 그림은 모두 측면도로만 그려진 것을 알 수 있다. 이 凵자형의 선로와 선로속에 있는 짧은 통나무굴림대는 다소 복잡한 구조라서 입체적으로 표현하지 못하기 때문에 썰매 아래의 凵자형 선로를 못 그리거나 안 그릴 수도 있었다고 생각된다. 이러한 凵자형의 선로는 현대의 기술로 비교하면 원통형 베어링과 같은 구조적인 원리이다.

효율적인 석재 운반 방법의 발달과정

〈학자들이 주장하는 방법〉

1. 썰매가 없고 원목의 구부러진 형태의 통나무굴림대만 있는 방법(불가능하다)
2. 통나무 굴림대와 썰매는 있으나 선로가 없는 방법(매우 비효율적이다)

〈필자가 사용한 방법〉

3. 썰매, 통나무굴림대, 선로, 받침목 등이 있는 방법(이 형태의 방법부터 효율적이다)
4. 凵자형 선로와 원통형 통나무 굴림대(가장 효율적인 방법 조각상 썰매 다리 아래 B부분에 있었을 것으로 추정되는 선로 좌측 사진 참고)

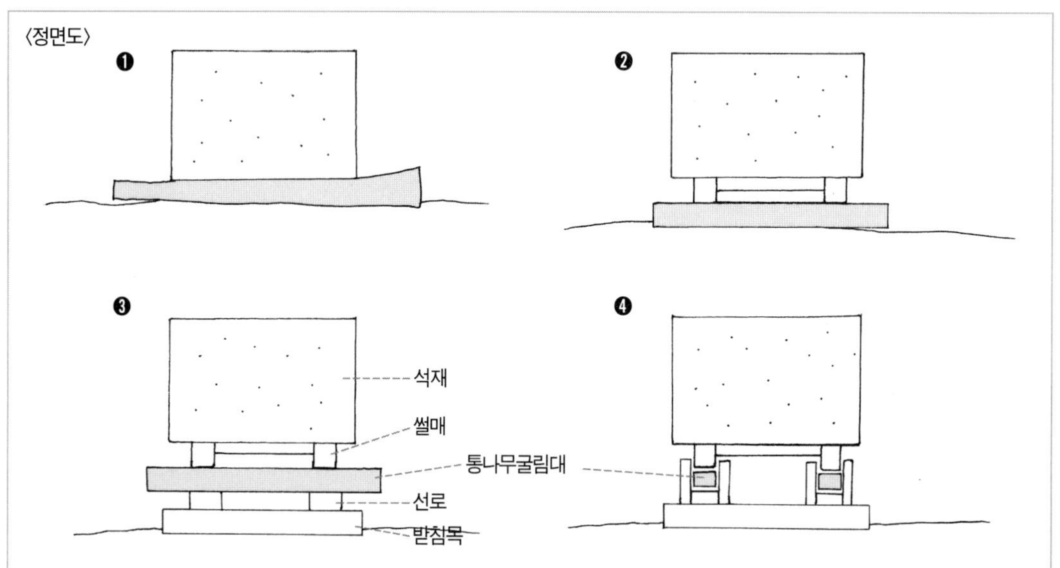

앞쪽 그림 ❶ 참고

앞쪽 그림 ❸ 참고

앞쪽 그림 ❹ 참고

짧은 통나무굴림대는 직경보다 길이가 길수록 쏠림, 몰림 현상이 더 많이 발생이 된다.

필자는 실제로 이와 같이 형태로 만들어서 선로 속에 짧은 통나무굴림대, 당구공, 둥근 물체를 넣고 석재를 운반해 보았는데 짧은 통나무굴림대가 가장 효율적인 방법이라는 것을 알 수 있었다.

고대 이집트에서 석재운반을 그림 ❸과 같은 방법으로 하다가 그림 ❹와 같은 방법으로 발전되었을 것으로 추정된다. 왜냐하면 앞서 거대한 조각상 그림에서 보면 기름을 썰매 아래로 붓기 때문이다.(이 기구들은 독자들의 이해를 돕기 위해 소형으로 만들었다)

14. L자형 선로와 직경 차이를 둔 통나무굴림대

석재를 실은 썰매를 좌우의 직각 방향으로는 어떻게 운반하였나

고대 이집트에서는 이것을 과연 어떻게 하였을까 그래서 필자는 가장 적합한 방법을 모색하였는데 그 방법은 뒷장에서 소개되는 원목으로 된 L자형 선로와 직경 차이를 둔 통나무굴림대를 만들어서 실험하였다.

그 결과는 직각 방향으로 썰매가 원활하게 회전할 수 있는 것을 알 수 있었다. 이러한 기구들이 왜 반드시 필요한가. 피라미드 외부에서 다량의 석재를 운반하거나 피라미드 외부나 내부를 단계별로 축조할 때, 넓은 평면의 시공할 곳으로 다량의 석재를 운반시, 직선 방향으로는 곧은 선로 위에서 통나무굴림대, 썰매의 기구로도 수월하게 석재 운반이 가능하다.

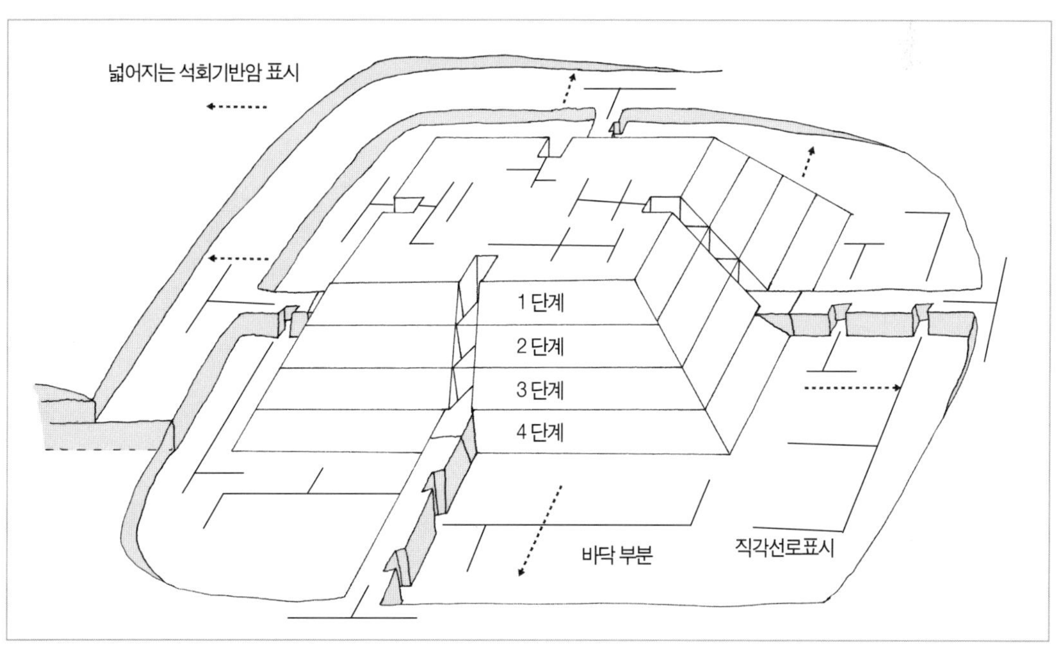

L자형 선로는 바닥 부분과 1~9단계에서 계속 사용된다

그러나 시공할 곳이 좌, 우의 직각 방향일 때는 반드시 방향 전환이 필요하게 된다.

이때는 아래 그림과 같은 방법으로 직선 선로의 모서리 부분에 L자형 선로를 설치하면 가능하다. 즉, 좌, 우, 직각 방향으로 다량의 석재를 운반할 때마다 선로를 이동하거나 별도로 설치하지 않고, L자형 선로와 통나무굴림대 양끝의 직경을 차이가 나게 제작하여 사용하면 간단하게 방향을 직각으로 바꿀 수 있다.

여기에 사용되는 선로는 뒤(235면)에 소개되는 이집트 가로수 피쿠스 원목의 L자 형 가지를 그대로 구부러진 형태를 이용하여 선로를 만들어 함께 사용하면 좌, 우, 직각 방향으로 석재를 실은 썰매가 원활하게 회전하여 쉽게 석재를 운반할 수 있다(이것도 물론 필자가 소형으로 직접 제작하여 실험한 결과를 두고 설명한 것이다).

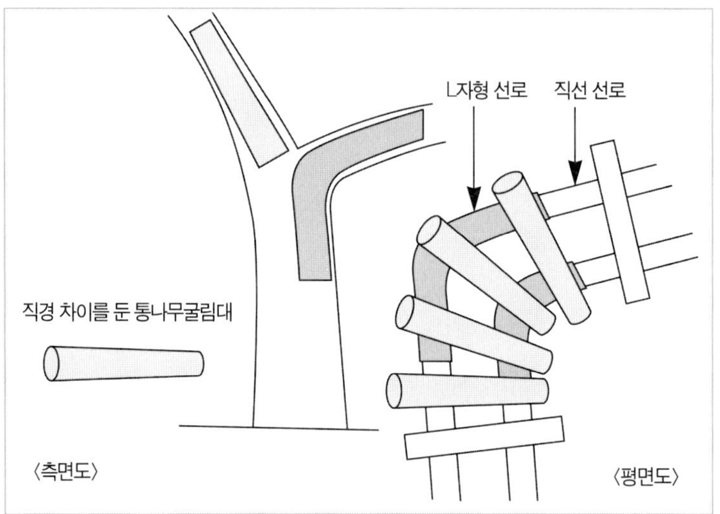

피쿠스 나무로 L자형의 원목가지를 그대로 휘어진 선로와 직경차이를 둔 통나무굴림대 만드는 방법

필자가 원목으로 제작한 L자형으로 구부러진 선로와 직경 차이를 둔 통나무굴림대
썰매가 직각으로 회전하는 것을 실험한 방법

15. 석재운반의 방법 2(목도의 방법)

인부들이 어떠한 방법으로 무거운 석재를 들어서 시공하였나

이것은 크고 작은 모든 피라미드 시공에 기본이다. 목도의 방법은 평평한 곳은 물론 평평하지 않은 굴곡진 언덕이나 계단 위로 석재 운반이 가능한 방법이다. 석재 운반이나 목조·석조 건축물의 축조작업에 기본이 된다. 그러나, 피라미드 축조 방법을 연구한 대부분의 학자들은 목도의 방법을 잘 모르는지 여기에 대한 설명이 부족하거나 없다. 필자는 목도의 방법에도 경험이 있다. 목도의 방법은(이것은 113면에 그림으로 설명된다) 무거운 목재나 석재를 가로, 세로 지지대에 밧줄로 묶어 여러 명의 인부들이 어깨에 메고, 석재를 바닥에서 약 10cm 정도 들어서 운반하는 방법이다. 이것은 고대부터 지금까지도 무거운 목재나 석재를 효과적으로 운반하여 축대, 성벽, 석조·목조 건축물 등을 시공할 수 있는 전형적인 방법이다(고대 이집트에서도 인부 한 사람이 혼자서 들 수 없는 약 150kg 이상의 석재를 사용한 많은 건축물과 피라미드를 축조할 때는 반드시 인부 둘 이상이 목도의 방법을 사용하였을 것이다).

가로 세로 목과 밧줄을 이용한 목도의 방법을 구성한 것 (113면 그림 참고)

대피라미드는 왜 2.5톤짜리 직사각형 석재로 축조하였나

당연히 크레인이 없던 고대에서 무거운 석재를 들어서 시공하는 방법은 우측에 필자가 그림으로 표현한 것과 같이 오직 여러 명의 인부들에 의하여 목도의 방법으로만 석재를 들어서 운반하는 수밖에 없다. 왜냐하면 아무리 많은 인부들이라도 2톤 이상 나가는 석재를 손으로 운반하는 것은 불가능하기 때문이다.

대피라미드 축조에 사용된 한 개의 석재 추정무게는 평균 2.5톤이다. 이것은 목도를 하는 숙련된 인부 8~12명으로도

대피라미드 축조에 사용된 약 2.5톤의 석재들

들 수 있는 무게이다. 그렇다면, 만약 이 무게의 두 배인 5톤짜리 석재를 사용하여 대피라미드를 효율적으로 축조한다면 필요한 석재와 축조 기간이 반으로 절감될 수 있었을 것이다. 그런데 왜 대피라미드 축조에 이와 같이 두 배의 큰 석재를 사용하지 않았을까.

필자의 견해는 이렇다. 5톤짜리의 석재가 직사각형이냐 정사각형이냐에 따라 다르지만, 목도를 할 수 있는 넓은 공간(입지)에서는 수십 톤짜리 직사각형의 석재도 길이가 약 6m 높이는 약 1m정도이면 약 50~72명의 인부들이 목도방법으로 석재를 들어 운반과 시공을 할 수 있다. 그러나 인부가 20명이라도 5톤의 석재를 들 수 있는 공간이 부족하면 석재의 운반과 시공이 어렵게 된다. 만약 인부 20명이 목도의 방법으로 대피라미드 외부의 표면을 시공할 때 외부의 좁은 공간에서 약 5톤 석재를 겨우 들어서 시공을 한다면 매우 힘들어 오히려 효율성이 떨어지게 되는 것이다.

따라서 고대 이집트 사람들이 이처럼 대피라미드 위로 좁아지는 가파른 좁은 곳에서 시공의 작업조건을 고려하여 목도를 할 수 있는 가장 적합한 직사각형 석재의 무게를 정한 것이

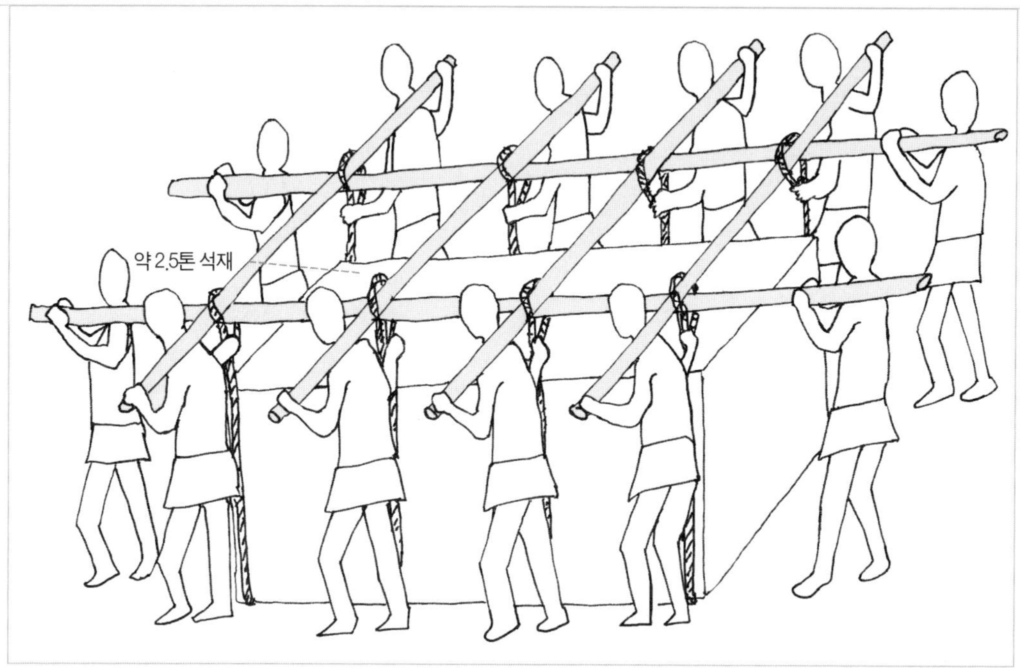

인부 8~12명이 목도의 방법으로 대피라미드 시공에 사용되는 석재 운반하는 것을 구성한 그림

약 2.5톤짜리였지 않나 싶다. 그렇기 때문에 대피라미드에 사용된 석재의 크기와 무게는 목도의 방법과도 매우 밀접한 관련이 있는 것이다.

수평, 직각, 기울기, 길이, 대칭의 기하학적으로 완벽하게 시공된 대피라미드

• 대칭적인 대피라미드의 사방 밑변 길이가 거의 같다.

서쪽 밑변 230.24m, 북쪽 변 230.24m, 동쪽 변 230.39m, 남쪽 밑변 230.45m로, 평균 230.365m이다.

• 대피라미드의 높이는 146.60m이고, 외벽의 기울기는 모두 51.52°이다.

대부분 학자들은 수천 년 세월이 지나는 동안 지진 때문에 꼭대기 마감돌이 떨어져 나간다고 하는데, 필자 견해는 침략군이나 도굴꾼들이 대피라미드 내부에서 보물들을 약탈하려고 지렛대를 사용하여 벗겨 낸 것으로 본다. 하여튼 지금은 높이가 137m이다.

• 밑변의 각도 역시 거의 완벽하게 직각(90°)을 이루고 있다.

기울기(각도) 오차는 북서 코너가 0도 3분 2, 남동 코너가 0도 3분 33, 남서 코너가 0도 0분 33이라고 하니 그 정밀도가 오늘날 현대의 레이저 측량기를 사용한 것보다 더 정확하다.

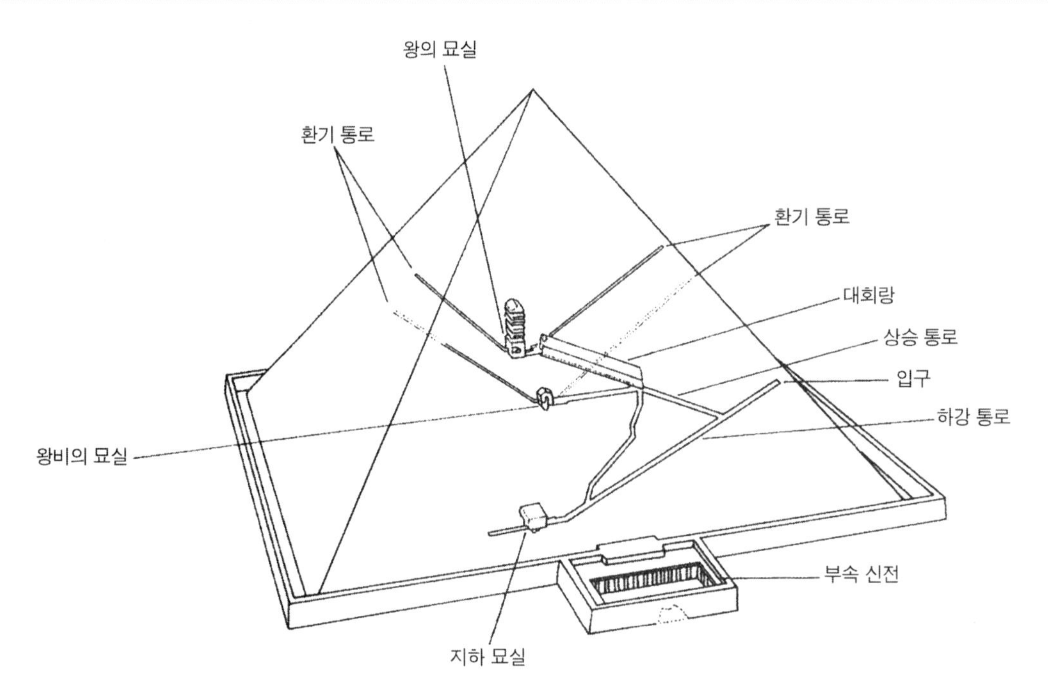

묘실과 환기 통로가 있는 대피라미드의 내부 단면도

16. 피라미드의 종합적인 측정(관측) 방법

피라미드를 어떠한 기구들로 어떻게 종합적으로 측정(관측)하였나

사각형 토대 위에 삼각형으로 구축된 피라미드는 대칭의 기하학적인 조형의 완결이다. 고대 이집트에서는 무엇으로 어떻게 매우 어려운 문제를 해결하였나. 많은 학자들은 피라미드 축조 시 수평, 수직, 직각, 길이, 높이, 기울기 등의 종합적인 척도를 어떠한 기구들로 어떻게 동시에 정확하게 측정했는지 아직까지는 납득이 가능하도록 확실하게 제시를 못하고 있다. 그래서 필자는 많은 상상과 연구를 하여 고대의 방법으로도 가능한 방법들로 모색한 것이다. (이러한 척도들을 피라미드 동서남북 방향에서 사면을 동시에 정확히 측정하는 것은 피라미드 축조 시 선결되어야 할 매우 중요한 핵심요소이다. 왜냐하면 종합적인 척도 중에서 만약 하나라도 이것을 간과하여 피라미드를 시공한다면 필연적으로 오차가 생길 것이다. 그리고 오차가 생긴 곳을 다시 정확하게 맞추려 시도한다 하여도 한번 축조된 석재는 축조된 석재 위로 맞물려서 계속 축조를 하기 때문에 한 부분에만 오차가 생기더라도 어긋나게 축조된 석재를 빼내서 다시 정확하게 맞추어 축조할 수가 없기 때문이다. 그래서 피라미드는 종합적인 측정이 매우 중요하기 때문에 그것에 대한 포괄적이고 구체적인 설명이 이어진다.)

어떠한 방법으로 동서남북의 방위를 관측하였나

이 부분은 앞서 '이 책의 주요 내용'에서 이미 지적한 세계의 수많은 학자들이 풀지 못한 문제점과 의문점 50여 가지 중에서 유일하게 필자가 학자들이 주장하는 것에 동의하는 부분이다.

고대 이집트인들이 피라미드가 건설되기 몇 천 년 전부터 태양, 달, 별, 행성들의 운동을 세밀하게 관측하고 있었음은 여러 자료에서 나타난다. 그러므로 이집트인들이 태양을 관측하여 방위를 알아냈다고 추정하는 것이 결코 무리한 이야기는 아니다. 단지 그들이 어떤 방법을 사용하였는지 현재로서는 아직 명확하지 않지만, 필자의 견해로는 방위를 관측할 수 있는 나침

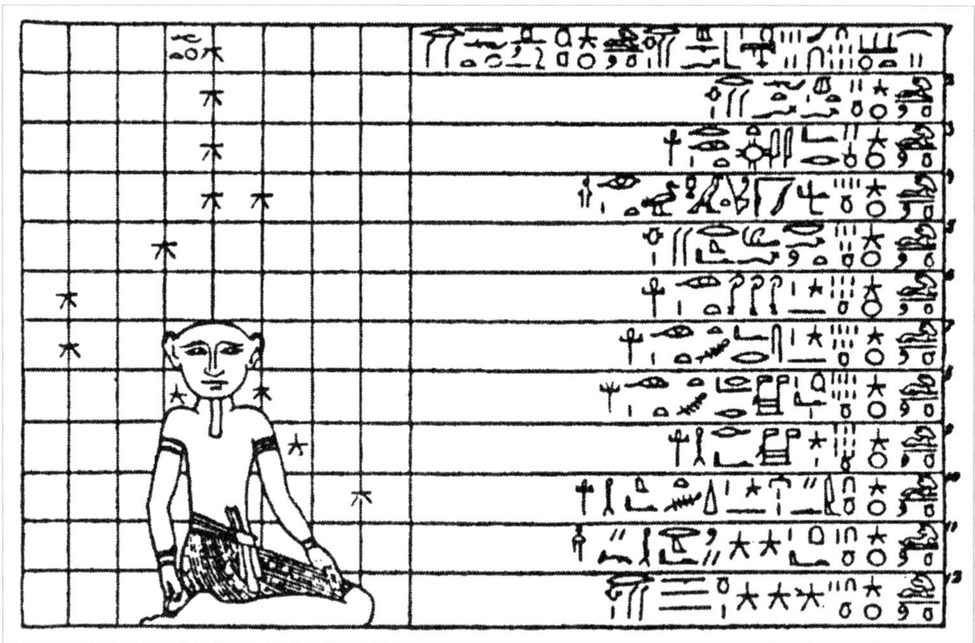

별들에 둘러싸여 무릎을 꿇고 있는 제사장. 이 도표는 정기적으로 별을 관찰한 기록이다

반이 없었던 고대에서 다음과 같은 방법으로 방위를 관측하지 않았나 추정한 것이다.

정확한 방위를 알아낼 수 있는 방법은 여러 가지 학설로 주장되었다. 우선 소머스 크라크와 R. 엥글백은 피라미드를 안치할 정확한 방위는 별이 뜨고 지는 것을 측량하면 얻을 수 있다고 제시했다. 북쪽 방향을 측정하여 얻은 두 점이 만드는 각을 둘로 나누면 방위를 얻을 수 있기 때문이다. 그러나 이 방법의 단점은 수평선 주위가 불규칙할 경우 오차가 많다는 것이다. I.E.S. 에드워드는 원통형 벽으로 만든 인공 수평면을 이용하면 보다 정확한 방위를 알아낼 수 있다고 수정안을 주장했다. 그러나 당시의 여건을 감안해 볼 때, 곡선과 벽 상부를 완전한 수평면으로 만들기가 그렇게 쉽지 않다는 것이 지적되었다.

또 V. 마라질 그리오와 C. 리날디는 해가 뜨고 지는 깃대의 그림자가 만드는 각을 둘로 나누면 된다고 주장하였는데, 그것 역시 그림자가 정확치 않음은 물론 수평면을 정확히 만들어야 하는 어려움이 있다. 마르텐 이스레가 제안한 태양의 그림자를 측정하는 방법도 원칙적으로는 그리오와 리날디의 제안과 같다. 해가 천정점에 오면 작은 깃대의 그림자는 매우 짧아진다. 그 점을 미리 파악한 후 그림자가 가장 긴 점도 알아낸다. 그곳에서부터 북쪽으로 땅에 원형호를 그리면 깃대는 중앙이 된다. 태양이 서쪽으로 지기 시작할 때 그림자의 점이 새로운 호에 도달하는데, 이 두 점의 이등분이 남과 북의 방향을 가리켜준다는 것이다. 이 방식은 원시적인 기구로 방위를 알아내는 데는 아주 효율적이지만, 당시의 여건을 볼 때 정말로 이러한 방법이 채택되었는지는 확실하지 않다.

17. 세케드 Seked

세케드는 어떠한 기구인가

카이로 박물관, 고대 생활상 민속 박물관에 있는 직각삼각자 측정기 세케드(Seked)는 고대 어느 왕조부터 있었다고는 알려지지 않았다. 그러나 기하학의 기본이 되는 직각, 수직, 수평을 측정할 수 있는 이러한 기구를 고대에 이미 만들어 사용하였다는 것을 보고 필자는 놀라움을 금치 못하였다.

학자들이 주장하는 수평측정(관측)의 3가지 방법

특히 매우 정확한 수평 측정은 모든 건축물 시공에 기본이며, 피라미드에서 간과할 수 없는 가장 큰 기하학적인 기본요소이다. 그러나 학자들은 수평 측정이 전혀 불가능한 방법으로 주장하고 있다. 그래서 이것들이 왜 불가능한 방법인지 모순을 지적해보면서 필자의 방법과 비교 분석했다.

1. 직각삼각자 세케드로 수평을 측정하는 방법

일부 학자는 소형의 직각삼각자를 사용하여 피라미드 축조 시에 기울기, 직각, 수직, 수평을 측정(관측)하였다고 주장한다. 그러나 필자가 직접 제작하여 실험을 해본 결과, 세케드는 약 30cm의 크기 범위 내에서 직각, 수직, 수평의 측정은 가능하지만 세케드 크기보다 긴 거리 수평측정은 부정확한 것을 알 수 있었다.

예를 들면, 실제로 이 소형의 직각삼각자로 약 100m 길이를 약 330번 연속적으로 수평 측정을 한다면 결과적으로 매우 많은 오차(편차)가 난다. 즉, 긴 거리는 가능한 수평을 한 번에 측정하여야 오차가 나지 않는 것이다. 따라서 대피라미드 저변의 길이 약 230m를 이

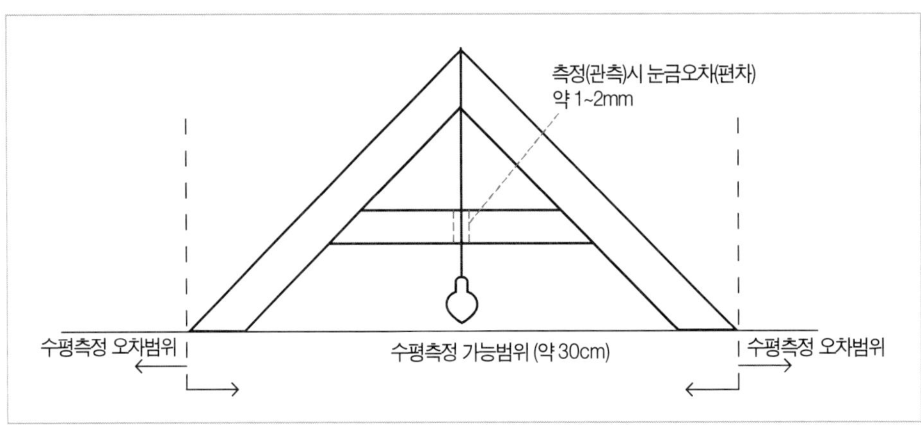

세케드의 오차범위

직각삼각자로 실제 약 800번 이상 연속적으로 수평측정한다면, 결과적으로 고저가 1.5m 오차가 나게 된다. 왜냐하면 이 직각삼각자는 크기가 약 30cm 길이이기 때문에 실제로 수평이 정확한 곳에서도 측정(관측) 시 약 1~2mm의 오차(편차)가 나기 때문에 이 세케드로는 피라미드 축조시 정확한 수평측정이 불가능하다.

2. 도량으로 수평을 측정하는 방법

학자들은 대피라미드 축조 시 수평을 측정(관측)하는 방법으로 대피라미드 4면의 바닥 주위에 도량을 만들어서 이 속에 물을 채워 수평을 측정하였다고 막연한 주장을 하고 있다.

그러나 이러한 방법으로는 대피라미드 저변 길이보다 약간 긴 약 240m×4=약 960m의 긴 거리의 도량 속을 채울 만큼의 상당히 많은 물이 필요하다. 문제는 바닥과 도량의 틈새로 물이 쉽게 빠져나가 가서 물을 계속 보충해야 한다. 그리고 이런 과정을 반복하기 때문에 실제적으로는 도량의 방법이 매우 비효율적일 뿐 아니라 수평 측정이 부정확하다.

3. 점토로 만든 통 기구로 수평을 측정하는 방법

수평을 측정(관측)할 수 있는 점토로 만든 통의 기구가 아브시르의 네페레프레 미완성 피라미드에서 발견되었다고 한다. 그래서 필자는 이 기구가 어떠한 구조로 만들어졌는지 확인하기 위해 카이로 박물관 전시물에서 찾아보았으나 찾지 못하였다.

학자들은 이 점토로 만든 토관 속에 물을 넣고 측정(관측)하는 곳에 고저를 표시한 다음, 다시 이 점토 토관을 이동하여 수평측정이 가능하여 피라미드 축조 시에 사용하였을 것이라고 주장하였다. 그러나 이와 같은 방법으로는 수평측정이 전혀 불가능하다. 왜냐하면 물로 수평을 정확하게 측정하는 방법은 측정하는 길이까지 반드시 물이 연결되거나, 이 방법으로 여러 번 고저 표시를 이어서 할 수 있다. 즉 물의 수평층이 형성되는 높이가 같이 되어야 측정이 정확하기 때문이다.

앞에서 지적했듯이 이 세 가지 방법으로는 상당히 긴거리의 대피라미드 수평 측정이 불가능하다. 어쨌든 학자들의 주장대로 이러한 세 가지 방법으로 한 번은 수평측정이 가능하다고 치자. 그렇다면 대피라미드 바닥 다음 윗부분의 수평은 어떻게 측정할 것인지 모순을 지적 않을 수 없다. 만약 이와 같은 세 가지 방법들이 아무리 수평이 정확하다고 해도 많은 학자들의 주장처럼 한 번의 수평측정만으로 대피라미드를 시공한다면 높이, 길이, 직각, 사면각, 기울기, 꼭지점(축)이 정확히 맞지 않아 모두 뒤틀리게 된다.

예를 들어 대피라미드 146.6m 높이에 적어도 약 16m 높이마다 가로, 세로로 최소한 36번 정도 많은 수평측정을 반드시 하여야 대칭의 기하학적으로 대피라미드를 정확하게 축조할 수 있는 기본의 필수요소이다.

인부 무덤의 내부 벽화
이집트인들은 피라미드 건설의
인부로 선택되면 파라오와 함께
영생을 얻을 수 있다고 믿었다

18. 소 창자를 이용한 수평측정기구

어떠한 기구로 피라미드 수평을 측정(관측)하였나

미라를 만드는 과정을 사한 힘메 세암 석관 그림

필자는 앞서 학자들이 주장한 세 가지 방법 모두 수평측정(관측)이 부정확하고 불가능하다는 결론을 내렸다. 그렇다면 어떠한 기구로 어떻게 수평을 측정하였나? 이에 대한 해법은 고대의 벽화나 지금 남겨진 생활상에서 찾아야 한다. 고대 이집트에서도 필자와 같은 방법으로 창자를 이용해 수평측정을 했을 것이라 본다. 그 당시 장인들도 창자 속에 액체가 수평이 되는 것을 보았을 것이고 이것을 조금만 관찰하고 응용하면 매우 정확한 수평측정기구로 사용할 수 있기 때문이다. 그래서 필자는 고대 이집트에서 사용했을 것으로 추정되는 가장 정확하고 효과적인 피라미드 수평측정(관측) 방법의 근거를 여러 곳에서 찾아보았다.

먼저 좌측에 있는 그림에서 볼 수 있듯이 고대 이집트에서는 중왕조 시대부터 죽은 동물이나 사람을 오랫동안 보존하기 위하여 미라를 많이 만들었다. 미라를 오랫동안 보존하기 위하여 내장과 창자, 뇌 등은 모두 적출하고 사체 속에 방부제 등을 넣어 부패를 막아서 수천 년이 지난 지금까지도 고스란히 보존되고 있는 것이다.(39면 사진 참고. 내장, 창자 등은 토기, 돌 항아리, 4개의 카노푸스 단지(알라바스타) 속에 보관되어 있다.) 필자는 이 대목을 매우 주목하는 것이다.

앞서 언급한 바와 같이 고대 이집트인들은 미라를 만드는 과정에서 적출된 내장과 창자 속의 내용물, 액체(오줌) 등이 자연적으로 스스로 수평을 형성하는 현상을 많이 보았을 것이다.

또한 필자는 이집트의 재래시장에서 우리나라에서 흔히 먹는 순대와 같은 소 창자 속에 여러 가지 재료를 넣어 만든 음식을 사먹었는데, 고대부터 전해 내려오는 전통 음식인지는 알 수 없지만 이 창자로 순대와 같은 음식을 만들 때 창자 속을 물로 세척하였을 것이고, 그 과정에서 소 창자 속 물이 자연적으로 수평이 되는 현상을 보았을 것이다.

이처럼 자연적으로 수평이 되는 원리를 간단하게 응용하여 소 창자를 연결관(소뼈, 소뿔, 토기)에 끼워 연결하여 소뿔이나 125면에서 소개는 바이 형태의 깔대기토관으로 된 수평기를 만들어 피라미드 축조 시 수평을 측정(관측)하는 데 유용하게 사용할 수도 있었을 것이다.

고대 이집트의 고도로 발달된 기술문명도 이러한 간단한 자연적 수평의 원리를 이해하고 응용한 것으로, 그것은 그렇게 대단한 지식이나 지혜가 아니라고 본다. 이와 같은 방법으로 대피라미드 축조 시에 사용한다면, 약 30개의 소 창자를 연결관에 끼워 연결하면 300m 정도의 긴 거리의 수평을 정확하게 측정하거나 창자 5개를 이은 것으로 6번을 측정하는 방법도 있다. 그리고 피라미드가 위로 시공할 수록 이것을 계속하여 소 창자 갯수를 줄이면 된다. 또한 점토로 만든 토관(필자가 미확인한 기구)이 발견되었는데, 여기에 소 창자를 끼워 간편하게 수평측정기구를 만들어서 유용하게 사용했을 것으로 추정된다. (필자는 이와 같은 원리로 소 창자 수평기구를 만들어 수평을 측정해본 결과, 매우 정확한 것을 알 수 있었다. 이러한 것이 현대 건축에서 석공, 목수, 조적, 타일 건축 등의 작업 시에 사용하는 비닐호스로 수평을 측정한 것으로 면모하지 않았을까)

필자의 견해로는 만약 고대 이집트에서 내장과 창자를 적출하여 미라를 만들지 않았거나 소 창자로 만든 음식이 없었다면 이와 같은 자연적인 물 수평의 원리를 쉽게 이해하고 응용

소 창자 속에 끼워진 대나무 측정관에 물 수위의 수평을 측정하고 있는 필재(우측)

소 창자에 끼워진 대나무 측정관 물 수평의 수위를 가리키고 있는 필자

하지 못했을 것이다. 따라서 약 200m 이상 되는 긴 거리의 수평을 정확하게 측정(관측)할 수 없기 때문에 기하학적으로 완벽한 중형, 대형 피라미드를 축조하지 못했을 것으로 생각된다. (참고로 설명한다면, 필자는 7세때 소, 돼지 창자 속의 내용물을 물로 세척할 때 물이 자연적으로 수평을 유지하는 현상과 원리를 알게 되었다. 아울러 20세 무렵에는 건축물을 시공할 때에 비닐 호스가 없어 실제로 이러한 원리를 응용하여 물의 수평을 볼 수 있게 길게 홈을 판 대나무 측정기구에 창자를 끼우고 대나무 연결관으로 창자를 이어 수평을 측정해 보았는데, 매우 정확한 것을 알 수 있었다. 독자들의 이해를 돕기 위해 실제로 수평 측정하는 것을 사진으로 실었다.)

대피라미드 높이 146.6m까지 사면에서 모두 51,52˚의 완벽한 기울기이다. 현대의 수직으로만 세워지는 건축물의 49층에 해당되는 높이이다. 이런 건축물을 정확하게 시공하기 위해서는 내부와 외부에서 적어도 천 번 이상의 수직과 수평 측정은 필수이다.

그런데 대피라미드 146.6m까지 수직 측정과는 비교조차 안 되는 매우 어려운 것이 수평을 바탕으로 측정한 기울기이다. 일반적으로 수직 측정은 줄에 추를 달아서 쉽게 측정은 가능하지만, 정확하게 기울기를 측정하기 위해서는 적어도 36번의 수평의 바탕 위에서만 종합측정자 (126~129면 참고) 수십 개가 단계별로 사용되어야 기울기 측정이 가능하다. 앞서 학자들이 주장한 세 가지 방법 모두 불가능 하지만, 어째든 단 한 번의 수평측정으로 대피라미드가 시공이 가능하다는 것은 건축을 실제로 해보지지 않았거나 전혀 모르고 주장하는 단순한 이론이다.

19. 메르케트와 바이

메르케트와 바이는 어떠한 기구인가

다음의 내용은 학자들이 서술한 것이다.

이집트인들은 시준 장치와 척도를 결합하여 측량기구와 천체관측용 자오의(子午儀)를 겸할 수 있는 최초의 과학기구를 만들었다. 이 자오의는 특정한 별의 출몰을 식별하거나 그 별들이 밤하늘의 천정을 통과하는 시점을 측정하는 데 사용되었다. 이집트인들은 간격이 일정한 측시기(예를 들면 해시계나 물시계)와 비교하여 천체의 자오선 통과시간을 정기적으로 기록함으로써 항성들의 규칙적인 운행을 지도로 나타낼 수 있었고, 그리하여 측시법의 토대를 세울 수 있었다.

L자형 막대를 '메르케트(지시기)' 라고 부르고, 눈금이 새겨진 야자나무 잎은 '바이' 라고 부른다. 이 기구는 둘 다 호르라는 사제의 소유물이었고, 바이에는 그 용도—축제의 시작을 결정하고 모든 사람에게 정확한 시간을 알리기 위해—가 새겨져 있다. 시간을 관측하기 위해서는 두 사제가 자오선을 따라 남북을 잇는 선상에 앉아야 했다. 주임사제는 남쪽에 앉아서 바

바이(상)와 메르케트(하) : 상아와 야자나무 잎, 제26왕조(B.C. 663~525년) - 베를린, 이집트 박물관 소장

이의 갈라진 틈에 눈을 댄다. 그러고는 북쪽을 향해 앉아서, 조금 떨어진 곳에 자리 잡은 보조 사제가 들고 있는 메르케트에서 곧장 떨어지는 다림줄을 바라본다. 이렇게 하면 어떤 별이 자오선을 통과하는지를 식별할 수 있다. 메르케트에는 '나는 해와 달과 별들이 제각기 제자리로 가는 것을 안다' 라는 글이 새겨져 있다.(이 내용은 학자들이 서술한 것임) 학자들은 이처럼 바이 윗부분의 갈라진 틈새로 시간과 피라미드를 측정(관측)하였다고 주장한다. 그러나 필자가 보기에는 이 틈새는 바이가 야자나무 잎으로 만들어졌기 때문에 수천 년의 세월 속에 저절로 떨어져나간 것으로 보인다.

메르케트의 세부는 그것이 두 개의 원통형 좌대 위에 올려놓도록 되어 있었다는 것을 말해준다. 아래쪽에는 구멍이 뚫려 있어서, 추를 매단 실을 꿸 수 있었다. 다림줄은 원통형 좌대와 평행으로 떨어져, 기구 본체가 수평을 유지하고 있다는 것을 알려준다.

새겨진 글을 보면 이 기구가 콘시르디스의 아들 베스의 소유물이었다는 것을 알 수 있다. 콘시르디스는 상이집트의 에드푸 신전에서 시간 관측을 책임진 사람이었다. 이 기구에는 매의 머리를 가진 태양신의 작은 흉상도 장식되어 있다.(이 내용은 학자들이 서술한 것임)

그러나 이것은 필자가 보기에는 수직 측정기로 사용했을 것으로 본다. 앞서 학자들이 설명한 바이는 고대 이집트에서 측정(관측) 시에 사용하였다는 매우 독특한 구조의 형태이다. 필자 견해로는 만약 이러한 구조의 바이를 원형의 토관으로 만들어 창자를 끼워 수평측정에 사용하면 매우 이상적인 수평측정기구가 되었을 것이다. 후왕국시대에 야자나무 잎으로 만든 바이가 고왕국시대에는 원형의 깔대기 토관이었지 않았을까 하는 것이다. 왜냐하면 이 바이가 원형의 깔대기 구조라면 물을 따라 붓기가 매우 용이하고, 소 창자를 깔대기 원형토관에 끼우면 바이의 형태가 같기 때문이다. 즉, 바이의 위에서 아래까지 길게 직사각형으로 만들어진 범위의 틈으로 물 수평 수위를 보기가 매우 용이하기

메르케트 : 청동, B.C. 600년 경 - 런던, 과학박물관 소장

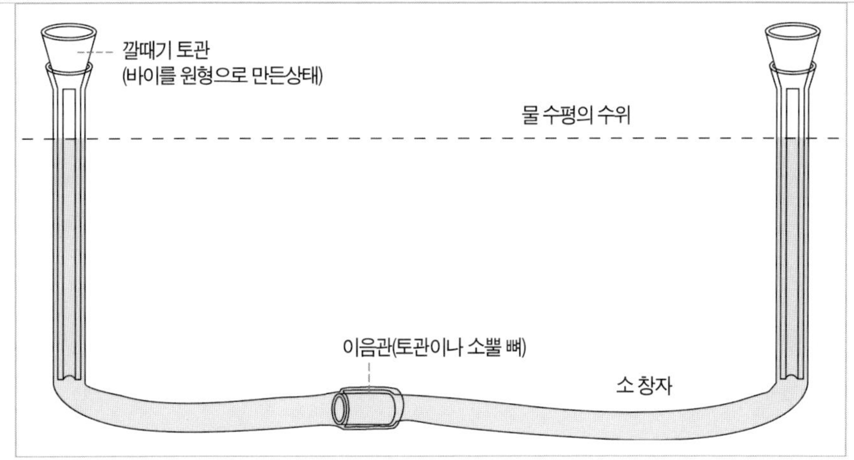

매우 정확한 수평측정(관측) 방법

때문이다.(창자 수십 개를 연결해서 수평측정(관측)기로 사용할 때는 많은 물이 필요하다)

소 창자 수평측정기구를 만들기 위해서는 측정관(깔대기 원형토관, 소뿔 측정관)과 소 창자가 필요한데, 소 한 마리의 창자 길이는 약 10m이다. 소창자 5개를 연결한다면 50m이다. 즉 50m 길이 씩 7번 수평측정을 한다면 350m 길이가 가능하다. 그리고 이것을 모두 연결해 한 번에 수평측정을 한다면, 약 소 35마리의 창자를 연결관으로 이어서 사용하면 대피라미드 길이 약 230m를 매우 정확하게 수평측정(관측)할 수 있다. 이러한 방법이 다소 원시적이긴 하여도 오히려 현대 레이저 기구의 수평측정(관측)보다 더 정확할 수 있다.

즉, 바이가 소 창자 수평측정기구와 연관이 있었지 않았을까. 그래서 필자 나름대로 바이의 원형 구조를 추정하여 독자들이 알기 쉽게 위 그림을 참고로 제시해 놓은 것이다.

고대 이집트에 대나무는 없다고 보고, 카이로박물관에서 이와 같이 수평을 측정(관측)할 수 있는 앞서 118면에서 말한 점토로 만든 통 기구가 없었기 때문에 그래서 토관이 형태가 비슷하지 않았을까 추정하여 원형으로 된 소뿔을 사용하여 참고로 구성해보았다.

양쪽 대나무 측정관과 이음관, 가운데 소뿔 측정관과 이음관

어떠한 기구로 피라미드 기울기(경사)를 측정(관측)하였나

〈부록-313면〉에 있는 피라미드 계측치에 소개되지만, 축조된 피라미드는 모두가 각각 다르게 고유의 기울기(경사)로 축조된 것을 알 수 있다. 많은 학자들은 여기에 대하여 어떠한 기구와 방법으로 많은 피라미드 고유의 기울기를 정확히 측정했는지 제시하지 못하고 있다. 단지 앞서 설명된 직각삼각자 세케드를 사용해 관측자의 시각으로만 기울기를 측정했고 또 그것이 가능하다고 주장한다. 그러나 필자가 이 방법으로 실험해본 결과, 직각삼각자로 피라미드 기울기를 측정(관측)하는 것은 불가능한 것을 알 수 있었다.

이 세케드로는 많은 피라미드의 각기 다른 기울기 측정은 물론이고 단 하나의 피라미드라도 기울기를 측정하여 피라미드를 정확하게 축조하는 것이 절대 불가능하다. 왜냐하면 관측자의 시각으로 대충 측정이 불가능하기 때문이다. 따라서 피라미드의 기울기를 측정하려면 반드시 모든 피라미드 각각의 고유 기울기에 맞추어 미리 제작한 종합측정자를 사용해야 가능하다. 예를 들어 높이 146.6m 쿠푸왕 대피라미드의 기울기 51.52°를 측정하려면, 여기에 맞추어 미리 제작한 종합측정자로 기초부터 상단까지 적어도 약 16m의 높이마다 동서남북 방향에서 사면의 모서리 부분에 위에 약 4개×9개단(16m)=36개의 종합측정자를 설치 후에 하단부터 상단까지 종합측정자를 설치 후 아래에서 위로 연속되게 기울기를 측정(관측)을 하고 기울기 부분에 실이나 끈으로 팽팽하게 당겨 묶어서 여기에 석재를 맞추어 축조해야만 완벽하게 기울기 측정 후 시공이 가능한 것이다.(134면 그림 참고)

많은 피라미드들의 각기 다른 높이와 기울기(경사)를 어떠한 방법으로 측정(관측)하였나

앞의 설명과 거듭되지만, 이런 문제를 동시에 해결할 수 있는 방법이 있다. 많은 피라미드들을 시공시에 각기 다른 높이와 기울기의 측정은 종합측정자의 기울기 부분을 계획된 저변길이 사면의 모서리 부분부터 약 16m마다 상단 모서리 부분까지 수십 개를 설치하면 기울기 측정이 가능하다. (어떠한 피라미드의 다른 기울기에 따라 여기에 맞추어 수십 개를 미리 제작하여 사용하면 가능하다.)

예를 들면 이렇다. 카프라피라미드의 경우 저변길이 215.25m, 높이 143.50m, 기울기 53.10°이다. 만약 이와 똑같이 카프라 피라미드를 축조하려면 종합측정자 기울기 부분을 53.10°로 맞추어 수십 개를 미리 제작한 것을 사용하는 것이다. 저변길이 215.25m 사면의 모서리 부분부터 상단 모서리 부분까지 4개×8계단(약 16m 높이마다)=32개의 종합측정자를 설치하면 된다. 그리고 아래에서 위로 기울기 측정을 하면서 1, 2차 공정에 따라 시공하면 결과적으로 그 높이가 143.50m가 되는 것이다. 또 멘카우라피라미드의 경우에도 저변길이 104.6m, 높이 66.45m, 기울기 51.20°이다. 만약 이것을 똑같이 기울기에 맞게 축조하려면 종합측정자 기울기 부분을 51.20°에 맞추어 미리 제작한 것을 사용하는 것이다. 저변길이 104.6m 사면의 모서리 부분부터 상단 모서리 부분까지 4개×4계단(약 16m의 높이마다)=16개의 종합측정자를 설치하면 된다. 그리고 기울기를 측정을 하면서 시공하면 결과적으로 그 높이가 66.45m가 되는 것이다. 이것이 많은 피라미드들을 각기 다른 고유의 높이와 기울기에 따라 아래 부분 부터 약 16m 마다 측정하면서 윗부분까지 단계별로 시공할 수 있는 유일한 방법으로 생각한다.

예) 피라미드 사면 모서리에 기울기 관측을 위해 설치된 종합측정자
(대피라미드 경우 기울기가 51.52°인 이러한 종합측정자 36개를 사면 모서리에 약 16m 높이마다 설치해야만 기울기 측정이 가능하다)

수직
1차 공정에서 축조된 석재
수평
직각
기울기
종합측정자는 1,2차 공정에서 사용된다.
(시공 방법은 앞 126면과 뒤 134면에서 참고)

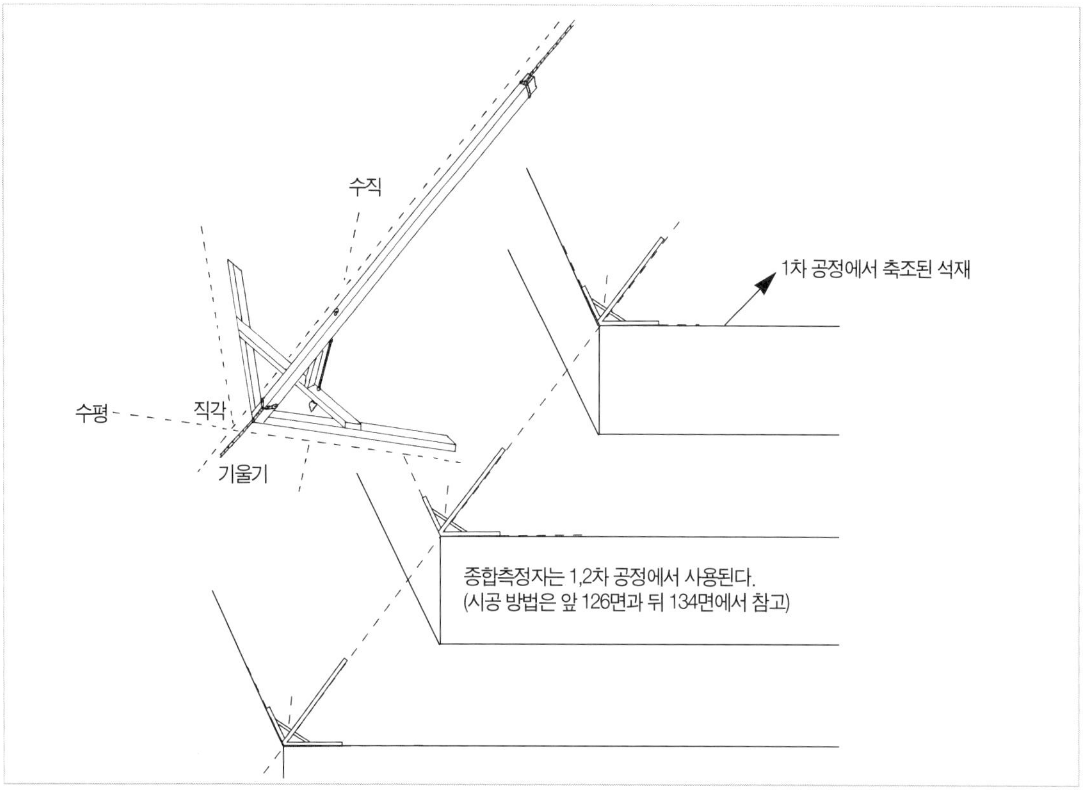

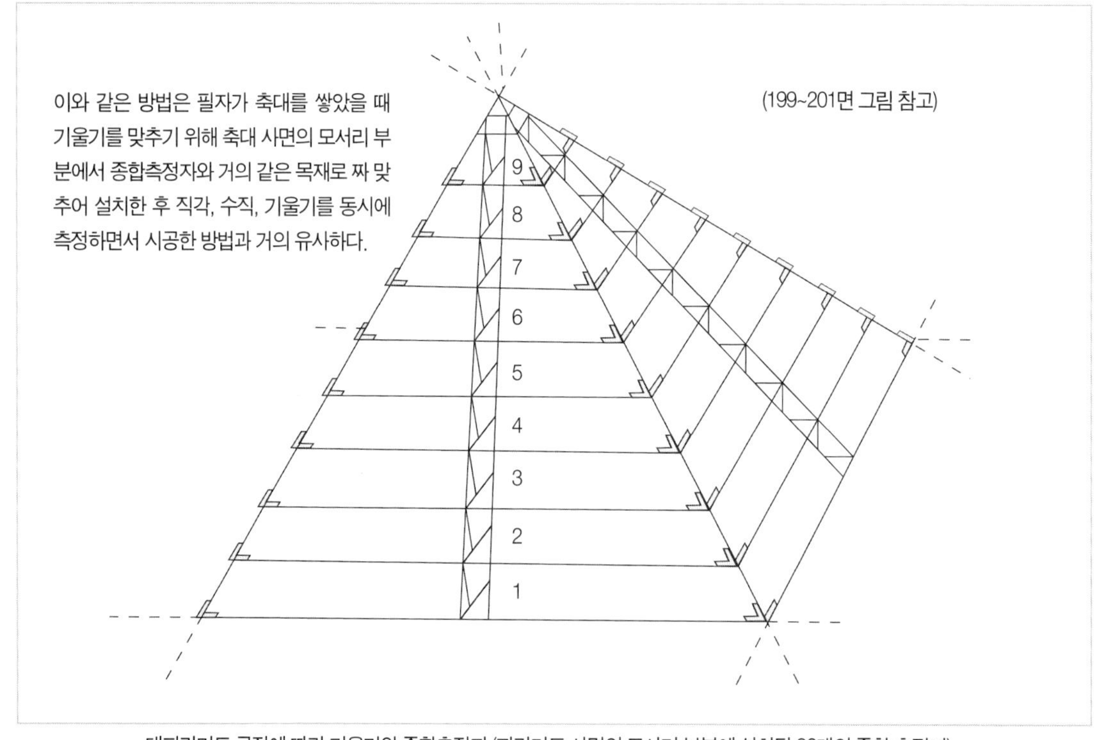

종합측정자를 사용한 피라미드 기울기 측정 방법 (확대도)

이와 같은 방법은 필자가 축대를 쌓았을 때 기울기를 맞추기 위해 축대 사면의 모서리 부분에서 종합측정자와 거의 같은 목재로 짜 맞추어 설치한 후 직각, 수직, 기울기를 동시에 측정하면서 시공한 방법과 거의 유사하다.
(199~201면 그림 참고)
9
8
7
6
5
4
3
2
1

대피라미드 공정에 따라 기울기와 종합측정자 (피라미드 사면의 모서리 부분에 설치된 36개의 종합 측정자)

20. 세케드를 응용한 종합측정자

세케드에 기울기(경사)를 추가하여 응용 제작한 종합측정자기구

앞서 설명된 종합측정자기구는 피라미드를 축조할 때 각기 다른 기울기에 따라 수직축의 높이를 정하면 측정(관측)에 가장 적합한 기구이다. 이것은 필자가 이집트의 직각삼각자(세케드)에 기울기 기능을 추가하여 응용 제작한 것으로 직각, 수직, 수평, 기울기의 동시 측정이 가능하다. (종합측정자기구의 측정 방법은 추에 매달린 실이 구멍 한가운데 부분에 위치하면 수평, 기울기가 정확한 것이다 물론 종합측정자를 직접 제작하여 직각, 수직, 수평 기울기를 실험한 결과이다)

고대 이집트에서 이미 이러한 종합측정자기구를 만들어 각기 다른 피라미드를 축조할 때 기울기 측정에 사용을 하다가 쿠푸, 카프라, 멘카우라 피라미드 축조 중단 이후에는 이와 같은 종합측정자기구가 다른 측정의 용도로는 필요하지 않게 되지 않았을까 그래서 기울기를 측정할 수 있는 부분은 떼어내고 약간 변형된 지금의 직각삼각자(세케드) 형태로 남아있지 않았나 보는 것이다. 아울러 필자 견해로는 이것 역시 잃어버린 고대의 기술이라 생각된다.

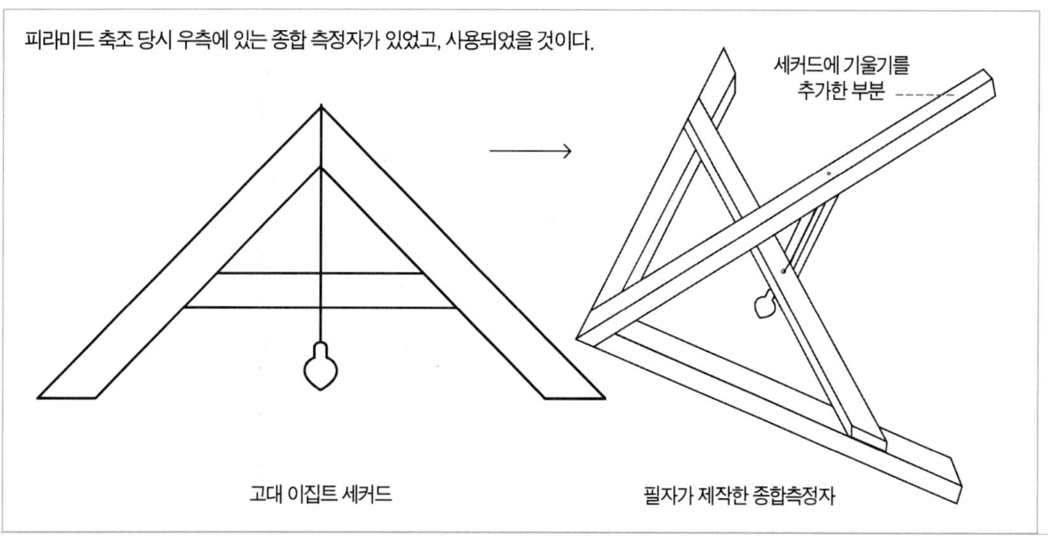

고대 이집트 세커드

필자가 제작한 종합측정자

필자가 제작한 세케드(중앙)와 종합측정자(우측)

멘카우라(좌측) 카프라(중앙) 쿠푸(우측) 피라미드의 모두 다른 기울기를 확인할 수 있다

21. 청동선

피라미드 길이와 높이는 어떠한 기구로 측정(관측)하였나

    대칭의 기하학적으로 정확하게 피라미드를 축조하기 위해서는 수평과 기울기 측정과 함께 길이와 높이의 측정(관측) 또한 제외할 수 없는 매우 중요한 기본적인 요소이다. 많은 학자들은 척도중 가장 기본이 되는 이 부분에 대하여도 많은 학자들의 주장은 납득할 만한 해석이 아직 나와 있지 않은 실정이다. 고대 이집트인들은 과연 어떠한 기구와 방법으로 피라미드의 길이와 높이를 정확하게 측정하였을까.

    필자가 여러 가지 방법으로 생각하여 본 결과, 카이로 박물관에서 전시하고 있는 유물들에 끼워진 청동선이 매우 주목할 만한 가치가 있다고 본다. 왜냐하면 청동선은 실, 끈, 밧줄 등보다 팽창이나 수축이 매우 적어서 길이와 높이 측정 시 가장 적합한 기구로 사용될 수 있기 때문이다.

    (길이를 측정하는 또 다른 일반적인 방법으로는 약 10m 길이의 긴 막대자의 길이만큼 길이와 높이를 측정할 수 있다. 그러나 이러한 방법으로 약 200m의 긴 거리를 측정하기 위해서 직선상으로 수십 번을 계속하여 측정한다면 그 측정이 정확하지 못하여 결과적으로 많은 오차(편차)가 발생하게 된다. 따라서 중형, 대형 피라미드에서 정확하게 길이와 높이를 측정하기에는 부적합하다.)

    즉, 긴 거리를 가장 정확하게 측정하기 위해서는 여러 번 할수록 부정확해지기 때문에 가능한 한 번에 측정을 해야 하는 것이다. 예를 든다면 200m 이상되는 청동선으로 측정하면 더 정확하지만 이만큼 긴 청동선이 없다면, 약 50m길이의 청동선×5번=250m이다. 이것을 피라미드 동서남북 방향의 사면에서 동서 방향으로 측정한 청동선을 그래로 남북 방향으로 다시 측정하면 오차가 거의 나지 않는 것과 같은 것이다.

대피라미드 종합적인 측정(관측)의 전 공정 요약

여기서 소 창자 수평기구, 종합측정자, 청동선으로 대피라미드를 측정하는 종합적인 방법을 간략하게 살펴보자.

1) 해, 달, 별자리 등으로 동서남북 방위를 관측하고 피라미드 사면 모서리 부분에 청동말뚝을 박아 표시한다.

2) 대피라미드를 축조할 위치를 계획하고 중심부 꼭지점을 정하여 청동말뚝을 박아 그 위치에서 청동선으로 동서남북 사방의 길이를 정확하게 측정(관측)한다.

3) 대피라미드 사면의 모서리 부분에 종합측정자기구를 설치하여 직각을 측정한다.

4) 소 창자 수평측정기구, 종합측정자로 수평과 기울기, 직각을 측정하면서 대피라미드 기반암층의 표면 위로 석재를 축조할 수 있도록 계단형으로 다듬는다.

5) 석재를 축조하기 전에 바닥에서 지하실 통로와 석실 등을 구축한다.

(대피라미드 내부 측정의 방법 138면 그림 참고)

6) 석회기반암을 절단하고 이 위에 축조하는 석재 위 석재를 대피라미드 사면 모서리 부분부터 청동선, 소 창자 수평측정기구, 종합측정자기구로 측정하면서 축조한다.

7) 대피라미드 시공시 9단계의 사면 모서리 부분에 4개 종합측정자를 설치하고 여기에 기울기를 맞추어 시공한다. (다음 장 그림 참고)

피라미드 석회기반암 부분의 길이와 수평 측정(관측) 방법

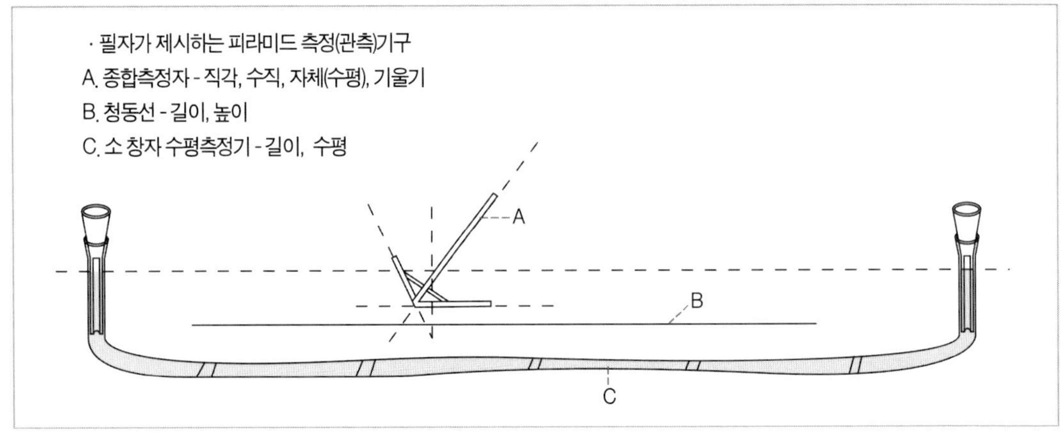

피라미드 기초 석회기반암과 종합적인 측정(관측) 방법

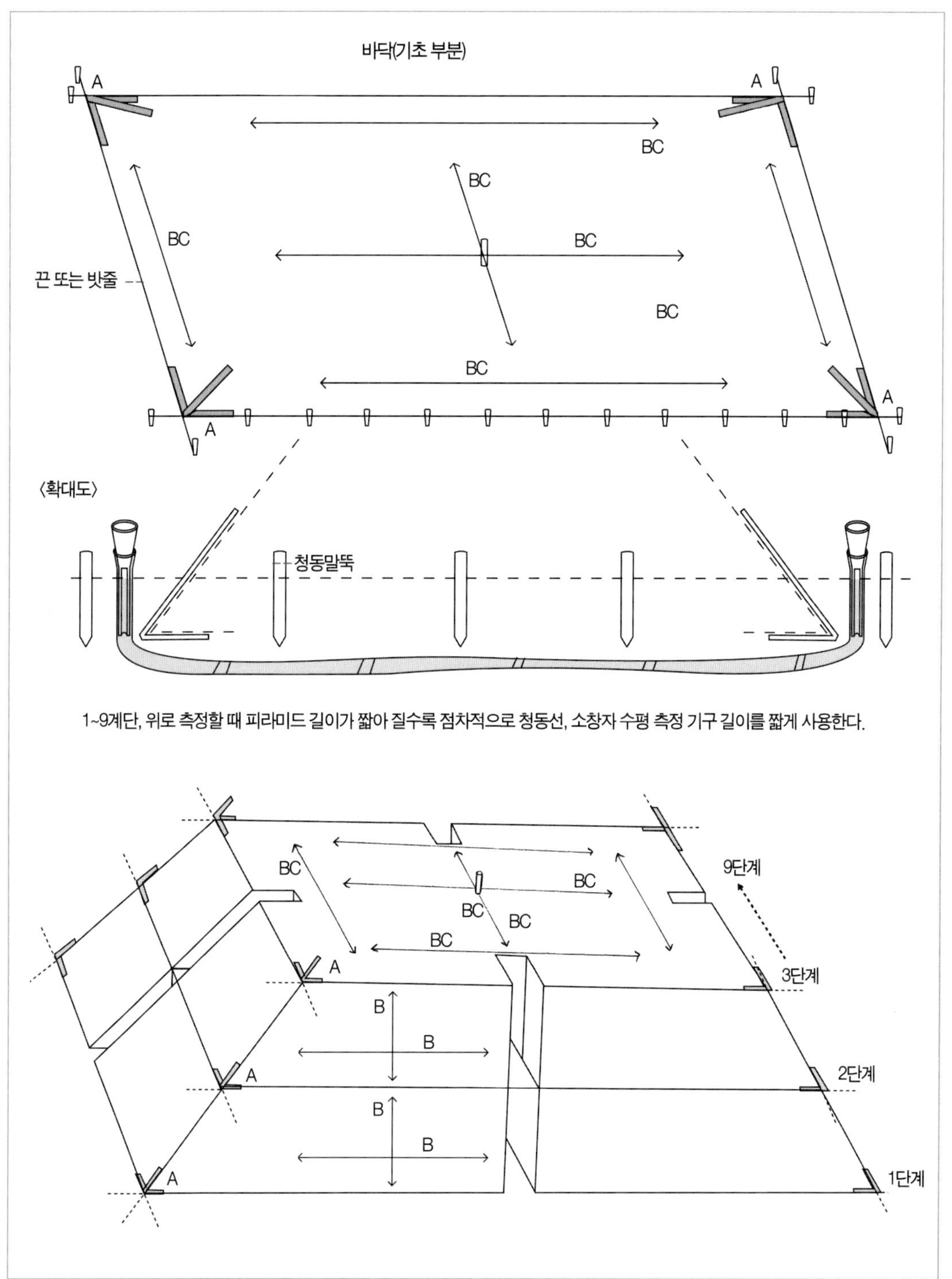

1~9계단, 위로 측정할 때 피라미드 길이가 짧아 질수록 점차적으로 청동선, 소창자 수평 측정 기구 길이를 짧게 사용한다.

고대에서이런 방법으로 1단계를 종합적으로 측정 후 2단계로 이어지면서 9단계까지
대피라미드의 길이, 높이, 직각, 수직, 수평, 기울기의 종합적인 척도를 측정(관측)하면서 시공을 하였을 것이다.

피라미드가 세워질 위치 기반암 부분에서 피라미드 가운데 위치한 꼭지점을 기준으로 하여 동서남북의 사방에서 길이를 청동선으로 측정(관측)하면서 계획된 깊이까지 기반암을 절단한다. 그 다음엔 소 창자 수평측정기구로 수평을 측정하고, 종합측정자기구로 직각, 청동선으로 길이와 높이를 측정한다.

피라미드의 종합적인 측정(관측)과 시공 방법

— 기울기 측정: 종합측정자를 1, 2차 공정에서 피라미드 사면 모서리 부분에 설치하고 기울기 부분을 끈으로 연결 후관측자 육안으로 아래에서 위로 측정하면서 시공한다. 아래와 위의 종합측정자에 끈(줄눈)으로 팽팽하게 당겨 묶어 육안으로 측정(관측)한다.

— 가로 방향의 측정: 끈(줄눈)으로 종합측정자기구에 팽팽하게 당겨 묶어 관측자 육안으로 측정한다.

— 높이 측정: 축조된 석재 틈새에 박은 끝이 뾰족한 청동 말뚝에 끈으로 팽팽하게 당겨 묶는다.

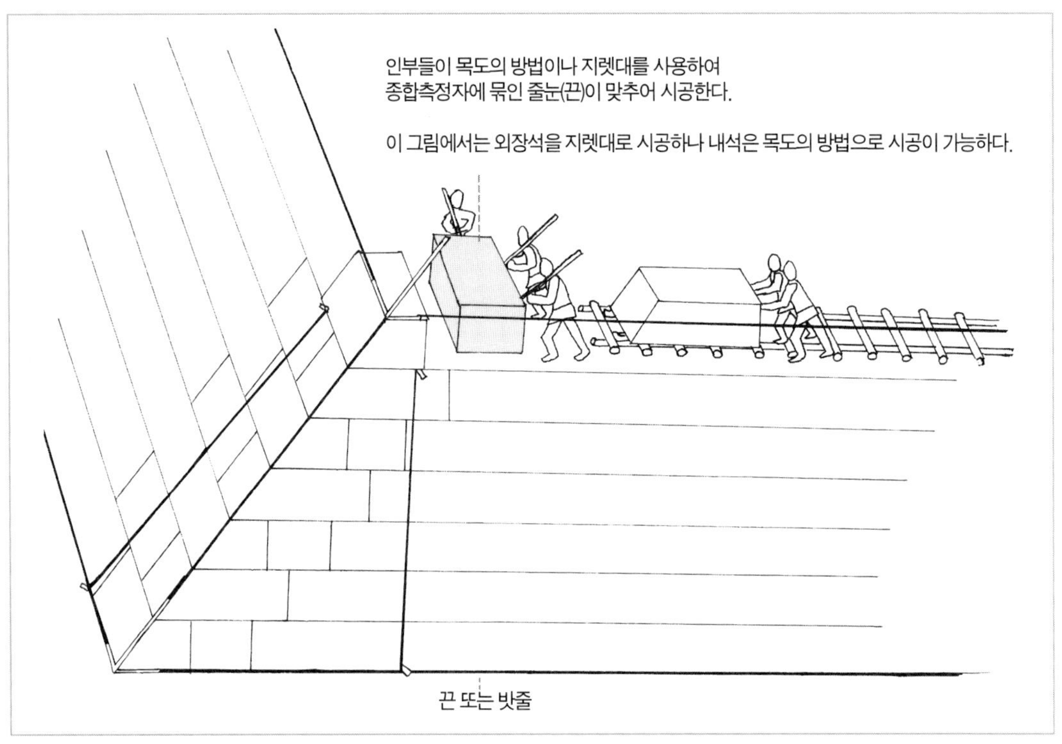

1, 2차 공정에서 피라미드 동서남북 방향 사면의 모서리에 종합측정자 설치 후 길이, 높이, 직각, 수평, 기울기 측정과 시공을 한다.

— 여기에 맞게 수평, 기울기, 수직, 직각, 높이, 길이를 끈의 선에 맞추어 축조한다.

— 피라미드를 축조할 곳의 석회기반암 기초 부분에서 중심의 꼭지점을 기준으로 하여 각 사면의 길이를 청동선으로 측정하면서 석재를 절단한다. 형성된 바닥 부분에서 높이 약 16m를 잰다.

— 피라미드 동서남북 사면의 모서리 부분에 1차, 2차 공정의 약 16m 높이 큰 계단 위에 기준석(표시석)을 정하고, 그 위에 다용도의 종합측정자기구 4개를 설치한다.

— 종합측정자기구로 수평, 수직, 직각, 기울기, 길이, 높이, 소 창자 수평측정기구로 청동선으로 길이와 높이 등을 측정한다. (피라미드 내부의 수직 측정시에는 수직 측정기 혹은 메르케트를 사용한다.)

필자는 종합측정자기구, 소 창자 수평측정기구, 청동선 이 3가지 기구는 여러가지 기하학적인 수치를 동시에 종합적으로 측정할 수 있는 매우 효과적인 방법이라고 보는 것이다. 왜냐하면 피라미드 사면의 길이, 높이, 직각, 수직, 기울기 등의 척도를 정확하게 측정하려면 반드시 이 세 가지 기구가 필요하기 때문이다. 즉, 이러한 세 가지 기구들로써 높이 약 16m의 모서리 부분마다 동시에 종합측정자 네 개를 설치 후 종합적인 측정을 하고 시공을 하여야만 결과적으로 피라미드의 사면각과 기울기, 꼭지점이 일치하게 되어 피라미드 전체의 축이 뒤틀리지 않아 피라미드를 대칭적으로 완벽하게 축조할 수 있는 것이다.

고대 이집트 당시에도 그런 기하학적인 척도를 측정하는 기구들과 기술력이 있었다고 본다. 그리고 피라미드에 사용 된 석재수 무게에 따라 격관식 공법과 목도의 방법으로 시공이 가능하다. 그러나 대피라미드 경우 거중기를 사용하여 앞서말한 격관식 공법 1, 2, 3차 공정으로 시공할 수 있는 기술력이 있다고 보는 것이다. 이러한 기술력들은 서로 조화가 되고 같은 기술력의 수준과 걸맞았기 때문에 대칭의 기하학적으로 완벽하게 대피라미드를 시공할 수 있었다고 보는 것이다.

(시공이라는 것은 축조와 거의 같은 의미이나 엄밀히 설명하면 기술, 측정등을 포함한 포괄적인 범위라서 다르지만 독자들은 같은 개념으로 해석 하기 바란다.)

22. 굴절 피라미드의 각기 다른 기울기를
종합측정자기구로 측정(관측)하는 방법

굴절 피라미드가 왜 만들어지고 상, 하 부분의 각기 다른 기울기(경사)를 어떠한 방법으로 측정(관측)하였나

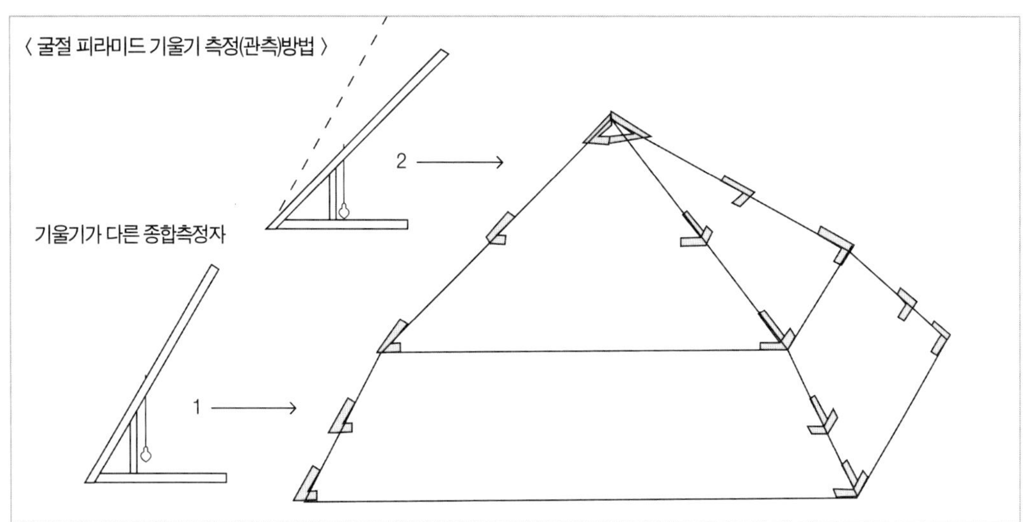

　많은 학자들은 이 굴절 피라미드가 시공 당시 석재가 부족하였거나 안정성 때문에 이와 같이 중간에서 꺾어 시공하였다고 한다. 그러나 필자의 견해는 다르다. 앞으로 더 축조될 중·대형 피라미드에서 종합측정자 기울기 부분을 40~60°로 가능한지 실험적으로 시도하지 않았는가를 추정할 수 있다. 이 굴절 피라미드의 축조 이후에는 이와 같은 형태가 나타날 필요가 전혀 없었을 것이다. 즉, 이 굴절 다른 기울기의 피라미드 다른 기울기의 시도가 처음이자 마지막이 된 것은 아닐까.

　'굴절 피라미드' 라는 이름은 하단의 기울기는 54°이고, 상단은 43°의 완만한 형태로 되어 있어 붙여진 것이다. 높이는 104m 정도로, 기저부가 삼각형 피라미드와 비슷하지만 두 기울기 때문에 색다른 특징이 있다. 따라서 이러한 굴절 피라미드의 기울기를 정확하게 측정(관측)하고 축조하려면 기울기가 다른 두 가지 종합 측정자가 반드시 필요하다. 왜냐하

스네프루의 꺾인(굴절) 피라미드, 다슈르

면 위에 그림과 같이 하단부와 상단부에 각기 다른 기울기에 따라 미리 제작한 종합측정자 기구 20개 정도를 동서남북 방향에 설치해야 한다. 즉, 기울기가 다른 54°와 43°의 두 가지 종합측정자를 굴절 피라미드 사면의 모서리 부분에 설치하여 측정해야만 굴절 피라미드가 완성되는 것이다. 물론 여기에서도 소 창자 수평측정기구와 청동선을 포함하여 세 가지 기구로 길이, 높이, 직각, 수직, 기울기 등의 척도를 종합적으로 측정을 해야만 굴절된 기울기로 정확하게 시공할 수 있는 것이다.

대피라미드 내부를 어떻게 측정하였나

대피라미드 내부에는 남북 방향 여러 곳에 입구, 환기 구멍, 상승, 하강 통로, 대회랑 등의 구조물들이 구조물이 각기 다른 기울기로 구성되어 있다. 이러한 것들을 피라미드 시공 당시 어떻게 정확하게 측정하면서 시공할 수 있었나. 거기에 대한 가장 효과적인 방법을 생각해보았

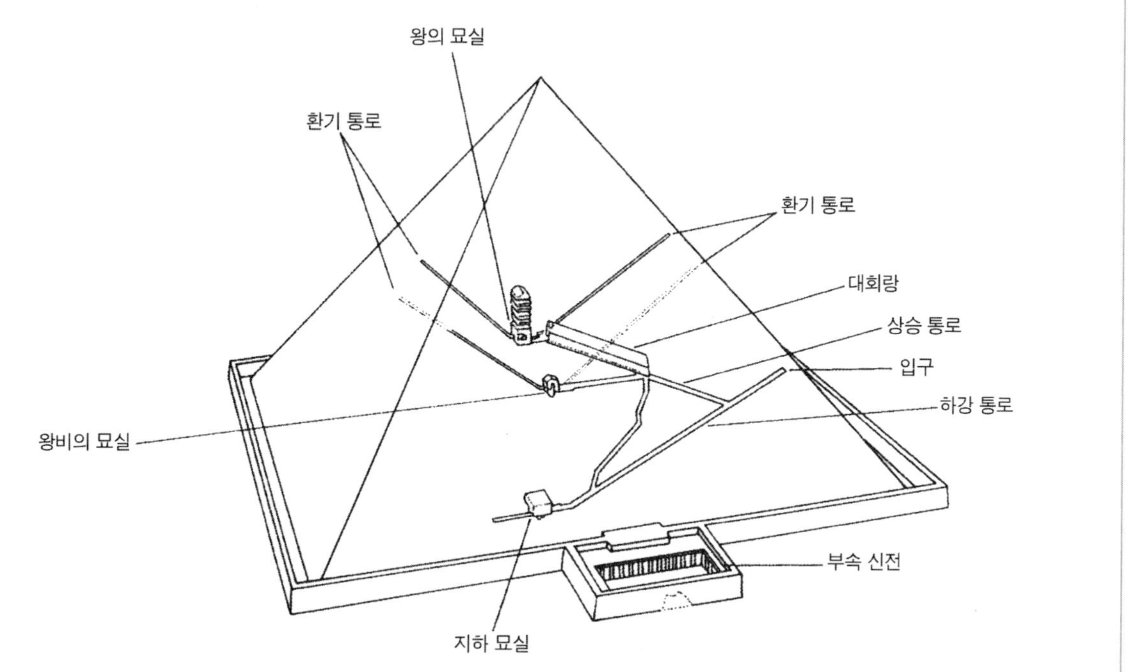

묘실과 환기 통로가 있는 대피라미드의 내부 단면도

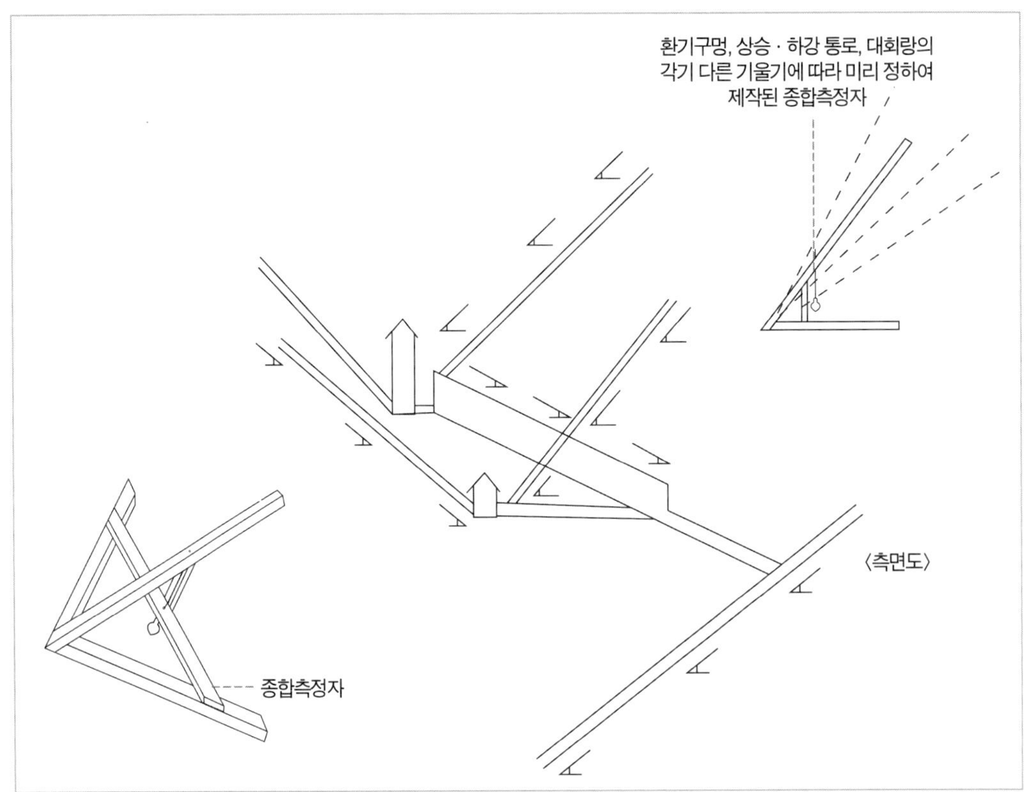

피라미드의 각기 다른 기울기에 따라 미리 정하여 제작된 종합측정자기구로 설치 후 시공하는 방법

다. 각기 다른 기울기로 미리 제작된 종합측정자기구를 시공을 계획한 곳 아래에서 위 부분으로 여러 곳에 설치하여 피라미드 1, 2차 내부공정에 따라 수직 측정은 수직 측정기 혹은 메르케트로 측정하는 방법이다.

따라서 대피라미드는 격관식 공법으로 한 1, 2차 시공을 할 때 여러 내부 구조물의 공정에 따라 각기 다른 종합 측정자의 기울기를 정확하게 측정(관측)해야만 내부를 정확한 시공을 할 수 있다.

23. 카이로 박물관

필자는 고대의 잃어버린 기술을 찾아서 이집트 시내에 있는 카이로 박물관에 갔었는데, 상당히 넓은 면적에 1, 2층으로 되어 있다. 이 곳에는 초기 왕조시대, 고 왕국시대, 중 왕국시대, 신 왕국시대, 후기 왕조시대에 만들어져 사용된 약 10만 점 정도의 수많은 유물들이 보관되어 있는데, 워낙 종류가 많아서 유물의 반 정도는 크기를 약 10cm 정도로 축소한 모형으로 전시하고 있다. (또한, 박물관 지하실 창고에는 현재 전시하고 있는 유물보다 약 열 배 정도나 더 많은 유물들을 보관하고 있다고 한다. 아울러 대영 박물관, 루브르 박물관에서도 이집트의 유물들을 전시하고 있다.)

여기에서 다양한 종류의 수많은 유물들을 보고서 느낀 점은, 수천 년 전 고대 이집트의 문명과 기술력이 현대의 발달된 기술력으로 만들어진 물건들과 매우 비슷하고 오히려 부분적으로는 앞선 기술도 있다는 것이다. 이러한 고대 이집트의 기술력이 수천 년 후 지금의 현대에 전수되거나, 여러 분야에 알게 모르게 많이 녹아있다고 생각된다.

고대 이집트에서는 건축의 기술뿐만 아니라 목재 가공기술도 뛰어나서 여러 가지의 기구들을 매우 정교하게 제작하였다. 또 많은 조각상들은 매우 섬세하게 깎아 만들어졌고, 청동기로 만들어진 여러 가지 연장이나 보석들의 세공기술도 이미 매우 발달되어 있음을 한눈에도 알 수 있었다.

약 10만 점이나 되는 유물들 중에서 몇 가지만 소개하고자 한다.

카이로 박물관 정문

호신용으로 미라의 붕대섶 사이에 끼워놓은 부적들

배를 타고 작살로 물고기를 잡는
투탕카문

생명의 상징 안크

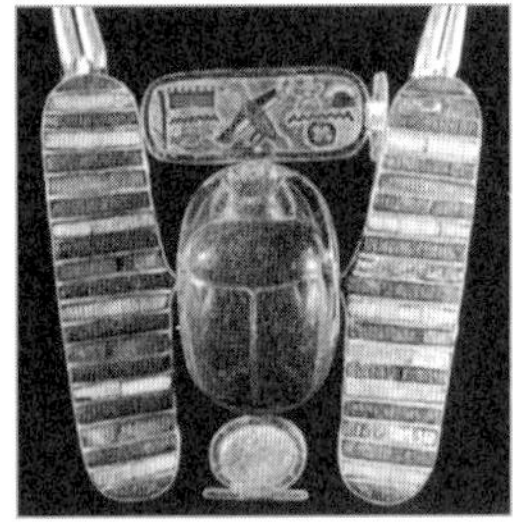

부적의 의미를 지닌 스카렙
파라오와 태양의 영원한 부활 의미

우자트의 눈 - 신성하게 여겨지는
호루스의 왼쪽 눈. 호신용 부적

투탕카문 왕의 황금가면

내장 보관함
이시스, 네프티스, 네이트, 셀케트 여신들이
각 면에 서서 팔을 벌려 내장함을 보호하고 있다

왕의 옥좌, 투탕카문 왕과 왕비가 조각된
황금의자

현실을 가득 채운 황금 목관, 수천년의 세월에도 목관은
아주 건실했다

투탕카문 왕의 무덤 전실에서 발견된 나무로 된 보석상자

피라미드 축조에 사용한 여러가지 연장과 장비들

　많은 학자들이 피라미드 축조 시에 사용되었다는 연장과 장비들을 모두 모아 본 것이다. 그러나 이것들만으로 불가능하여 〈47.대피라미드 축조시에 사용되는 여러가지 주요 장비(기구, 연장)추산〉에서 상세하게 다루어 보았다.

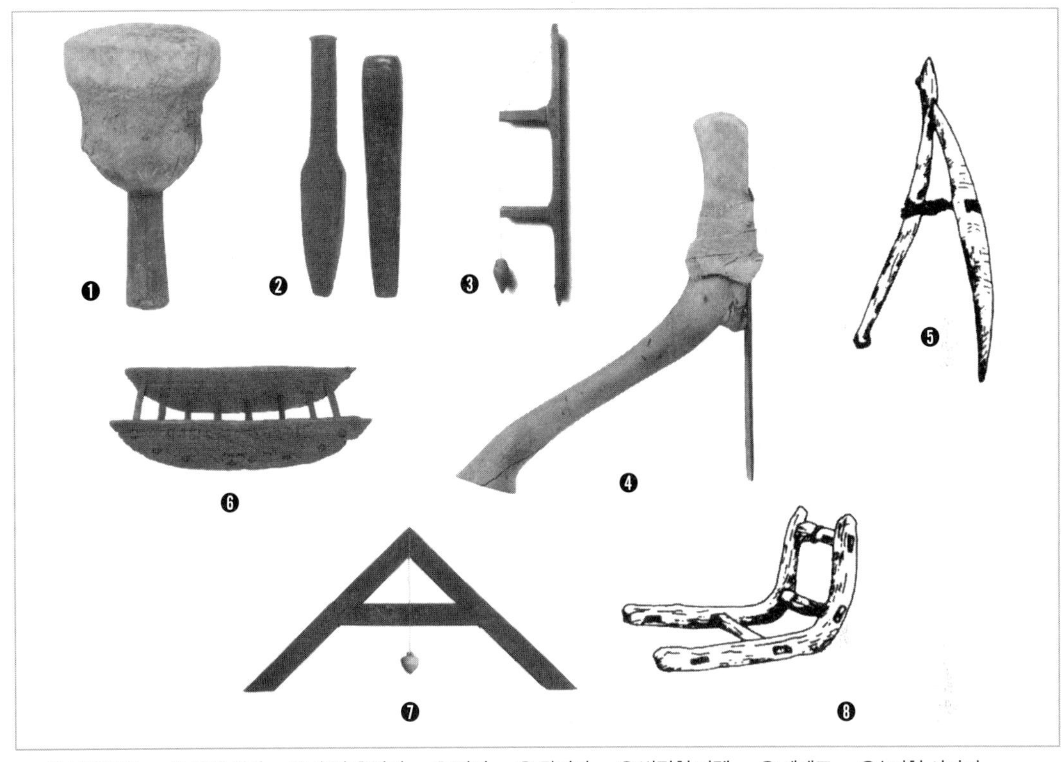

❶나무 망치　❷정과 쐐기　❸수직 측정기　❹자귀　❺접이자　❻반달형 파텐　❼세케드　❽L자형 사다리

　책 서두에 '잃어버린 기술을 찾아서' 에서 이미 언급하였지만, 피라미드 축조 당시 여러 가지 연장 장비 기구들이 필요했을 것이다.

　그래서 이런 것들을 어디에 필요하고 사용되었는지 추정하고 분석하였다.

　수천 년 전의 피라미드 축조 당시에 사용되었던 작은 연장들은 대부분 그대로 남아있겠지만 큰 기구와 장비들은 피라미드 축조 이후 필요하지 않게 되어 수천 년이 지난 지금에서는 본래의 형태가 거의 온전하게 남아 있지 않고 분리되 흩어지거나 없어진 것이 있었을 것이다. 그래서 여기에 있는 반달형 파텐과 L자형 사다리를 어디에 사용된 것인지 추정하여 조합하여서 거중기라는 장비를 만들어 재현해 보았다.

24. 고대 생활상 민속 박물관 Pharaonic Village

　필자는 피라미드 축조의 바탕이 되는 고대 기술력을 알아보려고 우리나라 민속촌과 비슷한 카이로에 있는 고대 생활상 민속 박물관(Pharaonic Village)을 방문하여 보았다. 이 곳에서는 수천 년 전 이미 고대에 만들어져 사용되었던 도구들은 지금 우리가 사용하고 있는 여러 가지 도구들과 그 형태와 기능이 매우 비슷한 것을 알 수 있었다.

〈고대에 사용했던 여러가지 도구들〉

회전활(불을 이르키거나 구멍을 뚫는 도구)

굴림대

알라바스타

톱

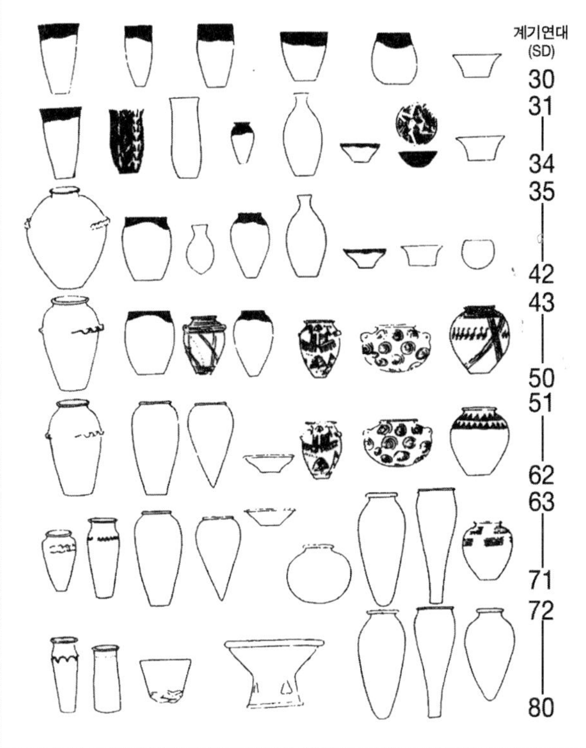

페트리가 SD(계기연대)법으로 분류한 토기들 — 고대 이집트에서는 수천 년 전에 토기들을 만들기 위해 이미 굴림대를 사용한 것을 알 수 있다.

민속박물관으로 가는 수로(나일강 지류)

흙 벽돌을 쌓고 있는 모습 (상) , 양털을 돌림대에 감는 모습 (하)

25. 필자가 암반을 절단, 운반하고 축대를 축조한 곳
(서울 불광동)

여기서 잠시 필자가 피라미드와 어떻게 관련 됐는지 설명한다면, 필자는 1960년대 초반에 서울 서대문구 천연동에 살았다. 당시 그곳은 돌산의 암반지역이었는데, 동네 주민들은 틈나는 대로 집터를 만들기 위해 망치, 정, 쐐기, 지렛대를 사용하여 화강암반을 L자형으로 절단하고, 여기에서 발생되는 석재로 L자형의 암반 위에 축대 위에 또 축대를 쌓았다. 따라서 필자도 이러한 일에 동참하여 석재를 운반하고 축대를 가장 효율적으로 쌓는 방법(격관식 공법)을 터득하게 되었다. 지금 천연동은 아파트촌으로 바뀌어 이미 축대의 흔적은 없다.

그 이후 1960년대 후반에 북한산 자락에 있는 서울 은평구 불광동으로 이사를 했는데, 그곳도 마찬가지로 화강암 돌산의 암반지역이었다. 앞서 천연동과 같이 이곳도 고대의 작업조건과 같은 매우 열악한 입지였고, 이곳에 주거하면서 약 13년(두 곳에서) 동안 많은 암반을 절단, 운반하고 축대를 축조한 곳이다. 약 80가구의 부락이었던 이곳은 38년 전의 본래의 산으로 바뀌고 지금은 축대 일부의 흔적만 남아 있다.

고대 이집트인들과 필자의 차이라면, 고대 이집트인들은 돌산의 석회암으로 된 암반을 L자형으로 절단한 석재를 운반하여 사각형 토대 위에 격관식 공법으로 삼각형의 피라미드를 축조하였고, 필자는 고대 이집트인들과 거의 같은 작업조건에서 그들이 사용한 연장 도구들만으로 화강암으로 된 돌산의 암반을 L자형으로 절단하여 석재를 운반하여 격관식 공법으로 사각형의 축대를 쌓았다는 점이다.

앞서 격관식 공법에 대한 것은 여기서

축대 흔적

거듭 설명한다면 길이 50m, 높이 3m의 축대나 담장을 석재나 벽돌로 쌓는다면, 내부에 석재나 흙을 채운 후 2~4곳의 공간을 길이 50m 사이에 부분적으로 3m 높이로 쌓고, 축대는 내부를 채우면서 2~4곳의 공간을 메워 쌓는 효율적이고 전형적인 방식이다.

고대 이집트에서도 이와 같은 방법으로 피라미드를 축조하였다. 왜냐하면 않은 석재를 수십 개나 되는 높은 삼각형 꼭대기까지 쌓아야 하기 때문에 피라미드를 격관으로 시공하면서 마무리는 가운데 부분 한 곳의 공간만을 메워 쌓은 것이다. 즉, 이것은 격관 공법 1, 2, 3차 공정으로 내부를 채워가면서 피라미드를 시공할 수밖에 없는 것이다. 그리고 여기에 관한 근거들은 205면부터 제시된다.

사각형 토대 위에 사각형으로 축대를 쌓는 것과 사각형 토대 위에 삼각형의 피라미드를 축조하는 방법은 대동소이하다. 필자는 삼십여 개의 피라미드를 이미 간접적으로 축조한 경험과 여러 분야의 건축 기술이 있기에 고대 이집트의 소형, 계단식, 중형, 대형 피라미드로 아울러지는 축조 방법(공법, 공정, 기술)도 알 수 있는 안목과 통찰력이 있다고 보는 것이다.

(약 1톤 이상의 석재가 수만 개 이상 사용되고 기울기가 매우 가파른 중형, 대형 피라미드에는 반드시 격관식 공법으로 시공해야 한다.(173~204면 참고) 또 기술적으로는 여러 가지 기구와 거중기를 사용하여 석재를 들어올리고 1, 2, 3차 공정과 목도의 방법으로 시공하여야 한다. 여기에 1단계에서 9단계까지 계속 길이, 높이, 수평, 수직, 직각, 기울기 등의 종합적인 측정을 반드시 병행해야 한다.)

필자가 절단하다 그만둔 대형암

26. 지렛대 사용과 거중기의 원리 이해 및 발달의 토대

    필자는 고대 이집트에서 회전력을 철저히 사용하였다고 본다. 이것을 뒤에 설명하지만, 먼저 거중기라는 장비를 사용하여 큰 석재로 축조한 중형·대형 피라미드를 효율적으로 시공하였다고 보는 것이다. 그래서 독자들이 이것을 납득할 수 있도록 여러 곳에서 거중기의 근간이 된 기술들을 찾아내 면밀히 분석하고, 이것들에 관한 것을 모아서 156면까지 설명하면 이렇다.

    고대에서나 지금이나 석재를 효율적으로 절단, 운반, 축조할 때는 반드시 쇠나 목재로 된 지렛대를 사용하게 된다. 이와 같이 지렛대를 많이 사용하게 되면 무거운 석재도 손쉽게 작업할 수 있다. 따라서 고대에서도 이와 같이 매우 간단한 지렛대의 1/4 기본 원리를 이해하고 응용하면 거중기를 만드는 것은 전혀 어려운 일이 아니라고 보는 것이다.

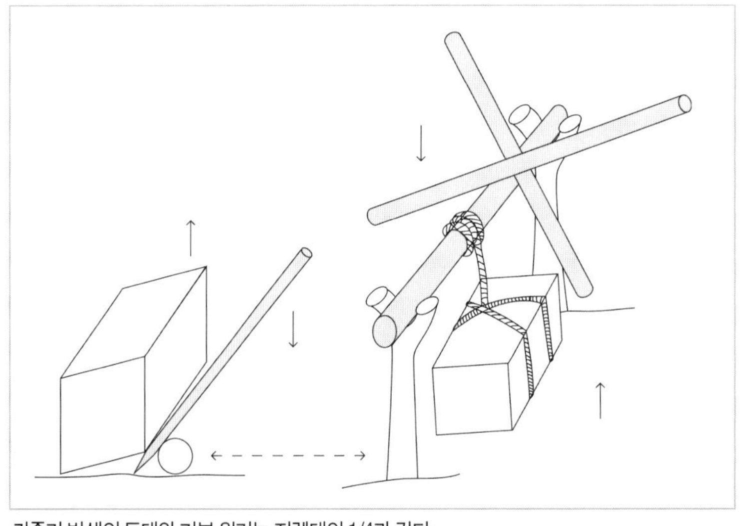

거중기 발생의 토대와 기본 원리는 지렛대의 1/4과 같다

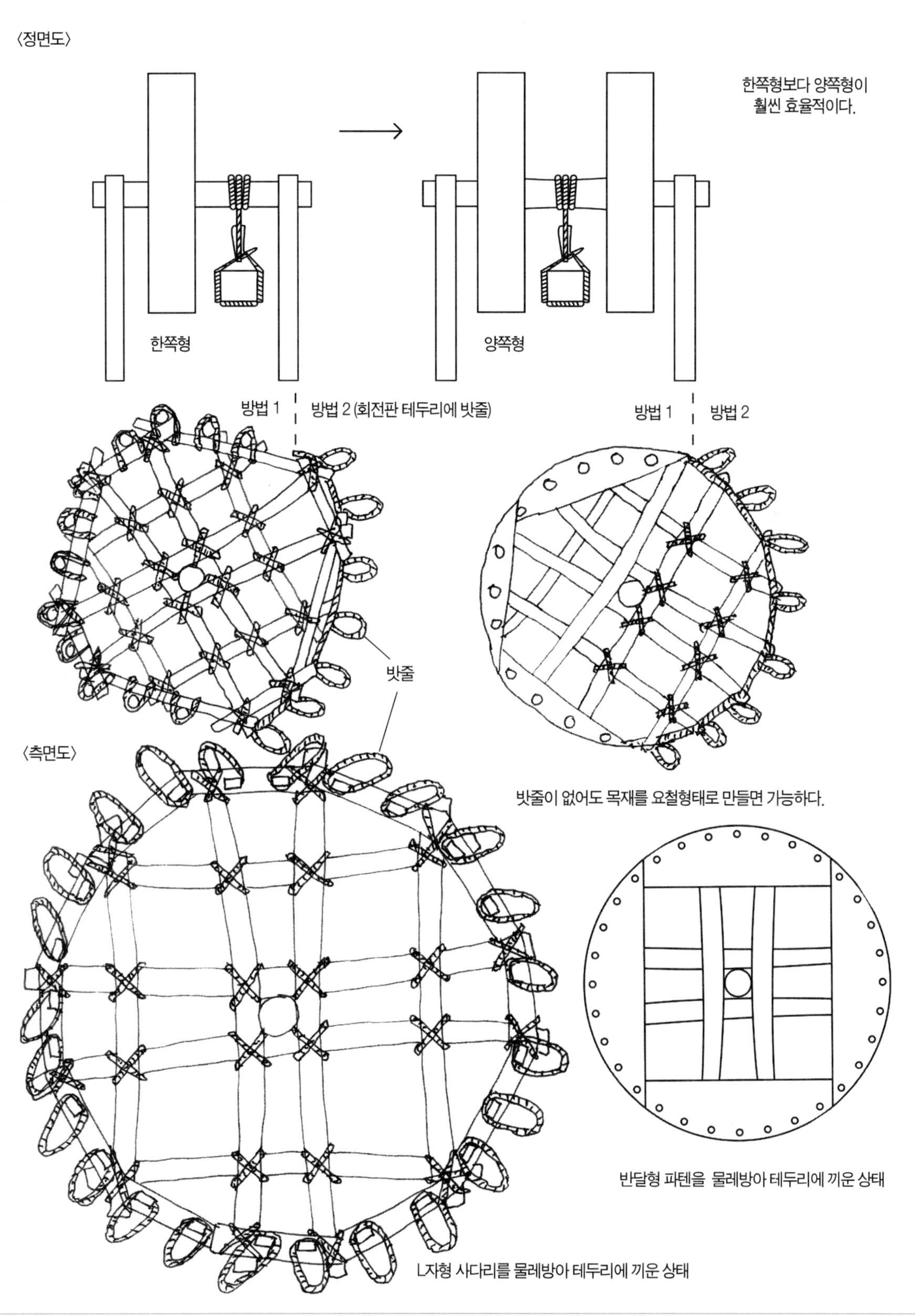

여러 가지 거중기의 형태 참고도

이처럼 회전지렛대의 원리를 알고 목재와 밧줄을 사용하여 비교적 손쉽게 거중기를 만들어 석재를 들어올릴 수 있는데, 이 방법이 지금은 사용되지 않고 크래인을 이용하지만 이것 또한 잃어버린 고대의 기술이라고 생각한다. 바로 이스터섬의 모아이(거상), 영국의 스톤헨지, 그리스(로마)신전, 이집트 피라미드, 오벨리스크 등도 시공의 과정에서 필요 발생적으로 형태는 다르지만 독자적으로 거중기를 간단하게 만들어 사용하였을 것으로 추정된다. (여기서 거중기는 한자로 擧重機 또는 擧重器이고, 영어로는 crane이다.)

필자는 어릴적부터 무엇이든지 사물에 관심이 많았고 응용력, 창의력이 매우 뛰어나다는 말을 많이 들었다. 그리고 여러가지를 만드는 것을 좋아했다. 그래서 거중기에 대한 상식을 전혀 모르고도 독창적으로 회전지렛대의 원리를 응용하여 목재 거중기를 만들게 되었다.

거중기의 작동 방법은 회전판을 만들어 흙을 담은 포대에 나무갈고리 8개를 가로목 손잡이에 걸어서 혼자의 힘으로 약 500~2,000kg짜리 석재를 들어 올려 보았는데 비교적 어렵지 않았다. 이와 같은 것은 거중기의 장력을 점차적으로 증강시켜 석재를 들어 올리는 방법은 고대 이집트에서도 거의 같은 방식으로 거중기를 만들어 사용했을 것으로 본다. 그리고 282, 283면에 소개되는 오벨리스크를 세우는 방법과 거의 유사한데, 하트셉스트여왕 지금으로부터 약 3500년 전 당시 위대한 건축가 세넨무트도 이와 같은 방법으로 오벨리스크를 세워 놓지 않았을까.

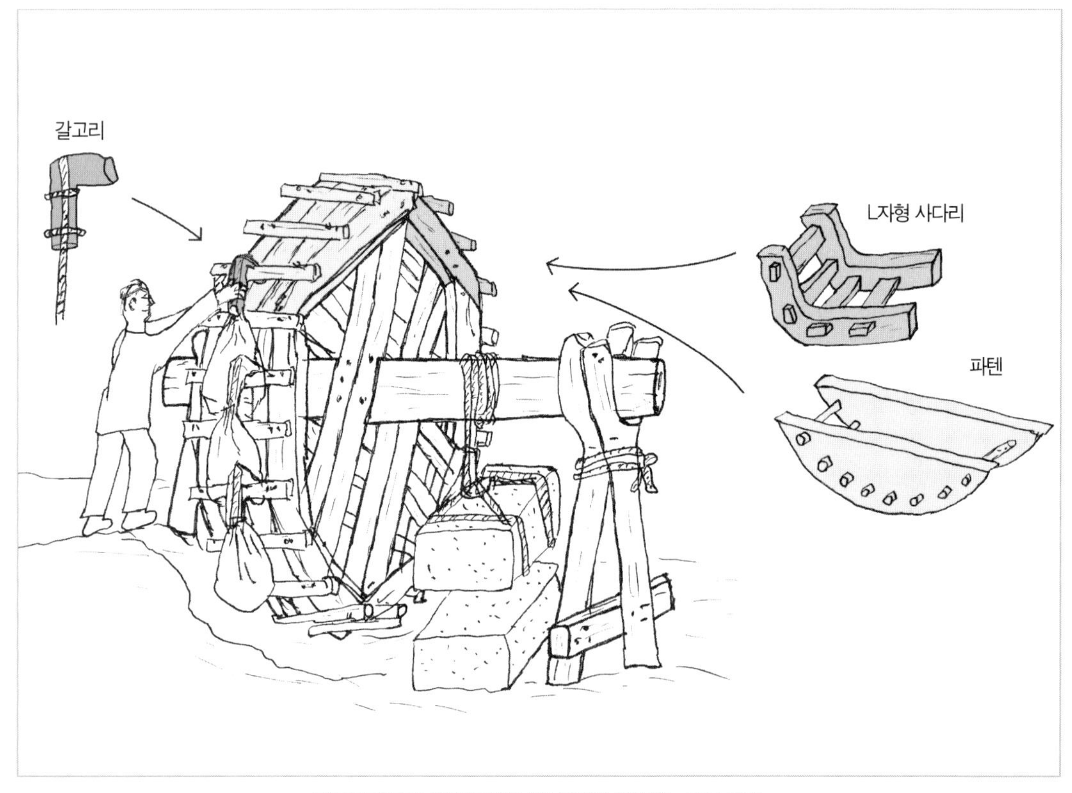

필자가 만들어 사용한 거중기의 장력을 증강하는 기본 원리

앞의 그림은 당시에 만들어 사용한 거중기의 형태를 그린 것이다. 필자가 만들어 사용한 거중기의 회전판 가로목 손잡이와 뒤에 소개되는 이집트의 물레방아, 갈고리, L자형 사다리, 반달형의 파텐 기구 장비들을 비교해보면 매우 비슷한 형태의 구조라는 것을 알 수 있다.

목재상자

필자는 이집트 여러 곳을 다니면서 기술력에 관련 된 모든 사물을 유심히 관찰하였는데, 재래시장에서 상인들이 물건을 담는 목재로 만든 상자를 보고 감탄하였다. 이 상자는 손가락 굵기의 가는 목재로 제작되었는데 모두 구멍을 많이 내어 가로, 세로 방향으로 요철 형태의 암수로 서로 끼워 만들어서 매우 견고한 구조로 되어 있었다.

목수의 경험이 있는 필자의 견해로는, 이것을 만들려면 상당한 기술력이 있어야 하는데 이집트에서 아직도 목재상자를 쉽게 만들어 사용하는 기술력을 보면 이와 같은 것이 고대부터 지금까지 전통적으로 전수된 뛰어난 목재 가공기술이 지금까지 이어진 것은 아닐까.

마차 위의 목재 상자

27. 이집트 물레방아

**대피라미드 축조 시 거중기를 사용했다면
거중기 발생의 토대와 추정근거(단서, 증거)가 있는가**

이것과 관련하여 앞서 설명했지만, 지금도 메마른 건조 지역인 아프리카 수단 등과 이집트 농촌 일부에서는 깊은 우물에서 물을 긷는다. 그 전형적인 방법을 알아보자. 목재로 단순하게 원형으로 만든 도르래를 깊은 우물 위에 설치하여 두레박에 밧줄을 길게 묶어 소나 사람이 밧줄을 끌어당겨서 물을 긷는다. 여기서 이집트 물레방아가 유래되지 않았나 추정되는 부분이다.

이것은 고대 이집트에서 중형, 대형의 피라미드를 축조 시에 목재 도르래 구조와 역할을 할 수 있는 물레방아(거중기)와 깊은 우물에서 물을 긷는 방법과 같은 원리이다. 즉, 고대 이집트에서도 이러한 것을 연상하여 거중기를 만들어 사용했을 것으로 본다. 그리고 이러한 개념과 거의 같은 격관식 공법으로 응용되어서 중형, 대형의 피라미드를 축조한 것으로 추정되는 부분이기도 하다.

대피라미드 축조 시 어떤 장비로 석재를 들어올렸나

앞서 서술된 바와 같이 많은 학자들은 샤두프로 석재를 들어 올렸다고 믿고 있으나, 필자는 이러한 방법은 불가능하다는 것을 상식과 경험 그리고 직관적으로 알 수 있었다. 왜냐하면 이 샤두프와 거중기의 구조적 견고성과 효율성을 비교한다면 一자형 목재 한 개로 된 샤두프는 석재를 들어올릴 때 석재의 무게 즉, 하중을 분산할 수 없기 때문에 부러지기 쉬운 구조이다. 그러나 一자형 목재 8개로 서로 맞물려 十자형 두 개로 조립된 거중기는 석재를 들어올릴 때 석재 무게의 하중이 분산되기 때문에 매우 견고한 구조이다. 그리고 뒤에 소개되는 물레방아를 주목하여 본다. 왜냐하면 이것은 앞서 설명한 바와 같이 필자가 만들어 석재를 들어올린 거중기와 거의 같은 구조이고, 이 물레방아 테두리에 뒤에 설명되는 카이로 박물관에 전시하고 있는 반달형 파텐이나 L자형 사다리를 十자형 테두리에 여러 개 끼우면 바로 석재를 효율적으로 들어올릴 수 있는 거중기가 되기 때문이다.

사진과 같이 이 물레방아는 현재 아스완 지역에서 아직도 물을 끌어올리는 데 사용되고 있다. 카이로에 있는 고대 생활상 민속촌(Pharaonic Village) 등 여러 곳에 하나씩 따로 분리되어 전시되고 있다.

이 물레방아의 특징은 3개의 회전판으로 구성되어 있다는 점이다. 가로 세로 방향의 목재가 기어 식으로 서로 맞물려져서 회전하도록 구성되었고, 하부에 있는 회전판은 가장자리에 여러 개의 항아리를 매달아 돌려서 물을 바닥에서부터 끌어올릴 수 있게 하는 매우 과학적인 방법을 사용하였다.

필자는 이 물레방아가 근대와 현대 발달의 근간이 된 동력을 전달하는 기계인 기어의 원리를 사용하고 있는 것을 보고, 이것이 이미 고대에 만들어져 사용한 기술력이 있다는 것에 놀라움을 금치 못했다. 이러한 것은 고대 이집트에서 이 물레방아 기어의 맞물려 돌리는 방식이 매우 진보한 원리를 단숨에 이처럼 완벽하게 만들 수는 없었을 것이다. 이것은 아마 수백에서 수천 년 동안 점차적인 기술의 발전을 통하여 이와 같이 완벽한 구조의 형태가 만들어져 후세대에 전수되어 지금까지 보존되지 않을까.

따라서 고대에서 이 물레방아를 만들었다면 단순하게 회전판 1개만을 이용하여 격관식 공법으로 피라미드 축조 시 석재를 효율적으로 들어올리는 데 충분히 사용할 수도 있었겠다고 추정된다. 즉, 이집트 물레방아와 격관식 공법을 접목하고 1차, 2차, 3차 공정으로 시공한다면 매우 효율적인 피라미드 축조 방법이 되는 것이다.

카이로 시내 고대생활상 민속촌에 있는 물레방아

카이로 시내에 있는 물레방아

(아울러 이 물레방아의 3개 회전판 구조가 완성되기 전의 고 왕국시대에 회전판 1개를 사용하여 석재를 들어 올리는 방법으로 피라미드를 축조하였을 가능성이 있다. 혹은 회전판 1개를 피라미드 축조에 사용하다가 피라미드 축조 중단 이후에 이 물레방아 형태의 구조로 점차 발전하여 기어식의 물레방아가 완성될 수도 있다고 추정된다.)

아스완 지역에 원형 그대로 남아있는 물레방아

하토르 신전 내부 천장에 있던 조디악, 루브르 박물관 소장
거중기 원리와 구조를 연상케 하는 특이한 그림

28. 고대 이집트의 거중기 발생 토대와 추정근거
(회전력을 이용한 방법들)

거중기 발생 토대가 되는 근간을 찾아보면 고대 이집트에서는 많은 곳에서 철저하게 회전력을 이용했다. 즉 이것이 중형, 대형 피라미드 축조에 사용했을 거중기 발생 토대가 되지 않았을까 생각되는 것이다. 여기에서 고대 이집트의 거중기 발생의 근간이 되는 것에 대한 추정근거들로 제시하는 것이다.

1. 고대에 사용한 원형토기, 원형 돌 항아리, 카노푸스 단지(알라바스타) 다수 발견(39면 사진 참고)

2. 카르나크 신전 등의 건축물을 원형으로 깎은 대형의 석재기둥으로 축조(171면 사진 참고)

3. 물레방아 아스완 지역과 고대 생활상 민속촌 등의 전시물(152면 사진 참고)

4. 대형 석상의 운반 그림

(A부분에 두 가닥의 밧줄 사이에 막대기를 끼워 회전시켜 당겨서 발생한 장력을 이용 – 105면 그림 참고)

5. 화강암으로 된 다수의 석관 두께는 약 8cm 정도로 얇고 깊게 파내어 제작되었는데, 이것을 망치와 정을 사용한 일반적인 연장만으로는 화강암의 깊은 석관 내부를 파낼 수 없다.

알라바스타 제작도구
수천 년 전 고대 이집트에서 만들어 사용하였던 카노푸스 단지를 회전력을 이용하여 만든 기술로, 돌 항아리(알라바스타)는 지금도 룩소 지역에서 전통적 가내 수공업으로 전수되고 있다.

석관사진

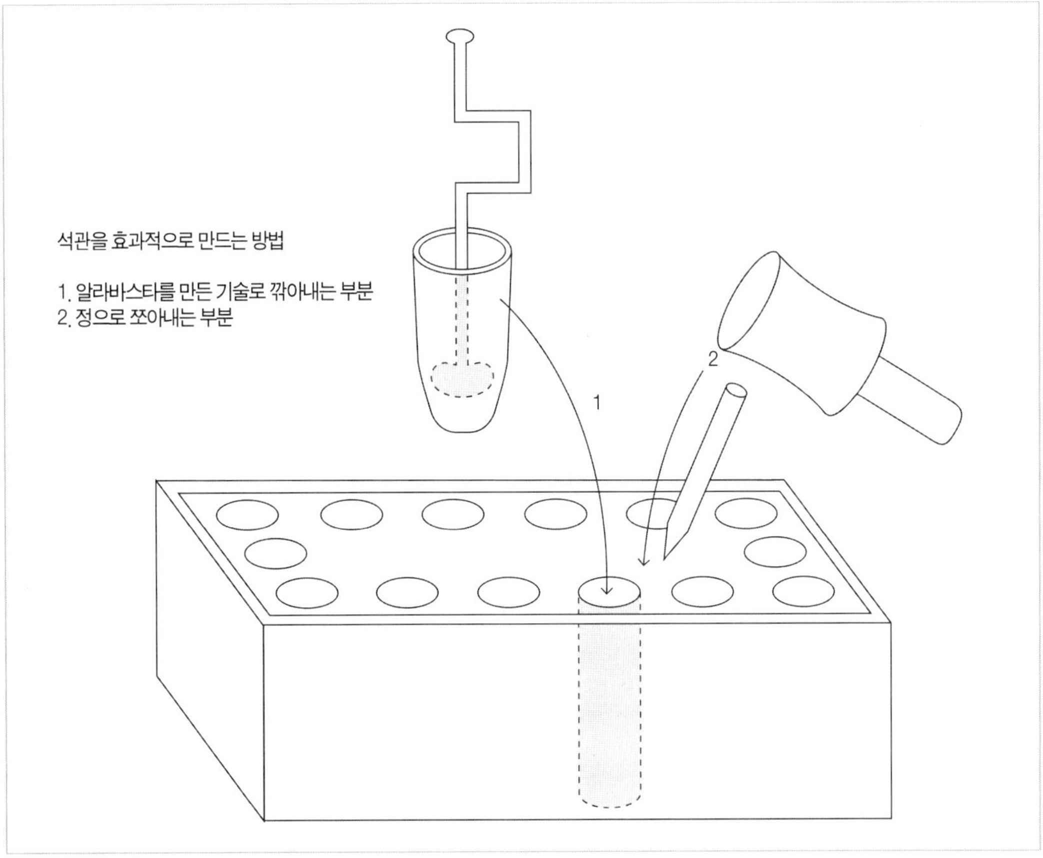

그런데 과연 이것을 어떻게 파낼 수 있었을까? 즉, 돌 항아리 카노푸스 단지(알라바스타) 내부를 파낸 기구로 회전력을 이용하여 내부를 먼저 파낼 수밖에 없는 것이다. 필자가 석재를 다루어 본 경험에 비추어볼 때, 일반적인 석재의 연장인 정으로 쪼아서는 이처럼 깊은 석관의 내부를 얇은 테두리를 두면서 파내기가 매우 어렵다. 왜냐하면 석관 속을 정으로 내부를 파내는 과정에서 많은 충격으로 금이 가거나 깨지기가 쉽기 때문이다. 따라서 그 당시 이 석관을 만들 때 원형 돌 항아리와 카노푸스 단지를 만든 기술인 충격이 거의 없는 회전력을 이용한 방법으로 먼저 석관의 테두리 안쪽을 회전시켜 깎아낸 후 나머지 부분을 정으로 쪼아

내부를 파내서 석관을 완성하였을 것으로 추정된다.

고대 이집트에서도 많은 신전들과 피라미드 축조에 사용되는 수많은 석재들을 지렛대를 운반하기 위해 당연히 많이 사용하였을 것이다. 따라서 피라미드 축조 시 무거운 석재를 효율적으로 들어올리는 데 이러한 회전력을 이용한 장비를 사용하였을 것으로 추정된다. 이와 같이 비교적 간단한 회전의 원리를 이용한 거중기를 만들어 사용하는 것은 이미 회전력을 사용했던 고대 이집트 사람들에게 전혀 어려운 일이 아니었을 것이다. 이러한 기술을 통해 고대 이집트에서는 천 년이 넘는 장구한 세월 동안에 크고 작은 피라미드들이 만들어진 것으로 보는 것이다. 필자는 이것과는 비교도 할 수 없는 13년이라는 짧은 기간 동안에 피라미드와 거의 같은 축대를 삼십여 개 쌓아보았고, 이러한 과정에서 사용되는 지렛대 원리를 간단하게 응용하여 거중기를 만들어서 혼자 힘으로는 들을 수 없는 무거운 석재를 들어올렸기 때문이다.

기술문명이 이미 발달된 고대 이집트에는 잘 알려진 임호테프와 세넨무트가 있고, 알려지지 않은 여러 분야에서 뛰어난 기술자가 많았을텐데, 과연 그들이 필자만큼의 창의력과 응용력이 없었을까. 이렇기 때문에 고도의 기술력이 있었던 고대 이집트에서 거중기를 만드는 기술력이 없어 대피라미드 축조 시에 사용하지도 않은 것은 오히려 더 이상하지 않은가. (이 내용은 앞서 70면에 고대 이집트에는 거중기를 만드는 기술은 없고 오직 샤두프와 경사로(직선형, 나선형)만으로 피라미드를 축조하였다고 주장하는 일부의 학자들에게 참고로 제시하는 것이다)

금세 공사와 벽돌 제작
(위) 남자들이 발로 풀무질을 해서 화력이 강해지면 항아리를 얹어 금속을 녹인다.
(아래) 못의 물로 흙을 이겨 건축용 벽돌을 만들고 있다. (룩소르 서안, 레크미라의 분묘)

거중기 발생의 토대와 발달과정의 이해

이것은 필자가 고대 이집트에서 사용되었고 현재 여러 곳에 있는 기구, 연장(부품)으로만 거중기가 어떠한 토대로 만들어 질 수 있었는지 그 흐름을 독자들이 알기 쉽게 구성해 본 것이다.

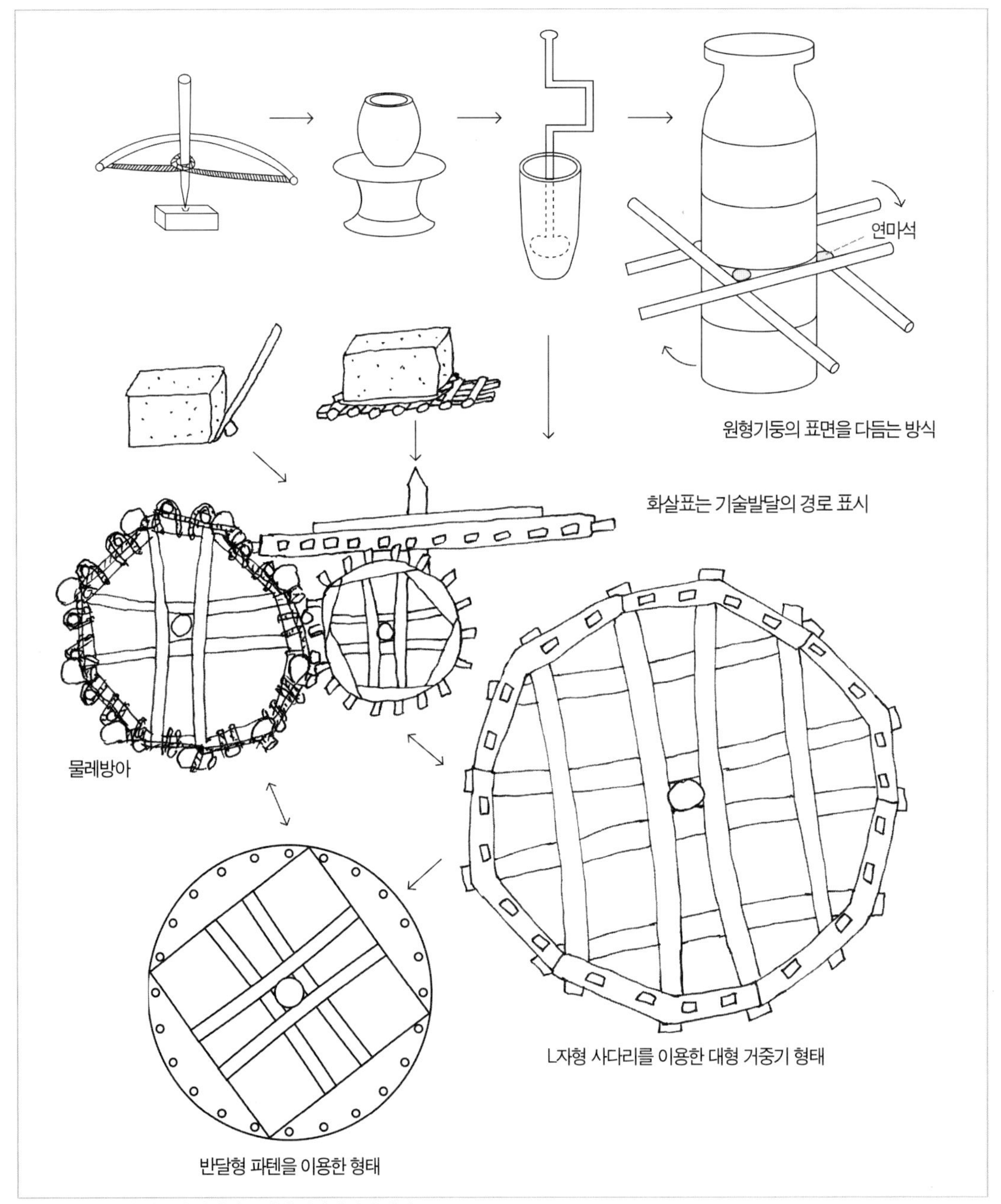

회전력을 이용한 거중기 발생의 토대와 발달과정의 이해
회전활, 굴림대, 원형의 토기, 원형의 석재그릇, 카노푸스 단지, 알라바스타, 원형의 대형기둥(석재)

29. 반달형 파텐과 L자형 사다리를 거중기의 일부 부품으로 추정하는 근거

반달형 파텐과 L자형 사다리의 용도는 무엇인가

반달형 파텐

앞서 69면에 서술된 바와 같이 일부 학자들은 피라미드 축조 시에 반달형 파텐 위에 석재를 실어서 지그재그로 석재를 운반하였을 것이라고 주장한다. 그러나 이런 방법은 전혀 불가능하다. 왜냐하면 실제로 파텐을 석재 운반용으로 사용한다면 사실 불가능 할 뿐 아니라 파텐의 구조적인 형태가 견고하지 못하여 쉽게 부서질 뿐이다.

필자가 목수의 경험으로 볼 때, 각각의 다른 목재를 서로 결합할 때는 각각의 목재를 사각형의 요철구조 형태로 만들어서 암수로 서로 끼워 맞추어야 만들어진 가구나 기구가 견고한 구조가 된다. 이집트 고대에 만들어진 많은 목재가구, 기구, 태양의 배 등도 이와 같이 당연하게 사각형 요철구조로 암수로 끼워 맞추어져 견고하게 제작되었다.(160면 그림 참고)

그러나 파텐의 목재 결합 형태는 각각의 사각형 요철 형태가 아니고 원형의 구조이다. 원형으로 끼워 맞추면 견고하지 못하다는 것을 알면서도 왜 이러한 구조의 파텐을 만들어 사용하였을까. 그리고 반달형으로 왜 만들었을까. 필자는 반달형인 이것을 직경이 작은 원형 목재를 손잡이 용도로 편리하게 사용하기 위하여 의도적으로 만들어 사용하였다고 본다. 왜냐하면 중형, 대형 피라미드 축조 시에는 수십에서 수백만 개의 많은 석재를 가장 효율적

"

이고 용이하게 들어 올릴 수 있는 거중기라는 장비가 반드시 필요했기 때문에 이런 파텐을 만들어 사용했을 것이기 때문이다.

필자는 파텐과 L자형 사다리의 실물 크기를 확인하기 위하여 카이로박물관을 방문하여 찾아보았다. 그러나 이 두 기구는 약 10cm 정도의 모형으로만 전시되어 있어서 실물 크기를 확인할 수 없었다.

그래서 필자는 이것을 거중기의 부품으로 사용하였다고 가정하고 나름대로 실제의 크기를 추정하여 파텐 4개를 결합하여 거중기의 회전판을 만들어 보았다.

그리고 학자들은 L자형의 사다리는 어떠한 장비라고 주장하지 않았지만, 이 두 가지 장비를 보는 순간에 이것이 어떠한 곳에 사용된 것인지 한눈에 가늠할 수 있었다. 왜냐하면 앞서 설명한 바와 같이 필자가 20세 무렵에 이미 만들어 사용한 회전지렛대 거중기 장비의 회전

반달형 파텐으로 조립하기 전의 거중기 형태

반달형 파텐으로 조립된 거중기 형태

판 손잡이와 구조가 매우 유사한 것을 알 수 있었기 때문이다. 이것 역시 잃어버린 기술이 아닐까.

필자는 이것이 어떤 곳에 사용되었는지 독자들의 이해를 돕기 위해 파텐으로 결합한 거중기를 재현해서 소형으로 만들었다. 그리고 장력을 실험해 보았는데, 매우 적합한 형태라는 것을 알 수 있었다.

사진으로 보는 형태로 중심축과 —자 목재 8개로 +자 형태의 2개 테두리에 반달형의 파텐 2~4개를 결합하면 거중기 회전판의 손잡이로 사용하기에 매우 적합하고 편리한 구조가 된다. 즉, 약 2.5톤의 석재를 들어올리기 위해 효율성을 고려하여 만든 원형 손잡이로 적합한 구조인 것이다.

만약 앞서 설명된 물레방아 회전판 한 개로 피라미드 축조 시에 거중기로 사용한다면 기어식 톱니가 손잡이로 사용하기에는 이상적이지 못하다. 따라서 물레방아 테두리가 있는 막대로 된 기어의 구조를 개선하여 파텐의 원형 손잡이 형태로 발전한 것이 아닌가 싶다.

파텐은 4개를 결합하면 거중기의 회전판으로 사용하기에 매우 적합한 형태가 이 거중기 회전판을 손잡이로 사용하면 매우 간편하기 때문이다.

(파텐 1개의 가로목 손잡이 8개×파텐 4개 결합=가로목 손잡이 32개)

그리고 뒤 177면에 설명되지만 초기의 소형 거중기 형태에 사용되는 L자형 사다리가 파텐으로 변모하고 대형 거중기 형태에서는 대형 석재를 들어 올리기 위해 다시 L자형 사다리

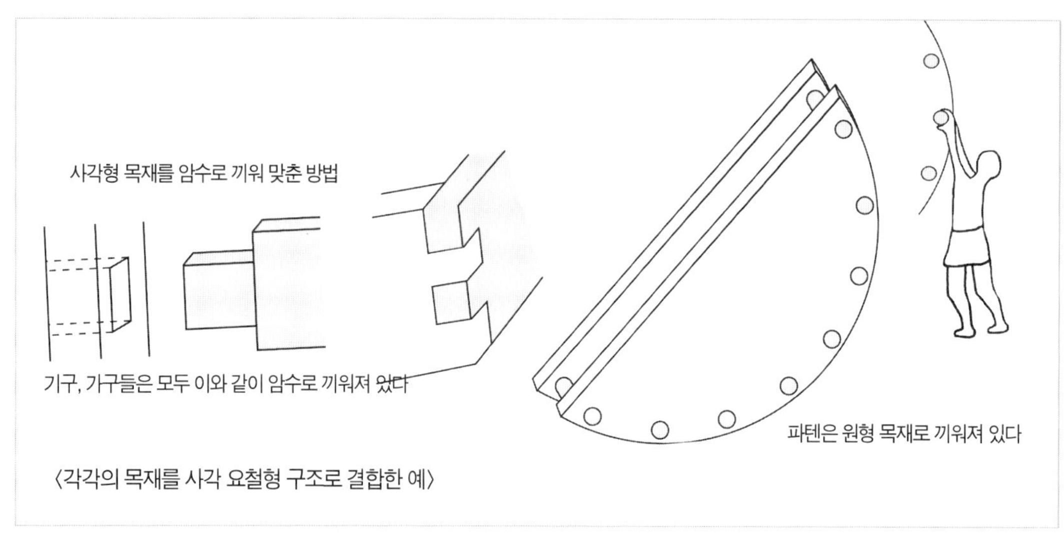

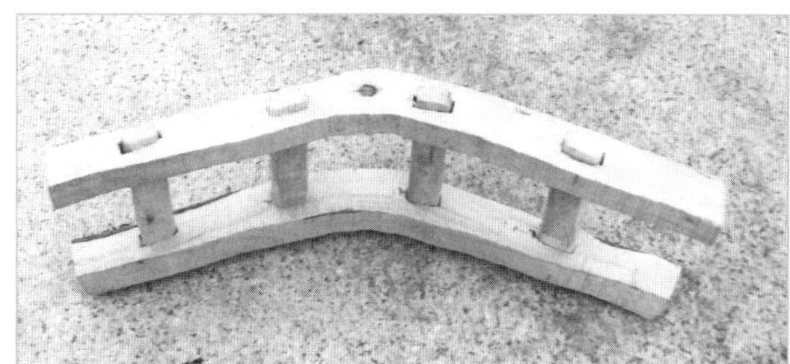

L자형 사다리

반달형 파텐으로 조립된 중형 거중기와 L자형 사다리로 조립된 대형 거중기의 형태

가 사용되지 않았을까.

L자형의 사다리는 매우 독특한 구조를 가지고 있다. 왜 L자형으로 만들었고 어떠한 기능으로 사용하였을까 추정을 해 보면, 일반적으로 사용하는 사다리 구조가 아니다. 그래서 이것을 길이 약 2m 정도로 만들어서 만약 직경 약 9m가 되는 대형 물레방아 테두리에 6~8개를 끼우면 바로 대형 거중기 회전판이 되는 것이다. 즉 수십 톤 석재를 들어 올릴 때 사용하기에 매우 견고하고 적합한 구조가 된다.

약 2.5톤짜리 석재에 사용하는 반달형 파텐으로 제작한 중형 거중기와는 달리 수십 톤짜리 석재를 들어올릴 수 있는 대형 거중기의 손잡이의 크기와 견고성을 고려하여 뒤에 소개되는 이집트 가로수 피쿠스 나무 원형의 형태를 그대로 이용하여 L자형 사다리에 사각형으로 된 가로목을 끼워 맞추어 제작하였을 것으로 추정된다.

필자 혼자서 장소가 좁아 약 1m 크기로 대형 거중기를 재현해서 만들었지만, 이것을 넓은 장소와 여러 명이 같이 만든다면 약 9m 크기로 만들 수 있다.

L자형 사다리로 회전판 가운데 중심축과 조립 직전의 대형 거중기 형태

조립 완성 후 정면에서 바라본 대형 거중기 형태

여러 개의 L자형 사다리를 가로 세로로 만든 회전판 테두리에 결합하여 제작한 거중기의 중심축 직경 약 50cm, 회전판 직경을 약 9m 정도로 제작하여 사용하면 이러한 구조가 매우 견고하기 때문에 한 개의 수십 톤짜리 석재를 충분히 들어올릴 수 있다고 생각된다.

30. 거중기(중형, 대형) 장력 산출과 인부의 수

피라미드 축조 시 거중기로 석재를 끌어올린다면 장력과 인부들의 수는 얼마인가

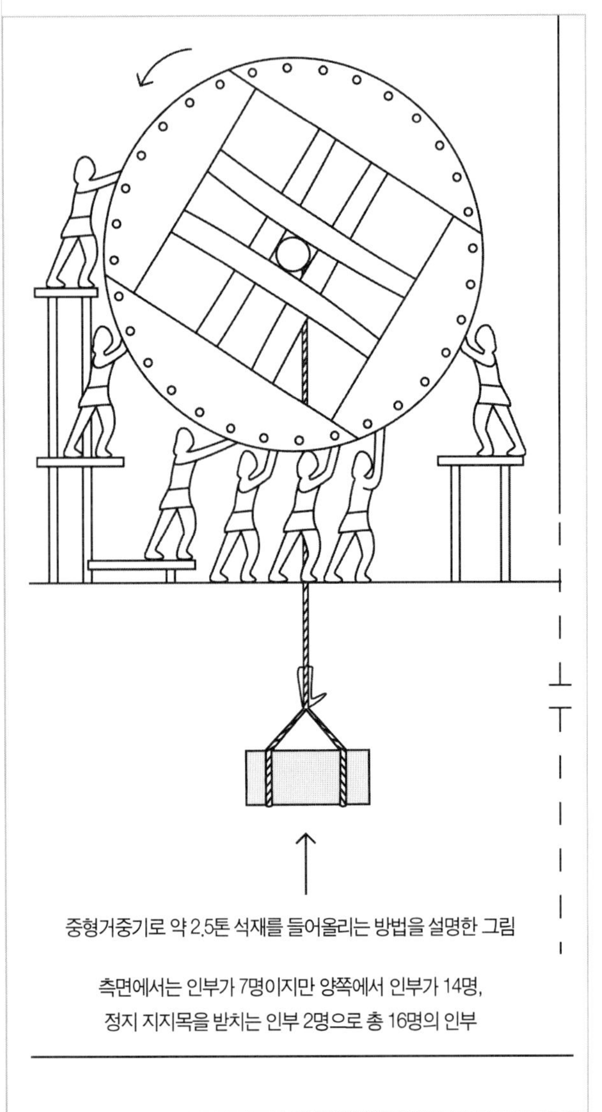

〈측면도〉

피라미드 축조 시 중·대형 거중기를 사용하여 약 2~40톤의 석재를 10m 이상 되는 높이 위에 끌어올렸다면 이 중·대형 거중기가 어떠한 방법으로 작동하고 물리적인 장력이 산출되는지 거중기의 종류에 따라서 필요한 정력과 인부 수를 산출하여 보았다.

반달형 파텐 8개로 구성된 중형 거중기의 인부 16명 구성과 장력 산출을 해 보았다. 중형 거중기의 회전판 직경을 약 4~5m로, 중심축 직경을 40~50cm로 만들어 사용하면 대략적인 장력은 약 10배가 된다.

바닥에서 회전판 돌리는 인부 수 12명 약 300kg×장력 10배=3,000kg(3톤)이다. 인부 수를 더하면 상당하게 장력을 증강할 수 있다.

대피라미드 15m 위에 있는 석문과 약 60m 위 내부에 조성된 왕의 방(현실), 여

왕의 방과 특히 대회랑에 시공한 수백 개나 되는 화강암 대형 석재는 하나의 무게가 무려 40톤이나 된다고 한다.

현대에서도 이와 같은 엄청난 무게의 대형 석재는 웬만한 크레인으로도 끌어올리기가 불가능하고 조선소에서 사용하는 초대형 크레인으로만 겨우 끌어올릴 수 있는데, 고대에서는 과연 어떠한 장비와 방식으로 대형 석재를 10m 이상 되는 높이 위로 끌어올렸을까?

필자는 이미 기술 문명이 고도로 발달한 고대 이집트에서 대형 거중기를 만들어서 다음장에 나오는 그림과 같은 방법으로 대형 석재를 끌어올리지 않았을까 보는 것이다. 40톤이나 되는 무거운 대형 석재를 10m이상되는 높이 위로 들어올리려면 대형 거중기를 사용해야 하고, 여기서는 상당히 강력한 장력이 필요하다. 그리고 대형 거중기를 어떻게 여러 가지 물리적인 방법으로 작동시켜서 장력을 증강시켜서 대형 석재를 들어올릴 수 있는지 알아야 한다. 따라서 L자형 사다리 8개로 구성된 대형거중기의 장력을 증강할 수 있는 다양한 방법을 생각해보았다. 대형 거중기를 격관 위에 설치한 상태에서 40명의 인부들과 4마리의 소를 이용하여 다각적인 방법으로 장력(끌어올리는 힘)을 발생시키는 방법을 그림으로 구성해보았다.

측면에서 바라본 중형 거중기 형태

1. 대형 거중기로 40톤 짜리 석재를 들어올리기 전에 50kg가량의 모래를 담은 포대 약 40~50개를 사다리를 통하여 작업판 위에 올려놓는다.

2. 회전판 가로목에 인부 체중 약 60kg+포대 약 50kg=약 110kg이다. 포대를 어깨에 메고 회전판을 잡고 아래 부분까지 내려온 후 인부만 사다리를 타고 올라가서 반복하여 작업한다.

3. 동시에 인부 약 20명이 포대를 어깨에 메고 회전판 가로목에 매달리는 방법으로(10명은 계속 매달려 있는 상태) 110kg×인부 10명=1,100kg×장력 15배=16,500kg이다. (여기서 장력이 약

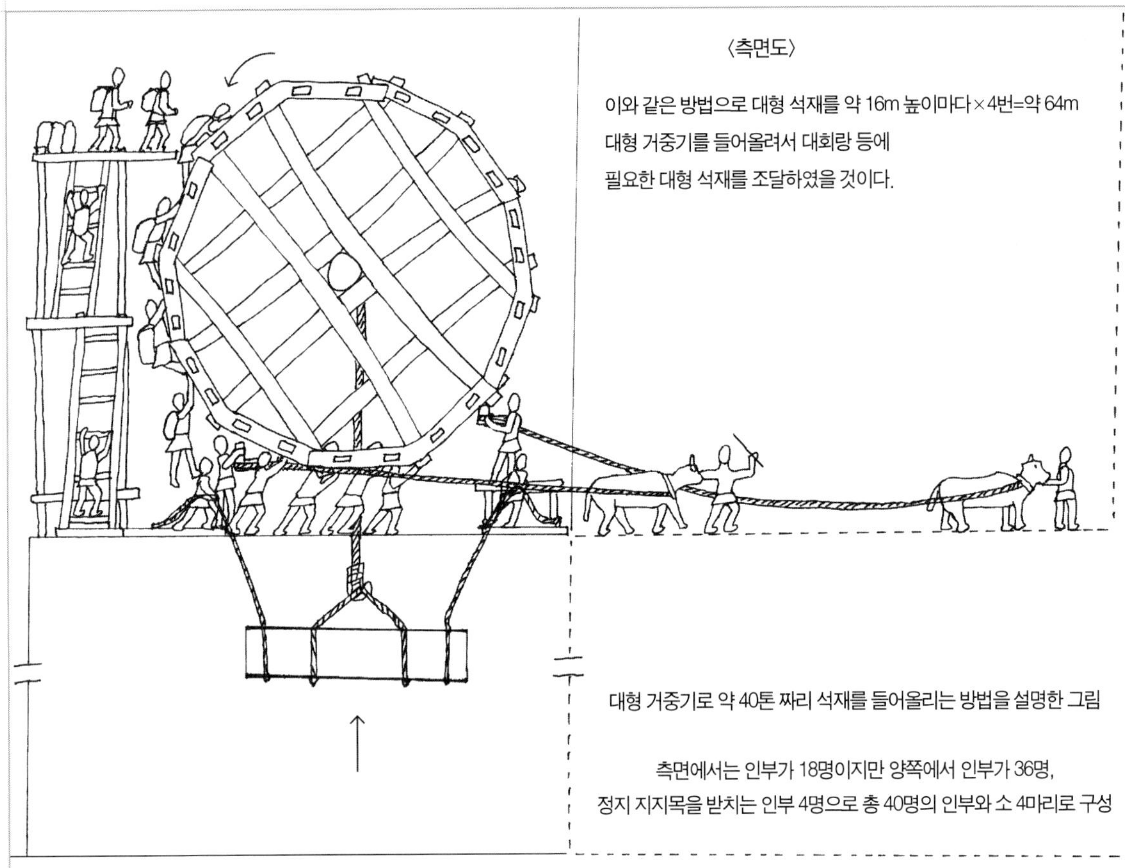

15배라는 것은 회전판 직경이 약 9m이고 중심축 직경은 약 50cm로 산출한 것이다)

바닥에서는 인부 20명이 회전판을 앞으로 돌리면 인부들이 미는 힘 약 1,500kg×장력 15배=22,500kg이다.

4. 회전판을 인부들이 돌리거나 간살 밧줄 매듭에 목재 갈고리를 걸어서 소가 끄는 방법으로, 인부 체중 약 1,000kg×장력 15배=15,000kg이다.

여기서 그림으로 소개된 방법은 회전판 직경 9m×중심축 직경 50cm=무게와 돌리는 힘은 약 3,600kg×장력 약 15배=54,000kg(54톤의 장력이 된다)

(회전판에 미리 감긴 밧줄 매듭에 목재 갈고리를 끼워서 소가 끌거나, 인부들이 포대를 어깨에 매고 회전판을 타고 내려가는 방법으로도 얼마든지 추가적으로 대형 거중기의 장력을 증강할 수 있다.)

L자형 목재 갈고리

필자는 약 36년 전에 목재로 갈고리를 만들어 사용하였는데, 카이로 박물관에서도 이와 같은 갈고리를 전시하고 있는 것을 보고 수천 년 전에 만들어 사용된 것이 필자가 만든 것과 같은 것을 알 수 있었다.

이러한 갈고리를 만드는 방법은 원목의 Y, L자 형태의 견고한 나뭇가지를 그대로 이용하여 여기에 밧줄을 묶어서 두 물체를 밧줄을 묶지 않고 연결하여 효과적으로 사용하는 것이다.

그리고 235면에서 소개되는 이집트 가로수 피쿠스로 Y, L자 형태의 원목으로 이 L자형 목재 갈고리를 쉽게 만들 수 있다. 이러한 것이 재질은 다르지만 지금 사용하는 쇠로 된 갈고리로 변모하지 않았을까. 이러한 L자형 목재갈고리는 여러 용도로 사용할 수 있지만, 특히 거중기와 함께 석재를 들어올릴 때 필요한 기구이다.

대피라미드 주위와 바닥에서 채석된 석재를 수직과 수평으로 여러번 운반하기 때문에 석재와의 마찰로 인하여 쉽게 마모된다. 석재에 묶은 밧줄을 보호하기 위하여 파피루스단이나 야자나무 껍질을 덧대어서 사용해야 한다.

필자가 만든 L자형 목재 갈고리

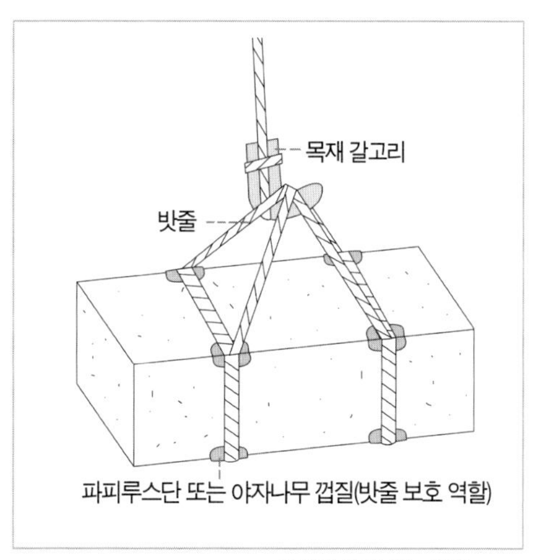

석재에 밧줄 묶는 방법

31. 고대와 현대의 기술력 비교 분석

고대 이집트의 매우 발달된 기술력은 현대의 기술적인 부분에 면면이 이어져 지금도 여러 분야에서 응용하여 사용되고 있다. 고대부터 이러한 기술들이 바탕이된 기본적인 것들은 단지 기계화만 되어 있지 않을 뿐 지금까지 밀접하게 이어져 있다고 생각된다. 필자는 독자들의 이해를 돕기 위해 간략하게 그림으로 고대와 현대 기술력의 비교분석을 해 보았다.

우리는 대체적으로 현재의 것만 인정하고 옛 것은 무시하거나 정확하게 이해하지 않는 경향이 많다. 그러나 '새 것은 옛 것에 있고 옛 것은 새 것에 있다' 이것은 어떤 현자가 한 말인데 필자는 이 말에 전적으로 동의한다. 이와 같은 개념은 현재 발달된 기술력들은 이미 아득한 수천 년 전에도 기술력 수준이 거의 같다고 본다. 고대와 현대의 기술력을 비교 분석 한 것처럼 거의 그대로 사용되고 있음을 알 수 있다. 그리고 수천 년 후 미래에서도 이와 같은 기본적인 기술의 개념은 거의 변화하지 않을 것으로 본다.

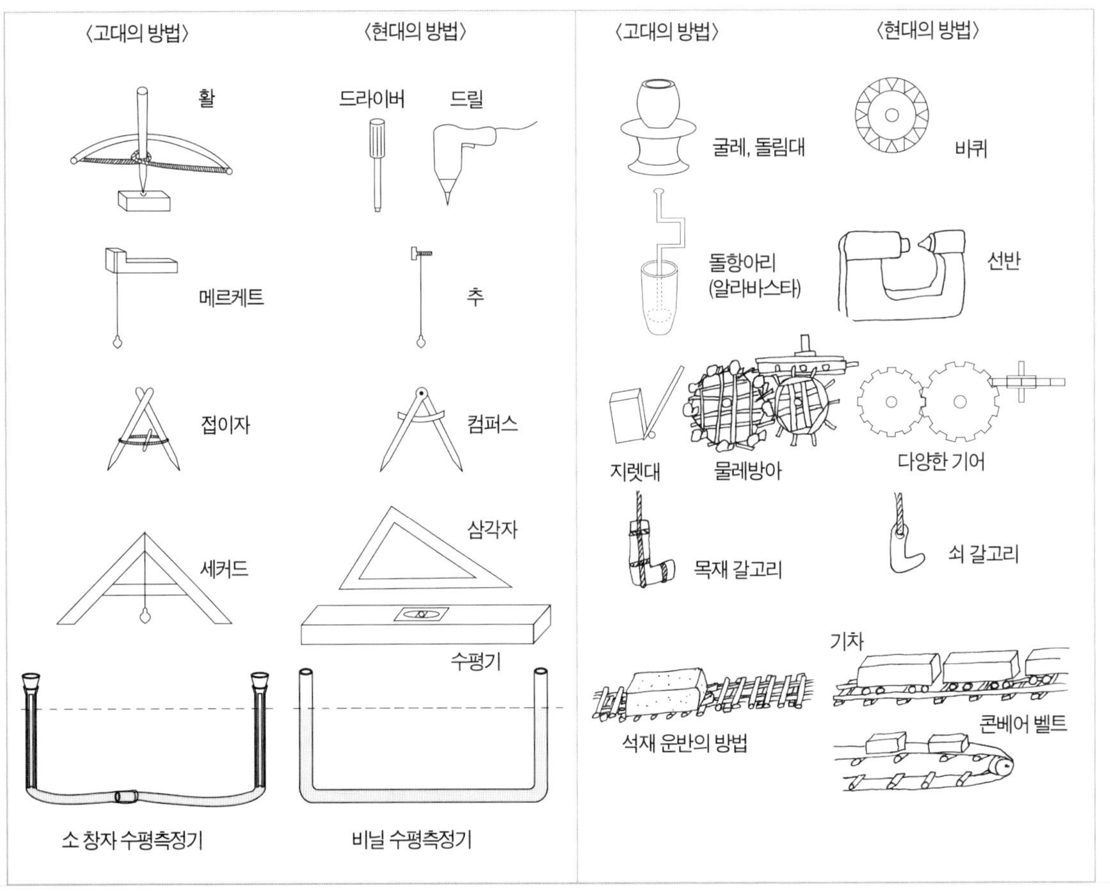

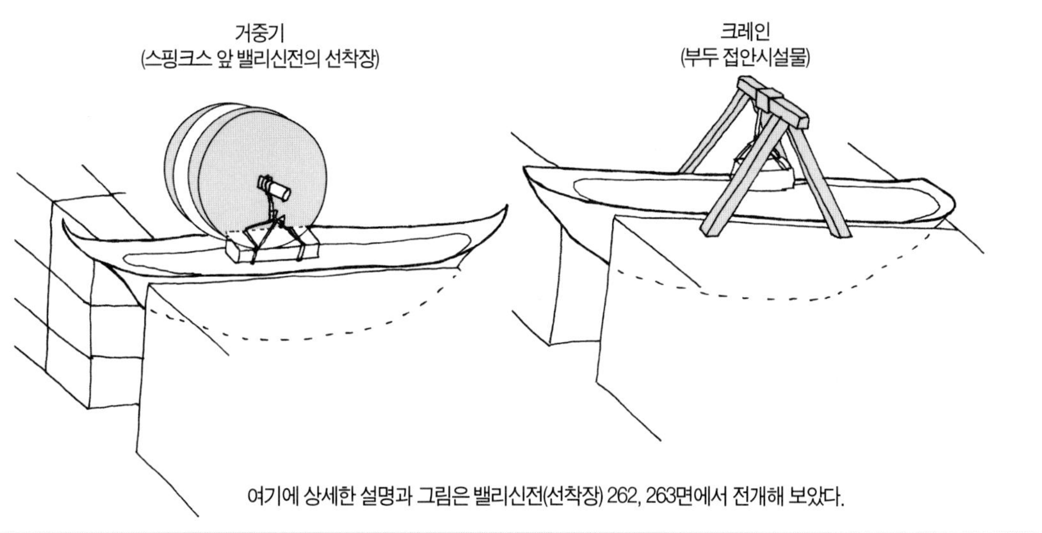

여기에 상세한 설명과 그림은 밸리신전(선착장) 262, 263면에서 전개해 보았다.

〈고대의 방법〉　　　　　〈현대의 방법〉

현대 고층 건물을 시공하기 위해서는 타워 크레인이 반드시 필요한데,
타워 크레인이 아래에서 자재를 들어올린 후 전후좌우 방향으로
회전하면서 로라에 의해 시공하는 위치에 자재를 조달하는 방식이다.
고대에서는 대형 피라미드를 축조하기 위해서 대형 피라미드 사면의
방향에서 격관 위에서 많은 거중기를 사용하여
석재를 들어올린 후 썰매나 목도의 방법으로 시공하는 위치에
석재를 조달하는 방식과 같은 개념이다.
그리고 타워 크레인의 높이를 키우는 장치 조인트는
격관의 높이에 해당된다.

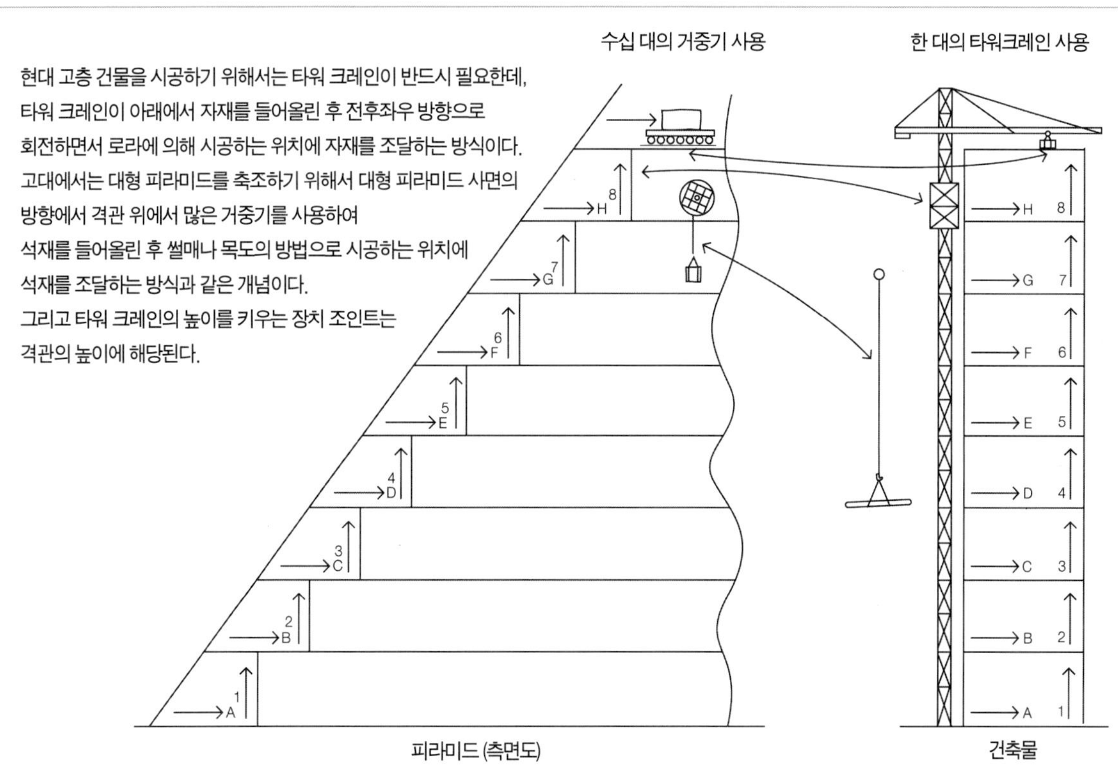

그리고 오벨리스크를 세우는 방법 276,277면에서 소개되는 것도 현대의 방법과 고대의 방법이 설명과 그림으로 전개해 보았다.

32. 간추린 피라미드 형태와 석재 무게,
발달과정과 변천사

피라미드 초기 형태인 마스타바는 사카라 초기에 다듬지 않은 장방형 석재로 소형 피라미드들을 축조하면서 축적된 기술로 조세르 계단식 피라미드로 발달하였다. 광범위한 지역에서 1000년 이상의 장구한 기간 동안 118여 기의 피라미드가 다양한 방법(공법, 공정, 기술)으로 축조되면서 피라미드 크기가 점차 커졌고, 이에 따라 축조에 사용된 석재는 반듯하게 다듬어서 대형화되었다. 이러한 과정을 거치면서 피라미드는 눈부신 발전을 하였다.

피라미드들을 필자는 모두 직접 가보지 않았기 때문에 어떻게 축조하였는지 설명을 다 할 수 없지만, 대체적으로 피라미드는 크게 세 번의 기술력 혁신을 거친 것으로 보는 것이다. 왜냐하면 앞서 구체적으로 설명된 바와 같이 소형, 계단식, 중형, 대형 피라미드 축조 방법마다 시공 조건에 따라 많은 기술적인 요소가 필요하기 때문이다. 그 예로 첫 번째는 사카라 초기의 피라미드이고, 두 번째는 계단식 피라미드와 상자형 메이둠 피라미드, 세 번째는 붉은, 굴절, 쿠푸, 카프라, 멘카우라 피라미드 등이다.

왜냐하면 고대 왕들은 선대왕의 피라미드보다 화려하고 큰 피라미드를 축조하려고 부단한 노력을 하였을 것이다. 그러나 석재의 크기와 무게에 따라 다르지만, 봉분형태의 소형 피라미드를 축조한 기술력으로는 계단식 피라미드를 축조할 수 없고, 계단식 피라미드를 축조한 기술력으로는 기하학적으로 완벽한 대칭인 중형(대형 피라미드와 축조 방법이 거의 유사하다), 대형 피라미드를 축조할 수 없기 때문이다.

필자는 고대 이집트인들이 초기 상자형의 마스타바, 사카라의 소형 피라미드들은 어머니 젖가슴처럼 봉분 모양에서 조세르왕 계단식, 굴절, 붉은 피라미드 등에서의 많은 축조의 경험에 의해 축적된 기술력(노하우)이 발전하여 스네푸르 시대에 알려지지 않은 건축가가 기울기를 측정할 수 있는 종합측정자를 개발한 것은 아닐까 그래서 쿠푸왕 대피라미드까지 완성되었다고 본다. 즉, 다양한 크기의 피라미드는 거기에 적합한 기술력과 기울기, 사용된 석재의 크기와 석재 무게와 시공의 여건에 따라서 당연하게 사용한 목도의 방법과 함께 거중기를 사용하여 매우 효과적인 격관식 공법으로 축조하였을 것이라고 보는 것이다.

간추린 피라미드 형태와 석재 무게

여러 지역의 마스타바	사카라 지역 초기 피라미드	사카라 지역 조세르	다슈르 지역 메이둠, 붉은(굴절) 등	기자 지역 쿠푸, 카프라, 멘카우라
태동기	초기	초중기	중기	중말기~말기
흙 벽돌 10~50kg	석재 80~1,000kg	석재 200kg	석재 300~2,000kg	석재 2,000~40,000kg
단층 상자형	상자형, 삼각형	계단식형	삼각형, 상자형, 굴절형	삼각형
소형	소형	중형	중형	중형, 대형

여기에서는 118여 기나 되는 피라미드에 사용된 석재 크기, 형태 모두 거론하는 것은 불가능하기에 몇 개만 구분하여 살펴보았다.

엘라훈에 있는 세누스레트2세의 피라미드
외벽이 벗겨지고 벽돌로 쌓은 중심부만 남은 모습

하와라에 있는 아메넴헤트3세의 피라미드
마찬가지로 석회암 외벽이 이미 오래 전에 벗겨졌다.
지금 남아 있는 것은 벽돌로 쌓은 중심부 뿐이다.

33. 고대 이집트 문명의 이해와 피라미드 축조의 기술력 발달과정 분석

초기 왕조 시대에서 신왕국까지 기술력의 발달 과정을 여기에서 모두 거론하는 것은 불가능하여 요약해 분석한 것이다.

B.C 6000~3100년의 신석기 시대와 구리를 사용한 금석 병용기 시대

→ 청동기 시대(망치, 자귀, 정, 연장 등) → 목재 가공기술(목관, 가구, 조선술—태양의 배 등) → 석재 가공기술(조각상, 신전, 피라미드 등)

고 왕국 시대에서 원형 토기, 원형 석재그릇, 카노푸스 단지(알라바스타), 물레·굴레·돌림대 등 회전력을 이용하였기 때문에 이 당시부터 물레방아, 거중기라는 장비가 출현 시기를 추정할 수 있다. 고대 이집트의 기술문명과 건축기술들은 혁신을 거듭하면서 발전된다.

(사카라 초기 소형 피라미드부터 조세르왕 계단식 피라미드로 이어지는 광대한 지역에 많은 피라미드와 기자지역 쿠푸, 카프라, 멘카우라 피라미드는 분석표와 같이 피라미드들을 시공하였다고 본다)

〈피라미드 축조의 발달 단계를 구성한 분석표〉

구분	소형 사카라의 초기 피라미드	중형, 사카라 조세르왕 계단식피라미드 등	중형, 대형, 굴절, 붉은피라미드 등	초대형, 카프라, 쿠푸왕 대피라미드 등
축조 소재와 중량	중형 석재 (약 80~1,000kg)	소형~중형 석재 (약 200kg)	중~대형석재 (약 300~20,000kg)	대형~초대형석재 (약 2,000~ 40,000kg)
측정(관측)의 방법	시각 측정(관측)	소 창자 수평기구, 종합측정자기구, 청동선		
축조의 방법	목도로 직접 축조 혹은 격관식 공법축조	목도 직접축조 혹은 격관식 공법 소형 거중기 사용 축조	목도 중~대형 거중기 사용 축조와 격관식 공법	목도 중~대형 거중기 사용 축조와 격관식 공법
운반의 방법	목도로 운반	목도(짧은 거리), 받침목, 선로, 통나무굴림대(직경 차이를 둔 통나무굴림대와 ㄴ자형, 선로) 썰매(긴 거리)		

뒤(276~277면)에 상세하게 소개되는 오벨리스크, 아래 사진의 카르나크 신전과 거대 석상 등을 세웠을 것이다. 그리고 목도의 방법으로 대형 석재를 뱃머리가 없는 바지선에 선적이 가능하지만, 뱃머리가 있는 일반적인 배로는 262~263면에서 대형 거중기를 사용하여 대회랑석(약 40톤)배에 실었을 것으로 추정된다. 앞에서 설명한 것처럼 석재의 가공과 축조는 반드시 청동기(철기) 문화와 목재 가공기술의 앞선 바탕이 있어야 출현이 가능하다. 따라서 기술 문명이 이미 발달된 고대 이집트에서는 중형, 대형 피라미드 출현 시기 이전부터 이미 회전력이 사용된 것을 알 수 있다. 그렇기 때문에 회전지렛대의 기본원리를 응용하여 거중기를 만들어서 중형, 대형 피라미드와 오벨리스크, 거대 석상, 원형기둥 등을 세우거나 시공했을 것으로 보는 것이다.

원형기둥 - 카르나크 신전에 회전력을 이용하여 완벽하게 원형으로 깎은 수 톤짜리 석재들로 약 20m 높이로 시공되었다.

34. 사카라 초기 소형 피라미드 축조 방법
(공법, 공정, 기술)

사카라 초기 소형 피라미드는 어떠한 방법(공법, 공정, 기술)으로 축조하였나

이집트의 피라미드 축조 방법을 이해하려면 앞서 서술된 바와 같이 먼저 사카라의 대표적인 조세르왕 계단식 피라미드 축조 전에 축조한 어머니 젖가슴과 같은 봉분 모양에서 삼각형으로 피라미드 17여 기가 어떠한 방법으로 변모하면서 축조되었는지 살펴보아야 한다.

위) 세켐케트 피라미드의 주벽. 상자형 마스타바나 봉분 형태와 비슷하게 축조되었다.
아래) 엘레판티네에 있는 계단형 피라미드의 폐허

초기에는 거의 봉분의 피라미드 형태인 소형 피라미드들은 크기가 다듬지 않았기 때문에 일정하지 않은 장방형의 석재이다. 이것들이 채석한 곳은 주위의 석회기반암 채석장에서 조달하여 일부는 모래 위에 축조하였으나 대부분 피라미드들은 대부분 석회기반암 위에 축조되었다. 봉분 형태에서 피라미드 축조 기술이 점차적으로 발달할수록 삼각형 피라미드로 변모해 가는 것을 알 수 있다.

(이러한 초기의 피라미드들은 상자형이거나 봉분 형태이기 때문에 기

울기, 길이, 높이, 직각, 수평 등의 측정은 그다지 염두에 두지 않고 축조되어 있다. 축조에 사용된 다듬지 않은 장방형의 석재 무게는 약 80kg~1톤 정도이다. 이렇게 소형 피라미드를 축조한 기술력이 축적되어 점차적으로 발달하여 조세르왕 계단식 피라미드와 광대한 지역의 여러 피라미드로 발전된 토대이다.)

사카라 초기 피라미드(우세르카프 왕) 봉분 모양에서 삼각형 형태로 변모하고 있다.

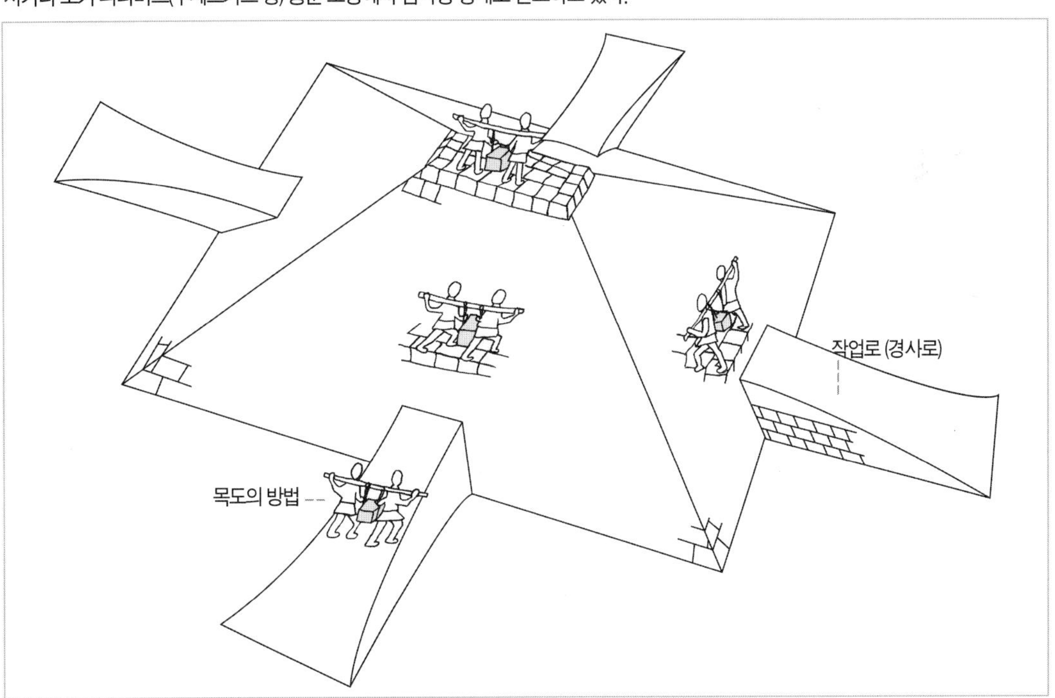

사카라 초기 소형 피라미드 축조의 방법 작업로(경사로)가 없이도 피라미드 외부에 형성된 계단으로 석재 운반이 가능하다. 그림에서는 약 400kg 석재를 2명의 인부가 목도의 방법으로 운반하는 것으로 구성하였으나 약 1톤 석재는 4~6명의 인부가 목도의 방법으로 피라미드 외부에 형성된 석재 운반과 시공이 가능하다)

　　필자는 이러한 초기의 소형 피라미드를 축조할 때는 기울기가 가파르지 않은 상자형이나 봉분형의 약 40° 피라미드 외부에 이미 축조된 석재를 그대로 계단으로 이용하면서 석재 무게 약 1톤 정도까지는 4~6명의 인부들이 목도의 방법으로 직접 운반하여 축조하였을 것으로 본다. 그리고 시공 당시 주변에 있는 잡석, 흙 등을 사용하여 약 5m 미만의 높지 않은 피라미드 사면에 1~4개의 작업로를 만들어서 인부들이 석재를 목도의 방법으로 운반하여 일부 소형 피라미드를 축조하였을 것이다.

　　(저변의 길이가 비교적 짧은 소형 피라미드는 직접 축조가 가능하나 저변 길이가 긴 소형 피라미드에서는 내부를 모두 채워야 하기 때문에 효율적인 격관식 공법으로 축조하였을 것으로 본다)

아부시르에 있는 네페리르카라(왼쪽)와 니우세라의 피라미드 - 마스타바에서 피라미드로 변모하고 있다
그 앞에 사각형으로 된 작은 수조 뚜껑이 보인다. 니우세라의 장제 신전에서 흘러내린 하수를 담아두는 곳

멘카우라 왕의 왕비 피라미드(소형) 앞에서 필자 (이런 피라미드들은 목도의 방법으로 직접 시공하였을 것이다)

35. 계단식 피라미드 축조 방법(공법, 공정, 기술)

계단식 피라미드는 어떠한 방법(공법, 공정, 기술)으로 축조하였나

앞서 설명한 소형 피라미드는 목도의 방법으로 직접 시공이 가능하지만 이 계단식 피라미드는 이 방법으로는 축조가 불가능하다. 축조에 사용된 장방형의 석재 무게가 약 200kg 정도이다. 6계단의 수직으로 축조된 이 계단식 피라미드는 앞서 설명한 소형 피라미드와는 달리 일반적으로 건축물을 시공하는 방법과 같이 계단식 피라미드 외부에 목재 비계(가설물)를 지그재그 형태로 설치한 후 무게 약 200kg의 석재를 인부 2명이 목도의 방법으로 석재 운반하여 축조할 수 있다.(다음 장의 1번 그림 참고) 그러나 이와 같은 방법보다는 격관식 공법으로 6계단마다 피라미드 사면 중심부에 거중기를 설치한다면 더 효율적으로 시공할 수 있다.(다음장 3번 그림 참고)

또 다른 방법으로는 계단식 피라미드 사면 외부에 목재 받침대 위에 거중기를 설치하여 시공하는 방법, 그리고 피라미드 사면의 중심부에 격관 내부로 목도의 방법으로 피라미드

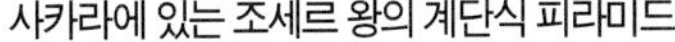

사카라에 있는 조세르 왕의 계단식 피라미드

내부를 채워가면서 마무리 시공을 하면서 계단식 피라미드 높이 약 62m까지 축조하는 방법이 있다.(2번 그림 참고, 179면 설명참고) 즉, 네 가지 방법 모두 가능한 것이다.

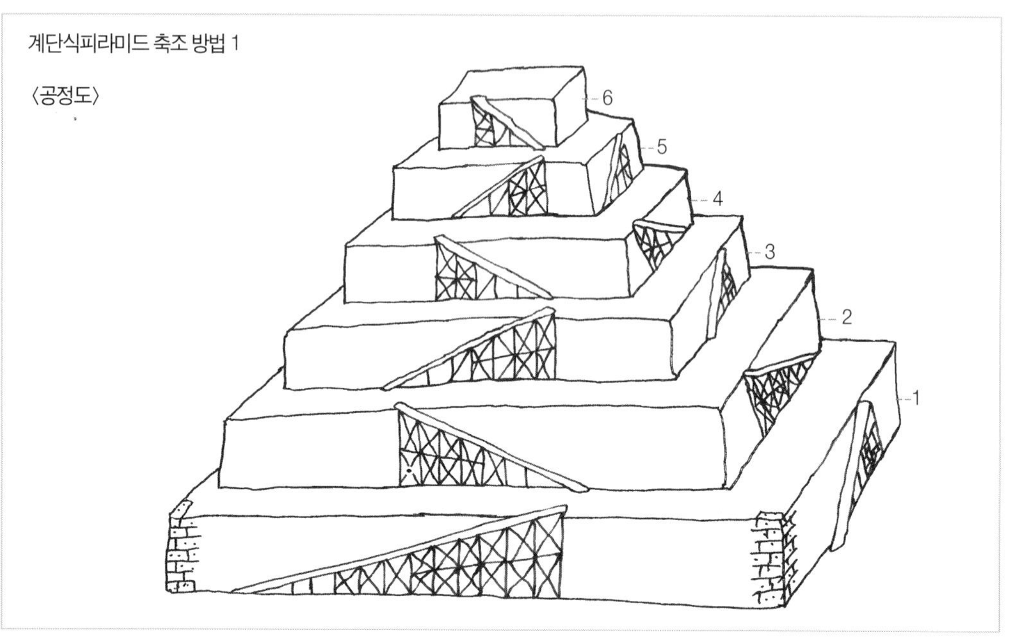

계단식 외부에 목재 비계(가설재)를 설치하여 목도의 방법으로 1~6공정으로 시공이 가능하다

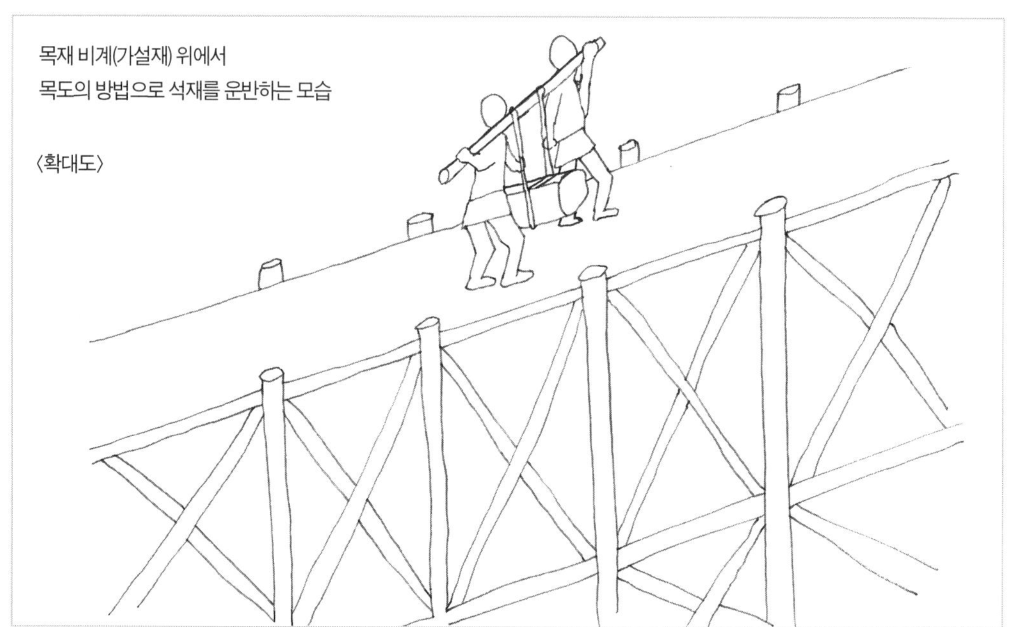

계단식 피라미드 축조 방법 2

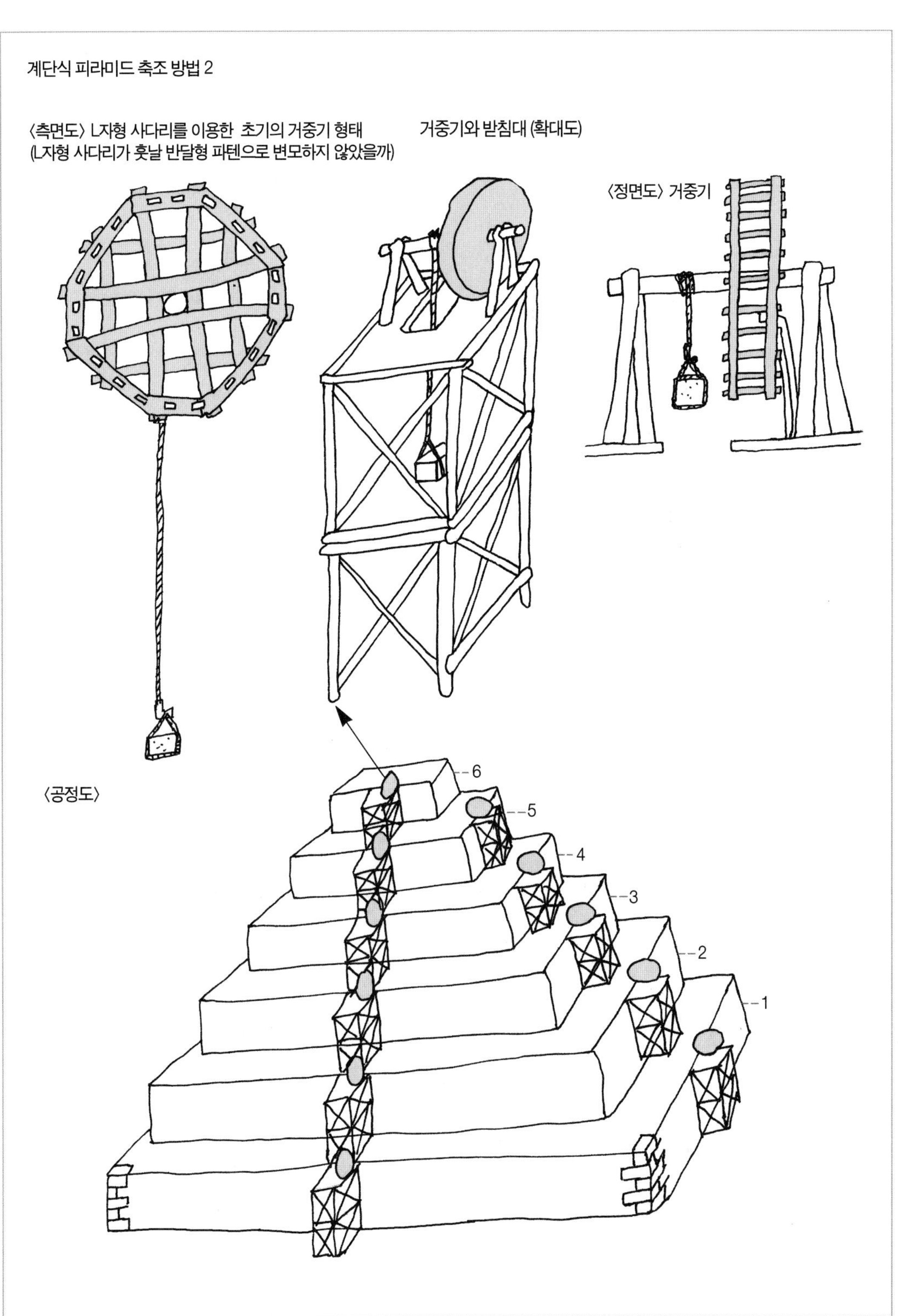

계단식 외부에 목재 받침대와 거중기를 사용하여 1~6의 공정으로 시공이 가능하다

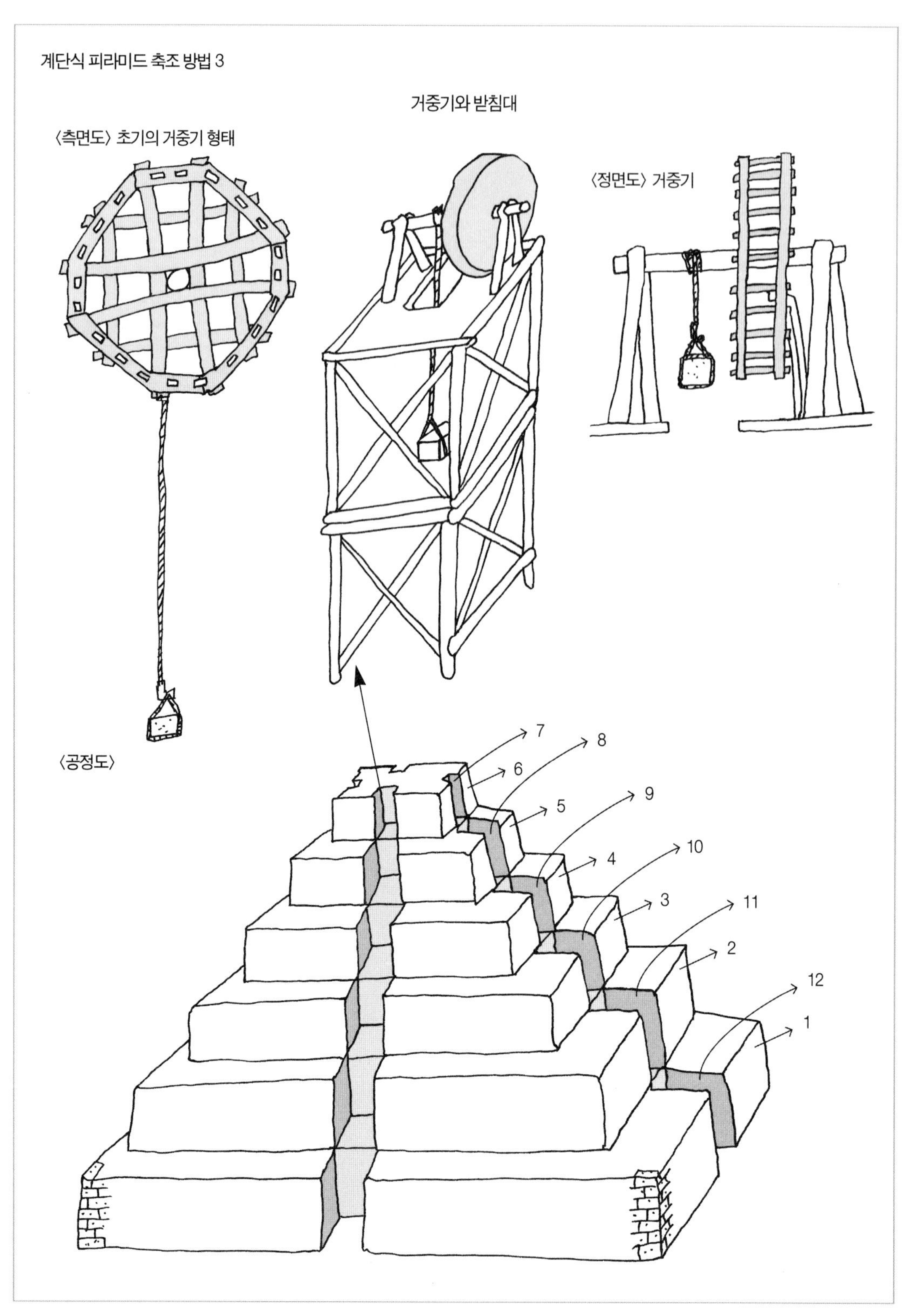

격관식 공법으로 거중기를 사용하여 시공하는 방법 1~6은 1차 공정이고, 7~12는 2차 공정

계단식 피라미드가 여러 번 증축 되었다 하더라도 필자는 이와 같이 가장 효율적인 격관식 공법으로 시공되었다고 보는 것이다.

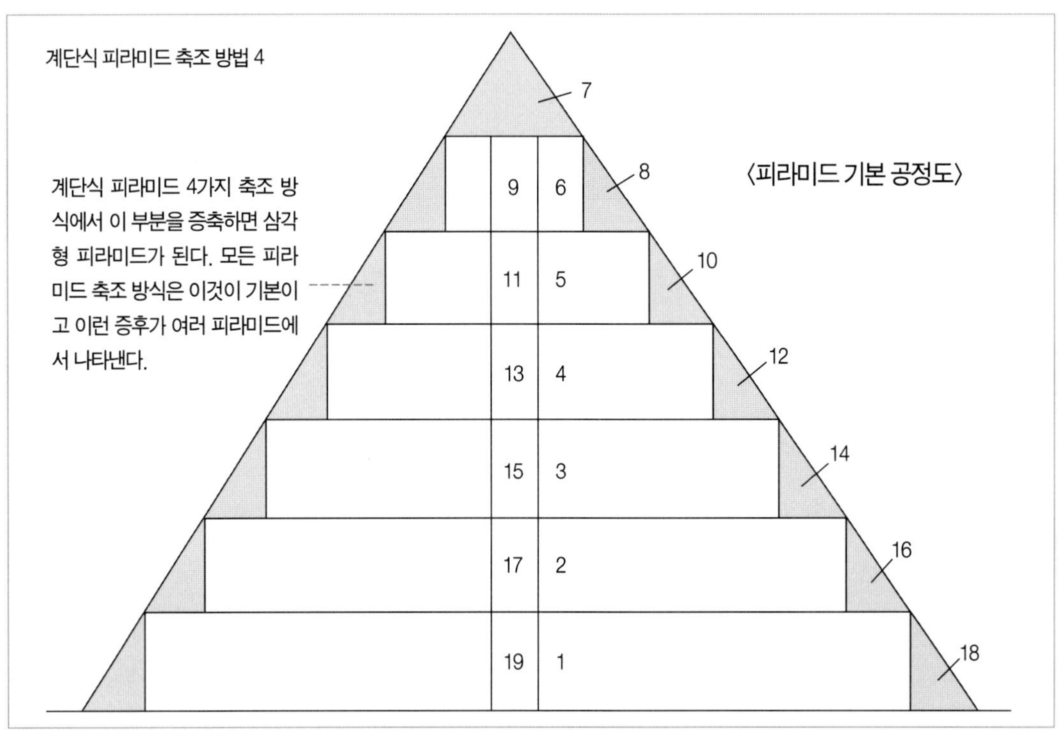

이 계단식 피라미드 축조 이후에 발달된 기술력의 토대로 광대한 지역의 아부루아쉬, 아부시루, 리세르의 삼각형 피라미드, 메이둠의 상자형 피라미드 다슈르의 굴절, 붉은 피라미드, 하와라, 알라훈, 기자 3대 피라미드 등으로 도약하는 계기가 된다.

조세르 왕 계단식 피라미드에 사용된 석재의 무게는 약 200kg이다. 따라서 굳이 거중기를 사용하지 않고도 격관 내부로 인부들이 목도의 방법으로 피라미드 내부를 채워가면서 시공이 가능하다. 앞서 설명한 대로 계단식 피라미드는 네 가지 방식으로 축조가 가능하다. 그러나 고대 이집트에서는 앞서 세인키 계단형 평면도와 같이 격관식 공법으로 시공한 이런 기본적인 개념으로 사카라 계단식 피라미드를 축조하였을 것이다. 그리고 이와 같은 방법(방식)으로 축조한 붉은, 멘카우라, 쿠푸 피라미드에서 그 근거(흔적)들이 나타난다.

계단식 피라미드를 축조한 기술력을 토대로 삼각형의 중, 대형 피라미드로 발전되는 결정적인 계기가 되는 것으로 생각된다. 임호데프라는 위대한 건축가가 있었지만, 지금까지 알려지지 않은 위대한 건축가가 분명 있었지 않았을까.

그리고 뒤에 중, 대형 피라미드 축조 방법(공법, 공정, 기술)에서 설명되지만 이 계단식의 4가지 축조 방식의 개념과 피라미드 기본 공정도를 독자들은 먼저 이해해야 대피라미드의 축조 방식을 납득하기 쉽다.

36. 중형 피라미드 축조 방법(공법, 공정, 기술)

중형 피라미드는 어떠한 방법(공법, 공정, 기술)으로 축조하였나

앞서 설명한 바와 같이 소형 피라미드는 저변길이와 크기에 따라 격관식 공법으로 시공을 하든 시공을 하지 않든, 어쨌든 외부에 형성된 계단으로 인부들이 목도의 방법으로 석재를 운반하여 직접 축조가 가능하고, 계단식 피라미드는 네 가지 방법으로 모두 축조가 가능하지만, 1톤 이상의 석재를 사용한 중형 대형의 삼각형 피라미드는 1, 2의 방법만으로는 시공이 불가능하다. 그러면 어떠한 방법으로 중형(멘카우라), 대형(카프라, 쿠푸) 피라미드를 축조하였는가를 요약하여 설명하면 3,4의 방법대로 격관식 공법과 중형, 대형 거중기를 사용하여야 하고 목도의 방법, 종합적인 측정(관측)이 반드시 필요하다. 왜냐하면 붉은 피라미드외 다른 피라미드들은 기울기도 매우 가파르며, 석재의 무게도 1톤 이상이라 목도의 방법으로 직접 축조하는 것은 매우 힘들거나 불가능하기 때문이다.(거중기를 작업인부들이 돌려 석재를 들어올리는 방법은 뒤의 191, 196,197면에 대형 피라미드 축조 방법 1, 2, 3차 공정 개념도 참고)

요약하여 설명한다면 수많은 석재를 사용하는 중 · 대형 피라미드라도 1톤 이하 석재를 사용하고 기울기를 약 50° 미만으로 축조한다면 굳이 거중기를 사용하지 않아도 격관식 공법 만으로 충분히 시공이 가능하다. 앞서 계단식 피라미드 4가지 방법 중 1번의 방법으로 한 〈공정도〉에 따라 인부들이 목도의 방법만으로 격관 내부로 석재를 운반하여 1, 2, 3차 공정에 따라 시공이 가능하기 때문이다.

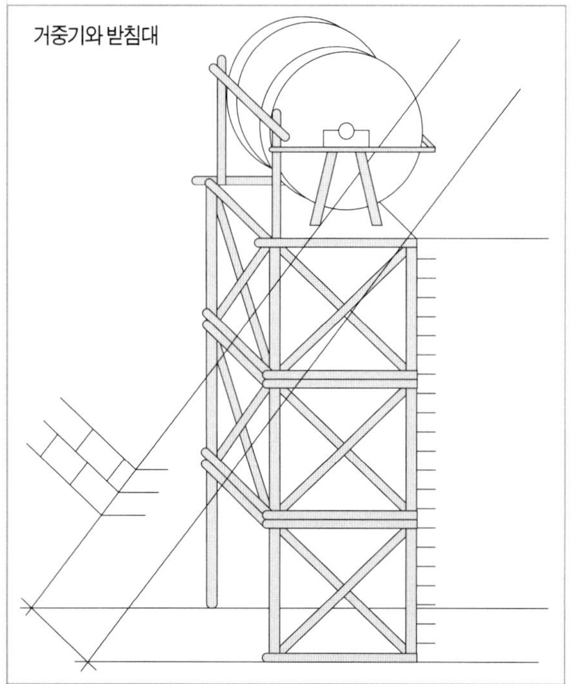

즉, 다양한 크기의 피라미드 축조 방법은 사용되는 석재 무게에 따라 인부들이 목도로 운반하여 내부를 채워가면서 시공이 가능한 것이다. 따라서 석재의 무게에 따라 거중기를 사용할 수 있고 사용을 하지 않아도 되는, 두 가지 방법 모두 격관식 공법으로 시공이 가능한 것이다.

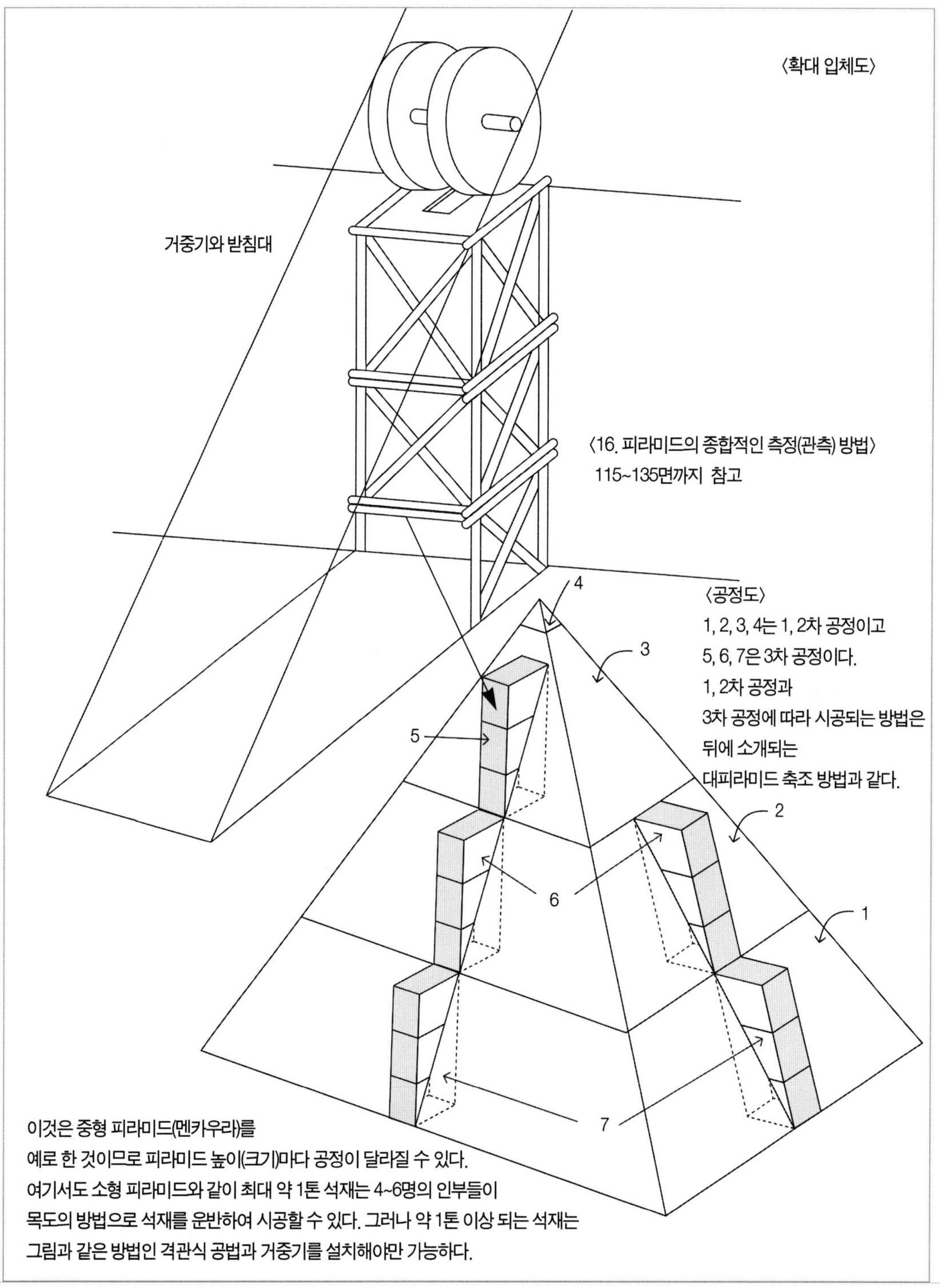

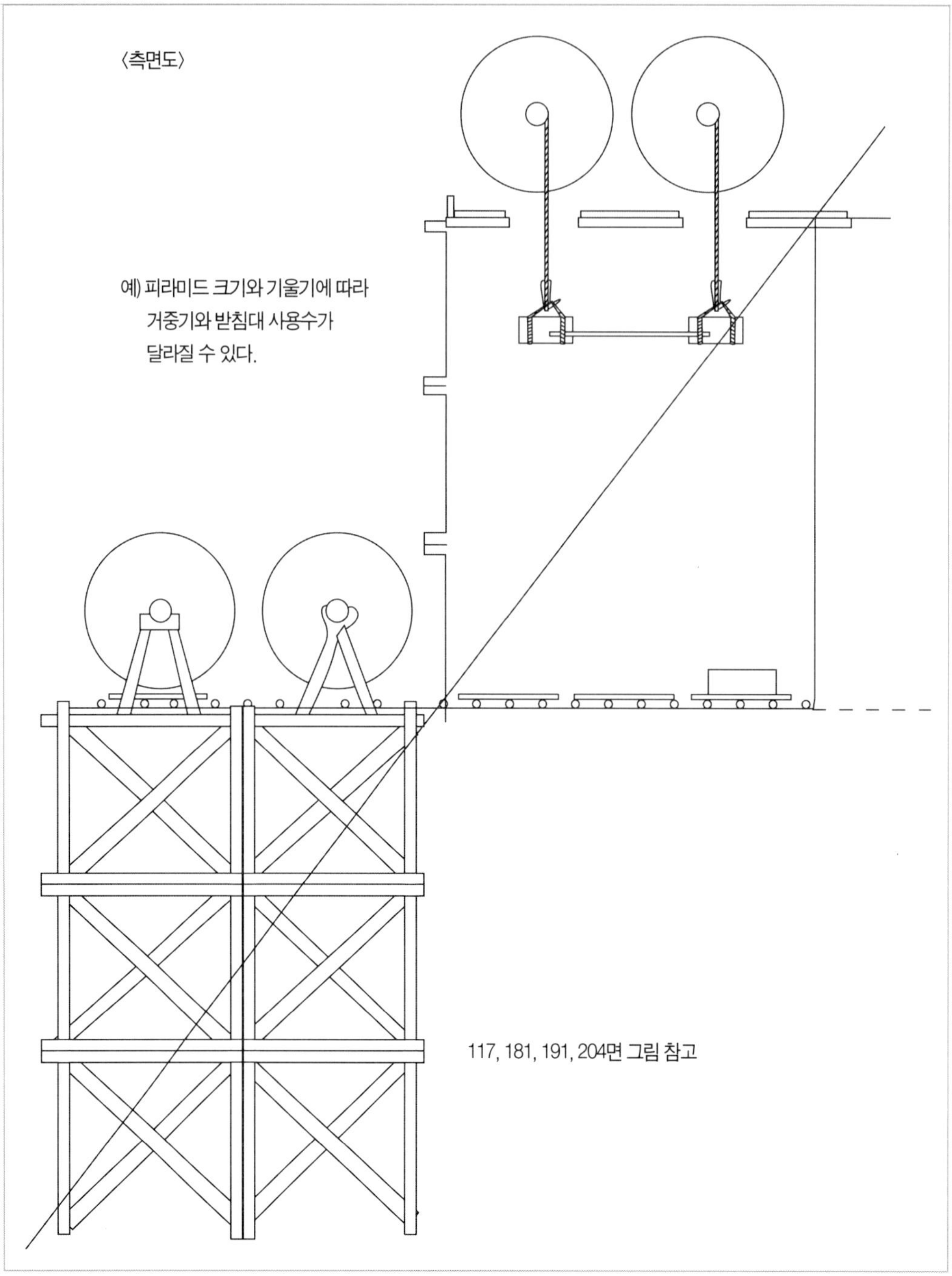
〈측면도〉
예) 피라미드 크기와 기울기에 따라
거중기와 받침대 사용수가
달라질 수 있다.
117, 181, 191, 204면 그림 참고

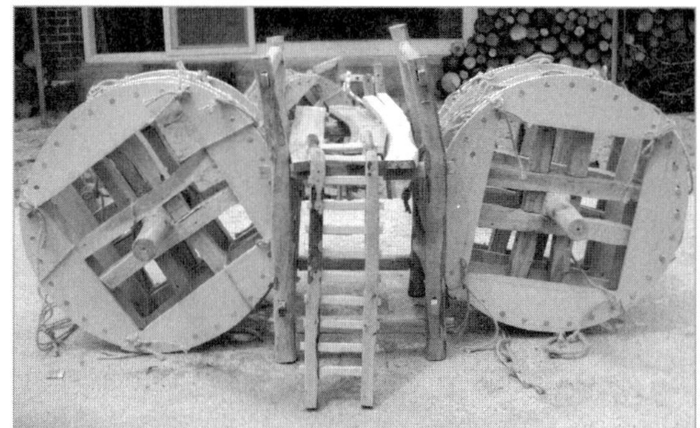

격관 위에 거중기 그대를 구성한 형태

37 . 대피라미드 축조 방법(공법, 공정, 기술)

대피라미드를 어떠한 방법(공법, 공정, 기술)으로 축조하였나

　앞서 소형, 계단식, 중형, 피라미드 축조 방법(공법, 공정, 기술)에서 대부분 피라미드가 어떻게 시공되었는지 설명하였다. 그러나 대피라미드는 중형 피라미드의 시공방법과 거의 유사하지만 좀 더 많은 공정과 기술적인 요소들이 여기에는 포함된다. 그리고 종래의 주장들을 여기서 거듭 언급한다면, 피라미드 축조 방법의 이론적인 학설들은 '경사로인가 거중기인가'의 크게 두 가지로 나누어진다. 하나는 경사로(직선형, 나선형)를 이용하여 피라미드를 축조하는 방법이고, 또 하나는 거중기나 샤두프 등을 사용하여 피라미드를 축조하는 방법으로 이것은 공법(공정)도 없이 간단하게 제시되고 있을 뿐이다. 그러나 이와 같은 단순한 방법으로는 대피라미드 축조가 불가능하다. 왜냐하면 앞서 83면부터 지적되었지만, 많은 핵심적인 기술들을 모두 갖추어야 가능하기 때문이다. 이것들을 거듭 요약한다면 경사로(직선형, 나선형) 방법은 경사로를 조성하고 해체도 문제지만 이 경사로 위로 석재를 운반하는 것은 매우 비효율적이다. 그리고 특히 경사로 속의 사각지대에서는 종합적인 척도 측정이 불가능하기 때문이다.

　또한 거중기나 샤두프의 방법으로는 종합적인 척도 측정은 가능하지만, 학자들은 여기에 대하여 어떠한 기구로 어떻게 하고 기본적으로 반드시 해야하는 격관식 공법마저 제시하지 못하고 있다. 그리고 반드시 대피라미드 축조 방법(공법, 공정, 기술)의 격관식 공법으로 1, 2, 3차 공정이 필요하기 때문에 거중기나 샤두프로 석재를 들어올린다 하여도 대피라미드 시공이 불가능하다. 그러면 어떠한 방법(공법, 공정, 기술)으로 피라미드를 축조하였을까. 현대에서는 수직으로 세워지는 150층 이상의 600m 높이 초고층의 건축물을 타워크레인을 설치하여 자재를 끌어올려 시공할 수 있지만, 위로 갈수록 좁아지는 가파른 삼각형의 대피라미드는 타워크레인마저도 설치하지 못하기 때문에 현대에도 대피라미드 축조는 매우 어렵거나 불가능 하다고 한다. 과연 고대 이집트에서는 어떻게 시공하였을까. 독자들이 쉽게 이해 되도록 설명하면 이렇다.

앞서 167면에서 고대와 현대 기술력의 비교분석에서 간략하게 그림으로 개념을 대입해서 표현해 본 것과 같다. 대피라미드 높이 146.6m에 9단계(약 16m마다)로 격관의 높이마다 1,2차 공정에서 거중기를 설치하여 수직으로 석재를 끌어올리는 형태는 현대의 고층건물 시공에 반드시 필요한 타워크레인의 조인트(높이를 높이는 장치)와 동일한 것이다.

평면의 단계별로 시공되는 피라미드 위에서 목도의 방법이나, 받침목, 선로, 통나무굴림대, 썰매로 석재를 수평으로 운반하는 방식과 타워크레인에서 로라에 의해 자재를 수평으로 운반하는 것도 동일하다. 그리고 피라미드 축조 방법 3차공정에서 상층부부터 9단계로 나누어 내려오면서 시공하는 방식도 현대의 고층건물의 외장 마감 시공에서 상층부부터 내려오면서 시공하며 마무리하는 방식과 동일한 개념이다.

필자는 단순하게 이런 개념으로만 대피라미드 축조 방법에 적용하여 이해한 것은 결코 아니다. 왜냐하면 뒤에 구체적으로 설명되지만 붉은, 멘카우라, 쿠푸 피라미드에서 이와 같은 격관식 공법으로 축조된 것을 가늠할 수 있는, 확연히 드러난 근거(흔적)들이 있기 때문이다. 물론 다른 피라미드들에서도 그 근거를 알아낼 수 있으나 여기에서는 이 세 피라미드만 거론할 것이다. 대피라미드를 유일하면서 효율적으로 축조할 수 있는 방법은 격관식 공법으로 한 1, 2, 3차 공정이다. 이것은 뒤 187~240면에서 독자들이 납득할 수 있도록 상세한 설명과 그림으로 설명되겠지만 대피라미드는 주먹구구로 단순하게 시공된 것이 아니다. 이것은 많은 기술들의 복합체이다. 10만~200만 개의 퍼즐을 맞추는 매우 난해하고 고도의 종합적인 기술들이 필요한 것이다. 현대나 고대에서 대피라미드를 효율적으로 축조하려면 반드시 이런 공법으로 시공할 수밖에 없다. 또한 학자들이 주장하는 경사로(직선형, 나선형)가 없이도 대피라미드를 효율적으로 축조할 수 있는 유일한 방법이기도 하다.

거듭 설명한다면 석재 사용량이 적은 소형의 피라미드 기울기 약 40° 정도까지는 이미 축조된 피라미드 외부 석재를 계단으로 사용하면서 목도의 방법으로 최대 약 1톤짜리 석재를 여러 명의 인부들이 직접 운반, 시공할 수 있다. 그러나 1톤 이상 되는 석재를 사용한 중형, 대형의 피라미드 기울기가 약 50° 이상이 되면 가파른 기울기와 석재무게 때문에 여러 명의 인부들로도 석재를 운반하기는 거의 불가능하다.

이것을 뒤집어서 설명하면 피라미드 축조에 사용된 석재 하나의 무게는 1톤 이하, 기울기는 50° 이하 등이다. 따라서 이런 시공의 조건을 모두 갖추어야 목도의 방법만으로 직접 피라미드 시공이 가능할 수 있다. 그러나 중형, 대형 피라미드에서 이런 시공의 조건 범주를 모두 갖추지 못한다면 반드시 격관 위에 거중기를 설치하여 시공할 수밖에 없는 것이다. (소형, 중형의 피라미드에서 사용되는 약 1톤짜리 석재는 그 크기 때문에 피라미드 외부에 이미 축조된 곳을 계단으로 사용하기에는 그 높이가 높다. 이러한 여건에서는 외부에 축조된 석재 사이에 받침목, 잡석 등을 임시로 놓아서 목도를 하는 인부들이 발판으로 사용할 수 있는 보조계단으로 사용할 수 있다.)

즉, 피라미드 축조 방법은 피라미드 크기와 기울기, 석재 무게, 석재 사용량에 따라 목도의 방법이라도 석재 운반과 직접 시공이 가능할 수도 있고 불가능할 수도 있다는 것이다. 물론 여기에서는 격관식 공법에 의해 거중기를 사용하거나 사용하지 않더라도 가능하다. 소형 피라미드는 목도의 방법만으로도 석재를 직접 운반하고 시공하는 것이 가능하지만, 중형, 대형의 피라미드는 앞서 설명한 복합적인 문제를 모두 해결해야 하기 때문이다.

그래서 고대 이집트인들은 목도의 방법으로 1톤 이상의 석재가 사용된 중형, 대형 피라미드를 효율적으로 축조할 수 없기 때문에 향후 격관식 공법위에 거중기를 사용하는 대전환점을 갖게 되지 않았을까. 왜냐하면 대피라미드의 축조는 51.52° 의 상당히 가파른 기울기와 필자가 제시한 약 180만 개의 석재 그리고 2.5톤의 석재 무게 때문에 목도의 방법이라도 직접 시공이 불가능하다. 이미 피라미드 백여 기를 축조한 경험이 있는 그 당시 장인들도 이런 기본적인 문제를 당연히 알고 있었을 것이다. 그래서 소형, 계단식, 중형, 대형 피라미드로 이어지는 석재무게와 기울기, 그리고 많은 기술적인 요소들을 포괄적으로 해결할 수 있는 접점을 찾으려 했을 것이다.

이것에 대한 유일한 방법은 격관식 위에 거중기를 설치하여 수직으로 2톤 이상 되는 많은 석재를 끌어올려서 시공하는 것이다. 이것을 알기 쉽게 설명하면 대피라미드 동서남북 방향에서 1, 2, 3차 공정에 따라 12~60대의 거중기를 사용하여 동시다발적으로 수 톤에서 수십 톤짜리 180만 개나 되는 석재를 9단계(약 16m마다)에 걸쳐 격관 위에서 수직으로 끌어올리고 수평으로 석재를 운반하여 종합적인 측정 후 시공하는 방법이다. 이와 같은 것은 지금의 타워크레인으로 고층 건물을 시공하는 기술로 변모하지 않았을까.

현대의 고층건물을 시공하는 방법(공법, 공정, 기술)과 매우 유사하다. 현대의 고층 건물을 건설할 때 반드시 필요한 타워크레인의 원리로 자재를 들어 올려 시공하는 방법(공법, 공정, 기술)과 같은 개념인 것이다. 지금까지 우리는 고대 이집트의 여러 분야에서 이미 높은 기술력이 축적되어 있었음을 확인했다. 이러한 것들은 고대에서는 단지 기계화만 되어 있지 않은 거중기라는 장비를 사용하여 인부들이 석재를 들어 올리고, 격관식 공법과 목도의 방법, 종합적인 측정(관측)으로 대피라미드를 효율적이고 기하학적으로 완벽하게 축조하였을 것이다.(현대 인간의 지능, 지식, 지혜는 앞서 31. 고대와 현대의 기술력 비교분석에서 언급되었지만, 4500년 전과 비교했을 때 인간의 지능은 거의 비슷하고, 어떤 기술은 오히려 앞서 있는것이 아닐까.)

대피라미드 축조의 방법(공법, 공정, 기술)이란

대피라미드를 효율적이고 기하적으로 시공하기 위해서는 이와 같은 다양한 기술적인 요소들이 반드시 필요하다. 그리고 여기에 관해 앞서 설명된 그림들이 뒤까지 계속 이어진다.

• 격관식 공법(41. 격관식 공법의 추정 근거와 축조 방법 이해 참고)

〈1차 공정〉

목도의 방법으로 대피라미드 사면 네 곳에 격관을 형성하거나, 받침대 위에 거중기 3대×대피라미드 사면의 4곳=12대를 높이 약 16m마다 거중기를 설치하여 석재를 위로 끌어올리면서 9단계로 완성하는 1차 공정(1~10계단 부분)이다.

〈2차 공정〉

1차 공정을 이어서 거중기로 끌어올린 석재를 대피라미드 사면 네 곳의 9단계로 시공된 격관 내부만 남기고 완성하는 2차 공정이다.(우측 그림 숫자. 2차 공정은 1차 공정의 계단과 계단 사이의(12~20) 삼각진 부분이다. 1, 2차 공정은 시공 여건과 방법에 따라 같이 시공할 수도 있다)

〈3차 공정〉

1, 2차 공정에서 거중기로 끌어올린 석재로 대피라미드 사면 네 곳의 격관 내부를 9단계로 순차적으로 상층부부터 높이 약 16m마다 내려오면서 3차 공정의 부분을 석재를 끼워 시공한다. 거중기 다리를 1, 2차 공정에서 축조된 곳에 받치거나, 상자형 받침대 위에서 거중기를 사용하여 상부층부터 내려오면서 시공하는(21~30) 마지막 3차 공정이다. 2, 3차 공정은 시공 여건과 방법에 따라 같이 시공할 수도 있다. 그러나 1, 2, 3차 공정을 동시에 시공하는 것은 불가능하다.(카프라 피라미드의 경우 바닥에서 피라미드 53.10°의 기울기로 미리 제작된 외장석으로 1차, 2차, 3차 공정에서 축조한다)

• 기술

피라미드 시공에 필요한 거중기 목도의 방법과 종합적인 측정(관측)에 관한 모든 것.

(〈47. 대피라미드 축조 시 사용되는 여러가지 주요장비(기구, 연장) 추산〉 참고)

38. 대피라미드 축조의 공정 이해도

필자는 쿠푸, 카프라 피라미드를 아래와 대피라미드 축조의 공정 이해도와 같은 격관식 공법, 1,2,3차 공정으로 축조하였다고 보는 것이다. (대피라미드를 축조한다면 이와 같은 공정이 없이는 거의 불가능하다.)

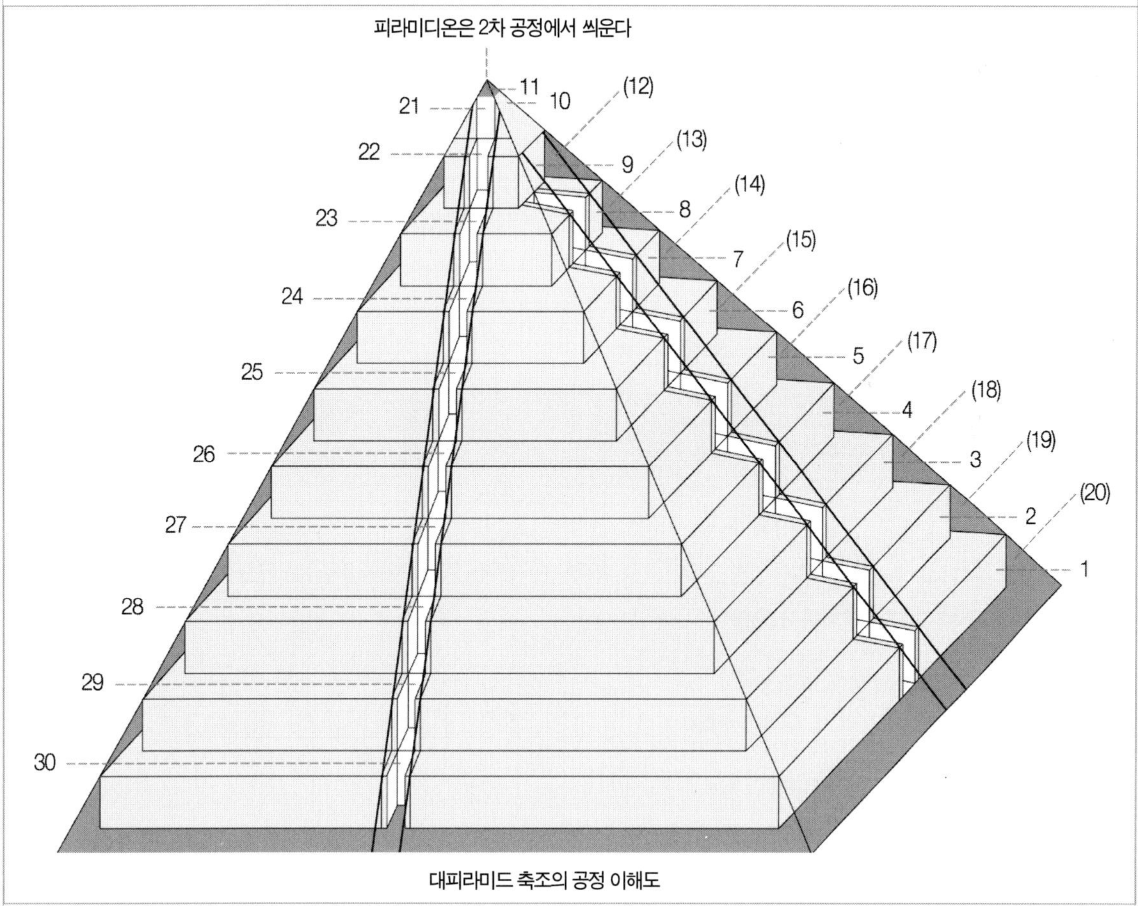

대피라미드 축조의 공정 이해도

더 상세한 설명과 이해도는 다음 장에 나오는 대피라미드 축조 방법(공법, 공정, 기술)을 요약한 설명과 연속적으로 이어지는 전체 공정도를 참고

앞서 설명된 것이 있지만 여기서 이것들을 구체적으로 거듭 설명한다.

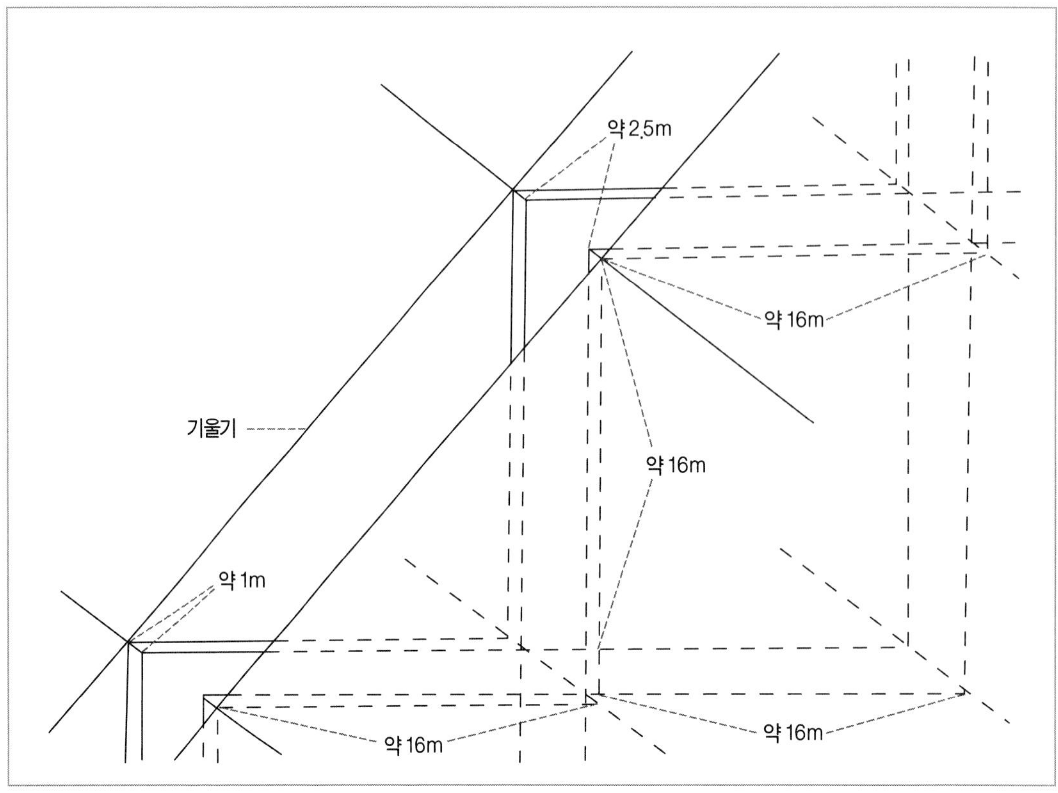

대피라미드 축조 방법(공법, 공정, 기술)에 대하여 매우 복잡한 많은 것들을 설명만으로 독자들이 납득하는 것은 거의 불가능하다. 그래서 필자는 이것들을 좀 더 독자들이 이해할 수 있도록 187~204면에서 시공하는 방식을 개념도로 표현해보았다.

1차 공정의 축조 부분(1~10), 2차 공정의 축조 부분(11~20), 3차 공정의 축조 부분(21~30)

(1, 2차 공정(1~20)을 병행하여 축조할 수도 있다.)

또한 1, 2, 3차 공정의 1~30번의 번호는 쿠푸 대피라미드를 기준한 것이므로 카프라, 멘카우라, 붉은, 굴절 등의 여러 피라미드에서는 그 크기와 높이에 따라 다소 달라질 수 있다.

피라미디온은 2차 공정에서 씌운다.

대피라미드 축조 방법(공법, 공정)은 동서남북 방향의 사면에서 9계단의 격관 위에 각각 거중기 3대를 설치하고 받침목 사이로 수직으로 석재를 끌어올려서 석재를 운반하고 시공하는 방법으로, 연속되는 공정을 다음과 같이 그림으로 알기 쉽게 구성해 두었다.

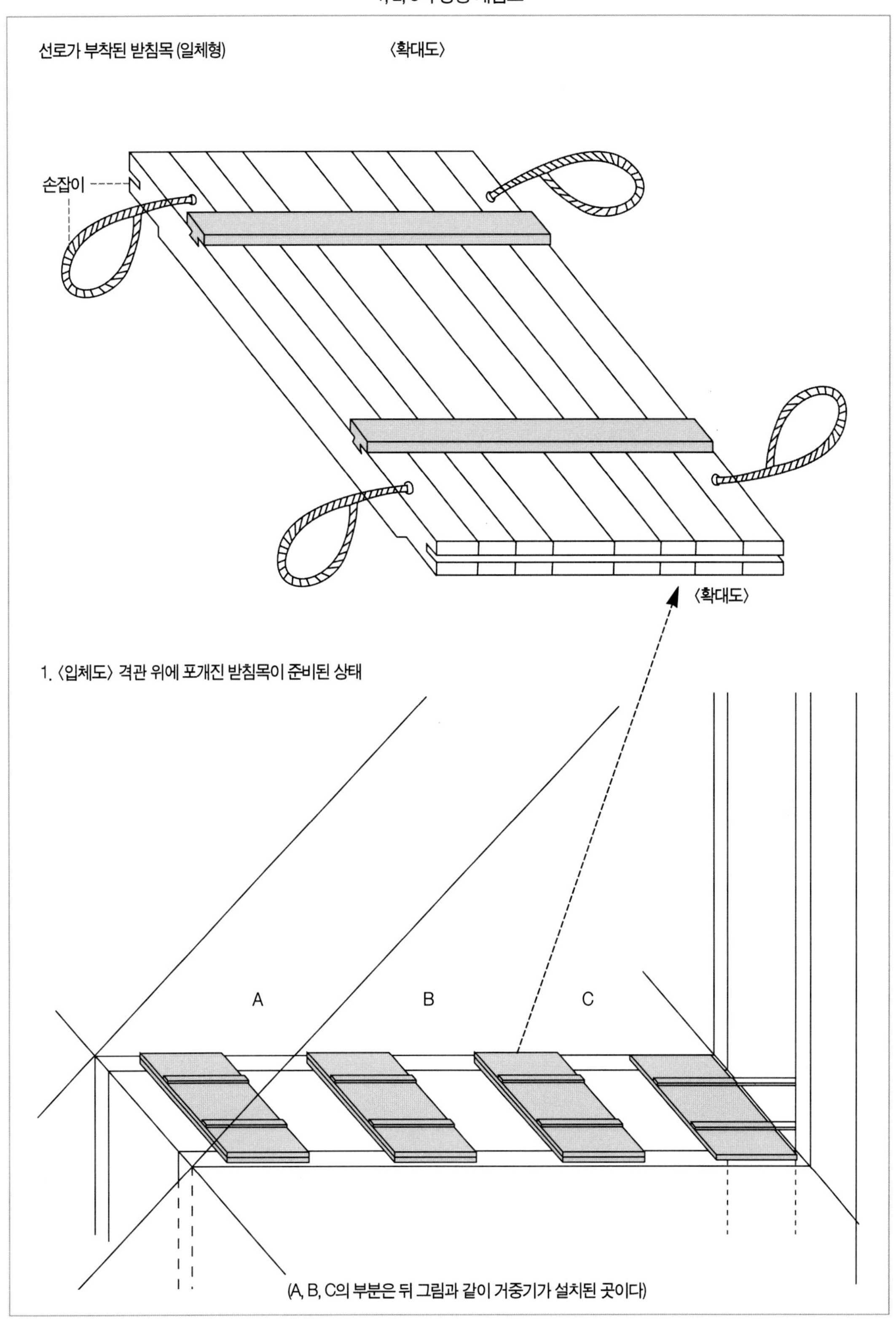
선로가 부착된 받침목 (일체형)
〈확대도〉
손잡이
〈확대도〉
1. 〈입체도〉 격관 위에 포개진 받침목이 준비된 상태
A
B
C
(A, B, C의 부분은 뒤 그림과 같이 거중기가 설치된 곳이다)

2. 〈입체도〉 격관 위에 받침목을 펼치고 통나무굴림대, 썰매, 받침목 설치하는 과정

3. 〈입체도〉 격관 위에 설치된 받침목 위에서 썰매로 석재 운반하는 과정

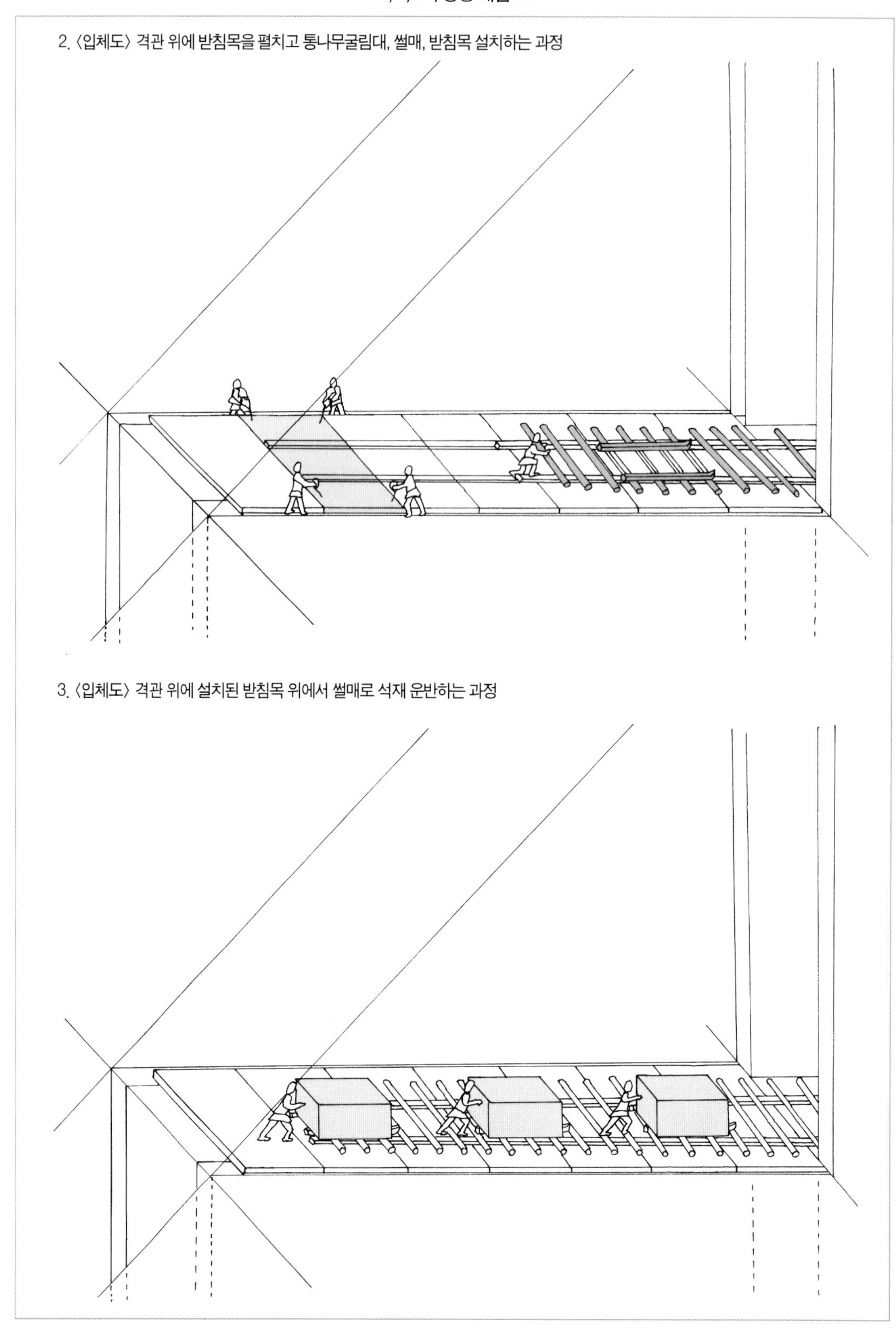

107면 효율적인 석재운반방법의 발달과정 참고, 4번의 방법이 효율적이나 3번의 방법으로 구성하였다.

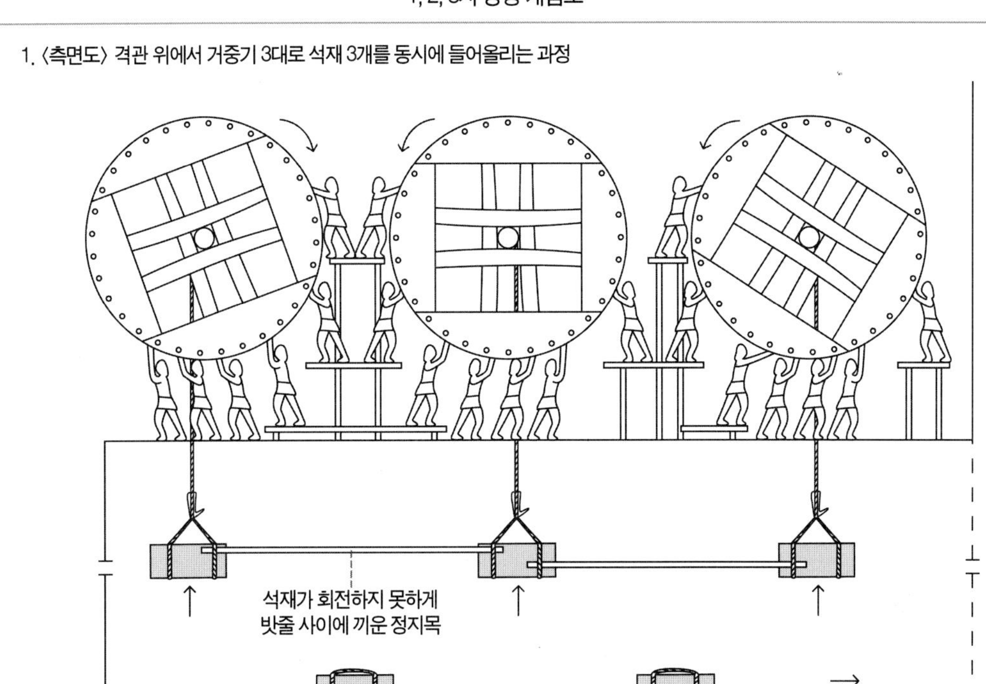

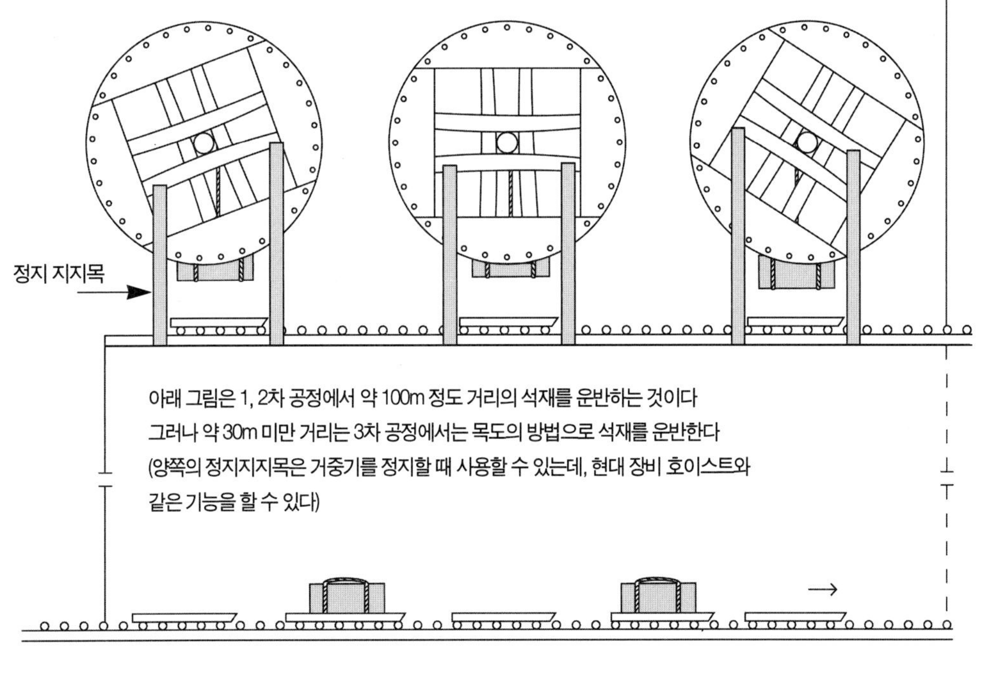

이 측면도는 앞의 A, B, C부분의 그림을 알기 쉽게 분리하여 표현한 것이므로 같은 위치에 있는 것이다.

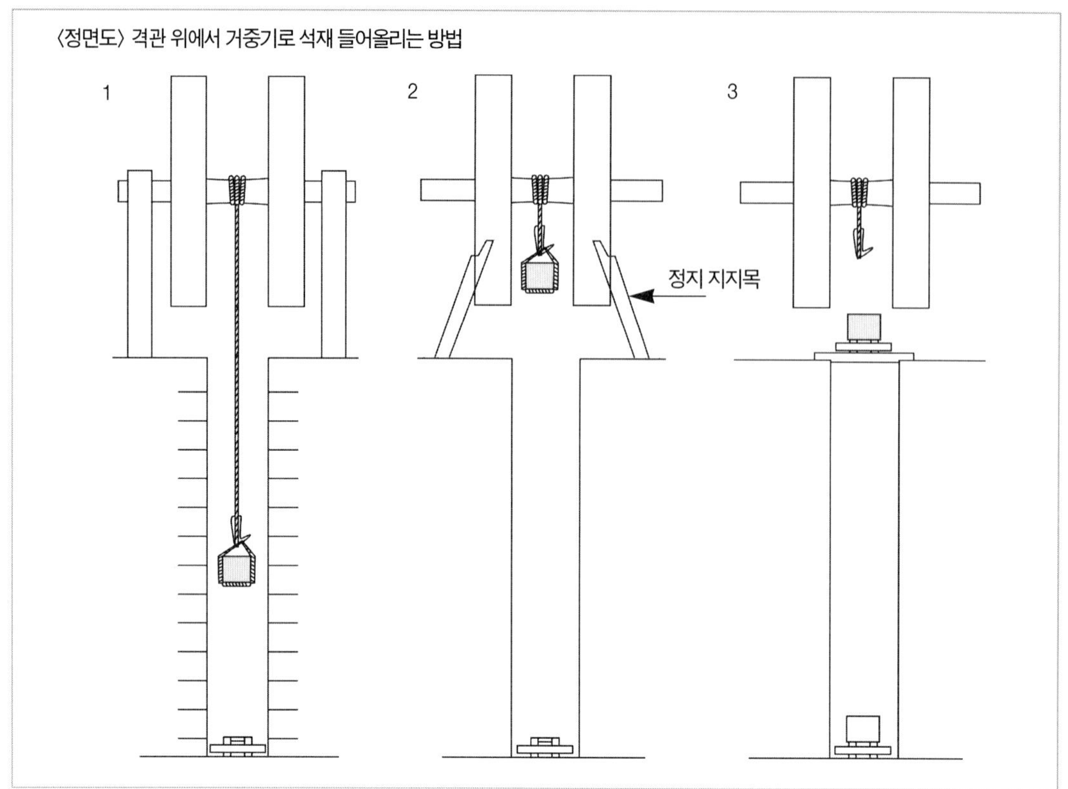

격관 위에서 거중기로 석재 들어올리는 방법을 요약한 설명

격관 위로 하층부에 있는 석재를 피라미드 상층부까지 조달하는 방법이다.

(이러한 방법은 중형, 대형 피라미드를 축조하는 것과 거의 유사하다.)

1. 격관 위에 선로가 부착된 받침목(일체형)를 설치하고, 석재를 들어 올릴 수 있는 공간만 제외하고 거중기로 석재를 끌어올린다.

2. 격관 위에 설치한 거중기로 석재를 수직으로 끌어올린 후 회전판 간살에 정지지지목 4~6개를 끼워 정지시킨다.

3. 격관 위에 준비된 선로가 부착된 받침목을 공간에 연결한다.

4. 통나무굴림대, 썰매를 이 위에 설치한 다음, 거중기에서 정지지지목 4~6개를 빼낸다.

5. 썰매에 실린 석재는 공간에 연결하여 받침목 위에 설치된 선로를 따라 평평한(수평) 곳이나 다음 위의 격관 속으로 인부들이 석재를 밀고 끌면서 운반한다.(1, 2, 3차 공정에서 썰매가 없이 목도의 방법으로도 약 30m 거리의 격관 속으로 석재 운반이 가능하다)

격관 위에서 1, 2차 공정에서 필요한 도구(장비)

이러한 중형 거중기는 대피라미드 축조 시 1, 2차 공정에 따라 대피라미드 사면의 격관 위에서 3차 공정은 뒷장에 소개되는 긴 다리형 거중기가 사용되어야 시공이 가능하다. 1계단~9계단의 공정에따라 이 거중기 12~60대가 동시다발적으로 사용된다. 여기에 대한 상세한 설명은 226, 237면에 제시된다.

〈정면〉
거중기 중심축에는 밧줄이 미리 감겨져 있고
끝에는 갈고리가 부착되어 있다.
(좌측 그림 참고)

〈측면〉 격관 위에 거중기 3대를 구성한 형태(191면 그림 참고)

예) 앞서 190면 그림으로 표현한 격관 위에 받침목, 선로, 통나무 굴림대, 썰매에 석재를 운반하는 방식이다.

이 거중기를 장소가 좁은 것에서 필자 혼자 만들었기 때문에 크기를 높이 약 1m의 소형으로 만들었다. 그러나 이것을 여러 명이 피라미드 축조 시에 실제로 사용한다면 크기를 약 9m 대형으로 만들면 수 톤짜리 석재를 충분히 들어 올릴 수 있다고 본다.

물론 이것을 고대에서는 아직 없었던 못과 접착제를 사용하지 않고 원목을 그대로 톱으로 자르고 자귀로 깍고 끌로 구멍을 파내어 목재를 암수로 서로 끼워서 견고하게 맞추어 제작하였다.

3차 공정에서 사용되는 긴다리형 거중기 형태

격관 위에서의 1, 2, 3차 공정으로 축조하는 간략한 개념도이다.

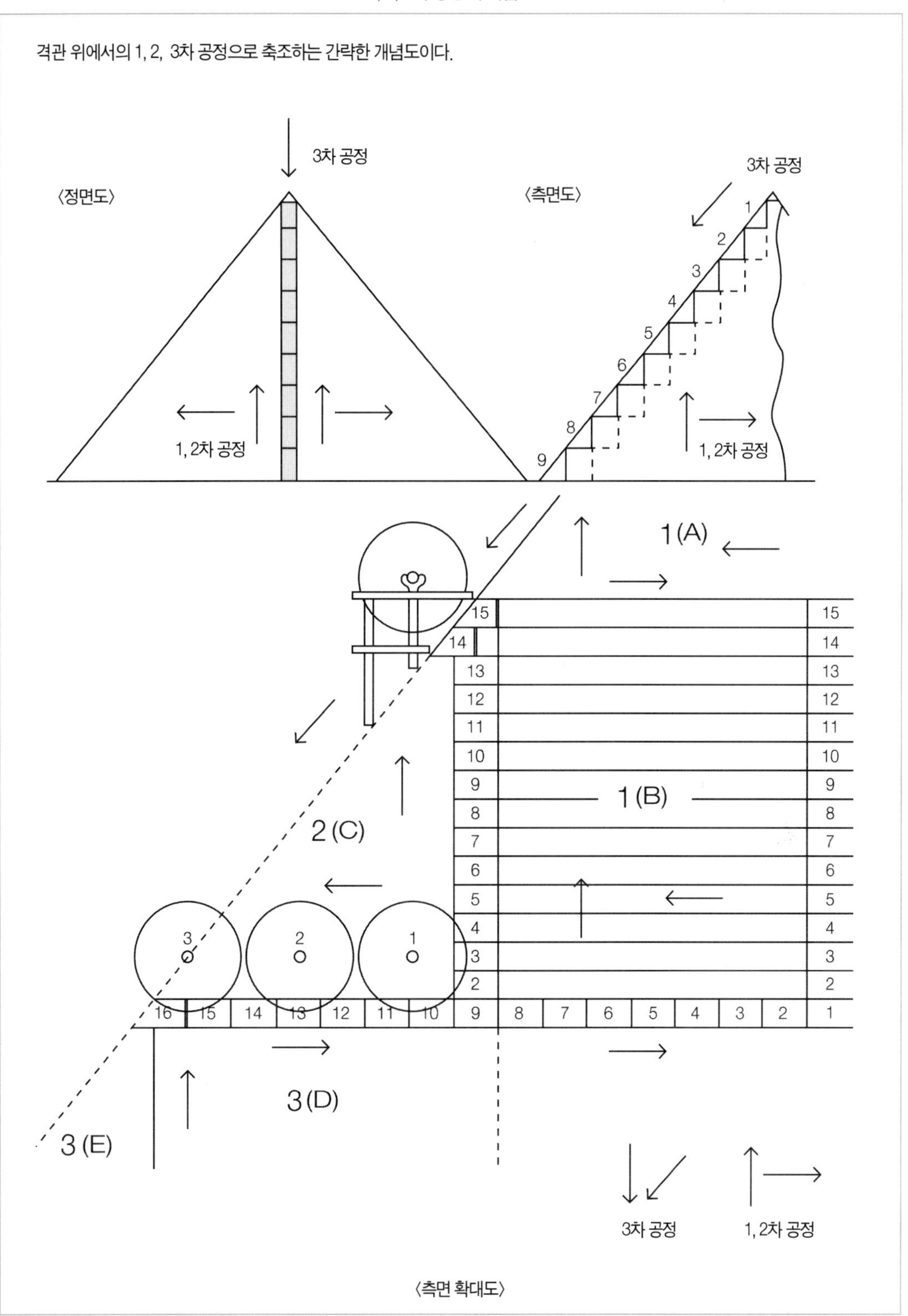

화살표와 A, B, C, D, E는 공정이고, 1~16의 숫자는 3차 공정에서 석재가 시공되는 순서이다.

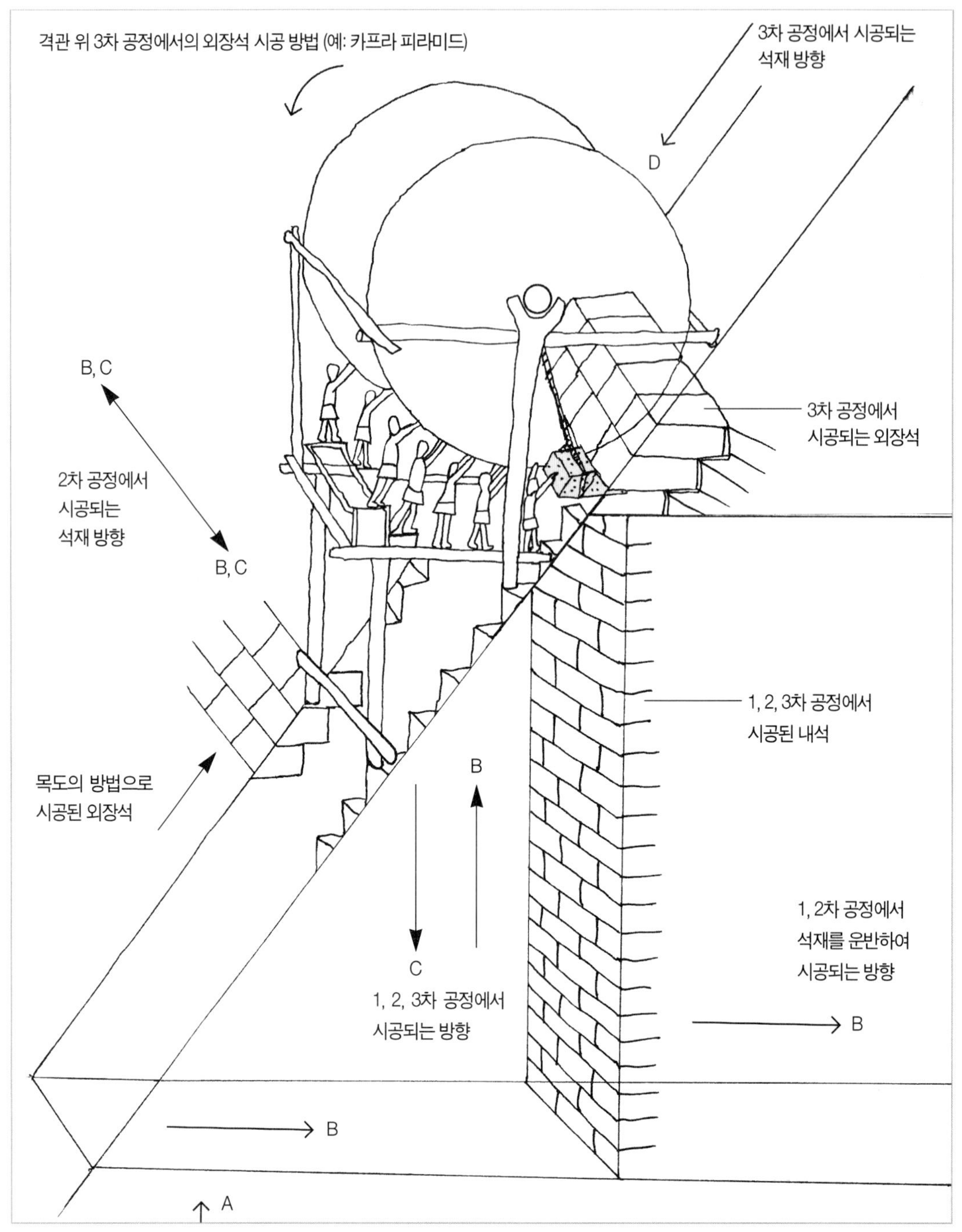

(카프라, 쿠푸 피라미드와 동일하게 3차 공정에서 약 2톤 무게의 외장석을 격관 내부에 석재를 끼워 시공하려면 목도의 방법으로는 매우 힘들다. 따라서 거중기로 외장석을 들어올려 매달린 상태에서 인부들이 내석 위에 석회반죽과 외장석 높이를 조절할 수 있는 고임돌을 놓고 구부러진 지렛대를 사용하여 줄눈에 따라 높이, 사면의 각도, 기울기, 수평 등을 동시에 맞추어 정확하게 시공해야 한다. 카프라 피라미드는 이러한 방법으로 외장석을 마감한 것으로 추정된다.)

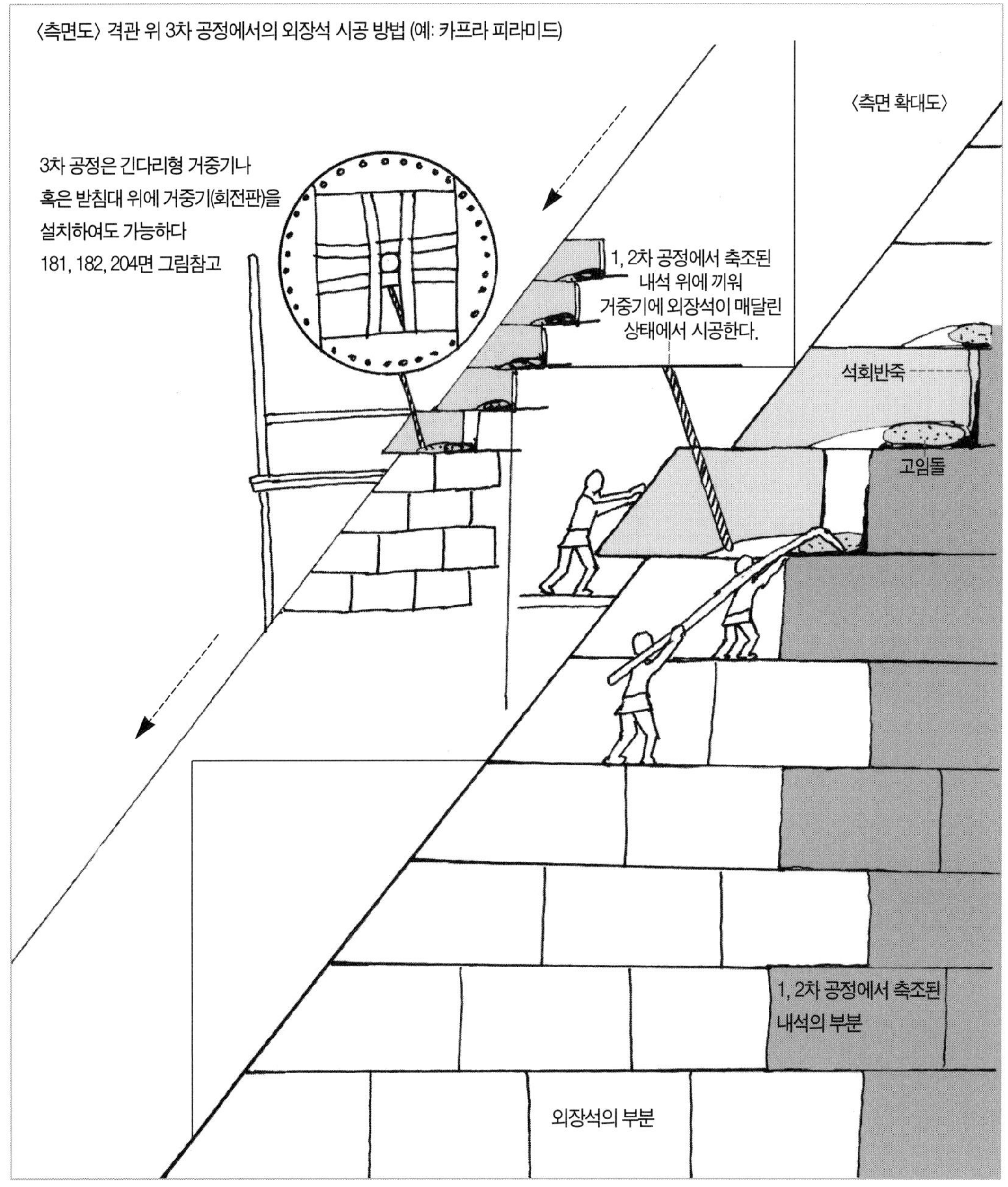

1, 2차 공정에서 축조된 내석과 외장석 (3차 공정에서 축조할 내석과 외장석의 부분)

(이와 같은 방법으로 계단으로 된 격관 윗부분 내석 위에 외장석을 시공하였을 것이다. 그렇기 때문에 카프라 피라미드 상부에 남아있는 외장석 석재는 하부의 외장석 석재를 빼내더라도 상부의 석재가 견고하게 약 4400년이 지난 지금도 맞물려져 메달려 있다. 또한 모든 외장석은 채석장에서 크기, 기울기, 표면을 다듬고 연마해야 한다. 왜냐하면 이미 시공된 후에 다듬으면 작업하기도 매우 어려울 뿐 아니라 다듬는 과정에서 모서리 부분들이 깨지기 쉽기 때문이다.)

39. 대피라미드 축조 방법(공법, 공정, 기술)의 요약

석회암으로 된 구릉지, 이 기자지구에서 필자가 만약 대피라미드를 시공한다면 199~201면 그림과 같은 방법으로 기반 석회암을 순차적으로 절단하여 여기에서 채석된 석재들로 대피라미드를 효율적으로 축조하였을 것이다. 그리고 4500년 전 대피라미드 축조 당시에도 연속적으로 이어지는 개념도와 같은 방법으로 석회기반암을 순차적으로 절단하여 채석된 석재들을 효율적으로 운반하여 시공하였을 것으로 본다.

대피라미드 축조 방법(공법, 공정, 기술)의 개념도를 요약하면 다음과 같다.

1. 석회기반암 위에서 길이를 측정(관측)하고 지하실을 구축한다. 축조 높이 약 16m까지 석회기반암을 절단하고, 대피라미드 동서남북 방향 사면의 주진입로 4개, 보조진입로 2~4개로 직접 운반하여 대피라미드를 축조하는 높이와 같게 맞춘다.

2. 절단된 석재를 축조와 함께 대피라미드 외부에서 절단된 석재를 주진입로와 보조진입로로 수평으로 운반하여 축조한다.

(바닥에서 채석한 석재를 주진입로, 부진입로 통로(피로티) 12곳 위에 거중기 12대로 석재를 끌어올린다.)

3. 격관을 형성하면서 석재를 좌우로 운반하여 피라미드 1차, 2차 공정을 시공한다. 이 공정부터 대피라미드를 완공할 때까지 9단계로 길이, 높이, 수직, 직각, 수평, 기울기 등을 종합적으로 측정(관측)한다.

4. 내부에서 종합적인 측정을 하면서 석문, 여왕의 방, 왕의 방(현실), 통로, 대회랑에 사용할 화강암의 대형석재를 서쪽 방향의 대피라미드 중심부에서 7.3m를 벗어난 곳의 격관 위에서 대형거중기로 들어 올려 시공한다.

5. 대피라미드 주위의 석회기반암을 절단하고 넓혀가면서 채석된 석재를 비축하며 1, 2차 공정에서 축조한다.

6. 대피라미드 사면 방향에서 표면의 석회기반암층 깊이 약 7-20m 절단한 석재를 사용하면서 내부를 축조한다.

7. 대피라미드 높이 약 30m, 40%의 공정 후 보조진입로를 해체하여 1차, 2차 공정에서 석재로 사용한다.

8. 긴 다리형 거중기를 상층부에서 설치하여 피라미디온을 수직으로 들어올린 후 올려놓는다.

(242면 그림 참고)

9. 피라미드 전 공정 마감과 함께 일부 넓어지는 석회기반암과 주진입로 해체 시 나온 석재를 사용하면서 상층부부터 2차, 3차 공정에서 격관 내부를 채우면서 내려온다.

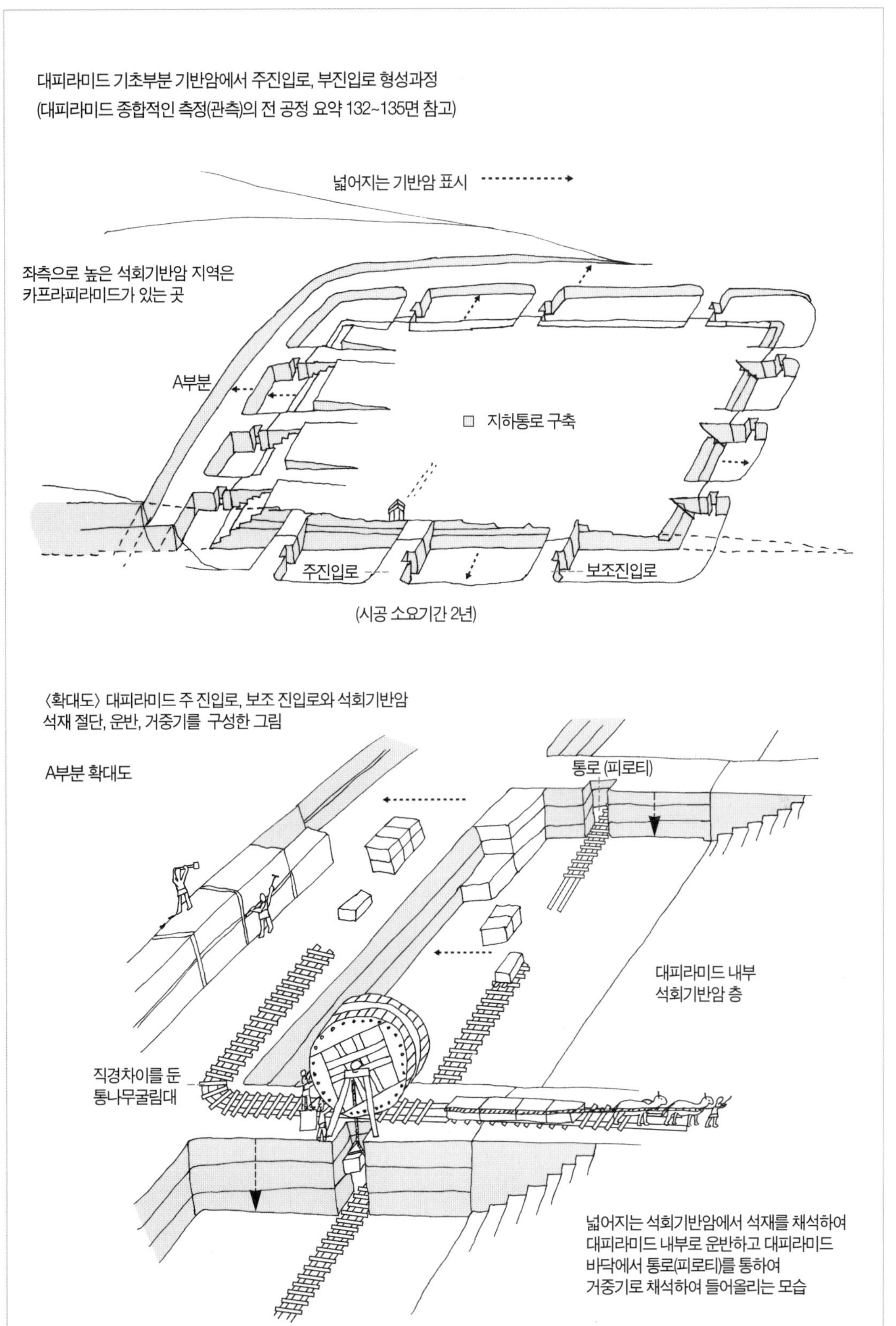
대피라미드 기초부분 기반암에서 주진입로, 부진입로 형성과정
(대피라미드 종합적인 측정(관측)의 전 공정 요약 132~135면 참고)

넓어지는 기반암 표시

좌측으로 높은 석회기반암 지역은
카프라피라미드가 있는 곳

A부분

지하통로 구축

주진입로

보조진입로

(시공 소요기간 2년)

〈확대도〉 대피라미드 주 진입로, 보조 진입로와 석회기반암
석재 절단, 운반, 거중기를 구성한 그림

A부분 확대도

통로 (피로티)

대피라미드 내부
석회기반암 층

직경차이를 둔
통나무굴림대

넓어지는 석회기반암에서 석재를 채석하여
대피라미드 내부로 운반하고 대피라미드
바닥에서 통로(피로티)를 통하여
거중기로 채석하여 들어올리는 모습

넓어지는 석회기반암을 채석하여 이 석재들을 사용한다. 그리고 부진입로의 기반암을 해체한 석재를 1차, 2차 공정에서 사용한다. (앞서 16. 피라미드의 종합적인 측정(관측)방법에서 언급하였다. 따라서 아래 그림과 같이 단계적으로 아래에서 위로 시공 해야만 수평, 수직, 직각, 길이, 높이, 기울기 등 종합적인 측정이 가능하다)

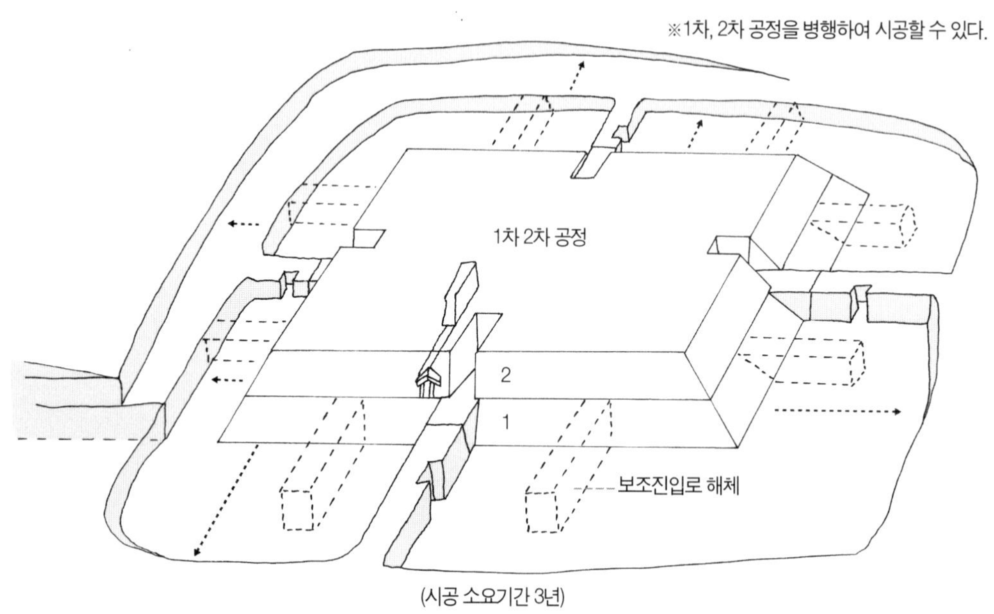

(시공 소요기간 3년)

대피라미드가 위로 시공할수록 사면 석회기반암에서 채석한 석재들로 시공하기 때문에 대피라미드 주위가 넓어지게 된다.

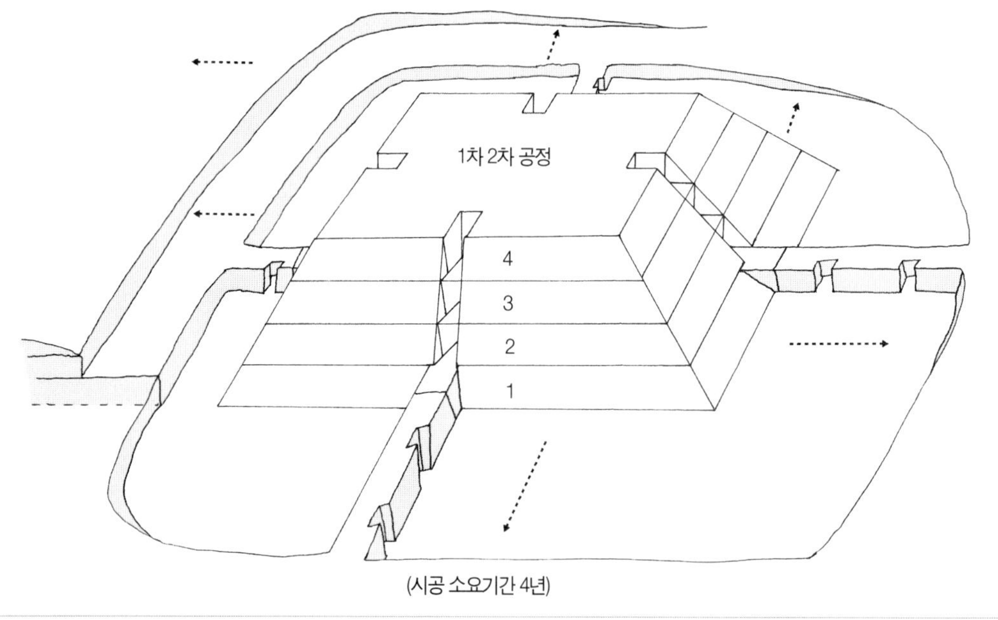

(시공 소요기간 4년)

여기에서 그림이 작아져 시공방법을 표현하지 못하였기 때문에 앞서의 188~197면까지 그림들을 아울러 보아야 이해가 된다.

넓어지는 석회기반암을 채석하여 이 석재들을 사용한다.
그리고 주진입로의 석회기반암을 해체한 석재(1~3의 순서)
를 순번대로 3차 공정(12~20의 순번)에서 사용한다.
여기에서는 독자들의 이해가 쉽도록
대략적인 공정이고 상세한 공정은
187면에 소개되었다.

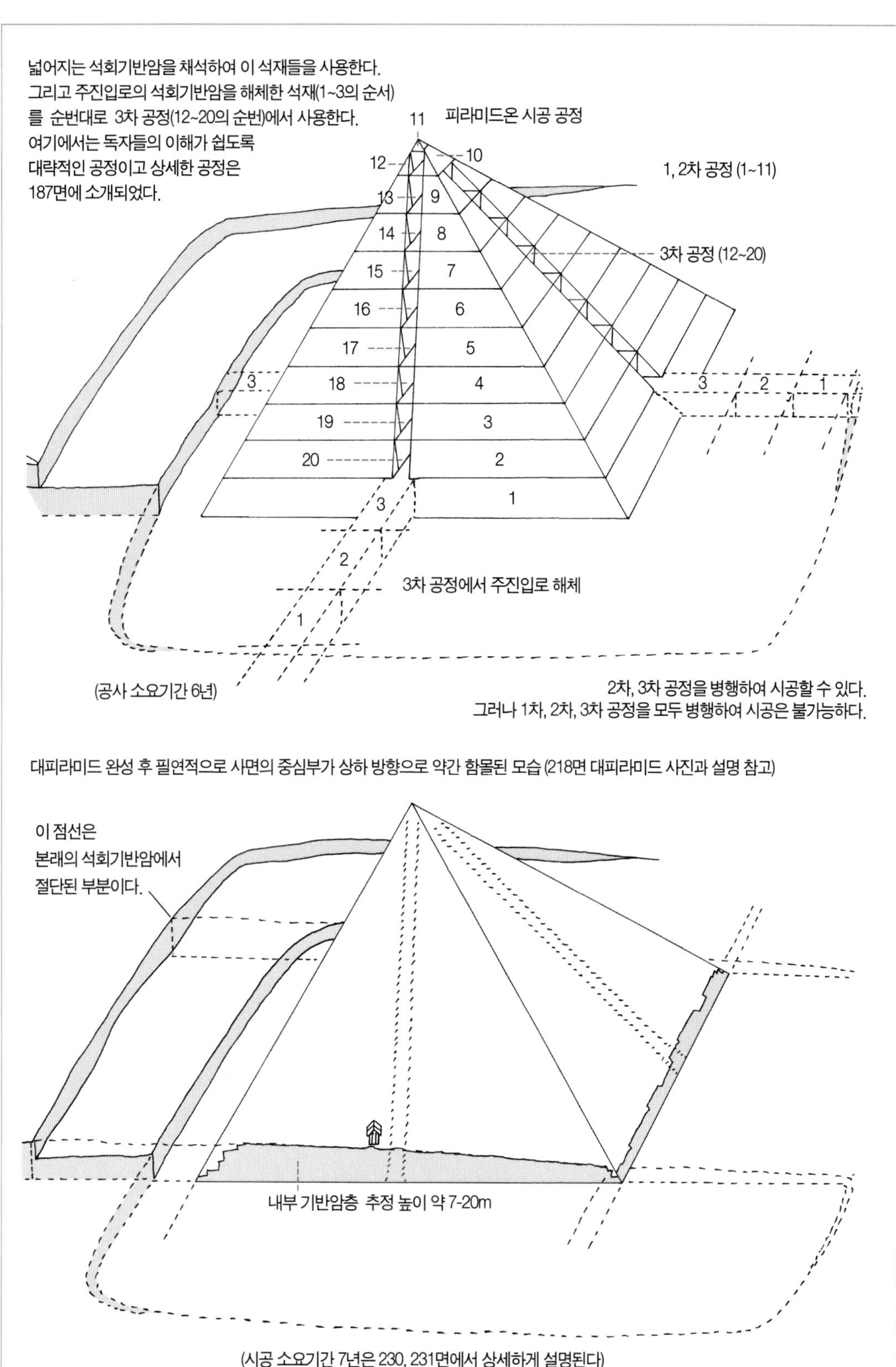

대피라미드 완성 후 필연적으로 사면의 중심부가 상하 방향으로 약간 함몰된 모습 (218면 대피라미드 사진과 설명 참고)

(시공 소요기간 7년은 230, 231면에서 상세하게 설명된다)

대피라미드 시공 시 주위에 있는 석회기반암을 절단하여서 이 석재들은 철저하게 사용하였다.

대피라미드 기초부분의 기반암층 주진입로, 부진입로 형성과정

앞서 그림으로 표현하였지만, 여기서 설명한다면 대피라미드 내부를 구성하는 석회기반 암 기초부분의 공정은 다음과 같다. 대피라미드 주위 기반암층 바닥을 점차적으로 넓혀가면서 여기에서 채석된 석재를 사용하여 먼저 내부를 축조한 후 여분의 석재를 대피라미드 중심부분에 비축하고 대피라미드 상층부로 운반하여 축조한다. 중형거중기를 사용하거나 목도의 방법으로 형성된 격관 내부로 대다수의 석재를 수직으로 들어 올리면서 수평으로 운반하여 축조하고 약 16m가 되는 높이에 석재를 계속적으로 올린다.

기반암 위에 대피라미드를 축조하는 사각형 중심에 꼭지점을 기준하여 길이, 넓이, 직각, 대각선 길이(수평) 등을 측정(관측)한다. 피라미드 사면의 각 중앙부분에 주진입로 4개 또는 보조진입로 각각 4개씩 약 16개를 남기고 이 외 다른 부분을 석회기반암과 함께 절단하여, 여기에서 채석된 석재로 대피라미드 축조에 사용한다. 또한 계획된 기반암층 깊이 약 7-20m(평균 15m)까지 사각형 대피라미드를 조성할 때 발생된 석재를 우선 대피라미드 중심부분으로 운반하여 축조한다. 아울러 대피라미드의 석회기반암 넓히는 과정에서 채석된 석재는 주진입로, 부진입로, 통로(피로티)로 운반하여 조성된 격관 위에서 거중기, 받침목, 선로, 통나무굴림대, 썰매 등의 기구를 사용하여 석재를 들어 올리고 운반한다. 대피라미드 1차, 2차 공정에서는 9단계(약 16m마다)로 1단계마다 피라미드 사면에서 거중기 12대를 동시다발적으로 석재를 들어 올린 후 중심부에서 외부로 시공하고, 상층부까지 석재를 조달하여 축조한다.

피라미드 격관 형성의 방법

피라미드를 축조하기 위해서는 먼저 격관을 형성하여 수많은 석재를 효율적인 방법으로 피라미드 사면의 하부에서 상층부로 조달해야 한다.

1. 우측에 있는 그림과 같은 방법으로 긴 다리형 거중기를 사용하여 격관 계단을 형성할 수 있다. 이것은 긴 다리형의 거중기를 사용하여 들어 올린 석재를 축조하면서 격관을 완성하는 방법이다. 긴 다리형 거중기는 바닥과 회전판 높이 약 3m, 석재 높이 약 70cm이다. 따라서 석재 4단 높이에 해당되는 약 2.8m까지는 같은 자리에서 전후좌우 방향으로 거중기에 매달린 석재를 인부들이 밀거나 당겨서 격관을 형성할 수 있다.

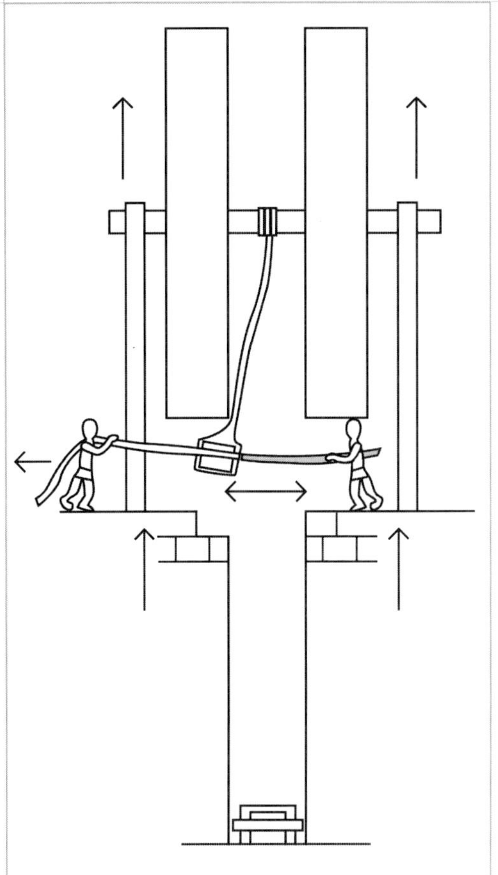

〈정면도〉 긴 다리형 거중기로 격관 형성 방법

〈정면〉 긴 다리형 거중기(2층 구조로 제작되었다)

〈측면〉 긴 다리형 거중기

2. 목도의 방법 (113면에서 소개된 그림과 같은 방법)

격관 위에서 거중기로 들어 올린 석재로 인부들이 목도의 방법으로 격관을 형성할 수도 있다.

피라미드 시공의 1, 2, 3차 공정에 따라 사용되는 거중기의 보조기구 받침대

이것은 긴 다리형의 거중기 를 사용하여 시공이 가능하지만 시공의 여건에 따라서 여러가지 거중기 받침대를 사용할 수 있다. 중형 피라미드(멘카우라, 붉은, 굴절)와 대형 피라미드(카프라, 쿠푸 대피라미드 등) 1, 2, 3차 공정의 하부부터 상층부까지 격관 계단 내부와 외부에서 높이에 따라 1~3단을 겹쳐 사용할 수 있는 거중기의 보조기구 계단식 받침대이다.

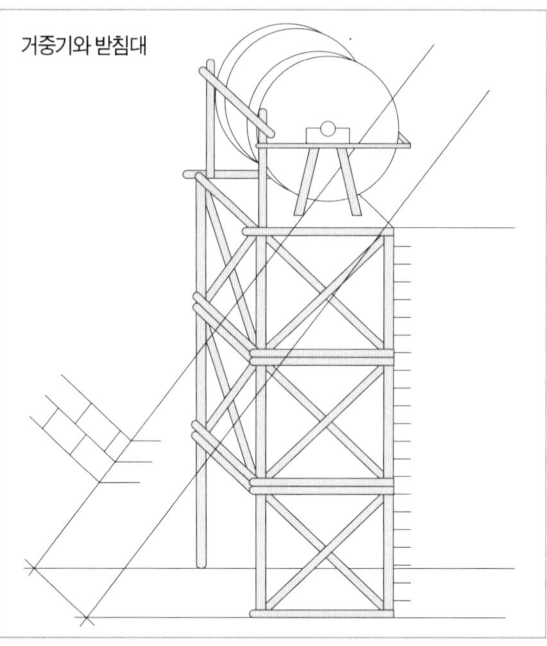

작업받침대는 피라미드 시공의 1, 2, 3차 공정에 따라 격관 내부에서 거중기의 보조기구로 회전판 앞뒤 부분에 설치하고 3단으로 겹쳐 구성된 작업받침대 위에 거중기를 설치하여 사용할 수 있다.

(거중기 중심축이 회전할 때 마찰이 적도록 U 부분에 기름을 칠한다)

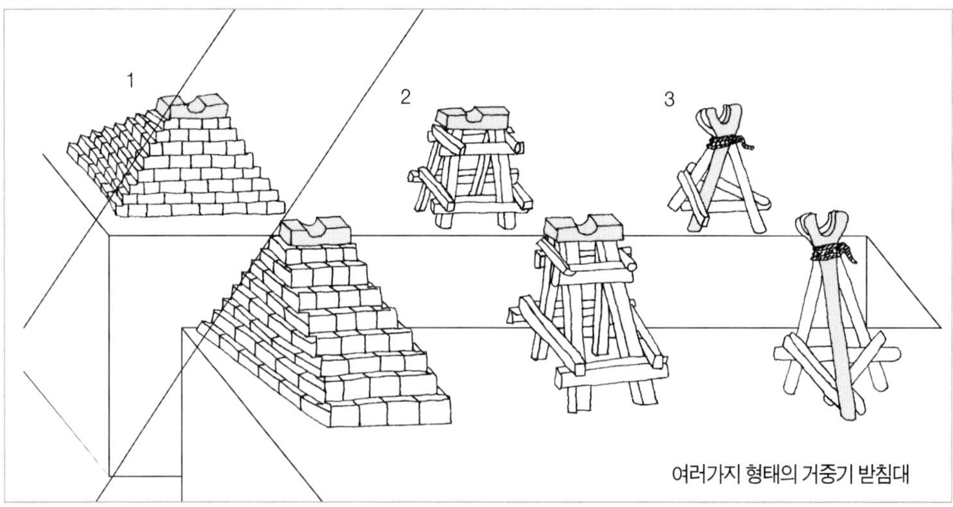

1. 거중기 중심축으로 받침석을 임시로 만들어 사용하고 모든 작업이 끝나면 이 받침석을 해체하여 피라미드 석재로 사용할 수 있다(다른 방법으로는 피라미드 내부에 축조한 석재 위에 거중기를 설치하여 사용할 수 있다)
2. 거중기 중심축 일반적인 목재로 만든 형태의 받침대
3. 거중기 중심축(피쿠스) 원목의 Y형태의 받침대
4. 격관 내부에서 1~3단의 거중기 받침대 위그림
5. 일체형으로 긴 다리형 거중기를 사용할 수 있다. (230면 사진 참고)

40. 헤로도토스 증언의 널빤지기계(거중기)와 피라미드 축조의 격관식 공법

헤로도토스의 증언(구전)은 근거가 있는가

그리스 역사가 헤로도토스(Herodotos, B.C. 484~B.C. 425)가 증언하는 짧은 널빤지 기계와 피라미드 축조의 방법을 살펴보자. 헤로도토스가 약 2600년 전 이집트 방문 당시에 사람들에게 전해들은 피라미드 축조의 방법을 설명한 이 구전을 필자는 주목하여 본다.(옛날부터 전통적으로 전해 내려오는 말들은 대체적으로 근거가 있고 신빙성이 있다고 생각한다)

구전의 내용은 이렇다.

이집트인들이 피라미드를 축조할 때 인부들이 짧은 널빤지로 된 기계로 거대한 돌들을 벽에 따라 조금씩 들어올렸다. 첫 번째 기계는 땅에서부터 첫 번째 계단까지 들어 올렸고, 그 위에 또 다른 기계가 있어서 도착한 돌을 받아 그것을 두 번째 계단으로 운반했으며 계속 그와 같은 작업을 반복하였다고 한다. 이 기계가 어떻게 작동하였는지는 설명하지 않았다. 주요 공사가 끝난 후 표면을 덮은 돌들은 상부로부터 하부로 내려오면서 붙였다고 한다.

'그것(피라미드)은 먼저 계단형으로 지어졌다. 혹자는 층층으로 쌓아졌다고도 한다. 하기야 보기 나름이니까. 이렇게 쌓아진 계단형의 각 층에 놓이게 되는 바위는 나무로 만든 장비에 매달아 올렸다. 먼저 땅에서 2층으로 올린다. 거기에는 또 그런 나무 장비가 있어서 바위를 다시 3층으로 올린다. 거기에는 또 그런 나무 장비가 있어서 바위를 다시 3층으로 올린다. 작업은 이런 식으로 계속 진행된다. 계단에는 수만큼 나무 장비들이 있었다. 장비들이 워낙 많이 필요한 경우에는 바로 밑의 것을 올려다 썼다. 내가 두 가지 경우들을 다 언급하는 것은 두 가지를 모두 들었기 때문이다. 먼저 완성하는 것은 꼭대기다. 그런 다음 차례로 내려오며 작업을 했다.'

이것을 독자들과 함께 분석해보자. 과연 이 구전에서 이야기하고 있는 피라미드 축조의 방법과 짧은 널빤지 기계는 무엇인가.

이것은 상세한 설명만 없었을 뿐 거중기의 부품 파텐을 이야기한 것이라는 것이 필자의 견해이다. 만약 구전대로 라면, 피라미드 축조 시 거중기를 사용한 것으로 추정할 수 있다. 그리고 첫 번째 계단, 두 번째 계단이라고 하는 것은 필자가 제시하는 격관식 계단 공법으로 피라미드를 축조하는 방법(공법, 1, 2, 3차 공정, 기술)과 매우 일치한 것을 알 수 있다.

필자는 이집트 구전을 헤로도토스의 증언을 전혀 염두에 두지 않고 피라미드 축조 방법 연구를 완성하였지만, 결과적으로 보면 짧은 널빤지 기계는 거중기 부품의 파텐이고, 아래에서 위로 위에서 아래로 시공한 내용을 필자가 제시하는 격관식의 피라미드 축조 방법(공법, 공정, 기술)과 거의 같은 것을 알 수 있다.

헤로도토스의 요약한 증언(구전)과 필자 견해의 공통점(비교 분석)	헤로도토스 구전의 내용	필자의 추정 내용
	짧은 널빤지 기계	파텐(거중기 부품인 회전판)
	첫 번째 계단에서 위로 석재 올리고 두 번째 계단으로……	격관식 공법의 1차, 2차의 내용과 같다
	주요 공사 마감 후 상부에서 하부로 내려오면서 석재를 붙였다	격관식 공법의 3차 공정 마감 공사의 내용과 같다

그리고 이것을 뒷받침 할만한 직, 간접적인 근거들에 앞서 166,167면에 〈31. 고대와 현대의 기술력 비교분석〉과 187면에 〈38. 대형 피라미드 축조 방법(공법, 공정, 기술)〉에서 설명되었다. 아울러 앞서 〈35. 계단식 축조 방법(공법, 공정, 기술)〉 네 가지 축조방식이 모두 가능 하지만, 고대 이집트인들은 다시 앞서 설명된 세인키 계단형 피라미드와 뒤 213면에서 설명된다. 그 근거는 멘카우라 피라미드의 내부가 드러난 곳을 보면 석재가 엇물려 쌓지 않고 공정에 의해서 수직으로 축조되었기 때문이다.

이것을 거듭 설명하면 왜 석재들을 차곡차곡 엇물려 축조하지 않고 내부를 일정한 높이까지 수직으로 축조한 것은 격관식 공법으로 축조되었다는 명백한 근거가 된다. 그리고 뒤 218면에서 이런 것이 거듭 설명 되지만 붉은 피라미드와 대피라미드 사면의 중심부가 상하 방향으로 함몰되게 시공할 수밖에 없었는지 이런 결과를 두고 이것을 어떠한 방식으로 시공한 것을 분석해 보아도 같다. 이집트 구전 즉 헤로도토스의 증언이 매우 신빙성이 높다는 것을 알 수 있다. 이것에 대한 모든 결론은 대피라미드의 시공방식이 격관식 공법으로 1, 2, 3차의 공정으로 시공하면서 많은 기술들이 포함 되었고, 거중기를 사용할 수밖에 없는 것이 된다.

41. 격관식 공법의 개념과 추정근거

격관식 공법이란

격관식 공법이라는 것은 쉽게 설명하면, 양쪽 방향에서부터 시공 후에 가운데 부분에서는 암수를 끼워 쌓는 방식이다. 필자가 축대와 담장 등을 가장 효율적으로 시공을 해 본 것이다.

격관식 공법의 개념을 좀 더 자세히 설명하면 다음과 같다.

축대와 담장을 벽돌이나 석재로 효율적으로 축조하기 위해서는 시공하는 곳에 먼저 사각 모서리 부분을 기준하여 모서리, 각도, 수직, 길이, 수평 등을 측정(관측)한 후, 먼저 사각모서리 부분부터 축조하고 축조물 내부에 돌, 흙 등을 채운 후 사면의 가운데 부분을 나중에 벽돌이나 석재를 끼워서 축조하여 완성하는 방법이다.

앞서 설명한 것과 같이 필자가 집터를 닦기 위해 경사진 암반을 L자형으로 절단하고 여기에서 나온 석재로 사각형의 축대를 효율적으로 쌓는 것과 같은 방법이다. 지금에서도 긴 담장이나 옛날의 성벽, 그리고 고대에도 피라미드를 격관식 공법으로 이것들을 쌓지 않는다는 것은 상상 그 자체가 불가능하다. 이것은 앞서 언급한 바 있는 고대 이집트에서도 사각형 토대 위에 삼각형의 피라미드를 축조하는 방법과 거의 같은 것이다. 이와 같은 격관식 계단공법으로 중형, 대형 피라미드를 축조할 수 밖에 없고 이를 뒷받침 할 직접, 간접적인 명백한 추정근거는 뒤에 상세하게 제시된다.

격관식 공법의 대한 이해

격관식 공법으로 긴 성벽을 쌓는 방법을 설명하면 다음과 같다. 약 1,000m 길이의 성벽을 석재 20단 높이로 축성한다고 치자. 그러면 한 번에 1단부터 20단 높이까지 순차적으로 성벽

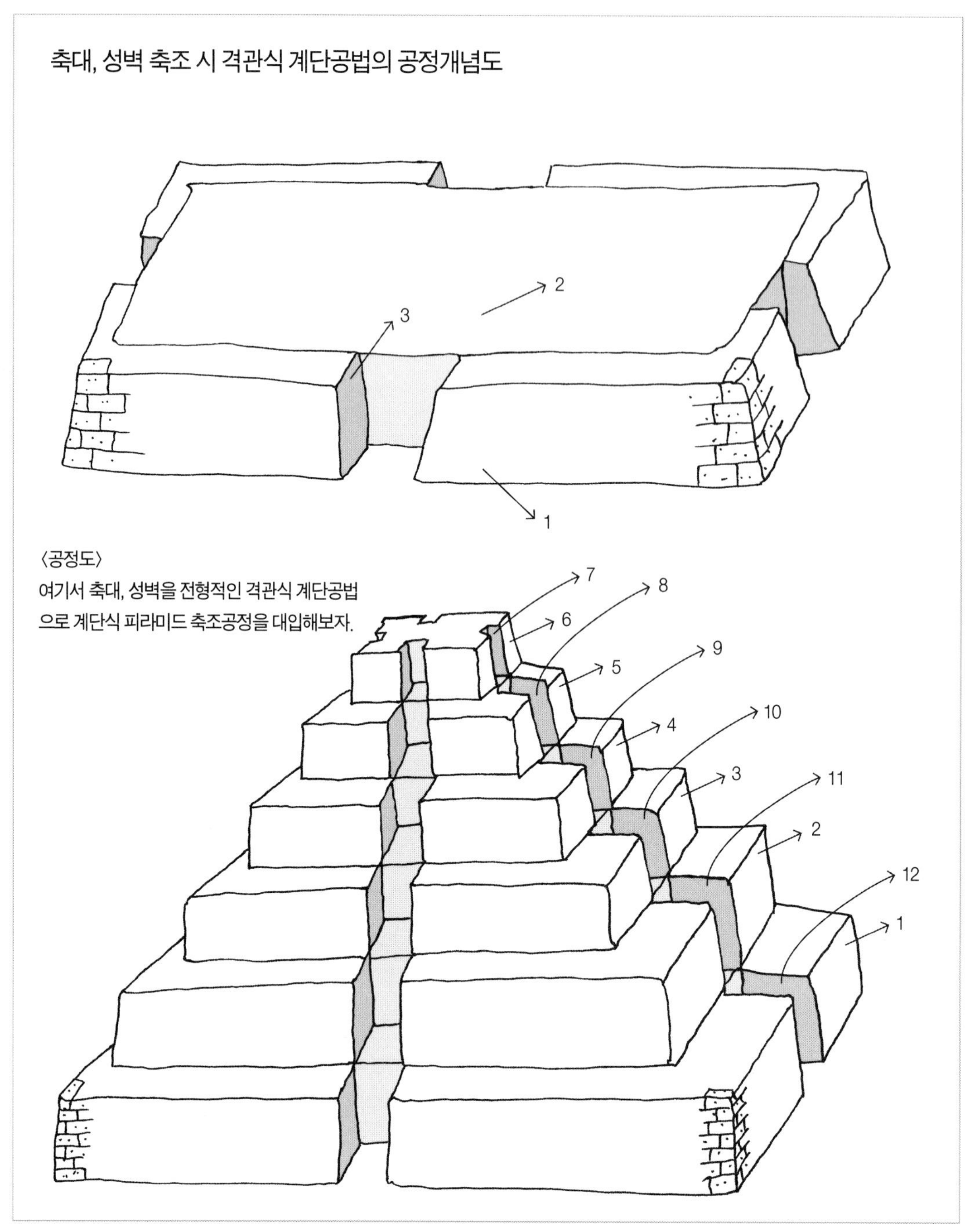

전체를 축조하지 않고 약 수십 미터씩 길이만 20단 높이까지 나누어 부분적으로 축조한 후 성벽을 완성할 때는 나머지 부분을 메워 축성하는 전형적인 방법이다.

거듭되는 설명이지만 이와 같은 방법으로 소형 일부와 중, 대형 피라미드를 아래에서 위로 공정에 따라 단계적으로 축조하였을 것이다. 석재 사용량이 적은 소형 피라미드 시공방법으로는 석재 약 80kg~1톤 정도까지는 봉분형태나 삼각형의 피라미드 외부에 이미 형성된 계단을 이용하여 인부들이 목도의 방법으로 석재를 운반하는 것이 가능하다.

그렇기 때문에 80kg~1톤짜리 석재를 사용한 피라미드는 목도의 방법으로 직접 시공하였을 것이다. 물론 여기에서도 격관식 공법으로 시공을 하였을 것이다. 대형 피라미드 시공 방법에 있어 문제는 피라미드 크기와 기울기, 1톤 이상의 석재 무게이다. 왜냐하면 피라미드 내부를 메꾸어야 할 1톤 이상의 수십만 개나 되는 상당수의 석재를 시공해야 하기 때문이다.

따라서 앞서 필자가 지적한 것처럼 고대 이집트에서도 격관식 공법으로 경사로(작업로)가 필요 없이 소형 일부와 중형, 대형 피라미드를 시공할 수 밖에 없는 것이다. 그리고 이러한 것들이 뒤에 제시되는 직접, 간접적인 명백한 추정근거를 보면 납득이 될 것이다.

격관식 공법으로 피라미드가 축조되었다는
명백한 기록과 추정근거(단서, 증거)가 있는가

이것들을 독자들에게 납득되도록 설명한다면 앞서 89면에서 세인키 계단형 피라미드를 두고 설명 했지만, 격관식 공법으로 피라미드를 축조한 근거(단서, 증거)를 열거하면 다음과 같다.

뒤(213면)에 격관식 공법으로 시공되었다고 가늠할 수 있는 멘카우라 피라미드에서 내부에 드러난 곳에서 석재를 엇물려 쌓지 않고 수직으로 축조되었고, 큰 돌들로 시공된 대피라미드와 붉은 피라미드도 사면의 중심부가 상하로 함몰된 것이 이를 단언할 수 있는 증거가 명백하게 뒷받침하고 있는 것이다.

고대 이집트 벽화를 보면 부분적으로 된 격관식의 피라미드 축조 방법으로 추정할 수 있게 표현된 것이 있다.

참고로 설명하면, 일부 학자는 고대 이집트에서는 모든 것을 기록으로 남겨 놓았는데 피라미드 축조 방법에 대해서는 아직 기록된 것이 없다고 한다.

그러나 필자의 견해는 여러곳에 기록을 남겼다고 보는 것이다. 왜냐하면 앞서 42면에 우나스 피라미드의 묘실벽 피라미드 텍스트가 있고, 뒤에 소개되는 조세르 묘역과 프라흐셉세스에서 나온 그림들이 있기 때문이다. 또한 이와 같은 기록이 있으나 여기에 대한 분석을 하고 상당한 설명을 해야 하기 때문에 부득이 여기서는 소개가 되지 않는 것도 있다.

(고대 이집트의 그림들은 모두 측면도로만 그려졌는데, 필자가 제시하는 이 격관식 공법을 그림으로 그리기에는 다소 복잡한 구조라서 입체적으로 표현하지 못했을 것이라고 생각된다.)

조세르 묘역과 프라흐셉세스에서 나온 그림들

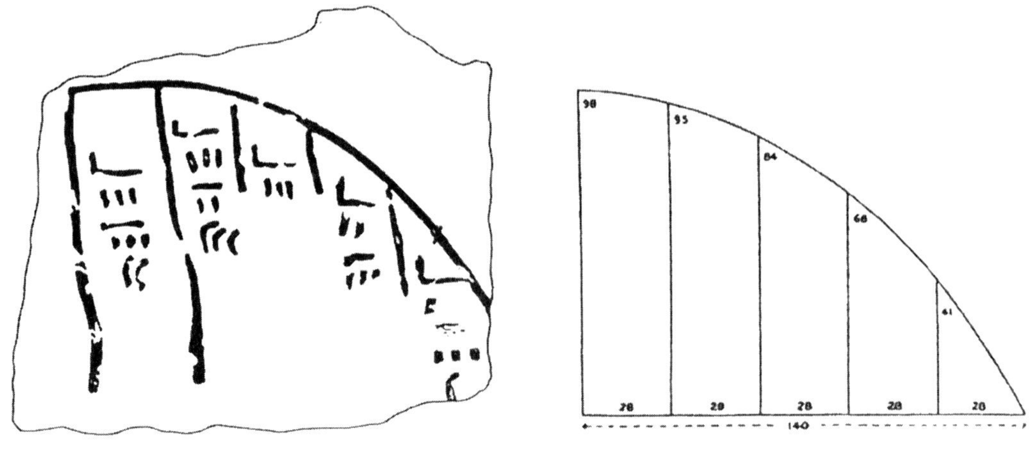

석회암 위에 조개껍질로 새긴 그림. 경사면을 표시한 척도들이 보인다. 조세르 묘역에서 나온 것(로에르)

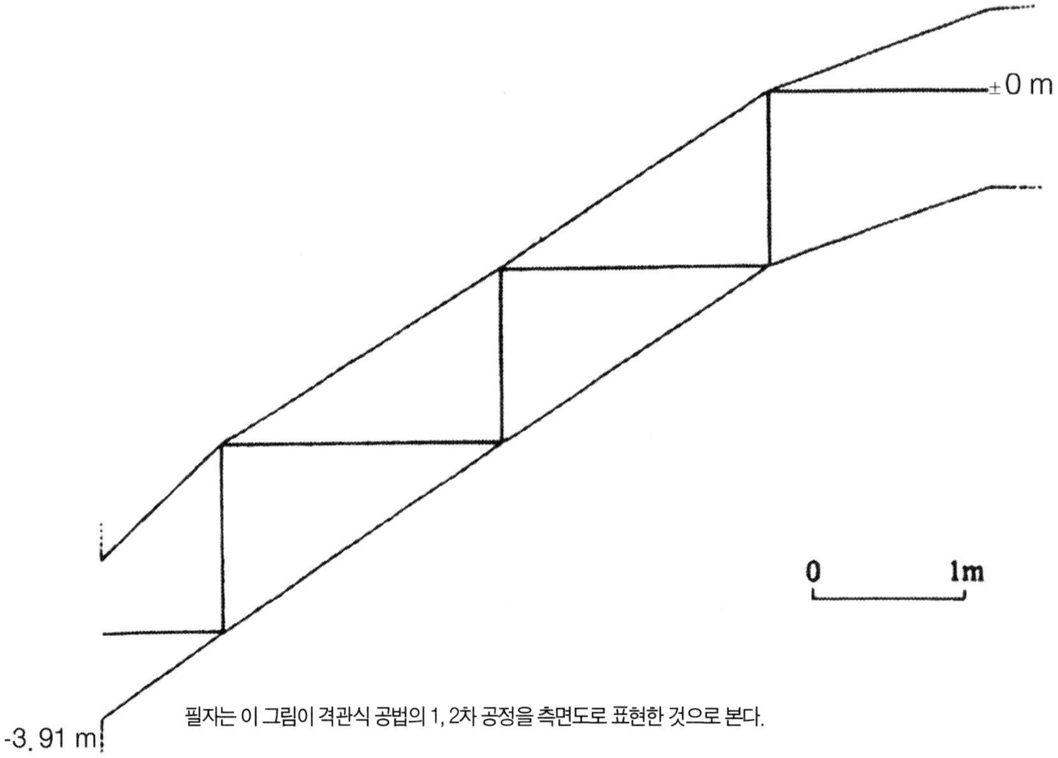

필자는 이 그림이 격관식 공법의 1, 2차 공정을 측면도로 표현한 것으로 본다.

아부시르에 있는 프타흐셉세스(Ptahschepses)의 마스타바에서 묘실로 내려가는 길의 천장에 그려진 그림

선들이 체계적으로 그려진 그림에는 90도 각도로 꺾인 모습이 보인다. 이런 간단한 방식으로 하늘로 오르는 방향과 묘실로 내려가는 방향을 표시한 것이다. 참고로 묘실은 마스타바의 바닥에서 4미터 지하에 위치한다.

42. 메소포타미아의 신전 지구라트

여기서 임호테프가 설계한 조세르의 계단식 피라미드는 이집트에만 있는 것이 아니다.

여기에 관한 세계의 피라미드에서도 있지만, 좀 더 시야를 넓혀 이집트 주변으로 눈을 돌리면 계단식 피라미드와 아주 흡사한 형태의 건축물을 볼 수 있다. 바로 약 7000년 전의 세계에서 가장 빨리 일어난 고대문명 발상지 메소포타미아 각지에 존재했다고 전해지는 신전, 지금의 이라크 지구라트(97면 그림 참고. Ziggurat. 수메르 문명 이후 바빌로니아, 아시리아의 여러 주요 도시의 신전에 있던 성탑으로 산 모양으로 쌓은 꼭대기에 제단이 있다)이다.

조세르의 기원에 관한 비문에는 이 기원 덕분에 이듬해부터 나일강의 수량이 늘어났다고 되어 있다. 나일강의 물은 원류인 청나일과 백나일에서 나온다. 그 수량에 변화가 있다면 그것은 근원이 되는 아비시니아 고원 등의 강우량이 원인이다. 큰 기복은 대략 2천 년 주기로 오르내린다.

이와 관련해 임호테프가 조세르 왕에게 진언해서 아스완의 나일강에 관계수로(제방)를 만들었을 가능성이다. 필자의 견해는 이집트에 나일강 유역에도 발달된 관계수로(제방)나 격관식 공법 같은 기술은 물을 잘 관리한 수메르 사람들처럼 관계수로를 만들었던 기술을 스스로 개발한 것은 아닐까.

조세르의 피라미드 묘역과 아부시르에 있는 천장에 그려진 그림도 이를 뒷받침한다. 이 격관식 계단공법은 성벽이나 피라미드를 효율적으로 축조할 수 있는 방법인데, 지구라트를 처음 만든 것은 우르(Ur. 바빌로니아의 옛 도시로 현재의 텔 엘 무케이야르. 1918년 영미 조사대가 발굴했다. 바빌론의 사르곤왕 치하에서는 월신신앙(月神信仰)의 성지였다)의 제1왕조인데, 때는 B.C. 2600년경으로 조세르 계단식 피라미드가 건설되기 거의 2000년 전이다. 이 지구라트는 천계와 지상을 연결하는 것으로 생각되었는데, 계단식 피라미드를 나타내는 야르가 '계단' 또는 '사다리' 라는 뜻과 각자의 기술이 발전되는 과정을 엿볼 수 있다.

우리가 이미 알고 있는 고대의 4대 문명 발상지는 상당한 거리 때문에 서로 큰 영향을 주고 받지 않고도 각자의 기술문명의 수준은 거의 같게 발달되었다.

이것을 간략하게 분석하면 인간들은 집단으로 수백 년 동안 생활하면 다양한 기술들이 개발되어 상당한 수준까지 도달한 것을 알 수 있다.

여기서 피라미드만 두고봐도 이와 같은 공통점을 알 수 있다. 앞서 세계의 피라미드에서

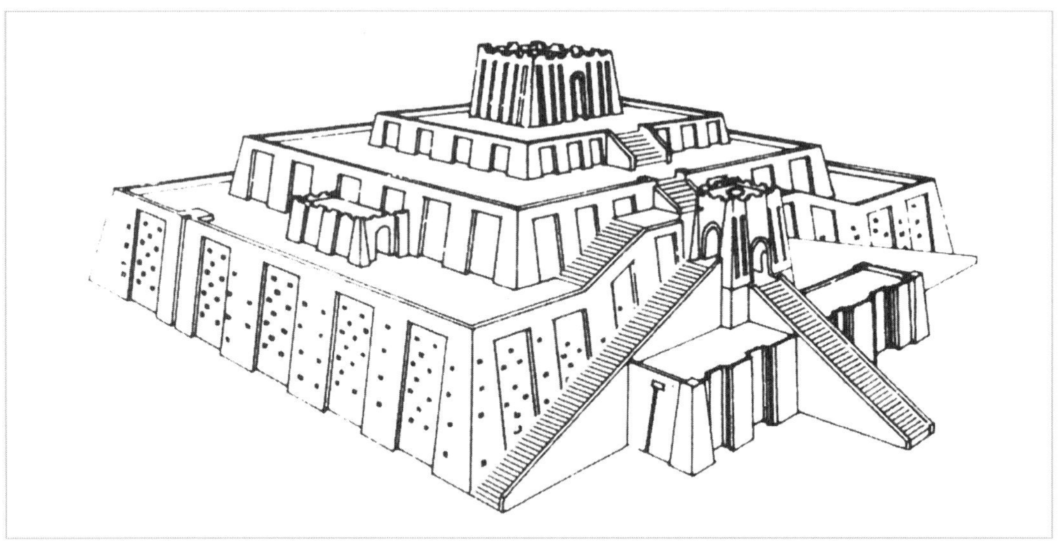

이라크 우르 제3왕조의 지구라트 복원 상상도

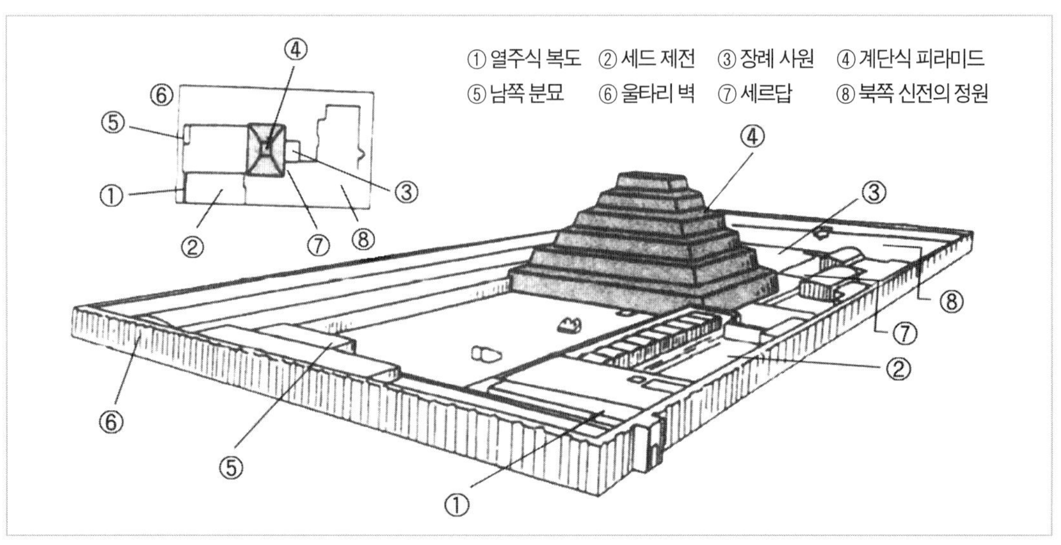

이집트 사카라 계단식 피라미드 복합단지 복원도

피라미드는 여러시대에 걸쳐 다른 이유로 축조 되었는데, 각자의 가술들만으로 충분히 피라미드를 축조할 수 있었기 때문이다.

멘카우라 피라미드의 드러난 내부 석재가 엇물려 있지 않고 왜 수직으로 축조되었는가 (멘카우라 피라미드가 격관식 공법으로 축조된 추정근거)

기자 멘카우라 피라미드의 높이 1/3 중간지점의 높이 약 15m가 마수디, 이드리시, 라티프, 마크리지 등에 의하여 훼손되었다는 곳을 보면, 피라미드 내부의 중심부가 수직선으로 축조된 것을 알 수 있다. 석재를 엇물려 쌓는 것이 견고하고 축조 시 용이하기 때문에 당연한 것이다. 그런데 왜 이와 같이 축조될 수 밖에 없는가 이것은 필자가 제시하는 격관식 공법의 3차 공정에서 축조된 부분의 격관 내부에 석재가 수직으로 축조된 것으로 추정할 수 있는 명백한 근거(단서, 증거)가 된다.

필자가 제시하는 격관식 공법으로 축조하지 않고 일반적으로 축조하는 방법인 엇물려 쌓기(꽃잎무늬 쌓기-뒤장 그림참고)로 맞물려서 축조하였다면 중간에 석재를 빼낼 수가 없다. 또한 이와 같이 내부에 축조된 석재가 수직으로 축조할 필요가 없을 뿐 아니라 형성될 수 없다. 만약 학자들의 주장대로 바닥부터 석재를 엇물려 쌓기를 하였다면, 피라미드 1/3 지점에 있는 석재를 빼내려면 석재들이 맞물려 있기 때문에 피라미드 1/3 중간 윗부분의 석재를 허물어야 한다.

이와 같이 대피라미드와 붉은피라미드 사면의 중심부 상하 부분으로 함몰되어 있는데, 이것이 대피라미드 내부에 수직으로 축조된 석재도 멘카우라 피라미드와 같이 격관식 공법으로 시공되었음을 추정할 수 있는 명백한 근거(단서, 증거)이다.

〈멘카우라 피라미드 앞에서 필자〉 멘카우라 내부가 수직으로 축조되었다.

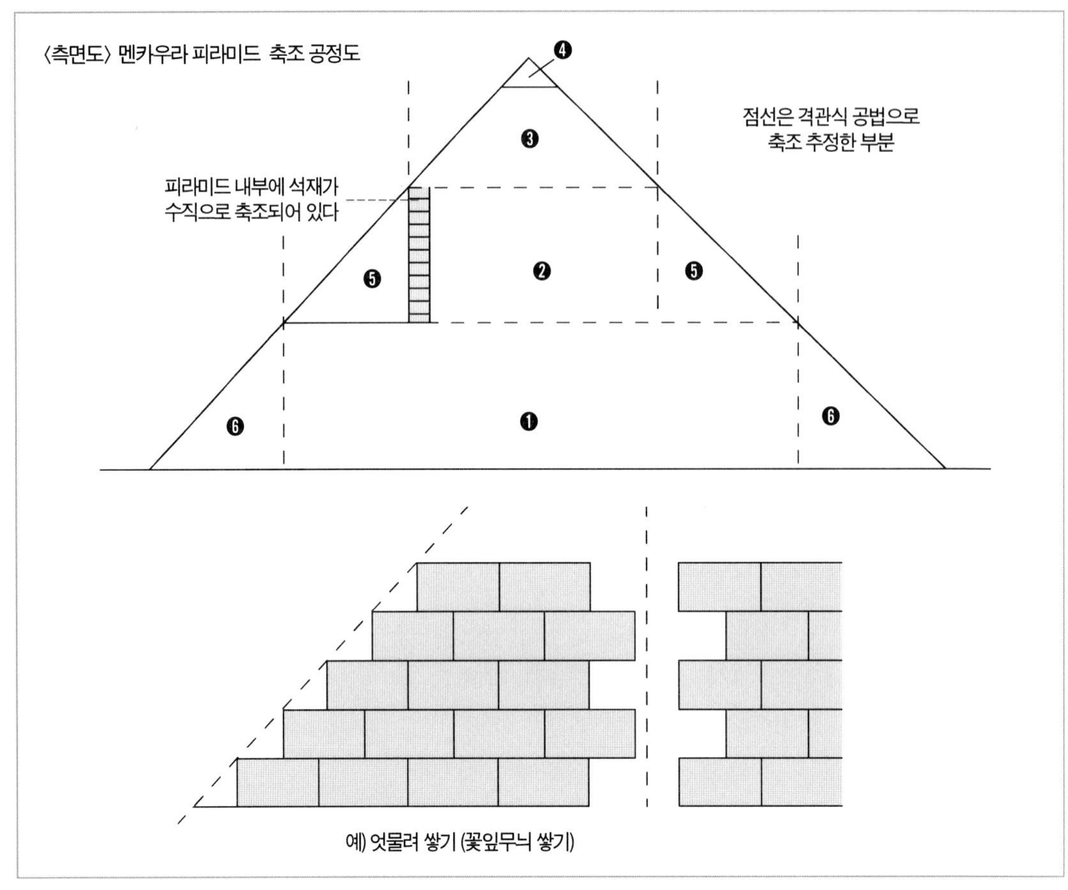

물론 불가능한 일이지만 만약 쿠푸, 붉은, 카프라 피라미드 등 외의 피라미드들을 멘카우라 피라미드와 같이 중심부에서 석재를 들어낸다면 반드시 중심 부분의 내부가 격관식으로 축조 되었을 것이다.

격관식 공법으로 피라미드를 축조한 간접적인 추정근거

필자는 여러 학자들이 허물어진 피라미드에서의 측면을 구성한 그림을 바탕으로 격관식 공법을 추정해보았다.

여기서 소개되는 여러 곳의 증축된 피라미드의 형태와 내부구조를 학자들이 단면도, 평면도로 제시한 것을 보면 격관식 공법으로 피라미드들을 시공한 일부를 확인할 수 있다.

많은 학자들의 그림에서 알 수 있듯이 많은 피라미드를 두고 단순하게 계단의 삼각형까지만 증축된 것으로 이해하였다. 그러나 필자의 시각으로는 이 그림은 피라미드 사면의 중심부분에 격관이 있고 또한 격관식 공법으로 피라미드를 축조했다고 볼 수 있는 간접적인 추정근거이다.

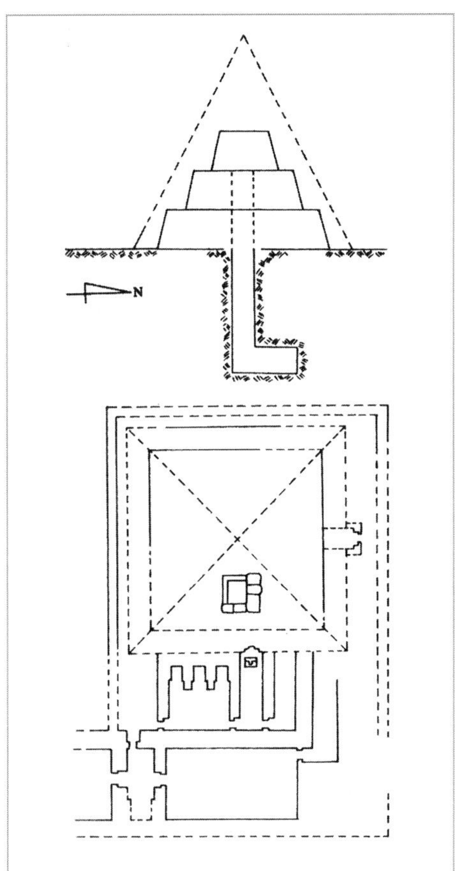

이푸트1세의 피라미드 묘역. 피라미드를 남북축으로 잘라 본 단면도와 그 평면도 (마라졸리오와 리날디)
평면도는 하와스가 1995년부터 진두지휘한 발굴작업 완성 작성된 것이다. 현재 확인된 바로는 뜰에 두 줄의 기둥이 늘어서 있다.

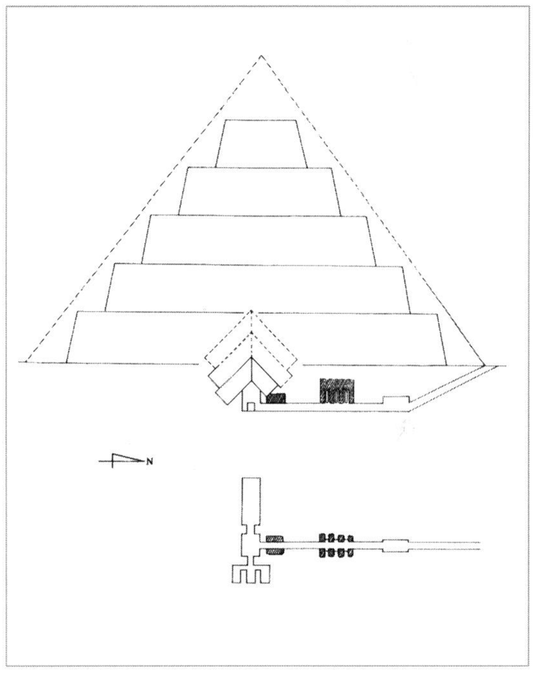

테티피라미드 지하 구조의 단면도와 평면도 (마라졸리오와 리날디)

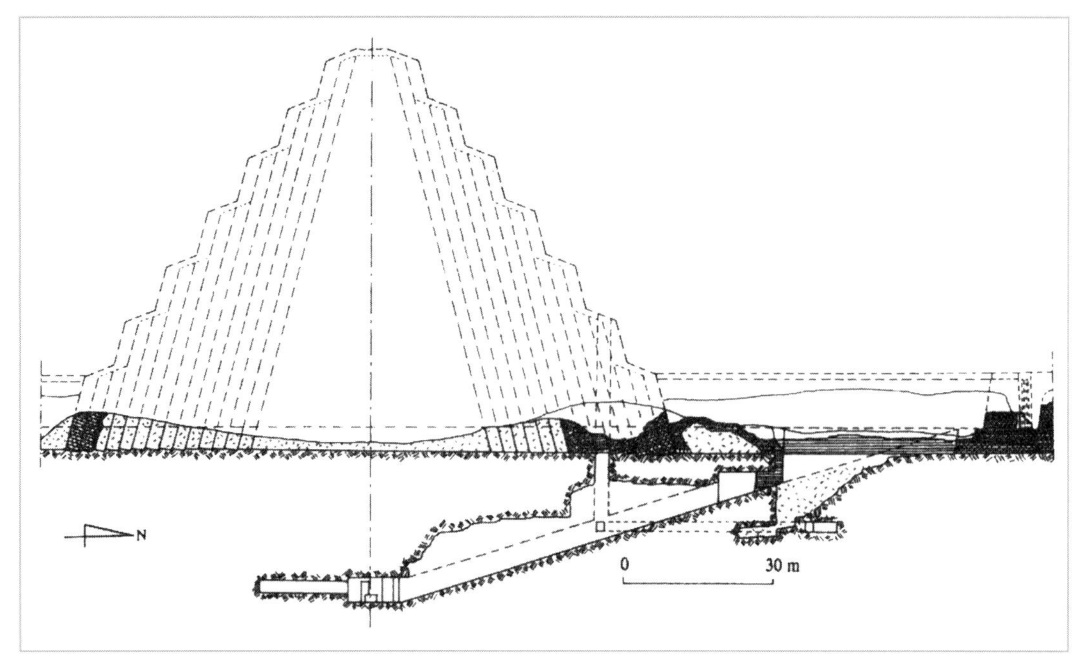

세켐케트의 피라미드를 남북을 축으로 잘라 본 단면도(로에르)

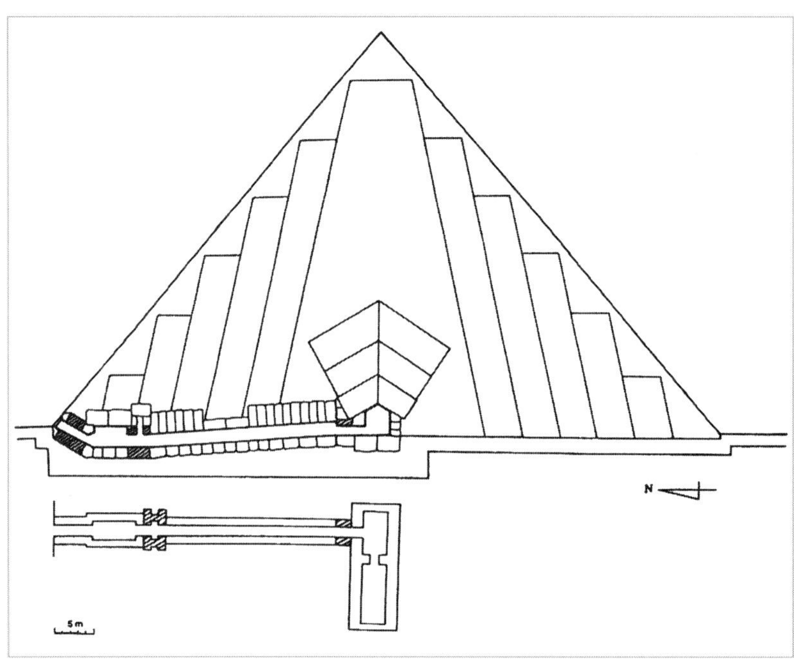

사후레의 피라미드. 남북을 축으로 잘라본 단면도와 지하 구조의 평면도(보르하르트)
중심부를 겹겹이 갖다 붙인 것처럼 표현한 것은 정확한 것으로 보기 힘들다.

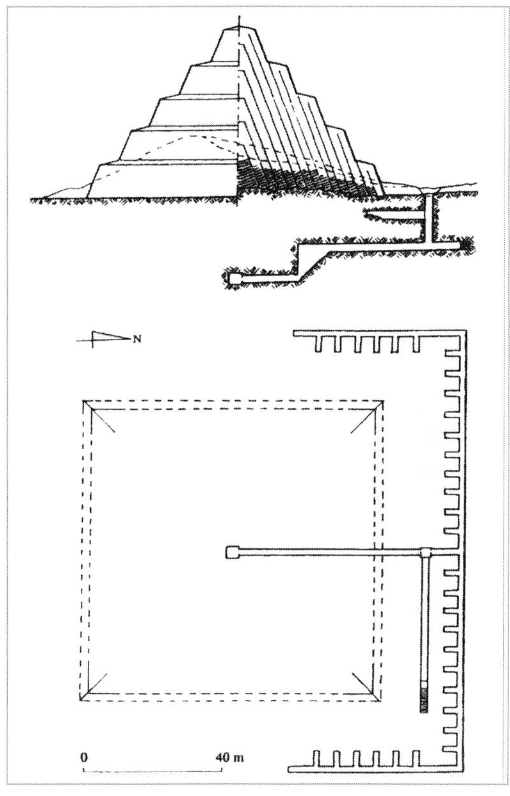

지위예트 엘아리안에 있는 중층 피라미드를 남북축으로 잘라 본
단면도와 그 평면도(로에르)

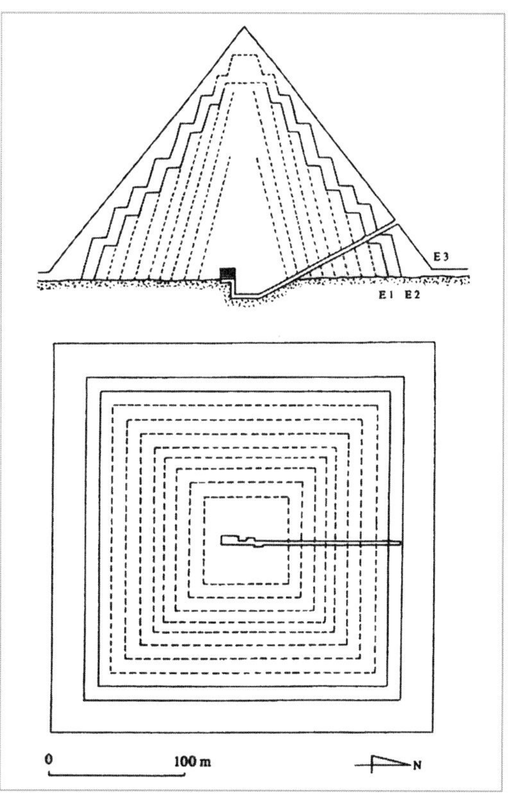

메이둠의 피라미드. 남북축으로 잘라본 단면도
밑의 그림은 위에서 내려다본 평면도 그림은 추정된 공기별 진척
상황을 나타내고 있다.(보르하르트)

피이윰의 메이둠에 있는 피라미드

라훈의 피라미드

대피라미드와 붉은 피라미드 동서남북 방향 사면의 중심부가 상하방향으로 왜 함몰되었는가
(대피라미드와 붉은 피라미드가 격관식 공법으로 축조된 추정근거)

항공사진에서 바라본 쿠푸왕 대피라미드 사면의 중심부가 상하 방향으로 함몰된 모습

항공사진을 보면 대피라미드 사면의 중심부가 아래에서부터 위 부분까지 네 곳이 약간 함몰된 것을 알 수 있다. 이것도 결론적으로 말하면 멘카우라 피라미드와 같이 격관식 공법으로 축조된 것을 알 수 있다. 그러나 앞서 37면에 이러한 이유에 대하여 일부 학자들은 대피라미드의 안정성을 고려하여 계획적으로 약간 함몰되도록 축조하였다고 주장했다.

그러나 필자의 견해는 다르다. 일부 학자들이 주장하는 것처럼 시공한다면, 구조학적으로 이것은 오히려 건축 구조물의 안정성이 떨어지는 것이다. 대피라미드가 사면의 중심부가 상하 방향으로 함몰된 이유를 상세하게 설명하면 다음과 같다. 대피라미드 축조 방법의 석재들을 모두 아래에서 위로 엇물려 시공할 수 없기 때문이다. 그 이유는 격관식 공법 1, 2, 3차의 공정에 따라서 3차 공정에 사용된 석재의 크기(무게 약 2.5톤)가 1, 2차 공정에 사용된 석재 크기보다 약간 작아야 3차 공정에서 격관 내부에 용이하게 끼워서 마감할 수 있게 된다. 목도

의 방법이나 거중기로 석재를 들어올려 시공하였거나 어떠한 방법이라도 3차 공정에서 사용되는 석재가 약간 작아야 시공이 가능한 것이다. 거듭 설명하면 1, 2차 공정의 석재 크기와 3차 공정의 석재 크기가 같아서는 격관 내부에 끼워서 시공하기가 매우 어렵게 된다. 그렇기 때문에 대피라미드 시공 당시도 이 문제를 반드시 고려하였을 것이다. 따라서 축조 이후에는 항공사진에서 보이는 것처럼 대피라미드 사면의 중심부가 필연적으로 약간 함몰돼 보이는 것이다.

즉 1, 2, 3차 공정에서 사용된 석재 크기가 같다면 이와 같이 함몰이 안 된다. 그러나 대피라미드의 경우, 2.5톤의 1, 2차 공정에 사용된 석재보다 3차 공정의 석재 크기가 약간 작으면 격관 내부에 맞추어 끼우기가 수월하게 된다. 그렇기 때문에 이와 같이 대피라미드 사면의 중심부 네 곳이 아래부터 위까지 약간 함몰된 이유는 격관식 공법으로 당연하게 축조한 것에서 찾을 수 있다. 바꾸어 말하면, 대피라미드 사면 중심부가 함몰된 것은 곧 격관식 공법으로 축조되었다는 것을 주장할 수 있는 명백한 근거(흔적)가 된다.

그렇다면 독자들은 왜 모든 피라미드는 붉은 피라미드, 대피라미드와 같이 사면의 중심부 상하 부분이 함몰되어 있지 않은가에 대한 의문점이 생긴다.
그 이유는 이렇다. 격관식 공법으로 피라미드를 축조하더라도 축조에 사용되는 석재의 형태, 수, 무게와 크기에 따라 함몰이 되고 안되는 차이가 있는 것이다.

이것을 독자들이 이해할 수 있게 설명 한다면, 앞서 설명한 바와 같이 초기 피라미드 축조에 사용된 석재 수는 비교적 적고, 장방형의 석재는 비교적 규격이 일정하지 않은 80kg~1톤짜리 석재로 축조한 소형, 중형 피라미드들은 이미 축조된 석재 위에서 인부들이 지렛대를 사용하면서 목도의 방법으로 직접 격관 내부에 석재를 끼워 맞추기가 가능하기 때문에 격관식공법으로 시공되었더라도 외부에서는 함몰된 표시가 나지 않는 것이다. (참고로 설명하면, 수백 킬로그램 석재로 축조된 성벽이나 수십 킬로그램짜리 석재로 쌓은 축대를 격관식 공법(부분 축조 방법)으로 축조하여도 부분적인 함몰이 생기지 않는 것과 같다. 또한 앞서 소개된 약 1톤 미만으로 축조된 멘카우라 피라미드와 같이 드러난 내부 외의 외부에서처럼 상하 부분에서는 함몰이 안 된 것과 같은 이치다.)
그리고 대피라미드에 사용된 석재가 2.5톤이 아니고 만약 1톤 미만의 석재를 사용했다면 사면의 중심부가 상하 방향으로 함몰이 되지 않았을 것이다.
고대 이집트에서도 당연히 이와 같은 격관식 공법으로 소형 일부와 거의 모든 중형, 대형 피라미드를 축조하였을 것이다. 왜냐하면 이러한 방법이 아니라면 도저히 높이가 수 십 m 이상 되는 삼각형의 중형, 대형 피라미드 꼭대기까지 효율적으로 축조할 수 없기 때문이다. 또한 이러한 공법을 바탕으로 중형, 대형 피라미드를 더 효율적으로 축조한다면, 앞서 설명한 격관 위의 가운데 부분에 거중기를 설치하여 석재를 축조물의 위로 먼저 올려 단계별로 시공하고, 피라미드 내부에서 시공을 하면서 피라미드 상층부부터 가운데 부분을 채우며 하부로 내려오는 1, 2, 3차 공정으로 피라미드가 완성되는 것이다.

격관식 공법으로 대피라미드를 축조하는 것을 좀더 쉽게 설명하면 다음과 같다.

우측에 있는 사진과 같은 장소에서 스핑크스 앞에 있는 밸리신전에서 이 밸리신전과 쿠푸왕 대피라미드를 같이 바라보면서 아래와 같은 상상을 하여 보면 이해가 빠를 수 있다.

계단식 피라미드 9계단(1, 2차 공정)이 대피라미드 내부에 형성돼 있고, 이 계단이 동서남북 사면에 스핑크스 앞 밸리신전과 같은 지붕이 없는 └┘자 형을 접목한다고 생각해보자. 즉, 대피라미드 높이 146.6m×내부에 있는 계단식 피라미드 9계단 높이 약 16m마다=36개의 동서남북 사면에 지붕이 없는 └┘자 형이 형성되어 있다고 보는 것이다.

그리고 대피라미드 내부에 있는 계단식 피라미드 9계단의 상층부부터 밸리신전과 같은 지붕이 없는 └┘자 형을 위에서 부터 메우면서(가운데 부분 3차 공정) 내려오면 대피라미드 시공이 완성되는 것이다.

고대 이집트에서는 └┘자 형 구조 즉 격관식을 철저히 사용된 것을 알 수 있다.

여기에 대한 근거들은 관계수로와 참배로, 멘카우라, 붉은, 쿠푸 대피라미드 등과, 스핑크스 앞 벨리신전과 오벨리스크 채석 방법, 벽 구멍으로 세우기 방법 등도 모두 이 공법으로 시공된 것을 직접적으로 알 수 있고 또한, 앞서 215~217면에 마라졸리와 리날디, 로에르, 보르하르트 등의 학자들의 피라미드를 구성한 그림에서도 피라미드가 어떻게 시공되었는지 간접적으로 알 수 있다.

또한 붉은 피라미드에서도 항공사진은 대피라미드와 같이 사면의 중심부가 약간 함몰돼 보인다고 한다. 아울러 모든 피라미드는 축조 방법(공법, 공정, 기술)의 문제 때문에 사면 중심부에 입구와 내부 구조물이 질서 있게 시공된 것도 피라미드를 격관식 공법으로 축조한 명백한 근거이다.

스핑크스앞의 밸리신전, 필자가 추정하는 선착장

　즉 이와 같은 것은 4500년 당시 고대 이집트에서 대피라미드를 효율적이고 정확하게 축조할 수 있는 유일한 방법은 격관식 공법과 뒤 232면에서 〈47. 대피라미드 축조 시 사용되는 여러가지 주요 장비(기구, 연장)에 소개되는 거중기, 창자수평측정기, 종합측정자, 청동선을 빼놓고는 거의 불가능하다고 보기 때문이다.

대피라미드 동서남북 방향 사면에서 표면의 석재는
왜 가로 방향으로 일정한 재질과 무늬로 축조되었는가

대피라미드 표면을 유심히 관찰하면 높이에 따라 여러 군데의 특정한 부분에서 같은 재질과 무늬의 석재가 가로방향으로 일정하게 배열된 것을 알 수 있다. 이런 이유는 왜 그러할까

아직까지 많은 학자들은 이러한 이유에 대하여 설명을 전혀 못하고 있다. 필자의 견해로는 이것은 대피라미드 사면의 채석장에서 격관식 공법의 1, 2차 공정에서 순차적으로 채석된 석재를 위로 운반하여 좌우 가로방향으로 여러 단계 혹은 2, 3차 공정을 동시에 시공하면서 9단계별로 일정하게 시공하였기 때문에 결과적으로 반드시 나타나는 현상이라고 보는 것이다.

이것은 격관식 공법으로 대피라미드가 축조되었다는 것을 뒷받침하는 명백한 근거이다.

참고로 학자들의 주장대로 설명하면, 만약 경사로(직선형, 나선형)의 방법으로 대피라미드를 축조하였다면 대피라미드 외부의 표면 석재 수보다 내부에 축조된 석재 수가 백 배 이상 많게 사용된다. 따라서 이와 같이 대피라미드 외부의 여러 특정 부분에서 같은 재질과 무늬의 석재가로 방향으로 일정하게 형성되지 않는 것이다.

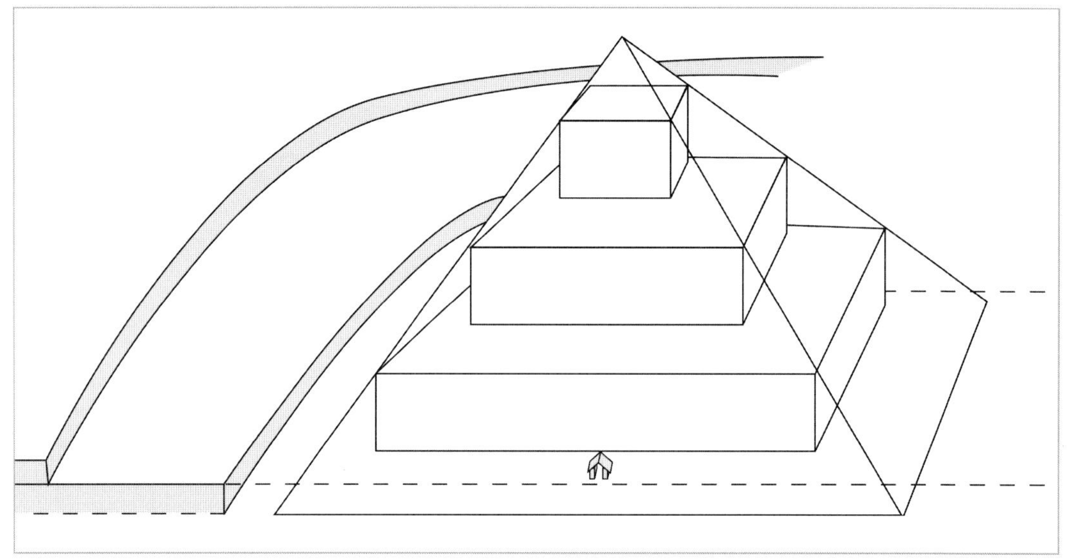

대피라미드 증축을 추정한 형태

또한 앞서 217면에 소개된 상자형의 3중 구조로 축조된 메이둠에 있는 피라미드와 같이 이 부분이 위와 아래로 증축되어서 형성된 것으로 추정되는 부분이기도 하다.

43. 대피라미드 석회기반암과 주위의 채석장

왜 기자지구에서 쿠푸, 카프라, 멘카우라 피라미드가 축조되었는가

이런 이유는 기자지구에 쿠푸, 카프라, 멘카우라 피라미드가 축조된 것은 기자지구 전체가 시루떡과 같은 석회암의 채석장과 밀접한 관련이 있다고 보는 것이다. 왜냐하면 이 기자지구 에는 아직도 대형 피라미드 10기를 더 축조하고도 남을만한 충분한 석회암이 있기 때문이다.

고대 이집트 사람들은 대피라미드 축조 전에도 백여 기의 피라미드를 축조하였고, 초기의

기자의 3대 피라미드. 좌측부터 멘카우라, 카프라, 쿠푸 피라미드

일부 소형 피라미드는 일반적으로 모래 위에 축조의 기반을 두고 있어서 오랜 세월이 지나는 동안에 피라미드 자체 하중과 지진 등에 의하여 무너지는 것을 알았을 것이다.

그래서 석재를 원활하게 조달하면서 이런 문제를 해결하기 위해 전체가 석회암 지대인 기자 지역을 선택하여 쿠푸, 카프라, 멘카우라 피라미드를 축조하였다고 보는 것이다. 그리고 많은 석재들이 필요하기 때문에 아예 처음부터 지반이 견고한 석회석 기반암을 선택하여 깎아낸 석재들로 기반암반 위에 이 3대 피라미드를 축조하였다. 즉, 지금 우리가 보고 있는 기자지역 전체의 표면은 평균 15m 정도 아래로 깎아서 노출된 것이라 추정된다.

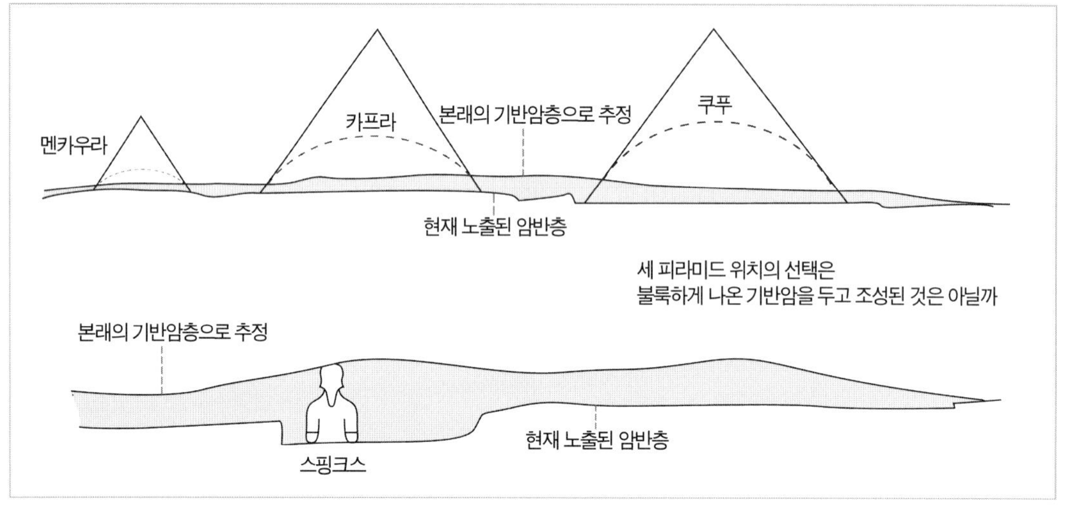

앞서 설명된 사카라 지역과 같이 이 기자지역도 완만하게 경사진 언덕위의 석회 암반층으로 형성되었다. 카프라와 대피라미드 남쪽 방향 옆에 있는 채석장의 절개면 높이 약 13m(227면 사진 참고)를 관찰해보면 상하부분으로 약 0.4~2m 정도가 퇴적층의 석회 암반층으로 시루떡과 같이 형성된 것을 알 수 있다. 따라서 이런 여건에서는 대피라미드 축조에 사용될 수많은 석재를 채석하기 위해 측면은 긴 정으로 파내거나 청동쐐기를 박아서 큰 망치로 타격하여 절단하고, 하부는 결의 틈 사이로 인부들이 긴 정으로 파내거나 여러 개의 지렛대를 사용하여 석재를 절단 분리하여 채석하는 작업이 비교적 용이하였을 것이다.

기자지구가 만약 결이 거의 없는 화강 암반층으로 형성되어 있었다면 석회 암반층과 달리 모든 하부를 절단 분리하는 작업이 매우 어렵고 많은 기간이 필요했을 것이다. 따라서 석재 사용량이 비교적 적은 소형 피라미드의 축조는 그럭저럭 가능하겠지만 대형의 쿠푸, 카프라, 중형의 멘카우라 피라미드는 축조하지 못하였을 것이다.

(참고로 설명하면, 이집트 전 지역의 암석은 거의 다 석회암이고, 극히 일부분 아스완 지역에만 화강암과 기

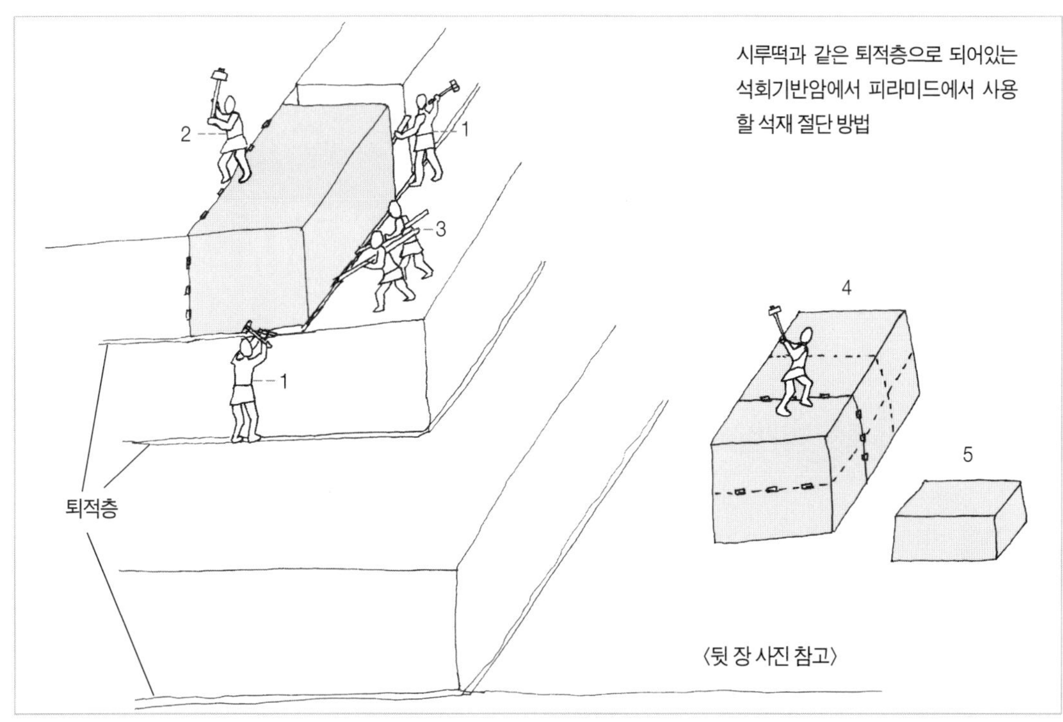

타 암석으로 구성되었다고 한다. 이것은 지정학적으로보면 이집트에서 석회기반암 절벽에 깎아서 조각된 아부
심벨 카르나크 신전 등 여러 석조 건축물과 많은 피라미드를 축조한 것과도 밀접한 관련이 있는 것이다.)

아부심벨 신전의 석회암 절벽

44. 대피라미드 축조의 기간

대피라미드의 축조 기간은 얼마나 소요되었는가

대부분 피라미드들은 효율적으로 축조하기 위해 채석장을 바로 옆에 두거나, 채석장의 기반암 위에 축조하였다. 그렇기 때문에 학자들이 주장한 피라미드 축조에 사용할 석재를 수 킬로미터에서 수십 킬로미터를 썰매 등으로 석재를 운반 한다면, 수백 년 동안 해야 하기 때문에 상상 자체가 불가능한 일이다.

많은 학자들은 석재 운반과 대피라미드 축조 기간에 대하여 각자 상당한 차이를 두고 제시하고 있다. 앞서 55면에 그리스 역사가 헤로도토스는 인부가 1년에 3개월씩 10만 명이 교대로 10년 동안 운반하였고, 인부 20만 명이 20년 동안 축조하였다고 이집트의 구전을 전하여 말하였다(이 외에도 석재 운반과 피라미드 축조기간에 대하여 36년에서 수백 년까지 터무니 없이 많은 학설들이 있지만 생략한다).

그러나 여러 학자들의 주장과 헤로도토스의 구전 등은 필자의 견해와는 상당한 차이가 난다. 이 부분은 앞서 설명된 피라미드 축조방식에 관한 증언과는 달리 헤로도토스가 약 2600년 전의 이집트 구전을 전달하는 과정이나 통역과 번역에서 상당한 오류가 있었던 것으로 추정된다(뒤 230, 231면에 대피라미드 축조 시 필요한 인부 수와 소요기간에서 설명된다).

대피라미드 축조에 소요되는 기간은 격관식 공법과 매우 밀접한 관련이 있다. 왜냐하면 학자들이 주장하는 경사로(직선형, 나선형) 축조 방법은 앞서 필자가 지적한 많은 문제들 때문에 불가능하지만, 어쨌든 이 방법은 오직 한 곳의 진입로로만 수많은 석재를 운반하여 시공할 수밖에 없기 때문에 축조기간이 상당히 길어질 수밖에 없는 것이다. 격관식 공법으로 대피라미드를 시공한다면, 동서남북 방향의 사면에서 1단계(약 16m 높이)마다 거중기 12대, 2단계 거중기 12대…… 9단계까지 약 60대의 거중기가 동시다발적으로 수많은 석재를 끌어올려 시공하기 때문에 기간이 훨씬 단축된다. (5단계부터는 거중기 8대, 7~9단계에서는 4대씩만 사용할 수 있다.)

(좌측) 쿠푸 피라미드 하단 석회기반암이 노출되어 있다. (우측) 높이 약 13m의 절개면이 약 0.4~2m 정도가 퇴적층으로 형성되었다.

따라서 경사로 방법과 굳이 비교한다면 축조에 소요되는 기간은 1/4밖에 안 되는 것이다. 이것은 경사로 조성과 해체 때 소요되는 기간은 제외한 것이고, 기간마저 축조기간에 포함한다면 격관식 공법과 비교하여 7~8배 차이가 나지 않을까. 또한 대피라미드 축조의 기간은 기자지구 전체 석회기반암 채석장과 석재 운반에 따르는 접근성, 즉 거리와도 밀접하게 관련되어 있다. 대피라미드 축조 시 선결해야 되는 가장 큰 문제는 채석된 수많은 석재들을 가능한 짧은 거리에서 운반하는 접근성 때문에 이곳을 선택하여 기자지구에서 3대 피라미드를 축조할 수 있었다고 보는 것이다.

필자는 대피라미드와 주위와 기자지구를 돌아가면서 면밀하게 조사하여 보았다. 그 결과 이 기자지구는 약 4500년 당시에는 석회기반암 언덕이었지만, 지금은 평평한 것은 3대 피라미드와 소형 피라미드 축조 당시 사용될 수 많은 석재들을 채석과정에서 나온 많은 석재 부스러기를 이곳에 버렸을 것이다. 또한 이곳의 많은 모래들은 본래부터 일부 모래는 있었지만, 수천 년 동안 바람에 날려 와 퇴적된 것이다.

그리고 앞서 199~201면에서 그림과 같이 대피라미드 축조에 사용된 대부분의 석재는 대피라미드 주위에 있었던 채석장의 석재와 같은 석회암인 것을 알 수 있었다. 이러한 이유는 대피라미드 축조 시에 필요한 수많은 석재를 대피라미드 반경 약 100~600m 내에서 원활하게 조달하고 기초의 견고성을 고려하여 아예 채석장 자체 석회기반암 위에 당연하게 대피라미드를 축조했기 때문이라고 보는 것이다.

대피라미드 축조에 사용된 대부분의 석재는 약 96% 정도가(대피라미드 내부 석회기반암 약 21% 포함)주위 채석장에서 채석된 석재였고, 나머지 내부 부조물에 사용된 4%는 다른 아스완 지역에서 운송한 화강암으로 구성이 된 것 같다.

본래의 석회기반암층 깊이(높이) 약 7-20m(평균 높이 약 15m 대피라미드 체적의 약 21%에 해당한다)를 기초 바닥 부분으로 계획하여 석회기반암층을 절단하고, 대피라미드 직사각형의 내부에서는 본래 남쪽에서 북쪽 방향으로 석회기반암층 높이 위 경사진 언덕 위의 길이 약 230m×4 면적과 피라미드 내부에 구성되는 높이 약 7-20m를 그대로 살리고, 대피라미드 하부의 외부는 깎아서 바로 그 위에 축조된 것으로 추정된다(즉, 석회기반암 위에 피라미드를 축조하는데 당연하게 석회기반암을 깎아내고 그 위에 다시 석재를 축조할 필요가 없는 것이다).

45. 대피라미드 축조 시 사용된 석재 수

대피라미드 축조에 사용된 석재 수는 과연 230만 개인가

대부분의 학자들은 대피라미드 축조에 사용된 약 2.5톤(길이 약 1.2m, 높이 약 0.7m 폭이 약 0.8m)의 석재 수는 약 230만 개로, 저변폭과 기울기 51.52° 높이를 계산하여 산술적으로만 간단하게 추정을 하여 제시하고 있다.

그러나 필자의 견해로는 학자들이 대피라미드 내부 석회기반암을 전혀 알지 못하고 이것을 계산에 넣지 못하고 주장을 하고 있다. 그래서 앞서 199~201면에 그림으로 소개되었지만, 대피라미드 축조에 사용된 실제 석재의 수는 아래의 추정근거에 의해 약 180만 개로 산출된다.

— 대피라미드 규모
1. 본래의 높이 약 146.6m(본래의 석재 단수 210단)
2. 현재의 높이 약 137.2m(현재의 석재 단수 203단)
3. 저변길이 약 230.3m
4. 부피 약 5,590,000m³
5. 무게 약 7,000,000톤

— 필자가 분석하여 추정하는 대피라미드의 내부 구성과 공간
1. 대피라미드 저변의 내부 기반암층 높이 약 20-7m(평균 약 15m) 약 21%
2. 발견이 된 현재의 내부공간과 통로, 여왕의 방, 대회랑, 왕의 방(현실) 약 3%
3. 발견이 안 된 추정하는 내부 공간 미지수

이와 같이 대피라미드 축조에 실제로 석재를 사용하지 않은 부분과 공간은 약 25%로 추정된다.

대피라미드 축조에 사용된 평균 석재 수 약 230만 개(100%)를 기준하면 실제 축조에 사용하지 않을 수 있는 석재는 약 22% 정도인 약 53만 개이다.

이와 같이 산출된 것을 근거로 필자가 추정한 대피라미드 축조에 실제 사용된 석재 수는 약 180만 개로 보는 것이다.(그리고 어쩌면 대피라미드 내부 기반암층 전체를 수평으로 본 개념인데, 내부의 석회기반암층 평균 높이를 탐사를 해야 알 수 있지만, 앞서 224면에 설명 하였지만 이곳이 지형적으로 볼록하게 형성된 석회기반암이 약 40m 이상 될 수도 있다. 그러면 석재수는 약 60만 개 이하가 되는 것이다.)

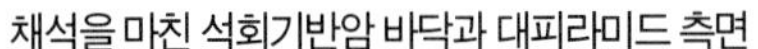
채석을 마친 석회기반암 바닥과 대피라미드 측면

대피라미드에 사용된 약 2.5톤의 석재들

46. 대피라미드 축조 시 필요한
총 인부 수와 소요기간의 대략적인 산출

인부들의 숙소

대피라미드 축조 시 필요한 총 인부 수와 소요기간은 얼마인가

앞서 〈44. 대피라미드 축조의 기간〉에서 소개되었지만 여기서 거듭 상세하게 구성해 보았다. 위 사진은 텔엘아마르나에서 발견된 인부들의 숙소이다. 이것은 필자가 분석 해 본것과 같이 대피라미드 축조에 필요한 인부 수를 약 2,400명으로 추정한 것을 뒷받침하고 일치하는 부분이 있다(참고로 스네프루왕조는 당 세대에 크기는 다르지만 피라미드 5기를 축조하였다고 한다. 이것은 피라미드를 매우 짧은 기간에 축조한 것을 반증하고 있는 것이다).

이것은 대피라미드 축조 시에 석재 약 180만 개를 기준하여 총 인부 수와 소요기간을 대략적으로 산출한 것이다.

• 약 16m 높이의 대피라미드 동서남북 방향에서 각 격관위에 중형 거중기 3대×대피라미드 4면=사용대수 12대(하루 작업 시간 약 10시간, 석재 2.5톤 기준)

• 대피라미드 동서남북 방향 격관 위에서 높이 약 16m에 하루 동안 중형 거중기 1대가 수직으로 올릴 수 있는 석재 수 약 60개(1시간에 6개)×중형 거중기 12대=하루에 올릴 수 있는 석재

수 약 720개

- 중형 거중기(반달형 파텐) 1개당 적정 인부 수 약 15명(1조)×거중기 사용대수 약 70대 =1,050명+교대할 수 있는 준비된 인부 약 210명(20%)=1,260명
- 하루에 올릴 수 있는 석재 수 약 720개×7년(2,555일)=1,839,600개(대피라미드 축조에 사용된 추정 석재 수 약 180만 개)
- 운반, 축조, 목도의 적정 인부 수 약 20명(1조)의 하루 적정작업 석재 수 약 30개×500명 (25조)=약 750개×7년(2,555일)=1,916,250개
- 석재 절단의 적정 인부 수 약 400명×하루에 인부 한 사람이 석재 2개 절단=하루 800개 ×7년(2,555일)=2,044,000개(400명+교대할 수 있는 준비된 인부 약 80명(20%)=440명)
- 약 40톤 석재 1개를 대형거중기로 약 16m 높이 격관 위까지 수직으로 들어올리는 데 필 요한 인부 약 50명(1조)
- 대형 거중기(L자형 사다리) 1대당 적정 인부 수 약 50명(1조)×하루 사용대수 약 8대=400명
- 약 40톤 석재 수백 개(스핑크스 앞 선착장에서 운반한 대형 석재로 석문, 대회랑, 여왕의 방, 왕의 방(현실) 석재 운반과 축조)
- 약 2시간×약 16m×약 40톤 석재 수백 개=800시간(100일)
- 측정(관측), 관리 감독 등의 인부 수 약 100명

(인부들은 하루 10시간 작업하고 교대할 수 있는 준비된 인부 수 20%는 6일마다 하루 휴식하는 날도 포함한 것이다.)

그리고 석재 운반이나 대형 거중기를 사용할 때 소를 이용해 인부들을 일부 대처하여 작업할 수 있다(여기서 중형 거중기는 회전판 직경이 약 4~5m, 대형 거중기는 회전판 직경이 약 9m인 것을 말한다). 4500년 전 고대 이집트 당시의 약 수십 만 정도의 인구수를 가정하고, 석회기반암이 전체적인 기자 지역에서의 작업여건 등을 고려하여 연구 분석한 결과, 그 당시 총 작업 인부 약 2,400명으로 약 7년이면 대피라미드 축조가 충분히 가능하다고 산출해 보았다.

대피라미드를 시공하는 전 공정의 여러 곳에서 위험요소가 있기 때문에 많은 인부들이 부상을 하고 숨지는 경우도 발생하였을 것이 짐작된다. 오늘의 이것을 산업재해라고 할까 그러나 앞서 인부 무덤의 내부 벽화와 같이 피라미드 건설의 인부로 선택되면 파라오와 함께 영생을 얻을 수 있다고 믿었다. 어쨌든 약 2,400명이나 되는 많은 인부들이 석재 절단, 운반, 종합적인 측정 격관 위에서 거중기로 석재를 끌어올리고…… 매우 일사불란하게 모든 공정을 조직적으로 시공을 했을 것이다. 자기 직분을 충실하게 수행하여 작업이 가능했기 때문에 대피라미드가 우뚝 세워진 것이다.

47. 대피라미드 축조 시 사용되는
여러 가지 주요 장비(기구, 연장) 추산

대피라미드 축조 시에 어떠한 장비(기구, 연장)들이 필요하였나

현대에서도 수직으로만 시공하는 일반적인 건물의 49층(층고 3m 기준, 높이 147m, 저변 길이 50㎡) 건물을 시공하려면, 여기에서 열거할 수 없을 정도로 여러 가지 많은 장비(기구, 연장)들이 사용되어야 건물을 완공할 수 있다.

그런데 4500년 전에 삼각형으로 완공한 대피라미드의 높이 146.6m, 저변길이 230㎡는 현대의 49층 건물 5개에 해당하는 연면적이다.

따라서 대피라미드 시공 당시에도 여러 가지 많은 장비(기구, 연장)들이 사용되어야 대피라미드를 약 7년 정도의 기간에 완공할 수 있다고 보는 것이다.

많은 학자들은 대피라미드 축조시 이 책의 141면에서 소개된 장비 8가지 정도만으로 시공이 가능하다고 하였다. 그러나 필자가 면밀히 분석해본 결과 이것들 만으로 불가능하다고 판단 되었다 그래서 대피라미드 축조시 아래와 같은 많은 장비(기구, 연장)들이 반드시 필요하였을 것으로 추산하여 보았다.

구성

1. 거중기(대형 10대, 중형 60대) 약 70대
2. 거중기 회전판 정지 지지목 약 300개
3. 종합측정자기구 약 60개
4. 소 창자 수평측정기구
   약 50m×7개= 약 350m
5. 청동선 약 5개×100m=총 500m
6. 선로 약 4,000m
7. L자형의 회전 선로 약 100개
8. 통나무굴림대 약 30,000개
9. 직경 차이를 둔 통나무굴림대 약 1,000개
10. 썰매 약 100대
11. 작업받침대 (거중기) 약 100개

12. 청동 말뚝 약 500개

13. 갈고리와 포대 약 200개

14. 받침목 약 120개

15. 가로 세로 지지목, 널빤지 등 약 3,000개

16. 밧줄 약 20,000m

17. 망치(대, 중, 소) 약 500개

18. 정 약 10,000개

19. 쐐기 약 5,000개

20. 지렛대 약 200개

21. 끈 약 2,000m

22. 톱 약 100개

23. 자귀 약 100개

24. 끌 약 200개

25. 세케드 혹은 메르케트, 수직측정기 약 200개

26. 접이 자(컴퍼스) 약 200개

이것을 용도별로 나누면 다음과 같다.

• 석재 절단에 사용되는 장비(기구, 연장)

— 망치(대, 중, 소), 정, 쐐기, 지렛대, 접이자(컴퍼스)

• 석재 운반에 사용되는 장비(기구, 연장)

— 목도의 운반 방법(피라미드 사면의 기반암에서 채석한 석재를 굴곡진 곳에서 운반과 1, 2차 공정에서 약 30m 미만의 가까운 거리): 가로 세로 지지목, 밧줄, 받침대

— 썰매의 운반 방법(피라미드 사면의 기반암에서 채석한 석재를 평평한 곳에서 운반과 1, 2차 공정에서 약 30m 이상의 긴 거리): 선로, 받침목, 통나무굴림대, 썰매, L자형의 선로, 직경 차이를 둔 통나무굴림대

• 측정(관측)에 사용되는 장비(기구, 연장)

— 종합측정자기구(수평, 수직, 직각, 기울기) - 세케드(직각) 혹은 메르케트, 수직 측정기(수직)

— 소 창자 수평측정기(긴 거리, 수평)

— 청동선(긴 거리, 길이, 높이), 끈, 청동말뚝 - 접이자(컴퍼스)(종합 측정자, 세케드 제작 사용)

— 소 약 300마리(석재 운반, 창자를 수평측정기로 사용)

• 축조에 사용되는 석재를 끌어올리는 장비(기구, 연장) (기반암 기초 부분 1, 2, 3차 사용)

— 거중기, 정지 지지목, 받침목, 밧줄, 가로 세로 지지목, 널빤지, 갈고리와 포대

• 장비를 만드는 연장

— 톱, 자귀, 끌, 망치

48. 대피라미드 축조 시의 목재 사용량

지구 과학자들이 말하길, 지구는 자전(매일), 공전(1년), 세차운동을 하며(세차운동 주기는 약 2만 5천 800년이고, 자전축이 21.5°~24.5° 사이에서 변화되는 주기는 약 4만 1천년, 이심률 변화는 약 10만년 주기), 따라서 지구의 세차운동 영향으로 약 4500년 전에는 중동지역 및 이집트는 밀림지역이었고, 현재는 사막이지만 또 향후 약 2만 년 후에는 다시 밀림지역으로 순환된다고 한다. 즉, 대피라미드를 축조한 고대에는 지금보다 나무들이 많았을 것이라고 추정된다.

(그동안 대체적인 학설에 의하면 이집트는 약 4500년 전 당시에도 현재와 같이 건조한 사막지역이었으므로 대피라미드 축조 시 사용할 많은 목재가 없었다고 하여, 지구 과학자들의 학설을 참고하였다.)

일부 학자들은 대피라미드 축조 시 소요되는 목재의 사용량을 무려 나무 약 2,400만 그루 몇 십만 톤이라고 주장하고 있다. 또한 고대 이집트에는 그렇게 많은 나무가 없고 오직 대추야자나무밖에 없어서 이 나무로는 대피라미드 축조가 불가능하다고 한다. 따라서 인접국가인 레바론 등지에서 삼나무를 수입하여서 대피라미드 축조 시에 사용하였을 것으로 제시하고 있다. 그러나 필자의 견해는 다르다. 왜냐하면 직선으로 된 형태 삼나무로는 효과적으로 거중기 등 장비들을 견고하게 만들 수 없기 때문이다. 그리고 대피라미드 축조 시 학자들이 주장하는 것처럼 그 많은 목재는 필요하지 않고, 다음 장에 소개되는 피쿠스 나무 약 3,000그루 1,100톤 가량이면 충분히 가능하다고 보는 것이다.

참고로 대피라미드 축조 시의 목재 사용량을 대략적으로 추정하여 보았다.

1. 거중기 1대 제작 시 목재 사용 추정량(회전판(파텐)), 반달형 파텐, L자형 사다리, 회전살, 중심축, 손잡이, 작업대) 약 5톤×피라미드 축조 시 거중기, 받침대 등 사용대수 약 70대=약 350톤

2. 선로, 썰매, 통나무굴림대, 받침목 등 목재 사용 추정량=약 500톤

3. 지지대 등 기타(여분) 목재 사용 추정량=약 250톤(목재 사용량(추정)=약 1,100톤)

대피라미드 축조 전에 다른 선대 왕의 피라미드에서 사용하였던 거중기 등 여러 가지 장비들을 재사용할 수 있다. 따라서 실제 사용하는 총 목재의 양은 약 700~800톤이었을 것으로 추산된다.

49. 특이한 형태의 이집트 가로수 '피쿠스'

특이한 형태의 이집트 가로수 (피쿠스 나무)

'피쿠스' 가로수는 왜 이집트에 있는가

필자는 이집트의 도로변에서 흔히 볼 수 있는 가로수를 이집트인에게 물어 보니까 피쿠스라고 하는 이것을 매우 주목하였다. 다른 나라에서는 거의 찾아볼 수 없는 매우 특이한 이 피쿠스 나무는 이집트에서 가로수로 사용되고 있다. 이 나무의 특징을 보면 잔가지가 없고 굵으면서도 Y, L자의 형태이다. 따라서 이러한 형태의 피쿠스 나무가 고대에도 있었다면, 목수들이 이것의 형태를 그대로 이용하여 피라미드 축조 시 사용하기에 적합한 거중기 등의 여러 가지 장비, 기구를 만들었을 것으로 생각된다.

그래서 이 피쿠스 나무가 이집트에 있는 것도 피라미드 축조와 밀접한 관련이 있을 것으

로 추정되는 부분이다. 만약 고대 이집트에 이러한 피쿠스 나무가 없고 직립으로 된 삼나무
만 있었다면 여러 가지 장비 기구들을 용이하게 만들지 못하여 많은 피라미드, 대피라미드
는 축조되지 못했을 것으로 본다.

(우측에 있는 그림과 같이 피구스 원목의 직경은 약 80cm이다. 직경이 작은 원목으로 파텐을 크게 제작하려
면 2~3개의 원목 판재를 나무쐐기를 박아서 결합하는 방법이 있다)

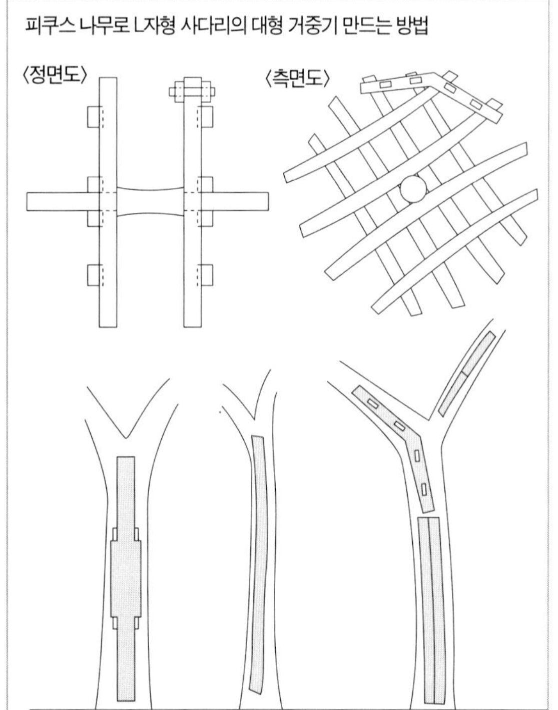

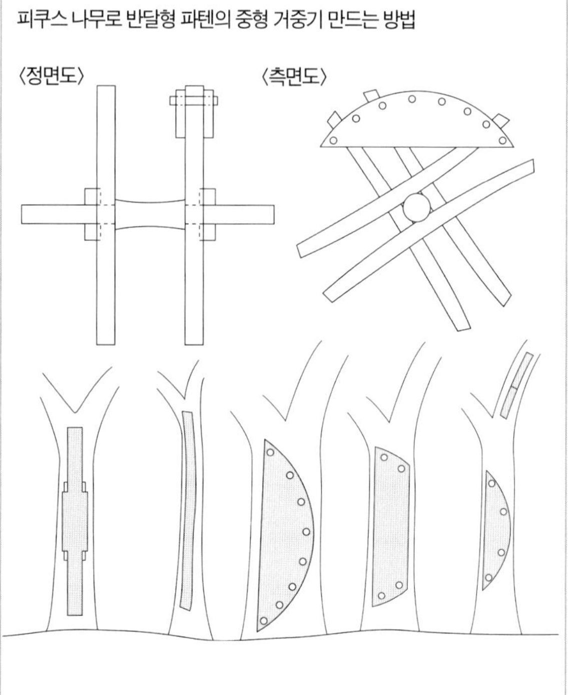

파텐으로 구성된 조립 전의 중형 거중기 형태 (L자형 사다리로 만든 대형 거중기는 161면 사진 참고)

대피라미드 축조 시에 거중기 사용 대수의 대략적인 산출

앞서 필자가 제시하는 모든 피라미드의 격관 높이가 반드시 16m는 아니다. 왜냐하면 석재 사용량이 적은 앞서 180, 181면에서 설명된 멘카우라 중형 피라미드에서는 피라미드 동서남 북 방향 사면에서 각각 거중기 1대씩만으로도 축조가 가능하기 때문이다.

그리고 파텐으로 만든 중형 거중기 직경을 약 4m로 만들어 사용하면 피라미드 기울기에 따라 격관 높이가 약 6m가 된다. 그러나 초대형 피라미드는 석재 사용량이 상당히 많아 피 라미드 사면에 각각 거중기 3대씩을 설치하여 사용해야 된다. 거중기 직경 약 4m×거중기 3대=폭 약 12m가 되고, 여기에 공간들은 약 4m이다. 즉 격관 높이가 약 16m가 되는 것이 다. 즉, 거중기 1~3대의 사용대수에 따라 격관 높이가 달라질 수 있는 것이다(거중기 받침대 높 이 1단은 약 3~5m이며, 2단과 3단의 받침대를 위로 겹쳐 사용하는 높이에 따라 격관 높이가 달라질 수 있다).

또한 격관 외부로 거중기 받침대를 설치하여 사용할 수도 있는데, 이러한 방법은 격관식 계단 높이와 거중기 폭의 크기에 구애받지 않고 격관에 거중기를 사용할 수 있다.(182면 그림 참고)

이것은 격관의 높이를 약 16m, 길이를 약 12m(3차 공정에서만 적용된다)로 추정하여 거중기 사용대수를 대략적으로 산출한 것이다.

높이 146.6m의 대피라미드 축조 시 동서남북 방향 사면의 9계단(약 16m)에 동시 다발적으 로 필요한 거중기 사용대수는 최대 70대 정도이고, 대피라미드 축조기간에 따라 기반암 기 초 부분, 1, 2, 3차 공정에서 거중기 사용 대수를 탄력적으로 증감할 수 있다.

대피라미드 중간지점 약 84m를 기준하여 위 부분부터는 (약 16m 높이 마다) 아래 부분부터 는 약 70m지점에서 사용한 거중기 약 25~30대를 탄력적으로 감축하여 약 84m의 부분부 터 위로 1, 2, 3차 공정에 따라 재사용할 수 있다.

대피라미드의 석문(입구)이 왜 바닥에 있지 않고 15m 높이 위에 있는가

대피라미드 북남 방향의 중심부에서 동쪽 방향으로 보면 누군가에 의하여 빼내어져 외석 이 드러난 석문이 7.3m를 벗어나게 축조된 것을 알 수 있다.

일반적으로 모든 건축물의 문은 입구 바닥의 높이와 일치하게 조성하는데, 대피라미드는 바닥에서 15m 높이 위에 석문(입구)이 있다. 왜 그렇게 15m 높이에 석문을 만들어 놓았을까. 이것은 대피라미드를 축조할 때 원래의 기반암 바닥에서 석문을 만들어 놓은 후 아래 석회 기반암 부분을 절단하여 나온 석재를 사용하였기 때문에 15m 깊이까지 파내려가서 결과적 으로 석문이 위에 있게 된 것으로 본다. 그리고 앞서 222면에 설명되었지만, 대피라미드를 증축한 것은 아닐까.

대피라미드 입구 석문이 왜 중심부에서 7.3m 벗어나 있는가

이것의 이유도 필자가 제시한 대피라미드를 격관식 공법으로 시공하는 것과도 매우 밀접 한 관련이 있다고 본다.

왜냐하면 대피라미드가 완공할 때까지 1, 2, 3차 공정에서 사용될 많은 석재들을 격관 내 부에 석재들을 운반하는 것을 고려하였기 때문이라고 보는 것이다. 즉, 이 석문을 아예 시공 당시에 중심부에서 7.3m 벗어나게 하여 격관과 별도로 시공할 수밖에 없는 것이다.

거듭 설명하자면 대피라미드 축조 당시에 이 석문은 격관의 위치에서 7.3m 벗어난 곳에 서 약 15m 높이에서 시공된 것이다.(200면 그림 참조)

따라서 이와 같이 카프라, 멘카우라 피라미드도 석문이 높은 위치에 있다(224면 그림 참고)

대피라미드 하부에서 높이 약 15m 지점에 축조되어 있는 석문의 八자형보의 상단석 하나 는 수십 톤의 대형석 아치형 구조물인 것을 알 수 있다. 석문(입구)에 있는 수십 톤짜리 대형석

쿠푸 피라미드의 석문 (약 15m 높이에 위치에 있는데 대피라미드 내부 기반암 위에 시공 되었을 것이다)

재를 어떠한 방법으로 八자형보로 시공하였을까? 현대에서도 조선소에 사용하고 있는 초대형 크레인으로만 수십 톤짜리 자재를 들어올릴 수 있는데, 그나마 이곳은 시공할 수 있는 입지(공간)마저 좁아서 대형 크레인의 설치가 어렵기 때문에 시공이 거의 불가능하다. 과연 고대에서는 이러한 대형 석재를 어떻게 들어올려서 시공하였나.

필자는 이러한 입지에서 대형석으로 八자형보의 아치형 구조물을 시공하는 방법으로 구조물 내부에 받침대(비계), 잡석, 목재 등으로 지지대를 설치하여 보강하고 많은 인부들이 목도의 방법으로 시공이 가능하지만, 대형거중기로 대형석재를 들어 올려서 시공하는 방법(공법)을 그림으로 구성하여 보았다. 그리고 중심부에서 7.3m 부분에 석문을 시공한 후에 윗 부분을 약 2.5톤 석재로 1, 2차 공정에서 채워 완공하는 것이다.

석문(입구)에 사용된 수십 톤이나 되는 대형 석재를 어떠한 방법으로 시공하였나

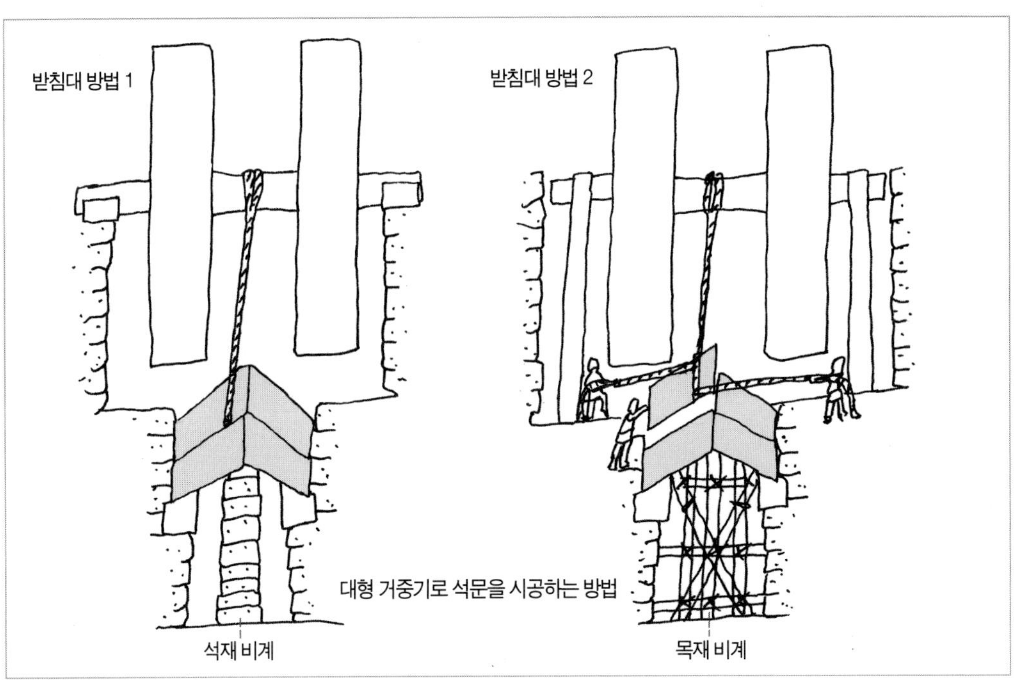

50. 피라미디온(꼭지점석) 시공의 방법

피라미디온(꼭지점석, 일명 관석이라고도 한다)

　1980년대에 독일 고고학 연구소 팀이 다호슈르의 붉은 피라미드의 동쪽 발치에서 발견한 석회암 피라미디온을 발견했다. 아래 사진은 그것을 복원한 것이다. 본래는 하나의 석재로 4~6톤의 무게로 추정하고 있다.

피라미디온을 어떠한 방법으로 올려놓았는가

카프라 143.5m, 기울기 53.10°, 쿠푸 146.5m, 기울기 51.52°, 이런 매우 가파른 곳에서 건축물의 시공조건은 현대에서조차 타워 크레인마저 설치가 쉽지 않은 난해한 조건이라 4~6톤이나 되는 피라미디온을 올려놓기가 거의 불가능하다.

그런데 과연 고대에서는 140m 이상 되는 높이 위에 피라미디온을 끌어 올리는 것도 문제지만 이것을 어떻게 작업공간이 없는 뾰족한 곳에 올려놓을 것인가. 이것 역시 잃어 버린 기술이 아닐까. 아르놀트는 이 문제에 대해 대피라미드 내부에 가파른 계단길을 만들어 처리했을 것이라는 막연한 짐작을 내놓았다.

다른 학자들도 여기에 대하여 납득할 만한 학설을 제시하지 못하고 있다. 다만 프랑스의 장 피에르 우댕은, 앞서 94면에 관한것을 3D로 구성한 것을 필자가 보았는데, 전혀 납득할 만한 공법, 공정과 많은 기술적인 요소도 없이 피라미드 상층부까지 이미 올려놓은 피라미디온을 피라미드 상부에서 삼발이 형태로 지지목의 가운데에 밧줄을 묶어 피라미디온을 돌려서 고임목을 계속 받쳐 올려놓았다고 주장하고 있다.

그러나 이러한 방법은 실제로 매우 비효율적이거나 불가능하다.

필자가 만약 피라미디온을 몰려 놓는다면 다음 장에 그림으로 제시되는 격관식 공법으로 피라미드 상층부로 조달하여 뾰족한 상층부에 거중기를 설치하면 어렵지 않게 피라미디온을 올려놓을 수 있다.

필자가 카프라, 쿠푸 피라미드 꼭대기에 올라가 축조된 석재 형태를 관찰한다면 정확하게 어떤 방식으로 피라미디온을 어떻게 올려놓은 것인지 알 수 있겠다.

대피라미드 뾰족한 꼭대기에 이러한 형태의 거중기를 설치하여 피라미디온을 올려놓지 않았을까

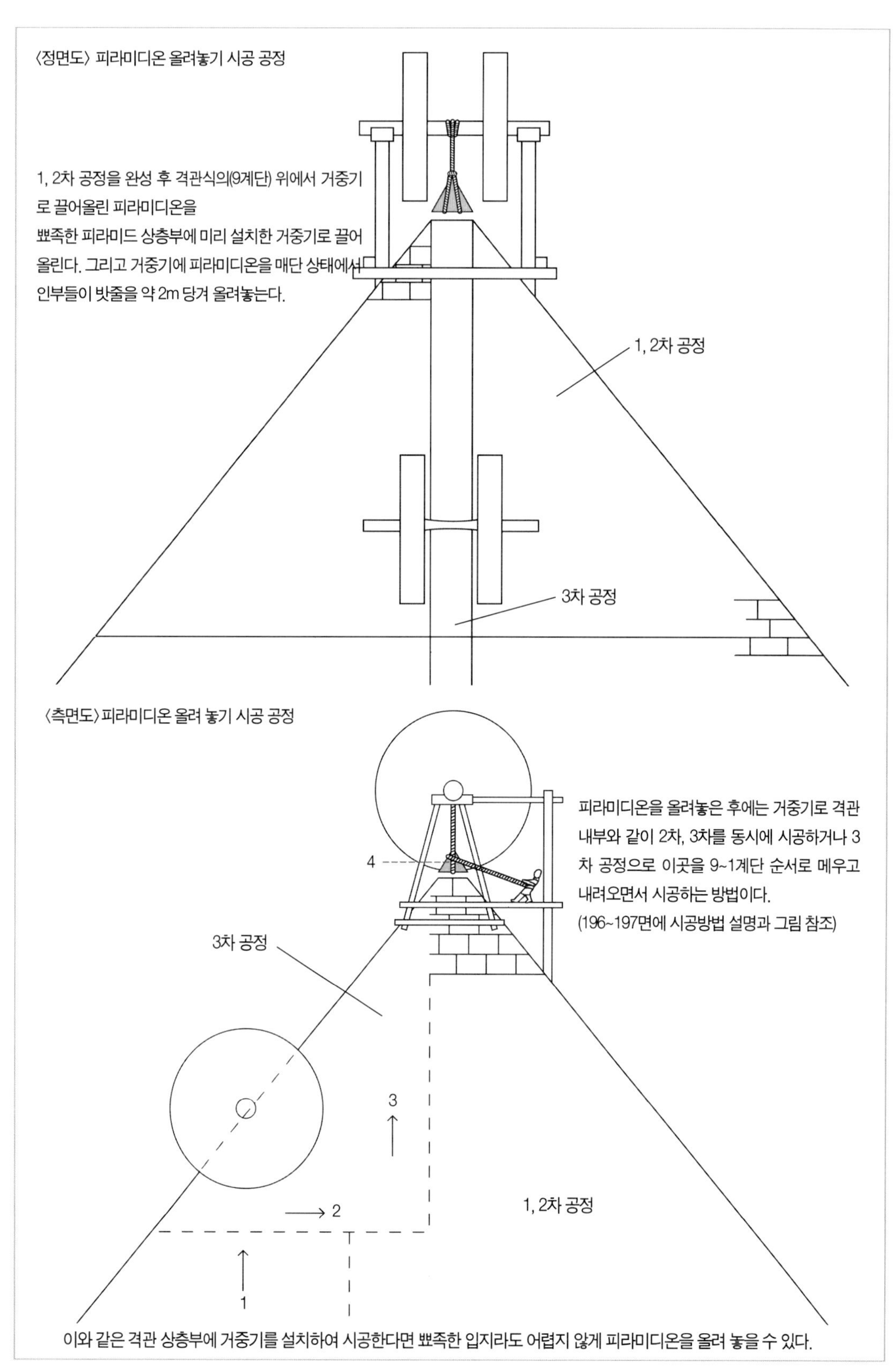

〈정면도〉 피라미디온 올려놓기 시공 공정
1, 2차 공정을 완성 후 격관식의(9계단) 위에서 거중기로 끌어올린 피라미디온을
뾰족한 피라미드 상층부에 미리 설치한 거중기로 끌어올린다. 그리고 거중기에 피라미디온을 매단 상태에서 인부들이 밧줄을 약 2m 당겨 올려놓는다.
1, 2차 공정
3차 공정
〈측면도〉 피라미디온 올려 놓기 시공 공정
피라미디온을 올려놓은 후에는 거중기로 격관 내부와 같이 2차, 3차를 동시에 시공하거나 3차 공정으로 이곳을 9~1계단 순서로 메우고 내려오면서 시공하는 방법이다.
(196~197면에 시공방법 설명과 그림 참조)
4
3차 공정
3
2
1, 2차 공정
1
이와 같은 격관 상층부에 거중기를 설치하여 시공한다면 뾰족한 입지라도 어렵지 않게 피라미디온을 올려 놓을 수 있다.

51. 대회랑 시공의 방법(공법, 공정, 기술)과 추정근거(단서, 증거)

대회랑, 벽면의 벽감과 받침대 위에 난 구멍들이 보인다.

대피라미드 내부의 대회랑 하부에 있는 54개의 구멍을 왜 만들어 놓았는가

대회랑을 왜 만들어 놓았는지는 알 수 없지만, 54개의 구멍을 만든 것은 반드시 이유가 있는 것이다. 뒤에 그림으로 소개되는 공법으로 시공하였을 것으로 추정된다. 대피라미드 내부 중심부 약 60m 위에 남북 방향으로 조성된 대회랑 하부의 양방향으로 54개의 구멍을 왜 뚫어 놓았는가에 대하여 아직도 많은 학자들은 납득할 만한 해석을 내놓지 못하고 있다(다만 앞서 96면에 언급한 로에르는 이 구멍에 목재를 끼우고 활차를 끄는 데 사용하였다고 주장하고 있다).

그러나 필자의 견해로는 이 주장을 납득할 수 없다. 왜냐하면 아치형의 구조물을 시공하려면 반드시 내부에 보강재 비계(받침대)가 필요하다. 따라서 포대에 담은 모래, 석회암 파편들로 보강하여 대회랑의 양 방향 54개의 구멍 속에 세로방향으로 견고하게 목재를 끼워서 지탱하고 구획, 구간, 상중하의 공정에 따라 대회랑을 효율적으로 축조할 수 있도록 구멍을 만들어 놓은 것으로 추정된다.

왜냐하면 다음장에 설명되는 아치형 구조물은 축압축이라는 수직 하중의 무게중심이 내부로 쏠려 있어 대회랑 길이 47.85m 기울기 26°의 조건에서는 이것을 효율적으로 시공할 수 없기 때문이다.

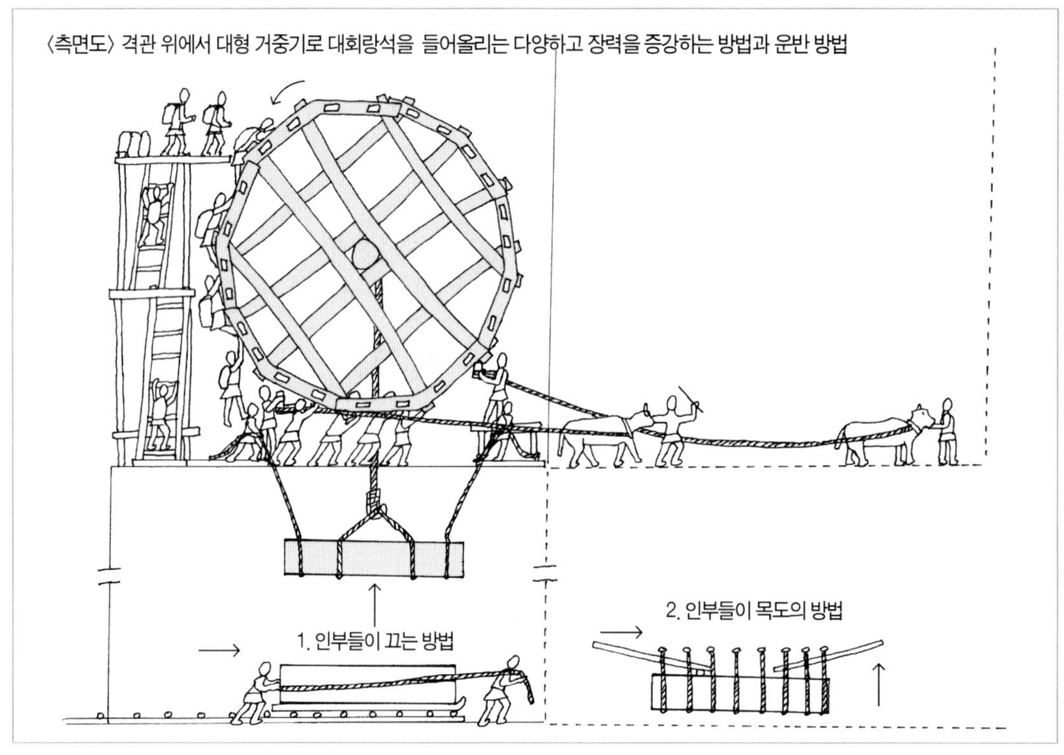

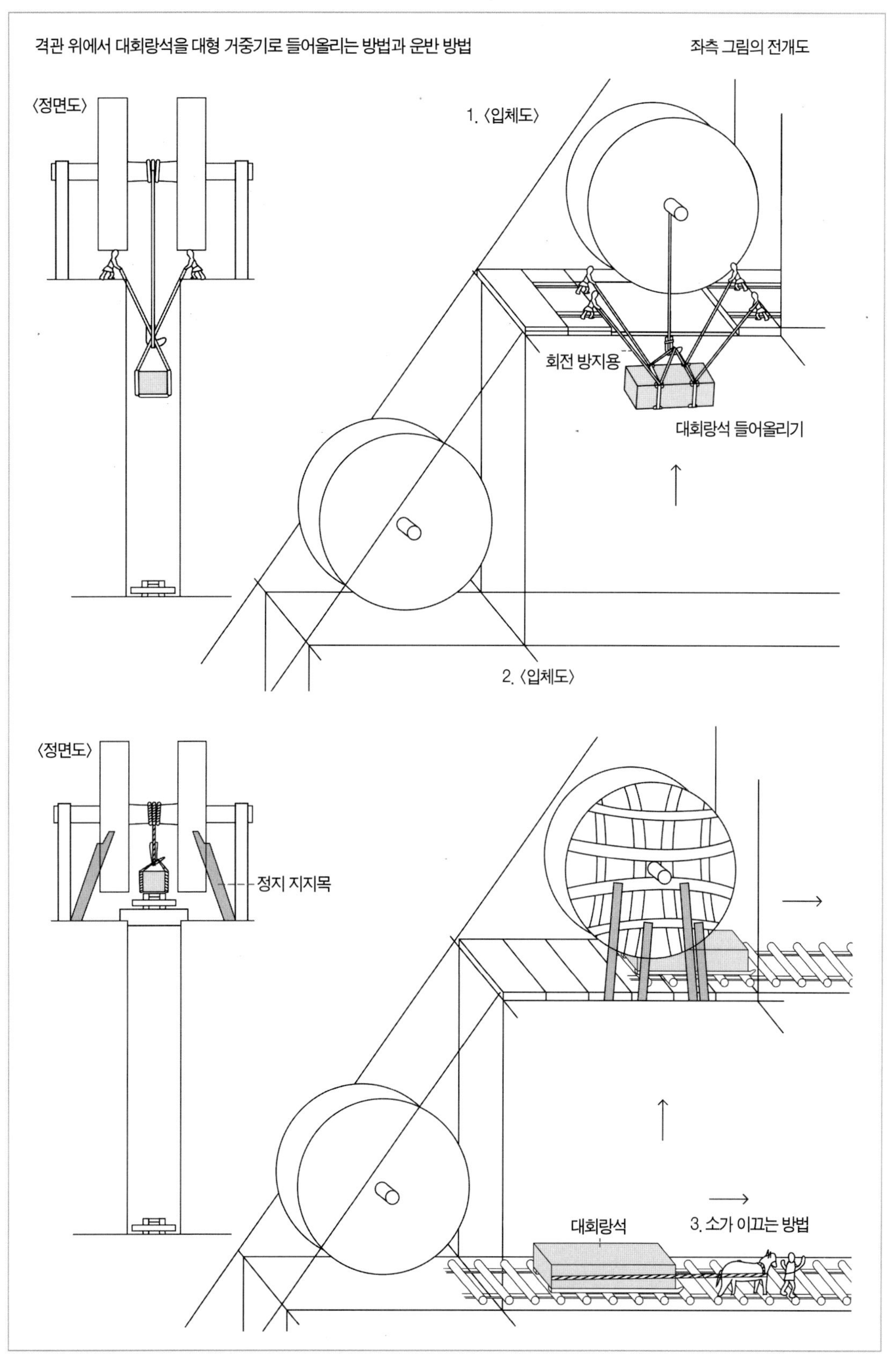

격관 위에서 대회랑석을 대형 거중기로 들어올리는 방법과 운반 방법
좌측 그림의 전개도
〈정면도〉
1. 〈입체도〉
회전 방지용
대회랑석 들어올리기
2. 〈입체도〉
〈정면도〉
정지 지지목
대회랑석
3. 소가 이끄는 방법

아치형 구조물과 역계단형 대회랑 구조의 이해

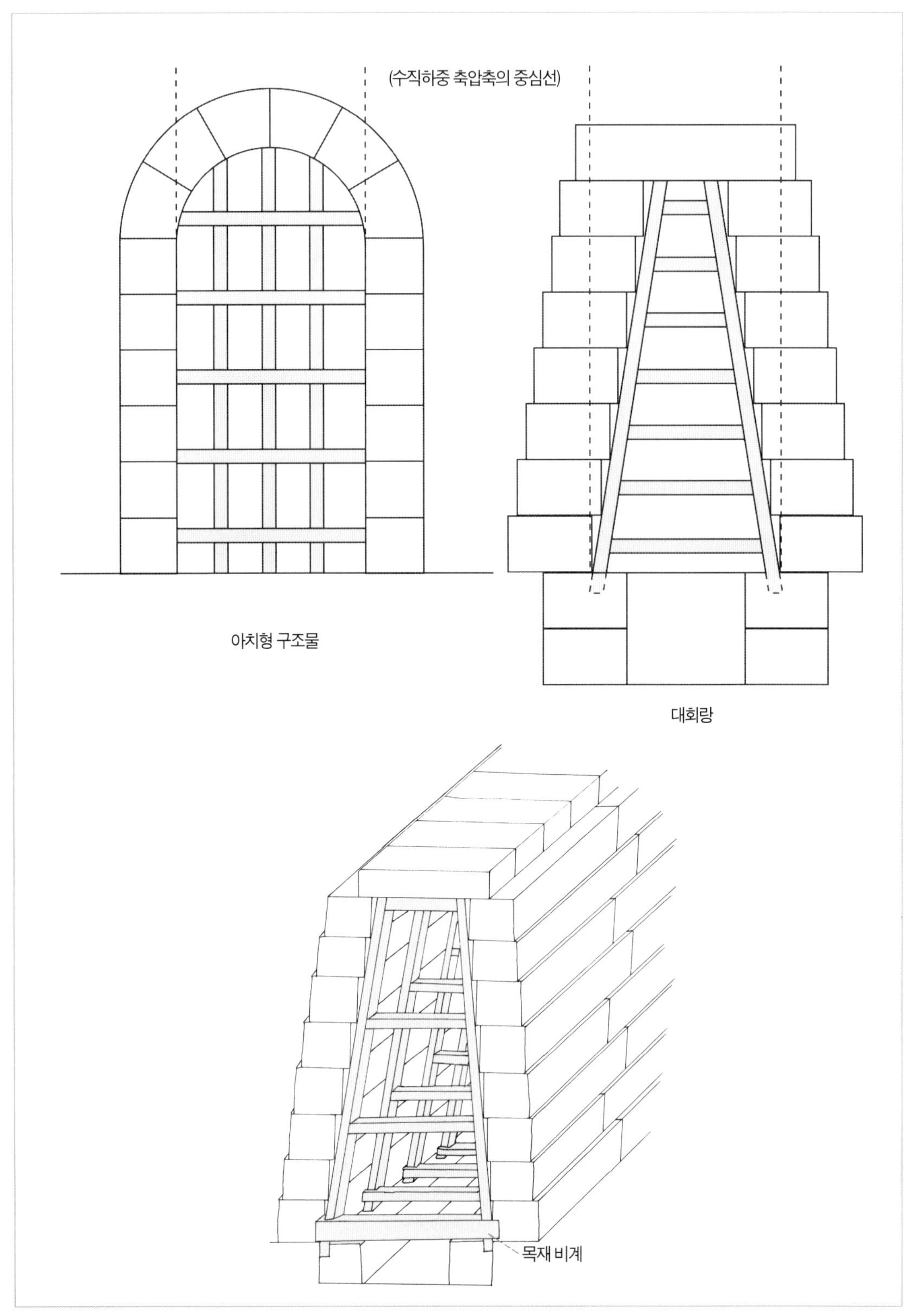

대회랑의 구멍들을 이용한 목재 비계와 역계단 아치형의 구조 시공방식

대회랑 아래에 대피라미드 내부의 모래와 석회석 조각이 왜 있는가

일부 학자들은 대회랑 아랫부분의 근처에서 발견된 많은 모래 석회암 파편들을 대피라미드 축조 시에 사용하였을 것으로 제시하고 있다. 그러나 고대 이집트인은 중, 소형의 다른 피라미드에서 기초가 기반암이 아닌 곳은 견고하지 못하여 무너진 것을 알고 있었다. 그래서 아예 채석장 석회기반암을 절단하여 효율적으로 석재를 조달하였고, 그 위에 대피라미드를 축조하였다. 그런데 이와 같은 것을 알고 있는데도 모래 석회암 파편으로 대피라미드 축조를 하였다고 하는 것은 상식적으로도 앞뒤가 맞지 않는 말이다. 그래서 일부 학자들의 주장은 전혀 설득력이 없는 것이다.

필자의 견해는 이것이 앞서 설명한 바와 같이 대회랑 축조 시에 아치형으로 조성하기 위해 받침용(비계) 보강재로 사용한 포대에 담은 모래 석회암 파편들은 대회랑이 완성된 후에 가까운 아래 부분의 빈 공간에 버린 것으로 추정된다. 왜냐하면 대피라미드 중심부 약 60m 위에 있는 대회랑의 크기는 길이 47.85m, 저변 폭 약 2m, 상단 폭 약 1m, 높이는 8.5m, 기울기 26도이고, 7단의 수십 톤의 대형석재로 간격이 7.5cm정도 위로 갈수록 내부방향으로 돌출되어서 전체적인 형태는 역 계단의 아치형 구조이다.

만약 필자가 이러한 대회랑의 역 계단 아치형 구조물을 형성하고 시공 한다면 이와 같이 하였을 것이다. 왜냐하면, 먼저 내부 공간을 축압축의 하중을 분산시키기 위해 목재, 석재, 혹은 모래를 담은 포대로 공간을 반드시 채웠을 것이다. 그 후에 거중기로 약 수십 톤짜리 석재를 들어 올리거나 많은 인부들이 목도의 방법으로 시공할 수 있도록 받침대 역할을 할 수 있는 목재를 지지대로 지탱하고, 천장석까지 축조한 후에는 내부공간에 사용되었던 보강재 받침대, 목재를 빼내어야 역 계단형인 대회랑 구조물이 완성할 수 있는 것이다.

따라서 이와 같은 방법으로 길이 47.85m 대회랑 하부에 있는 양 방향의 54개 구멍을 만들어서 세로목 지지대를 이곳에 끼워서 구간별로 구획을 나누어 시공할 수 있다. 그리고 가로목 지지대, 가로목 널빤지(칸막이 지지대)를 좌우 양 방향으로 대응을 하고 여기에 모래나 석회석 파편을 담은 포대를 비계로 사용하고, 대회랑 전체의 구간, 구획, 공정을 상중하 부분으로 나누어서 시공을 하면 인력, 자재, 공사기간 등을 효율적으로 1/3로 절감할 수 있기 때문이다.

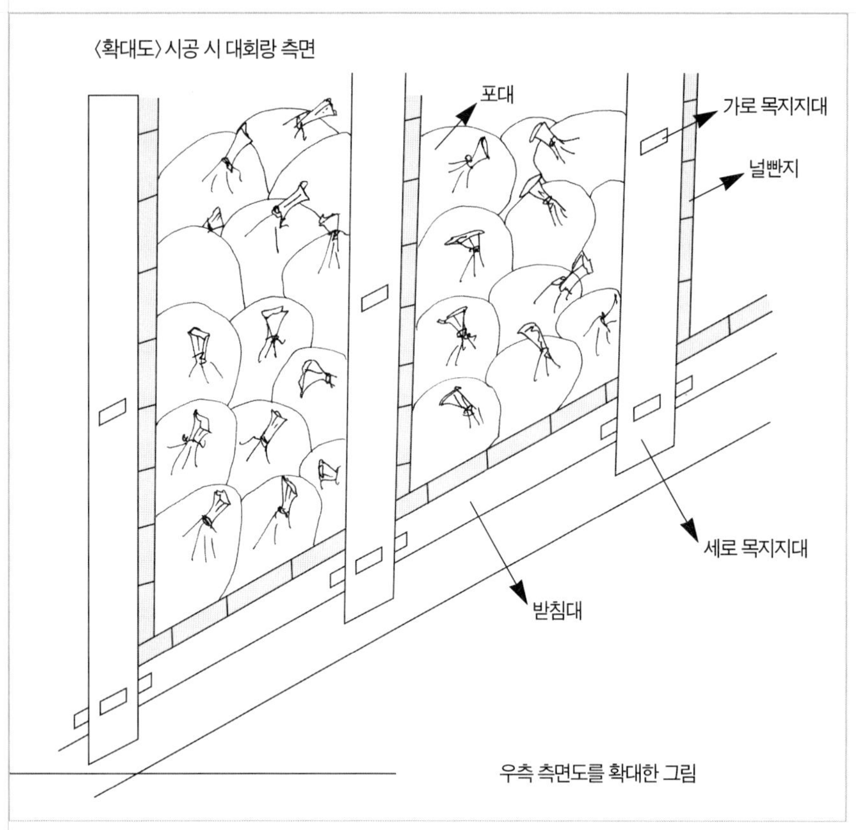

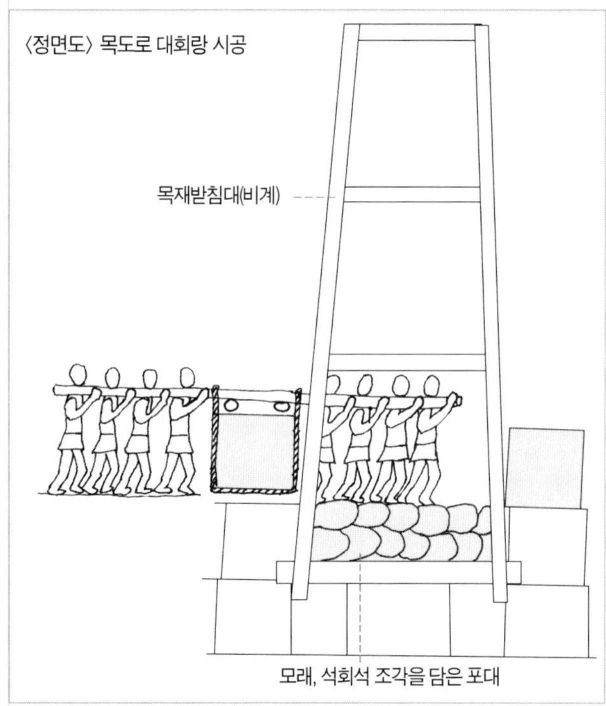

대회랑이 완성되면 받침대(비계) 목재와 모래,
석회석 조각을 담은 포대를 빼낸다

대회랑 시공 방법의 공정

대피라미드 서쪽 격관 위에서 대회랑 시공 높이에 맞게 썰매나 목도의 방법으로 운반되어 온 대회랑석을 격관 위에서 대회랑 높이에 맞도록 점차적으로 시공을 하는 것이다. 앞서 239면에 석문을 시공하는 유사한 방법으로 대형거중기를 사용하여 들어올려, 매달린 대형석재를 밧줄을 묶거나 목재 막대로 구간, 구획, 상중하 부분을 시공하는 위치에 따라 인부가 조정하여 축조할 수 있다.

다른 방법으로는 인부 약 50~72명이 가로 세로로 긴 나무에 밧줄로 대

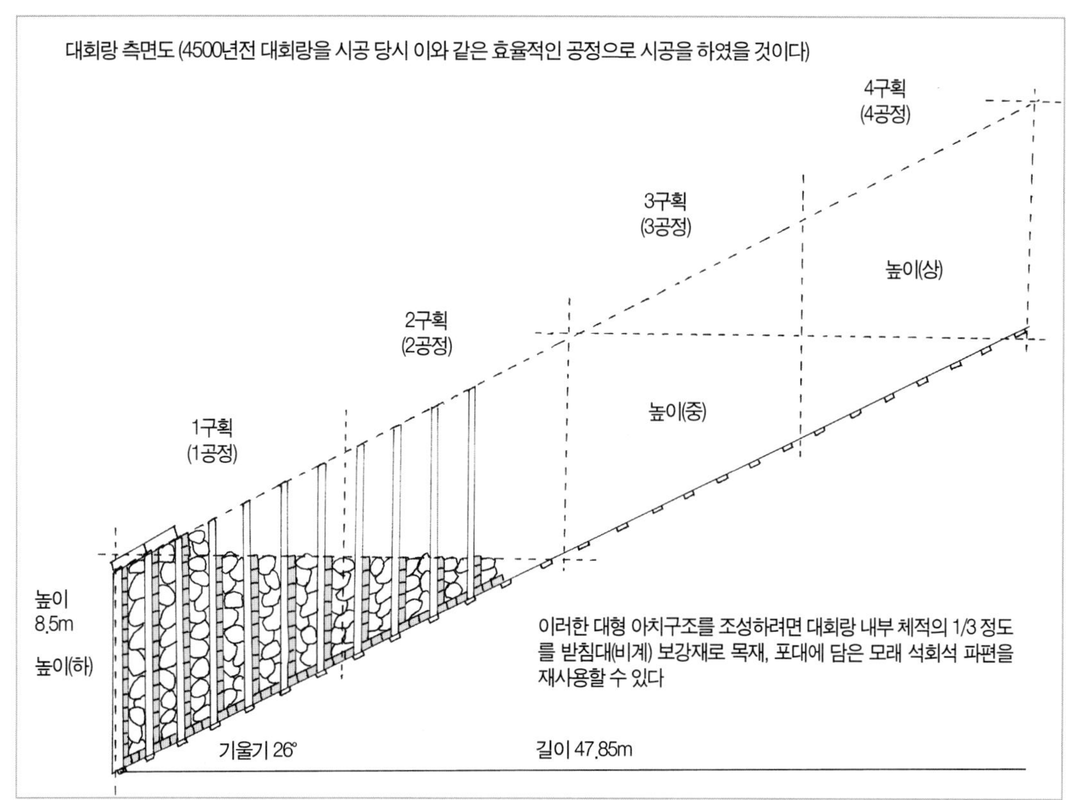

회랑석을 묶어 목도의 방법으로 시공하는 것도 가능하다. 어쨌든 기울기가 26° 길이가 약 48m인 대회랑을 효율적으로 시공하기 위해서는 부분적으로 구간, 구획, 상중하를 공정에 따라 점차적으로 구분하여 천장석과 위로 석재를 쌓아서 완성되면 앞서 완성된 곳에서 가로목지지대, 세로목지지대, 받침대, 가로널빤지, 포대(잡석, 모래) 보강재 등을 다음 공정으로 옮겨서 재사용할 수 있기 때문이다.

대피라미드 내부 구조물들은 어떻게 시공하였나

대피라미드 내부의 대회랑 시공 방법과 같이 공정에 따라 왕의 방(현실), 여왕의 방도 석재 하나의 무게 약 수십 톤짜리 수백 개를 사용하여 시공 되었을 것이다. 따라서 이러한 八, 一 자형보 대형석재로 사각형의 아치구조를 조성하려면 반드시 내부공간에 받침대(비계) 목재나 석재 등을 채워 지탱할 수 있게 보강하여 시공되었을 것이다. 앞서 아치형 구조물과 역계단형 대회랑 구조의 이해에서 그림으로 설명 되었지만, 목도의 방법이든 거중기를 사용하든 간에 반드시 이 보강재 위에서 시공을 해야 八, 一자형보 사각형의 아치구조가 완성 가능하기 때문이다.

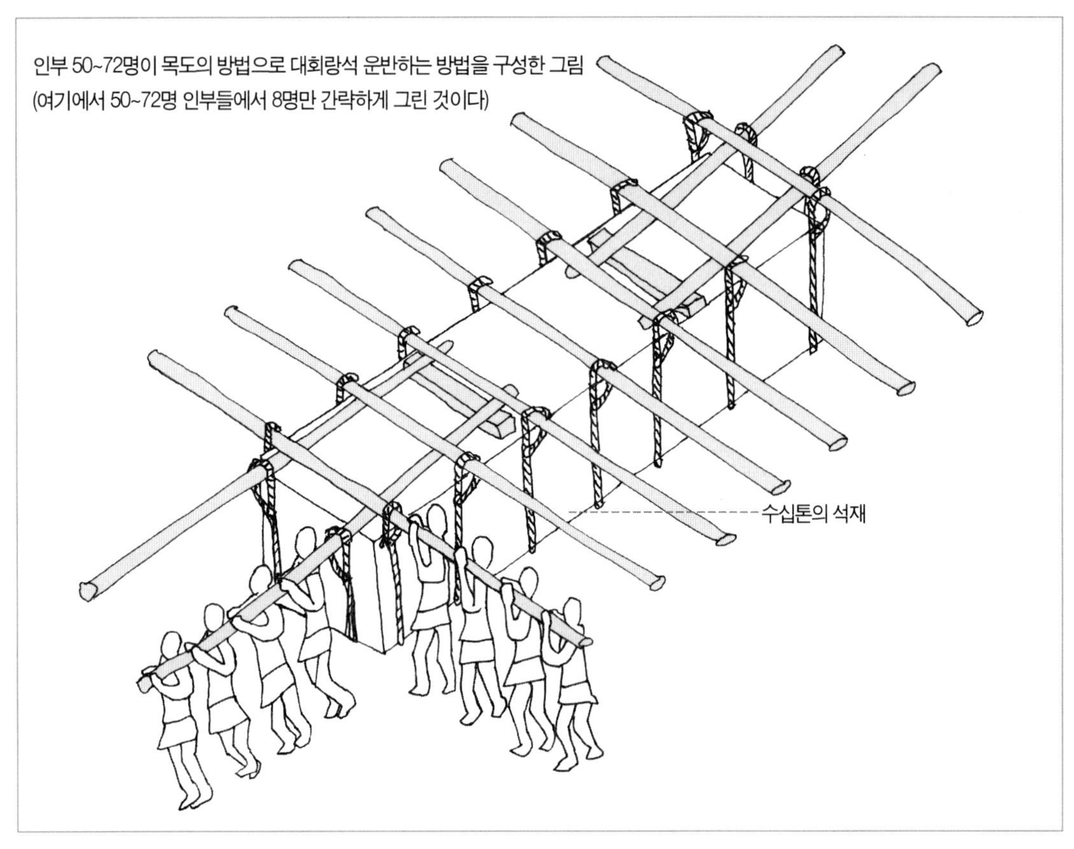

카프라 피라미드 상층부에 어떻게 외장석이 메달려 있고
대피라미드는 외장석이 왜 없는가

학자들에 의하면, 카프라왕과 쿠푸왕 대피라미드는 원래 있었던 외장석을 뜯어내 1363년에 완공된 하산 모스코 등에 사용하였다고 한다. 그러나 필자가 추정하기로는 지금도 상층부에 외장석이 남아 있는 카프라피라미드와 달리 대피라미드는 원래부터 외장석을 축조하지 않았다고 보는 것이다. 그 근거(단서, 증거)는 대피라미드를 경비하는 경찰들의 통제 때문에 필자가 대피라미드 상층부까지 올라갈 수 없어 높이 10m까지만 관찰할 수밖에 없었지만, 석회반죽과 고임돌의 잔해가 전혀 없었기 때문이다. 그리고 대피라미드 남쪽 하부에 일부 남아 있는 붉은 화강암 외장석(이것이 밸리 신전 하부에 있는 것과 같은 것인데 후왕조시대에 개보수 한 것으로 보인다) 표면을 관찰하면 흠집이나 마모가 전혀 없이 깨끗하다. 만약 학자들 주장대로 대피라미드 높이 약 146m 위에서 외장석을 사용하기 위해 뜯어내어 바닥까지 떨어트린다면 많은 충격으로 외장석 모서리 부분이 깨질 수밖에 없는데, 아무리 관찰해도 외장석의 모서리 부분이 떨어져 나간 곳이 없기 때문이다.

　이런 개념을 알기 쉽게 설명하면 카프라 피라미드와 같이 내석 위에 약 2톤 무게의 외장석을 용이하게 시공하려면 석회반죽과 고임돌이 반드시 필요한데, 대피라미드에서는 이것을 사용한 흔적이 없기 때문이다. 이런 이유는 격관식 공법의 1, 2, 3차 공정에서도 외장석 시공은 용이할 뿐 아니라, 석회반죽이나 고임돌이 없이는 외장석을 카프라 피라미드 높이, 사면각, 기울기, 수평 등을 조절하여 정확하게 맞추어 시공하는 것이 불가능하거나 매우 어렵기 때문이다.

　다른 방법으로는 대피라미드 하부에 남아 있는 붉은 화강암 외장석과 같이 크기를 모두 일정한 규격으로 만들어 시공할 수도 있다. 그러나 이러한 방법은 내석을 높이와 앞면을 모두 일정하게 맞추어 시공한 후에만 가능하다. 그러나 상층부의 축조된 내석들은 모두 높이는 같지만 앞면이 일정하지 않다. 이것을 독자들에게 쉽게 현대의 건축 방식으로 설명하면, 고임돌은 석재를 시공할 때 높이를 조절할 수 있는 쇠로 된 L자형 대철로 고임을 한 것이고 석회 반죽은 시멘트 몰탈과 같은 접착력과 석재 사이의 틈새를 메우는 역할을 한다(카프라피라미드 전에 축조된 스네프루 굴절피라미드 사면의 표면도 같은 석회반죽을 사용해 여기서 유래된 것으로 추정된다). 그리고 카프라 피라미드의 외장석은 거의 없지만 삿갓모양으로 상층부에 메달린 외장석 시공 방법은 앞서 195~197면의 그림과 설명을 참고하기 바란다.

고임돌과 석회반죽 외장석이 꼭대기 일부 남아있는 카프라 피라미드 필자가 있는 위치는 쿠푸 피라미드 옆

52. 대피라미드의 발견되지 않은 미지의 구조물(공간)

대피라미드에서 아직 발견되지 않은 미지의 구조물(공간)이 있는가

대피라미드 내부에는 지금까지 밝혀진 지하 통로와 구조물이 있고, 약 15m 위에서부터는 북남 방향으로 여러 군데의 통로와 석문, 여왕의 방, 대회랑, 왕의 방(현실) 등의 구조물(공간)이 있다. 그렇기 때문에 만약 이 외에 발견되지 않은 미지의 구조물(공간)이 있다면 북남 방향의 상하 부분(격관의 북남 방향 피라미드 중심부의 함몰된 부분)에서 발견될 가능성이 높은 것이다.

왜냐하면 대피라미드를 축조할 때 저변의 내부 기반암층 약 20–7m 남쪽에서 북쪽 방향으로의 높이와 밀접한 관련이 있다고 본다. 또한 이 석문을 통하여 대피라미드 중심부 위치에 북남 방향으로 피라미드 내부에 일관성 있게 통로, 석문, 여왕의 방, 대회랑, 왕의 방 등이 축조되었는데, 여기에는 넓이가 일정한 약 수십 톤짜리 대형 화강암 수백 개를 사용했기 때문이다.

이와 같이 구조물(공간)들이 일관성 있게 축조된 이유는 대피라미드 시공 당시에 중심부에서 7.3m를 벗어 난 곳의 북쪽 격관에서 대형 화강암으로 시공을 한 이유를 분석한다면, 북남 직선 방향으로 운반되어 온 대형 화강암으로 시공되는 높이와 공정에 따라 단계적으로 통로, 여왕의 방, 대회랑, 석문을 일정한 범위에서 위로 시공하였기 때문이다. 이러한 구조물(공간)은 八, 一자형의 보(천장) 위로 계속 축조된 것은 수만 톤의 엄청난 석재 하중의 부담을 구조물(공간)의 체적만큼 경감할 수 있게 고려하여 시공하였을 것으로 보는 것이다.

따라서 대피라미드 중심부에서 7.3m를 벗어난 격관 위와 아래에 있을 가능성이 있고, 이와 같이 여러 가지를 고려하여 시공된 것들이 밀접하게 관련이 있다고 본다. 요약하여 거듭 설명한다면, 북남방향의 대피라미드 상층부에 수만 톤이나 되는 석재의 하중을 경감할 수 있기 때문이다(피라미드 내부의 구조물에 재질이 약한 석회석으로는 공간 형성이 불가능하다 약 수십 톤짜리 대형 화강암들은 크기가 크고 견고하여 공간을 형성하기가 적합하다).

대피라미드에서 발견되지 않은 미지의 구조물(공간) 속에서 부장품 보물을 찾으려고 고대부터 현대에 이르기까지 많은 도굴꾼, 침략군, 학자들이 다이너마이트, 드릴, 해머, 로봇 등을 사용하여 대피라미드 내부와 외부의 여러 곳을 훼손하였다.

대피라미드에서 아직 발견되지 않은 미지의 구조물(공간)이 더 있을 가능성이 있다. 필자가 만약 대피라미드 내부를 정확하게 관찰할 수 있는 기회가 있다면 내부의 기반암 높이와 수직으로 시공된 곳을 조사하고 격관의 계단길이와 높이를 정확하게 알 수 있다.

필자가 추정한 대피라미드 미지의 구조물 (공간)

53. 대스핑크스

"아침에는 네 발로 걷고, 점심에는 두 발로 걷고, 저녁에는 세 발로 걷는 것이 무엇이냐?"

우리가 이미 잘 알고 있는 인생의 수수께끼처럼, 기자의 스핑크스가 갖는 의미는 고대 및 현대 이집트의 상징 그 이상이다.

스핑크스는 고대 문화의 현신이자 그 신비의 화신이다. 수백 년에 걸쳐 대스핑크스는 시인, 학자, 모험가들의 상상력을 자극해왔다. 걸핏하면 측정하고 기록하며, 최신 장비를 동원해가면서 연구를 거듭해온 대상이 바로 대스핑크스다. 때문에 스핑크스를 주제로 한 학술대회가 숱하게 열렸지만, 가장 기본적인 문제조차 그 답을 얻지 못하고 있다.

'대스핑크스는 과연 누가, 언제, 왜 지었는가?'

대스핑크스(원주민들은 '아브 엘홀' 즉, '공포의 아버지' 혹은 '유령' 이라고 부른다)는 엎드린 사자에 파라오의 머리를 갖다 붙인 거상이다. 길이만 70m이며, 높이는 20m여서 오랫동안 세계에서 가장 큰 조각상이다. 이 거상은 거대한 석회암 바위를 깎아 만든 것으로, 오랜 세월의 침식을 거치면서 오늘날과 같은 모습으로 변하게 되었다.

비교적 정확하게 동서축에 맞춰 방위를 잡은 스핑크스는 동쪽을 바라보고 있다. 머리에는 두건 '네메스(nemes)'를 쓰고 있고, 코브라 모양의 머리 장식을 하고 있다. 비율상으로 보면 몸통에 비해 머리가 약간 작은 편이다. 이를 두고 한때는 과거에 누차 머리를 따로 손질했기 때문일 것이라는 추측까지 나왔다. 원래 턱에는 긴 수염이 달려 있었다고 한다. 떨어져내린 수염 조각을 나폴레옹 탐사대가 발견했으나, 아부키르에서 영국군에게 패하면서 그들에게 넘겨주어야만 했다. 스핑크스의 몸통은 원래 붉은빛의 황토색이었으며, 지금도 머리 부분에는 그 흔적이 확실히 남아 있다. 가장 최근의 연구로 밝혀진 사실은 스핑크스가 원래 앞면만, 그러니까 멀리서도 보이는 부분만 완공되었을 뿐이라는 점이다.

조각상이 서 있는 곳은 원래 채석장이었다. 이 채석장에서 채취된 돌이 쿠푸 피라미드를 짓는 데 쓰였다. 스핑크스를 만드는 작업은 아마도 이 시기에 시작된 것으로 보인다. 다시 말해서 이보다 더 일찍 스핑크스가 만들어지기 시작했다고 보기는 어렵다. 그래서 슈타델만은 스핑크스의 제작 시기를 쿠푸시대로 추정하고 있는 것이다. 현재 미국의 몇몇 방송사들과 통신사들은 스핑크스의 나이를 두고 열띤 취재 경쟁을 벌이면서 활발한 토론을 주도하고 있다.

그러나 스핑크스가 B.C. 5000년이나 7000년쯤에, 심지어는 그보다도 더 오래 전에 만들어졌다는 주장은 고고학의 구체적인 연구 성과나 일반적인 역사적 배경을 몰라도 너무 모르고 하는 이야기다. 예나 지금이나 학계의 지배적인 의견은 스핑크스가 카프라의 작품이며, 카프라 피라미드 묘역의 공사 개시와 함께 만들어지기 시작했을 것으로 보고 있다. 이런 주장은 철저하게 다듬어지고 다양하게 검증된 연구절차와 방법에 기초한 것이다.

정확한 연대 매김(쿠푸냐, 카프라냐) 못지않게 이집트 연구가들이 골치를 앓고 있는 문제는 도대체 스핑크스의 정확한 정체와 기능이 뭐냐라는 것이다. '스핑크스'라는 말은 그리스어로 전의되는 과정에서 약간 의미가 달라진 것으로, 원래의 '세셉안크'는 '(왕의) 생동하는 모습'이라는 뜻이다. 그래서 한쪽에서는 스핑크스가 쿠푸나 카프라를 나타내는 것이라고 보고 있는 반면, 다른 쪽에서는 기자의 왕묘들을 지키는 전설적 존재이거나 심지어 태양신을 형상화한 것이라고 단정하고 있다.

후자의 의견은 신왕국시대 이후의 이집트인들조차 그대로 받아들인 것 같다. 투트모세4세가 재위하던 시절에는 스핑크스에 쌓인 모래를 깨끗이 털어내고, 재발 방지를 위해 벽돌 담을 쌓기도 했다. 스핑크스의 앞발 사이에는 작은 성소가 마련되어 있는데, 오늘날까지도 보존 상태가 좋은 저 유명한 비문의 화강암 석주(석주는 카프라피라미드의 장제 신전에서 나온 통짜 석재를 깎아 만든 것이다. 벌써 이 당시만 해도 신전이 폐허였다는 움직일 수 없는 증거가 바로 이 석주다)는 여기에서 나온 것이다.

비문의 내용은 이렇다.

당시 어린 왕자이던 투트모세4세는 사냥을 마치고 지쳐 돌아오던 길에 스핑크스 옆에서 곯아 떨어졌다. 이때 스핑크스가 왕자에게 다가와 말했다. 지고 있는 모래더미가 너무 무겁고 성가시니 치워달라고 했다. 소원을 들어주면 왕위에 반드시 오르게 해 주겠다는 약속과 함께. 누구의 청이라고 거절하겠는가. 스핑크스와의 약속대로 정성껏 모래를 치워준 왕자는 약속대로 왕위에 올라 상 이집트와 하 이집트 두 나라를 통합한 왕이 되었다.

이때부터 계속해서 스핑크스를 섬기는 제사인 '하르마케트(Harmachet)' 즉, '지평선 위의 호루스(그리스어로는 Harmachis)'가 아주 중대한 행사가 되었다. 당시 스핑크스의 주변에는 이미 중요한 건물들, 이를테면 아버지 임호테프(Amenhotep)2세의 신전과 투트모세1세의 사당이 지어져있던 것만 봐도 하르마케트의 중요성을 잘 알 수 있다. 스핑크스 숭배에 대한 관심은 이후에도 줄어들지 않았다. 이는 세티(Seti)1세와 람세스2세 때 이루어진 대대적인 복원 작업이 잘 증명하고 있다.

다시 스핑크스를 보수한 것은 로마 황제 마르크스 아우렐리우스(재위 161~180)와 셉티미우스 세베루스(재위 193~211) 때이다. 앞발 사이의 석주 앞에 계단을 만들었고, 거리의 돌을 다시 깔았으며, 스핑크스를 둘러싼 담장을 더 크게 만들었다.

이후 오랫동안 스핑크스는 그 모습 그대로 남아 있었다. 스핑크스와 그 주변 영역까지 포함해서 마지막으로 대대적인 보수 공사를 벌인 사람은 프랑스의 고고학자 에밀바레즈다. 그에 앞서 1818년 스핑크스에 특히 신경을 쓴 사람은 카빌리아였는데, 무엇보다도 그의 업적은 스핑크스의 수염조각을 발견한 것이다. 비밀의 방을 찾느라 페링은 스핑크스 주변 도처에 구멍을 팠는데, 그만 이 구멍들로 온갖 유해물질이 지하에 유입되는 바람에 유적은 크게 손상되고 말았다. 그밖에도 스핑크스를 집중 탐구한 사람들은 마리에트, 마스페로 등 많이 있다. 1930년대 스핑크스에 대한 포괄적인 조사 작업을 벌인 하산은 그 성과를 『대스핑크스와 그 비밀(The Great Sphinx and Its Secrets)』이라는 책으로 펴냈다. 이 책은 지금도 스핑크스에 관한 대표적인 저술로 꼽히고 있다.

몇몇 학자들의 옛 연구 성과들을 토대로 레너는 스핑크스를 컴퓨터로 재구성해 보려는 시도를 했다. 스핑크스의 가슴 앞에서, 그러니까 바로 수염 아래서 걸어 나오는 파라오의 상까지 그대로 재현했다. 물론 이 잔해를 주목한 사람은 앞서도 많이 있었지만(특히 횔서), 그들은 모두 이 파라오의 조각상이 신왕국시대에 추가된 것으로 믿었다. 레너도 이 파라오가 아멘호텝2세일 것으로 짐작하고 있다. 그밖에도 레너는 스핑크스가 설화석고로 만든 카프라 조각상의 모습과 매우 흡사함에 주목하고, 스핑크스를 카프라의 것으로 추정했다. 현재 카프라의 조각상은 보스턴 미술관이 소장하고 있다.

스핑크스의 앞발 사이에 있는 신전을 발견한 사람은 1925년과 1926년에 걸쳐 이곳을 탐사한 바레즈다. 고고학적으로 당시 정황을 추정해 보았을 때, 스핑크스 신전은 카프라의 재위 시절 왕의 하안 신전과 스핑크스가 완공된 다음에 만들어진 것으로 보인다. 참고로 덧붙

이자면 하안 신전과 스핑크스 신전 사이를 직접 연결하는 통로는 없다.

석회암으로 만들어진 스핑크스 신전의 설계는 독특한 것이다. 그 중앙에는 남북축의 방위를 가진 뜰이 있으며, 이 뜰의 네 변에는 모두 기둥과 왕의 조각상들이 서 있다. 서쪽과 동쪽은 깊은 벽감 앞에 있는 회랑 현관까지 기둥들이 열 지어 늘어서 있다. 인근의 하안 신전과 마찬가지로 스핑크스 신전도 동쪽에 있는 두 개의 통로를 통해 접근이 가능하다. 이런 구조를 두고 지금도 이집트 연구가들 사이에서는 논란이 끊이질 않고 있다. 무엇보다도 신전이 워낙 심하게 망가진 탓에 정보를 얻어낼 비문이 전혀 없다는 점이 단단히 한몫하고 있다. 그래도 가장 무리 없게 받아들여지고 있는 의견은 스핑크스 신전이 일종의 태양 신전일 것이라는 리케의 주장이다.

하와스의 감독 아래 이루어진 길고도 지루한 작업 끝에 스핑크스가 '전혀 달라진 새로운 모습'을 선보인 것은 1998년 5월 25일의 성대한 보수공사 완공식에서였다. 옛 실수를 되풀이하지 않기 위해 각종 최신 방법들이 복원 작업에 동원되었음은 물론이다. 1980년대 초에 시멘트를 써서 복원을 했다가, 1988년 어깨 한쪽이 무너져 내리는 사고가 발생했던 것이다. 고된 작업을 마다하지 않은 이번 작업의 큰 목표 중의 하나는, 스핑크스를 제2차 세계대전 이전의 모습으로 돌려놓으려는 것이었다.

(여기서 소개된 내용은 주로 여러 학자들의 연구 성과에 기초한 원문 내용을 발췌한 것임을 밝혀둔다.)

여기서부터 스핑크스에 관한 일부와 벨리신전이 왜 만들어졌는지 필자가 관찰하고 면밀히 분석한 내용이다.

아스완에서 채석한 수십 톤짜리 거석을 어떻게, 어느 장소에서 하역하였는가

앞서 249면에서 설명한 것처럼 대피라미드 내부에는 왕의 방(현실), 여왕의 방 특히 대회랑에 시공된 화강암 대형석재는 하나의 무게가 약 40톤짜리로, 수백 개가 사용되었다.

이 화강암들을 사용하기 때문에 이집트에서 유일하게 아스완 채석장에서 채석하여 이 기자지구까지 운반되었다고 한다. 그러나 아스완과 이 기자지구는 거리가 무려 약 960km인데, 이 먼 거리를 목의 방법이나 썰매에 대형석재를 실어서 육로로 운반하는 것은 불가능한 일이다.

그래서 고대 이집트인들도 이러한 대형석재를 대부분 거리를 배로 운반할 수밖에 없었을 것이다. 그렇다면 어느 장소에서, 어떻게 하역하였을까.

학자들은 이에 대하여 정확하게 제시하는 바가 없다. 다만 거석을 탑재한 배를 강가에 최대한 가깝게 밀착시킨 후 하역하였을 것이라는 막연한 추측만 할 뿐이다.

그러나 凵자형의 선착장(도크)가 없이는 목도의 방법으로 하역하는 방법과 대형 거중기를 사용하지 않는다면, 수십 톤짜리 거석을 배에서 하역할 때 배가 기울어져 전복될 뿐 아니라, 석재를 배에서 꺼내기도 매우 어렵거나 불가능하기 때문이다. 그렇다면, 凵자형의 구조가 어디에 있는가 그것은 바로 스핑크스 앞에 있는 밸리신전이라는 곳 이였다.

기자지구 서쪽 지역의 아래에 있는 밸리 신전 앞 부분까지 석회기반암으로 이어지는 스핑크스는 하나의 석회기반암층을 절단하고 깎아내 조각된 것을 알 수 있다. 따라서 밸리신전은 스핑크스 머리 높이의 부분을 조각할 때 전후좌우 부분에서 나온 약 150톤이나 되는 엄청나게 큰 석재로 축조한 것임을 알 수 있었다.

독자들도 이 기자지구에 있는 3대 피라미드를 가보게 된다면 당연히 스핑크스와 벨리신전도 찾게 된다. 그렇게 된다면 스핑크스와 벨리신전을 보면서 약 4500년 전에 필자의 그림(262~263면) 방법으로 거석(대회랑석)을 하역하였을 것으로 상상하면서 바라보면 어떨지.

(뒤에서 부터) 카프라피라미드, 스핑크스, 밸리신전 앞에서 필자
필자는 이 밸리신전의 구조를 보는 순간에 이것이 본래는 선착장이라는 것을 알 수 있었다.

54. 스핑크스 앞에 있는 밸리신전

스핑크스 앞 밸리신전(Valley temple)의 특이한 구조는 무엇인가

이 벨리신전을 왜 기자지구의 가장 저지대에 있는 스핑크스 앞에 작은 석재를 사용하지 않고, 굳이 약 150톤이나 되는 대형석재를 사용하여 만들어져야 했을까?

이것을 분석해 보면 대피라미드 스핑크스 앞 좌측 밸리신전은 서로 밀접한 관련이 있다고 보는 것이다.

이 밸리신전이라는 매우 독특한 건축물은 배의 접안시설물 선착장(도크)의 용도로 사용하기에 매우 적합하게 되어 있는 것을 알 수 있다. 따라서 혹시 고대에서 배의 접안시설물 선착장으로 사용되지 않았나 추정된다. 왜냐하면 완만하게 경사진 언덕위에 석회기암반층 지역인 기자의 크고 작은 여러 피라미드들은 대부분 이 지역에서 채석한 석회암으로 축조되었다.

그러나 앞서 설명했듯이 대피라미드의 석문(출입구), 여왕의 방, 대회랑, 왕의 방(현실) 등의 축조의 사용된 석재는 이 기자지구 석회기반암에서 채석된 석회암이 아니고 화강암이 학자들은 이러한 화강암을 구하기 위해서는 거리가 약 960km 떨어진 먼 곳인 아스완 지역에서 채석하여 배로 운송을 하여 피라미드 축조에 사용하였다고 한다. 그렇다면 고대의 나일강 지류와 가장 가까운 거리의 기자지구의 피라미드 근처에 배로 운송되어온 석재를 하역할 수 있는 배의 선착장이 반드시 있어야 한다. 그러나 배의 접안시설물인 선착장은 대형의 구조물이어야 하는데 아직까지도 발굴되었거나 이 밸리신전이 고대의 선착장이라고 추정하여 제시하는 학설은 없다. 그래서 필자는 선착장 구조를 찾아 보기 위해 스핑크스 앞 건축물인 밸리신전(일부 학자는 태양신전이라고 주장)을 기자의 여러 피라미드와 함께 면밀하게 관찰하여 보았다.

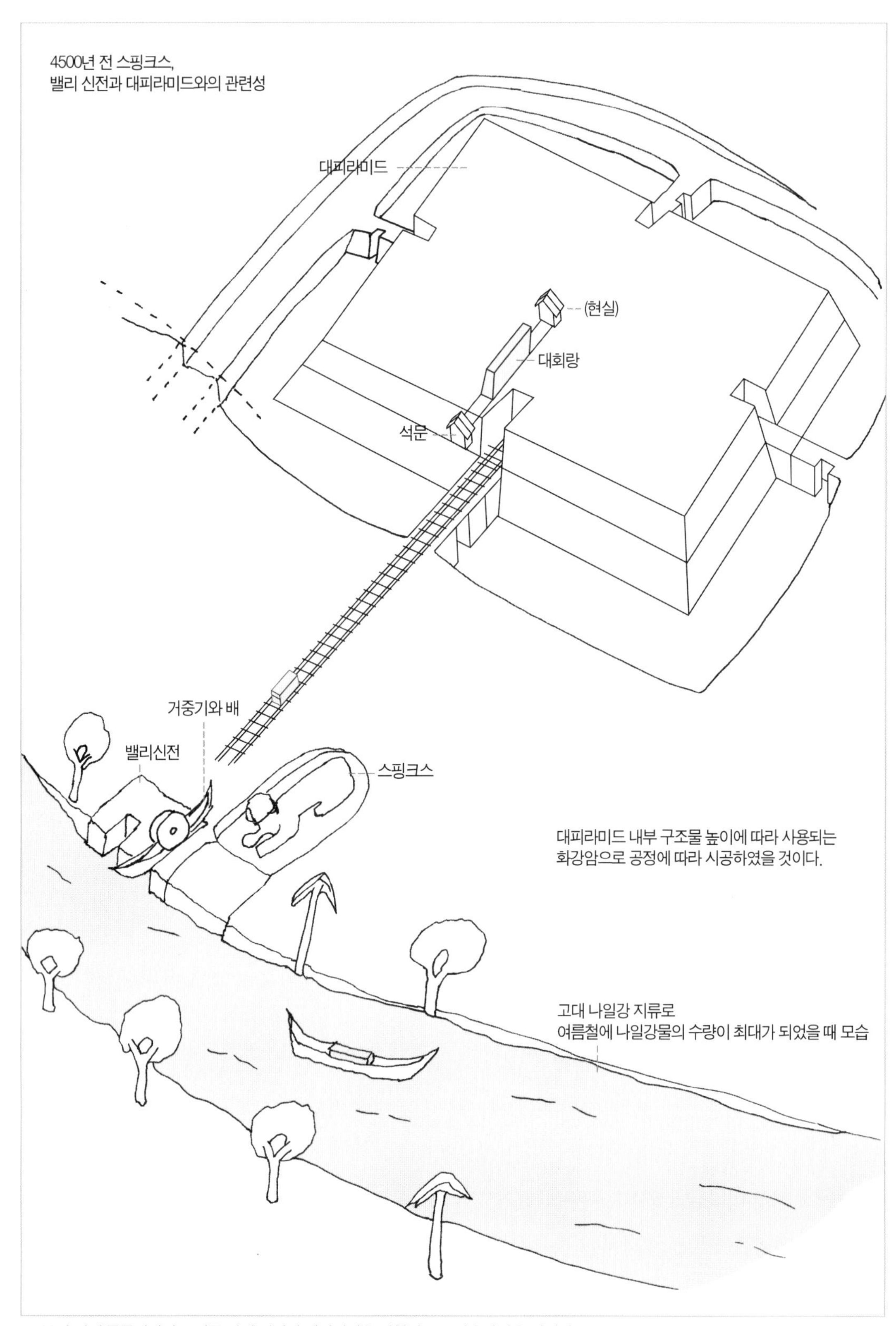

4500년 전에 쿠푸피라미드 시공 당시 이처럼 밸리신전을 선착장으로 사용하였을 것이다

밸리신전은 필자가 추정하는 선착장. 뒤에 보이는 스핑크스와 대피라미드

— 스핑크스 앞 밸리신전이 약 4500년 전에 선착장(도크)이라는 추정근거

1. 이 밸리신전은 기자 지구에서 가장 낮은 저지대에 위치해 있다. 또한 이 밸리신전 앞과 좌측 옆의 바닥에는 고대 나일강 지류로 추정되는 강벌(오래 침전된 흙)이 있다. 이것은 고대에는 이곳이 나일강의 지류였을 것이다.

2. 이 밸리신전의 특징은 천장석이 없이 ㄴ자형의 형태이고 높이 약 6m, 넓이 약 4m, 길이 약 25m이다.

3. 기반암 일부와 밸리신전 시공에 사용된 백여 개의 석재들은 석재 하나의 무게가 약 150톤이다.(이는 고대 이집트 건축물에 사용된 가장 크고 무거운 석재이다.) 이러한 엄청나게 크고 무거운 대형석재로 이 밸리신전을 시공하는 것은 상당히 어려움이 많았을 텐데 굳이 왜 큰 석로를 만들어야만 했을까. 필자의 견해는 대형석재를 사용하여 시공한 것은 선착장의 견고성을 고려한 것으로 의도적으로 만들어졌다고 보는 것이다. 이 곳을 보면서 약 4500년 전의 그 당시를 상상했는데, 비가 많이 오는 여름에는 강물 수위가 올라가서 밸리신전 높이에 약 5~6m 되었다면, 배를 접안하여 하역하는 것에 적합하고 용이하도록 축조된 매우 독특한 구조의 형태이기 때문이다.

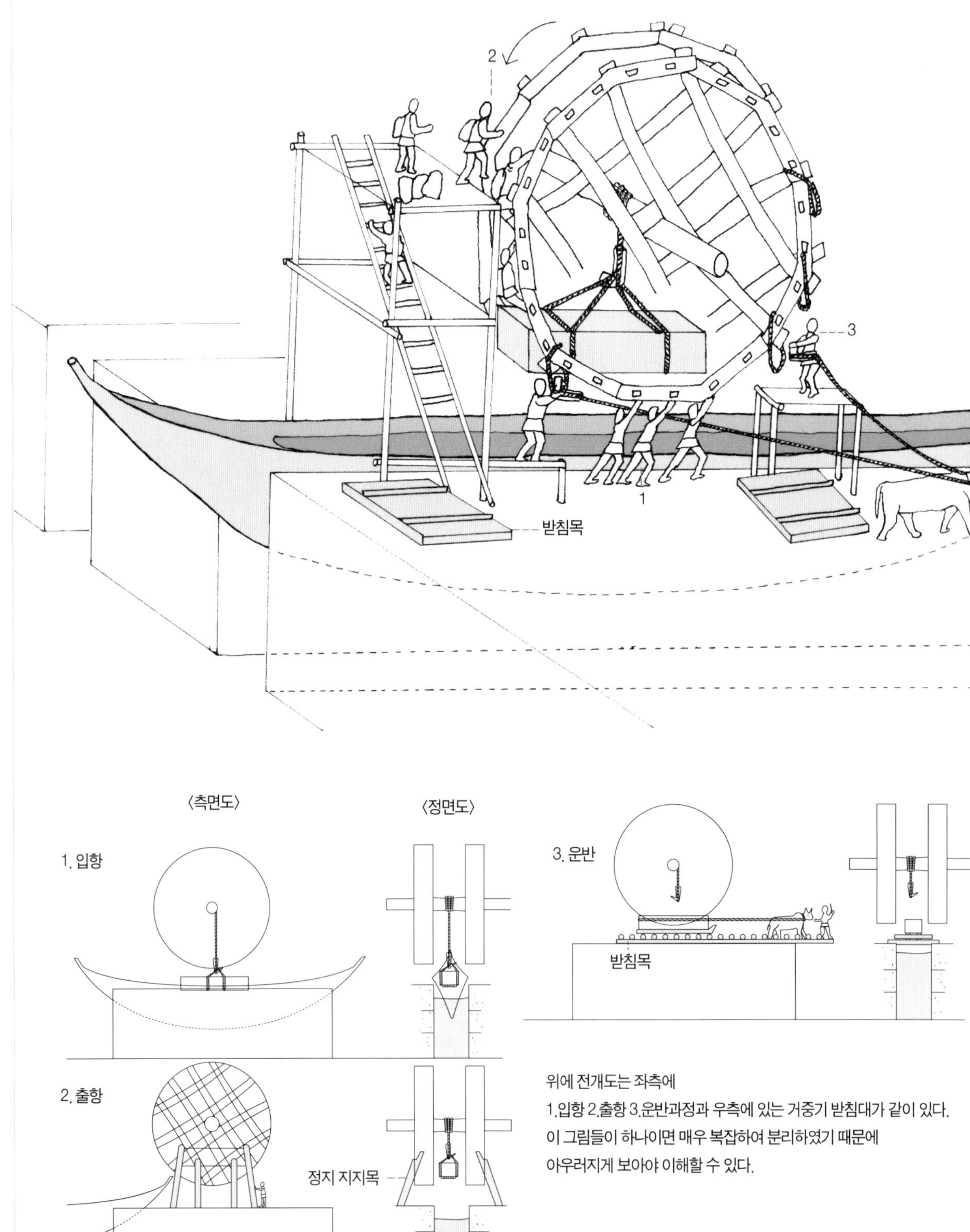

위에 전개도는 좌측에

1.입항 2.출항 3.운반과정과 우측에 있는 거중기 받침대가 같이 있다.

이 그림들이 하나이면 매우 복잡하여 분리하였기 때문에

아우러지게 보아야 이해할 수 있다.

뱃머리(선수선미)가 없는 바지선은 선착장 ⊔구조의 양 방향 위에서
약 70명의 인부들이 목도의 방법(250면 그림 참조)으로 대회랑석을 들어 하역이 가능하다.
그러나 뱃머리(선수선미)가 있으면 목도의 방법으로 하역이 불가능하다.
고대 그림들에서는 바지선이 없기 때문에 태양의 배와 거의 같은 뱃머리가 있는 배에서 대형 거중기를 사용하여
대회랑석을 하역하는 방법으로 구성한 그림이다.

* 목도의 방법(250면 그림 참고)으로 약 70명의 인부로 대회랑석을 대피라미드 앞까지 운반할 수 있다.

· 대형거중기 회전판 돌리는 방법
1. 인부들이 거중기 회전판 가로목을 앞으로 민다.
2. 인부들이 등짐지고 거중기 회전판 가로목에 매달린다.
3. 거중기 회전판 간살밧줄에 갈고리를 걸고 소가 끈다.

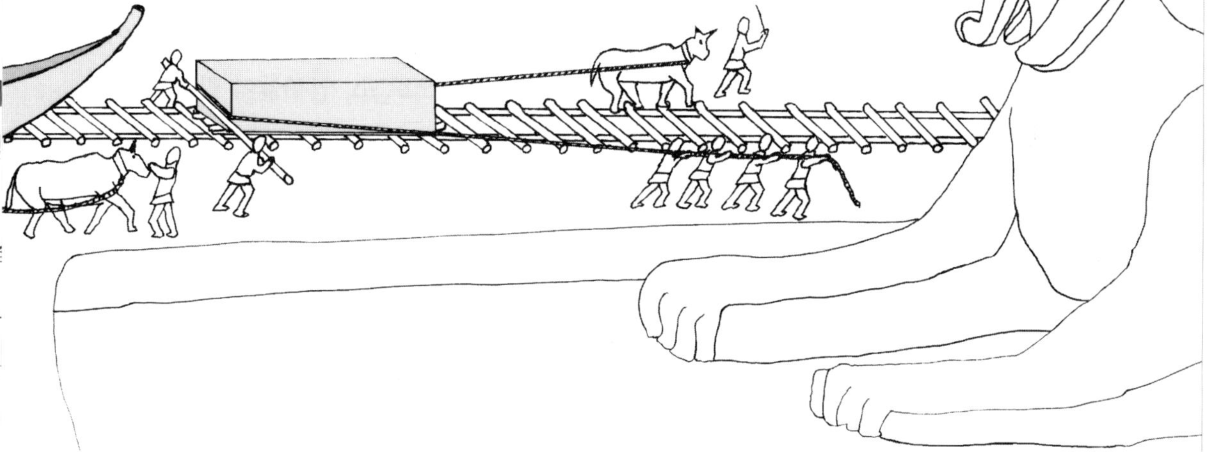

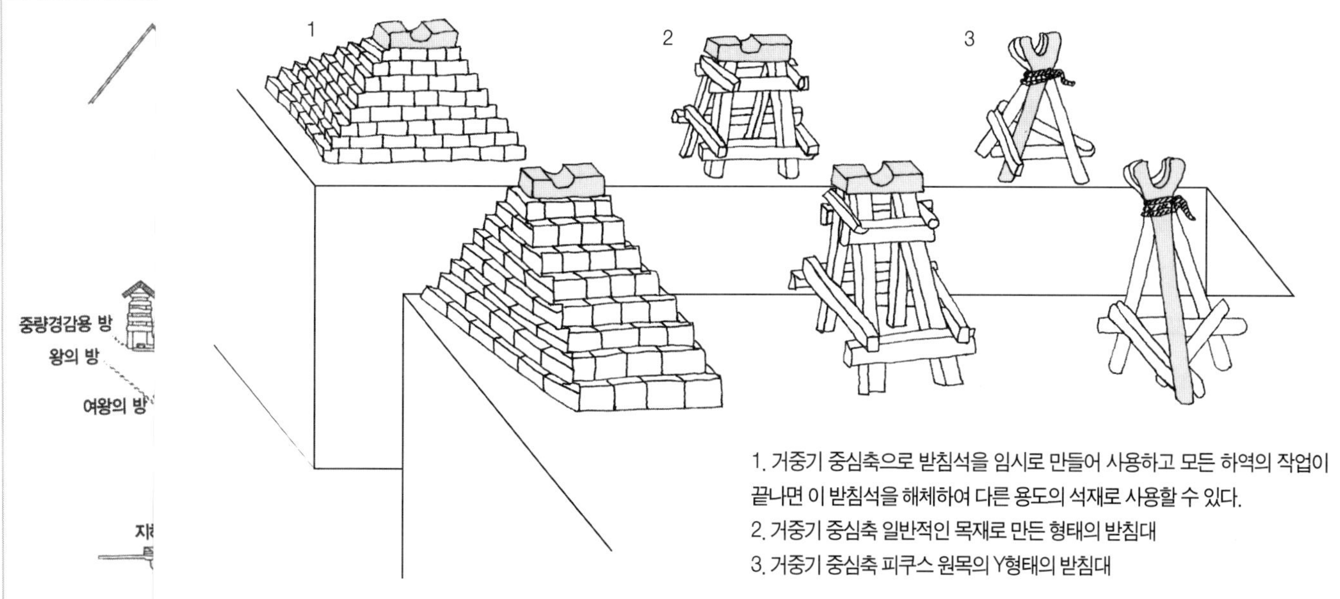

※ 바지선에서 목도의 방법으로 대화랑석을 하역한다면 대형거중기와 받침대가 필요없다.

여러 가지 형태의 거중기 중심축의 받침대 (거중기 중심축이 회전할 때 마찰이 적도록 ⊔곳에 기름을 칠한다)

1. 거중기 중심축으로 받침석을 임시로 만들어 사용하고 모든 하역의 작업이
끝나면 이 받침석을 해체하여 다른 용도의 석재로 사용할 수 있다.
2. 거중기 중심축 일반적인 목재로 만든 형태의 받침대
3. 거중기 중심축 피쿠스 원목의 Y형태의 받침대

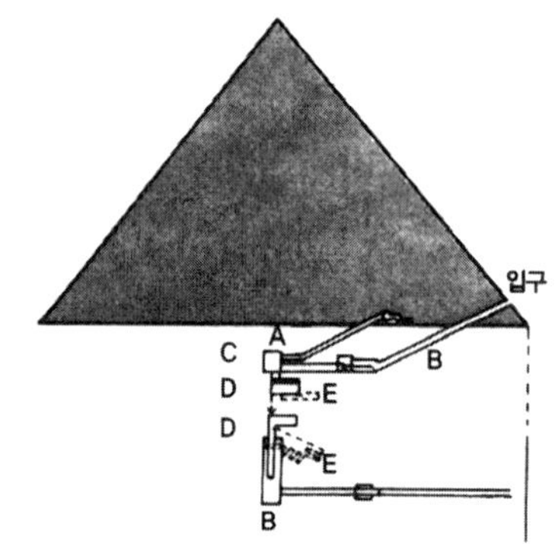

카프라의 피라미드 내부 구조

멘카우라의 피라미드 내부 구조

이것을 통합적으로 이해하려면 먼저 기자지구에서 처음으로 축조된 쿠푸 피라미드에 관하여 정확히 이해한 후 짚고 넘어가야 할 것이다.

앞서 쿠푸 피라미드에 관하여 알려진 바와 같이 내부 구조물(여왕이 방, 대회랑, 왕의 방(현실)과 석문(입구)) 등에는 피라미드 체적에 걸맞게 화강암 하나 무게 약 40톤짜리로 一자형, 八자형보(천장)와 벽면을 만든 것을 알 수 있다.

그런데 쿠푸 피라미드 이후에 축조된 카프라와 멘카우라 피라미드에서는 내부의 구조물이 체적과 걸맞지 않게 왜 갑자기 화강암 무게를 약 10톤짜리로 一자형, 八자형보와 벽면을 만들었는가. 그리고 두 피라미드에 석문(입구)을 대형 화강암을 사용하지 않고 왜 소형 화강암으로 작게 만들 수밖에 없었는가.

또한 쿠푸 피라미드 내부의 구조물 중 하나인 대회랑처럼 특별한 것도 만들어 놓지 못하고 그나마 내부의 구조물도 소박한 크기로 현격하게 줄지 않았는가.

쿠푸 피라미드에서 왕의 방(현실)은 피라미드 바닥에서 약 60m 높이 위에서 만든 데 반해 카프라와 멘카우라 두 피라미드의 내부의 구조물(왕의 방) 등은 바닥에서 약 13m 높이까지 있는 내부의 기반암 층을 바닥 아래 깊숙한 위치에서 뚫어 통로를 만들었다. 이것은 의도적으로 가능한 한 화강암을 적게 사용하기 위해서 시공했을 것으로 보는 것이다.

(앞서 224면 그림에 추정한 기자 3대 피라미드 내부의 석회기반암층 높이는 쿠푸 약 15m, 카프라 약 13m, 멘카우라 약 10m이다. 이 높이들은 피라미드 체적의 약 25%에 해당되는 것인데, 피라미드 축조에 사용되는 석재를 약 25% 절감하는 효과가 있다.)

(세계의 수많은 학자들은 기자 3대 피라미드에서 쿠푸 피라미드 시공에 많은 기술을 사용하였기 때문에 쿠푸 피라미드를 최고로 인정하고 있다. 그러나 필자의 견해는 조금 다르다. 카프라 피라미드는 외장석을 정밀하게 다듬었고, 피라미드 사면에서 기울기를 매우 정확하게 측정하여 시공하였기 때문에 오히려 쿠푸보다는 기술적인 측면에서 더 위라고 보는 것이다.)

이런 원인들의 개연성을 하나씩 분석해보면 앞서 벨리신전 선착장 추정 근거(흔적)를 제시한 바와 같이, 약 4500년 전 쿠푸 피라미드 축조 당시에는 벨리신전 앞으로 나일강의 지류가 존재했었다고 생각해야 한다. 왜냐하면 쿠푸 피라미드 축조 당시 내부의 구조물에 반드시 사용할 화강암을 가장 근접한 거리에서 조달해야 하는 건 당연한 이치이다.

여기에 대해 앞서 설명한 바와 같이 반드시 선착장이 필요했을 것이다. 아스완에서부터 배로 운반한 약 40톤이나 되는 대형 화강암을 비가 많이 오는 여름철에 나일강 물이 불어나 수량이 최대가 되었을 때, 나일강 물과 이어지는 벨리신전 앞 지류의 수위도 벨리신전의 윗부분까지 올라왔을 것이다. 이때 바지선은 목도의 방법으로 하역 했거나, 뱃머리 선수선미가 있는 배에서는 벨리신전에 앞서 필자가 그린 전개도와 같은 방법으로 대형 거중기를 사용하여 대형 화강암을 배에서 하역했다고 보는 것이다.

(만약 벨리신전 앞에 나일 강 지류가 존재하지 않았다면 스핑크스와 벨리신전을 만들지 않았을 것이고, 쿠푸 피라미드 내부의 구조물 역시 약 40톤짜리 화강암으로 시공되지 못했을 것이다.)

뱃머리(선수선미)가 있는 태양의 배와 같은 배에서는 선수 때문에 선착장에서 목도의 방법으로 대형 화강암 하역이 불가능하다. 그리고 하역한 대형 화강암을 운반하는 방법은, 벨리신전(선착장)과 쿠푸 피라미드의 경우 약 40m 언덕 위로 약 70명의 인부가 목도의 방법으로 운반할 수 있다. 다른 방법으로는 경사진 언덕 위로 선로와 받침목을 설치하고, 통나무 굴림대 뒤에 모래를 받쳐 아래 굴러가지 않게 한 뒤, 썰매에 대형 화강암을 싣고 운반하는 방법이 있다.

앞서 조세르의 기원에 관한 비문에서 설명되었지만, 나일강의 큰 기복이 대략 2천 주기로 오르내리는데, 카프라 피라미드 축조 당시에는 갈수록 가뭄이 심해지지 않았을까? 그래서 나일 강물의 수량도 줄었을 것이고 이곳 지류도 당연히 메말라갔을 것이다. 이와 같은 결정적인 문제로 화강암을 실은 배가 벨리신전 선착장까지 들어올 수 없기 때문에 벨리신전을 더 이상 선착장으로 사용할 수 없었지 않았을까. 그렇기 때문에 카프라, 멘카우라 피라미드 내부의 구조물에 사용할 화강암을 조달하기 위해서 이미 나일강의 수위가 줄어든 수 킬로미터나 되는 나일강 원류까지 가서 배로 싣고 온 화강암을 하역할 수밖에 없었을 것이다.

그러나 석회기반암이 벨리신전 앞까지 있는 기자지구와는 달리 그곳은 석회기반암이 없었을 것이다. 그래서 부득이 견고하지 못한 목재로 ⊔자 구조의 선착장을 만들어야 하는데 나일 강변의 지반이 약한 뻘 바닥이기 때문에 목재 기둥을 세워 선착장을 만들어 사용하였을 것이다.

이런 조건에서는 무게가 약 40톤이나 나가는 화강암과 약 70명 인부들의 무게를 지탱하기가 불가능하기 때문에, 목재로 만든 선착장에서 만약 목도의 방법이나 특히 대형 거중기를 사용하기가 불가능한 이유 때문에도 약 10톤으로 줄이지 않았을까.

(벨리신전의 선착장은 지반 자체가 견고한 석회기반암 위로 150톤짜리 대형 석회암으로 만들어졌다. 지금도 나일강 유역의 카이로 외곽지역은 관개수로(개천)가 잘 조성된 것을 알 수 있다. 스핑크스 앞에도 수 킬로미터 떨어진 이 관개수로로 약 4400년 전에 카프라, 멘카우라 피라미드 축조 당시에는 배가 드나들지 않았을까?)

앞서 설명한 두 가지 이유로 벨리신전이라고 하는 이곳을 더 이상 선착장으로 사용할 수 없게 되자 어느 왕조 시대인지는 알 수 없으나 후에 벨리신전의 내부를 제사장으로 사용하기 위해 증ㆍ개축을 하지 않았을까?

그리고 멘카우라 피라미드 축조 이후에는 왕가의 계곡으로 왕들의 무덤을 옮긴 후 더 이상 제사장을 사용하지 않고 방치되었을 것으로 본다.

그 이후 수천 년 동안 여러 번의 홍수에 의한 토사와 수없이 불어오는 모래바람에 스핑크스는 얼굴만 남기고, 벨리신전은 모래에 거의 파묻혀버렸을 것이다.

(1818년 카빌리아 대령이, 1886년에는 마리에트 마스페로가 스핑크스와 벨리신전을 발굴하기 위해서 이곳의 모래를 제거했다고 전해진다. 그러나 불과 39년이 지난 1929년, 다시 모래바람에 스핑크스 목까지 모래가 파묻혔다고 한다. 그리고 1929년 이집트 고고학청이 모든 모래를 제거하고 발굴하였는데, 제사장으로 사용된 흔적이 있었다고 한다. 필자 견해로는 물론 고고학청에서 이곳이 4500년 당시에는 선착장이었다는 것을 가늠할 수는 없었겠지만, 학자들이 주관적으로 이곳을 신전(제사장)이라고만 정해놓은 것을 아닐까 하는 생각이 든다.)

어쨌든 배로 운반한 화강암을 운반하기 위해서 나일강 원류에서 카프라, 멘카우라 피라미드 현장까지는 수 킬로미터의 평평하지 못한 굴곡진 언덕들이기 때문에 썰매와 통나무굴림대를 원활하게 사용하지 못했을 것이다.

그래서 인부들이 매우 어렵게 목도의 방법으로 운반할 수밖에 없는데, 그 당시 장인들이 이것을 고려하여 화강암 무게를 최대 10톤까지 줄여 카프라, 멘카우라 피라미드 내부의 구조물에 적게 사용한 것은 아닐까 하는 것이 필자의 생각이다.

카프라, 멘카우라 피라미드 내부 구조물에 사용되는 화강암이 약 40톤짜리면 운반과 내부 구조물 시공기간도 단축할 수 있지만, 앞서 지적한 원인들 때문에 부득이 화강암 무게가 쿠푸와 비교하면 약 1/4크기로 대폭 줄어들게 된 것이다.

카프라 피라미드는 쿠푸 피라미드 크기와 거의 같이 축조되었으나, 앞서 지적한 하역과 운반의 문제 때문에 의도적이거나 혹은 부득이하게 피라미드 내부 구조물을 바닥 아래 깊숙

스핑크스와 카프라 피라미드

밸리 신전 발굴 전의 모습

한 위치에서 체적과 걸맞지 않는 소형의 크기로 만들 수밖에 없었던 것이다.

　이런 문제 때문에 카프라 피라미드 이후에 축조되는 멘카우라 피라미드의 내부 구조물도 어차피 피라미드 체적과 걸맞지 않게 소형으로 만들 바에는 아예 현실적으로 피라미드 크기를 대폭 줄여 중형의 크기로 축조한 것은 아닐까?

　(기자지구에서는 아직도 피라미드 축조에 사용할 수 있는 석회기반암이 아직도 많이 남아 있지만, 구조물에 반드시 사용할 화강암을 원활하게 조달할 수 없게 되자 그 당시 파라오나 장인들은 상당히 아쉬움이 있었을 것이다. 그래서 3대 피라미드를 축조하고, 언덕 위 사면에서 피라미드를 잘 보이게 석회기반암을 수평으로 정리하는 과정에서 발생되는 여분의 석재를 사용했고, 화강암으로 내부의 구조물이 없는 이름이 알려지지 않은 여러 개의 소형 피라미드와 멘카우라 왕의 세 왕비의 소형 피라미드를 만들었을 것으로 보인다.)

기자지구에서는 멘카우라 피라미드 이후로 더 이상 피라미드를 축조하지 않았다
그리고 왕가의 계곡에서 여러 왕의 무덤을 만들어야 했는가

그 이유는 무엇인가?

이와 관련하여 세계에서 학계에서는 아직 어떠한 해석도 나와 있지 않다.

필자 견해로는 그 이유는 앞서 설명한 것과 매우 밀접한 관련이 있다고 본다. 멘카우라 왕조 이후에 복합적인 문제들을 해결하려고 대안을 모색하던 중 시도하였던 일이라고 보는 것이다.

거듭되는 설명이지만, 이 기자지구에서는 아직도 쿠푸 피라미드 크기의 대형 피라미드를 10여 기나 더 축조할 수 있는 공간과 충분한 석회기반암이 남아 있는데도 불구하고 피라미드를 더 이상 축조하지 않았던 것은 여러 복합적 원인들이 있었기 때문이다(광대한 지역에서 중·소형 피라미드 채석장을 바로 옆에 두거나 채석장 위에 축조하였지만, 여기에도 화강암을 원활하게 조달할 수 없기 때문에 내부 구조물을 소박한 크기로 만들수 밖에 없었을 것이다). 그래서 멘카우라 피라미드 축조 이후에 테베의 신 왕국에서 파라오나 장인들은 그 대안으로 피라미드에 대한 개념을 혁신적으로 바꾼 것이다.

그 혁신적인 개념은 피라미드에 사용되는 많은 석재, 특히 내부 구조물에 화강암을 굳이 사용하지 않고도 실용적으로 왕의 무덤을 비교적 쉽게 만들 수 있는 방법으로 대안을 모색하는 계기가 되었을 것으로 보는 것이다.

그 대안은 이렇다. 광대한 이집트에 있는 석회암으로 된 바위산의 계곡을 선택하여 그 속에 토굴 형태로 넓은 구멍을 아래로 비스듬히 파기만 하면 곧바로 왕의 무덤을 효율적으로 만들 수 있는 것이다. 즉, 현재 왕가의 계곡(66면 사진 참고)으로 여러 왕의 무덤을 옮긴 것은 앞서 지적한 문제들을 해결하기 위한 시도였다는 것은 필자의 상상의 지나친 비약일까.

(고대 이집트 왕들의 무덤은 초기에는 마스타바에서 시작되었고, 약 1000년 동안 광대한 여러 지역에서 많은 피라미드로 지속되다가 마침내 왕가의 계곡과 옆에 있는 협곡에서 끝을 맺게 되는 것이다.)

피라미드들과 대피라미드에 관련된 것들을 아직도 심층적으로 더 연구하여 밝혀야 하지만 여기서 줄인다.

55. 태양의 배 Solar boat

　대피라미드 남쪽 바로 옆에 쿠푸왕 왕조때 만들어진 세계 최초의 '태양의 배'를 전시하고 있었다. 태양의 배는 사자(死者)의 영혼이 서쪽으로 지하 강을 건널 때 사용하는 배라고 전해진다. 앞서 필자가 말한 것과 같이 밸리신전과 태양의 배는 관련이 있지 않았나 어째든 1954년 세 피라미드로 가는 진입도로를 건설하기 위해 인부들이 굴토작업을 하고 있었는데, 그때 지하 암반 토굴에서 배 무덤을 발견했다. 급히 이집트 정부에 연락해서 이집트 고고학자 카말 말라크와 자키 이스칸데르가 파견되었다. 큰 화강석으로 된 배 모양의 무덤 뚜껑을 열어보니 레바논 삼나무로 된 거대한 배가 1,224개로 분해된 채 매장되어 있었다. 이 재료들은 재질 자체로도 내구성이 좋지만 수천 년을 견디도록 방부 처리되어 있었다. 이들을 14년이나 걸려서 완전 복원해보니 배 길이가 43.4m이고, 폭은 5.9m, 40톤급의 규모였다. 그러니까 이것은 현존하는 배 가운데에서 가장 오래 전에 상당한 기술력으로 건조되어진 셈이다.

　발굴된 위치에 전시장을 세웠고, 발굴 당시 모습의 사진과 배 부속품들을 전시하고 설명해 놓았다. 배의 각 부분 이음은 쇠못을 전혀 사용하지 않고 나무 판재에 구멍을 뚫어 삼나무 밧줄로 단단히 묶었다.

　대피라미드 남쪽과 동쪽에 '태양의 배'를 매장한 무덤 5개가 있다. 사자가 죽어서 사용하라고 그의 피라미드 옆에 배 무덤을 만들고 거기서 배를 조립하였을 것이다. 이런 배 다섯 척이 대피라미드 주위의 석회암반을 깊숙히 파낸곳에 묻혀 있다. 대피라미드 옆에 하나, 동쪽에 둘, 밸리(하곡)신전에서 올라오는 참배길(Ramp way) 북쪽에 하나가 더 묻혀 있다. 지금 전시 중인 배는 남쪽에서 발굴된 것이고, 옆의 하나는 일본 탐사 팀에 의해 발굴되어 조립중이다. 참배길 곁에 있는 배는 나일강을 건너 실제로 죽은 왕을 운반한 것이다. 이들 세 곳은 발굴되었지만, 동쪽의 두 곳은 아직 발굴되지 않은 채 그대로 남아 있다. 미국의 지리학회에서 매우 궁금했는지 이곳을 특수 탐사했다. 천장에 구멍을 뚫어 소형 카메라에 소형 측정용

태양의 배
대피라미드 옆에서 발굴한 '태양의 배'(solar boat)
기다란 뱃머리(선수)가 태양을 향해 있으며 선체와 노들이 보인다.

탐사봉을 넣어 사진을 촬영해보니 아직 건재하다고 한다. 동쪽, 남쪽에 각각 2척씩 둔 것은 죽은 왕의 영혼이 어떤 방향으로든 자유롭게 올라타도록 하기 위한 것일까.

이것은 고대 이집트의 사후 세계에 대한 그들의 신앙, 즉 태양신 숭배사상과 깊은 관련이 있다. 이집트인들은 태양신 라(Ra)는 파라오의 조상이고 파라오가 죽어 그와 함께 낮에는 하늘을, 밤에는 지하 강을 여행한다고 생각했다. 태양이 매일 서쪽으로 지고 아침에 동쪽에서 떠오르는 것을 새로운 생명을 얻는 부활이라 간주했다. 여러 개의 작은 배들을 넣은 투탕카문왕(신 왕국시대 제18왕조의 12번째 왕, B.C. 1334~1325) 무덤에서처럼 미라가 안치된 현실 안에 이런 대형 보트를 넣은 것은 사자가 지하 강을 여행하여 동쪽에서 떠오르는 태양처럼 부활하도록 하려는 것이다.

미라가 된 사자는 '투와트' 라고 하는 지하세계를 지나는데, 여기는 12개의 방으로 구분되어 있고 방 입구엔 큰 뱀이 지키고 있다. 사자는 수호신의 보호로 이 방들을 지나 지하세계의 신 오시리스 앞에 가게 된다. 오시리스 신은 아내 이시스 여신과 동생 네프티스 여신, 지혜의 신 토트와 42명의 배심원을 거느리고 머리엔 크고 흰 왕관을 쓰고, 손에는 도리깨 모양의 홀을 들고 있다. 여기에서 사자는 양심의 무게를 재고 42가지 죄를 심판받게 된다. 그야말로 최후의 심판이다. 여기를 통과해야 아침에 떠오르는 태양처럼 부활한다.

지금으로부터 4500년 전의 수호신, 최후의 심판, 배심원제, 부활이란 용어들이 오늘날에도 그대로 사용되고 있는 것에 놀라지 않을 수 없다. 이것은 서양문화 나아가서 인류문화의 근원을 보는 것 같다.

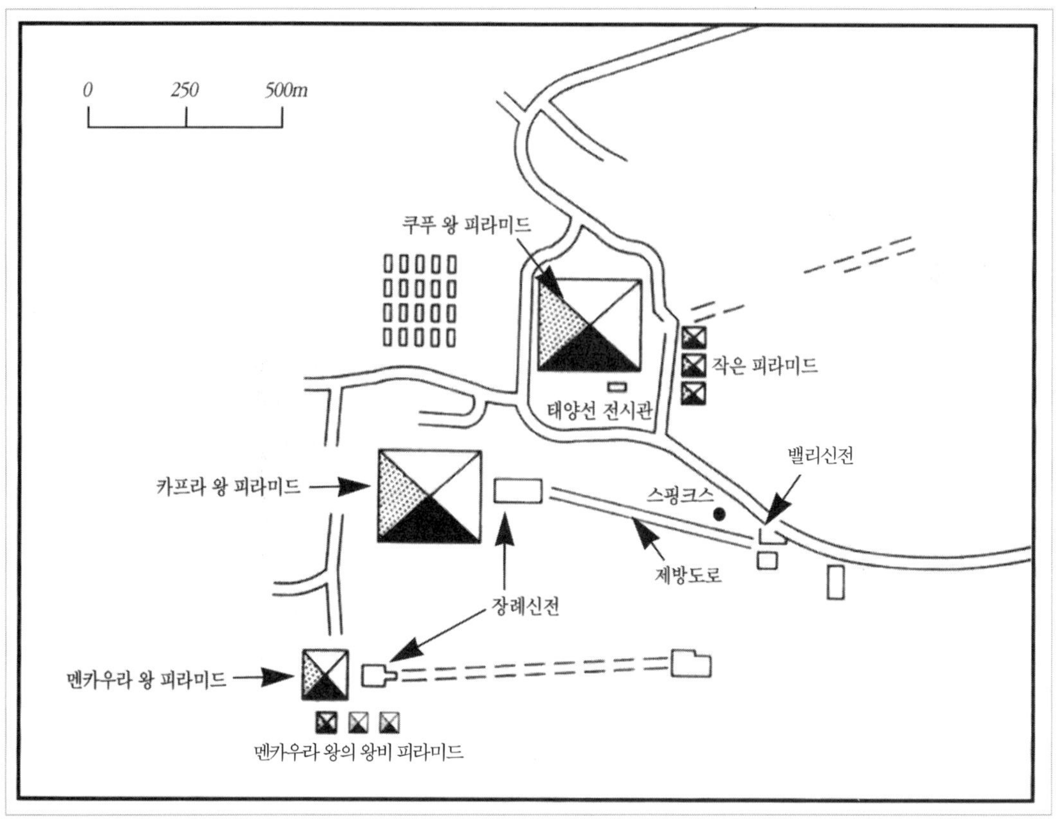

기자의 피라미드 배치도

56. 오벨리스크 Obelisk

　1902년 아스완 댐과 1971년 아스완 하이댐을 건설하는 데 사용된 돌은 전부 근처의 화강암 채석장에서 가져온 돌들이었다. 아스완의 채석장은 전 국토가 석회기반암 지대인 이집트에서 유일한 화강기반암 채석장이다. 고대 파라오 시대로부터 그리스 로마 시대에 이르기까지 아스완의 채석장은 이집트의 중요한 화강암 산지로 유명하다. 기자의 피라미드 내부에 시공 된 구조물과, 날렵한 자태를 뽐내는 오벨리스크, 수많은 신전, 기타 이집트의 돌로 된 건축물에 사용한 일부 화강기반암들은 이 아스완의 채석장에서 조달되었다고 한다.

　아스완에는 몇 개의 채석장이 있으나 그 중에서도 엘리팬타인 섬, 아스완 남쪽에 미완성 오벨리스크가 있는 채석장, 그리고 필레 섬 맞은편의 샬랄 채석장이 대표적이다. 카르나크 신전에 있는 하트셉스트 여왕 시대에 만들어진 유명한 오벨리스크는 이곳에서 채석되어 약 150km 거리에 있는 룩소르에 옮겨진 후 세워지기까지 약 7개월이 소요되었다고 한다.

　상형문자의 기록에 의하면 하트 셉스트(재위 B.C 1473-1458년)여왕은 축제를 자주 열면서 맥주와 포도주를 즐겨마셨고, 뛰어난 처세술로 스스로 파라오가 되었다고 한다. 3500년 전 그 당시에는 세넨무트라는 위대한 건축가가 있었는데 카르나크 신전과 여러 건축물들도 만들었다고 한다.

　여기에서 우리는 위대한 건축가 세넨무트가 상당한 기술력이 있었다는 것을 짐작할 수 있다. 지금도 건축에 종사하고 있는 필자와 기술력을 비교할 수 없겠지만, 282, 283면에 그림으로 제시하는 종합적인 방식으로 오벨리스크를 세워놓았을 것으로 본다.

　아스완 남쪽 1km 지점, 아스완 하이댐으로 가는 도로 언덕으로 조금 올라가면 고대 파라오 시대에 화강석을 캐던 채석장이 있다. 여기에 채석하다 그만둔 초대형 오벨리스크 옆을 보면 고대 석공이 돌을 어떻게 채석했는지 알 수 있다.

　오벨리스크는 하나의 석재이어야 하는데 바위 한 부분에 균열이 생겨 쓸모없게 되자 채석을 포기하고그대로 방치하고 있다. 지금 이 미완성의 오벨리스크는 어느 것보다 초대형이다. 길이는 40m가 넘고 폭이 3.4m이다. 따라서 $3.4 \times 3.4 \times 40 \times 2.5$톤/$m^3$=약 1,156톤이나 되기 때문에 다음 장에 소개되는 종합적인 방법으로 채석 후 꺼내 다음 세로 방향으로 많은 청동쐐기를 밖아서 큰 망치로 타격을 가해 1/4로 절단하여 네 개를 만든 후에 세워 놓았을 것이다.

채석하다 그만둔 초대형 오벨리스크

오벨리스크를 어떻게 채석하고 꺼냈나

화강기반암에서 오벨리스크를 어떠한 방법으로 채석하였고, 꺼낸 다음 어떻게 운반하였 는지에 대해서는 아직까지 세계의 어느 학자도 정확히 제시한 학설이 없다. 이것 역시 잃어 버린 기술이 아닐까 생각한 필자는 뒷 장에서 소개되는 종합적인 방법으로 혼자서도 수 톤 짜리 석재를 화강기반암에서 채석한 경험이 있다. 물론 이와 같은 방법은 석재 무게와는 관 계없이 얼마든지 채석할 수 있다. 따라서 고대 이집트에서도 이와 같은 방법으로 거상이나 오벨리스크를 채석하였을 것으로 보는 것이다.

채석하다 그만둔 초대형 오벨리스크는 약 1,156톤의 초대형 거석이다. 따라서 이러한 엄 청난 무게의 오벨리스크를 채석, 운반하려면 종합적인 방법(공법, 공정, 기술)이 있어야 가능하 다. 그렇지 않으면 지금 현대의 조선소에서 사용하고 있는 가장 큰 골리앗 크레인으로도 채 석된 오벨리스크를 채석장에서 들어 꺼낼 수 없기 때문이다.

그래서 오벨리스크를 채석하고 효율적으로 꺼내는 방법을 알기 쉽게 그림으로 구성해 보았다.

오벨리스크 채석 방법의 개념도(이것은 앞서 채석하다 그만 둔 초대형 오벨리스크 옆을 봐도 알 수 있다)

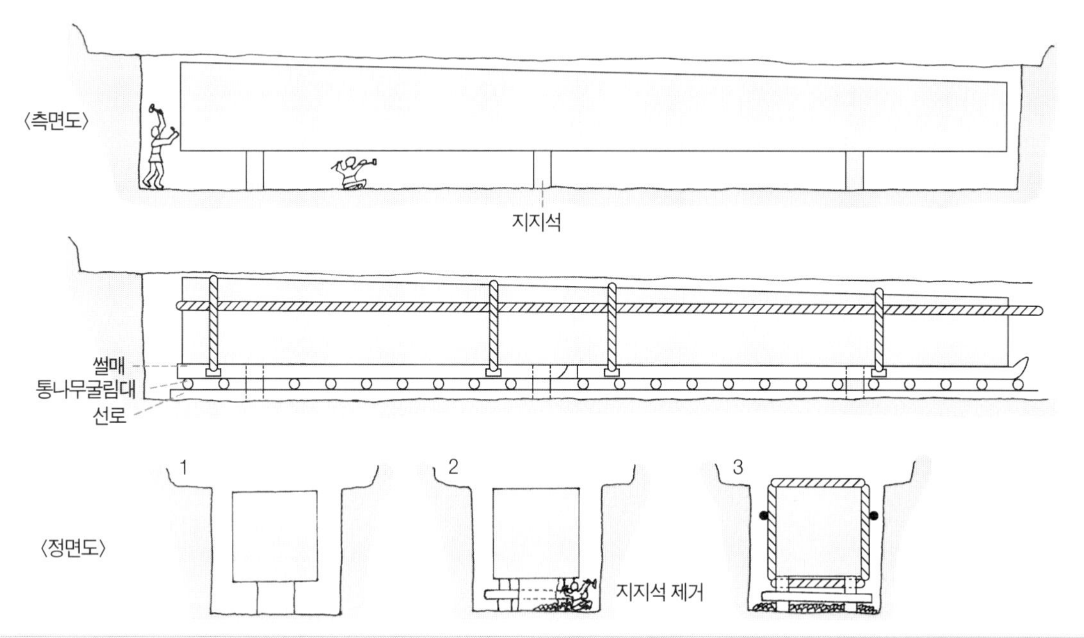

1. 오벨리스크를 만들려면 우선 크랙(금)이 없는 화강기암반을 파내어 질 좋은 심재를 길이는 약 40m, 폭은 약 3.4m 넓이로 선정한다.

2. 오벨리스크 형태의 청동선으로 길이와 넓이를 측정한 다음 화강기암반 주위를 인부가 파낼 수 있는 공간의 넓이로 하부까지 ⊔자 형태로 파내고, 바닥부분은 오벨리스크를 지탱할 수 있게 지지석 3개 정도만 남기고 모두 파낸다.

3. 오벨리스크 하부에 남겨진 3개의 지지석 사이로 받침목, 선로, 통나무굴림대, 썰매 순서로 설치가 1/4 크기로 절단 후 네개가 완성되면 인부가 지지석을 정으로 쪼아서 제거한다.

4. 긴 사각형의 오벨리스크 형태로 먼저 채석하여 인부들이나 소를 이용하여 밖으로 꺼낸 다음 1/4 크기로 절단 후 네개를 완전하게 오벨리스크로 다듬는다.

5. 운반방법은 받침목, 선로, 통나무굴림대 두 개 이상의 썰매 위에 오벨리스크를 싣고, 밧줄을 묶고 인부들이나 소가 밀고 끌고 갈 수 있다.

이와 같은 방법은 무게에 관계없이 몇 천 톤의 거석도 채석과 운반이 가능하므로 고대 이집트에서 수백 톤 무게의 람세스 거상도 이 그림과 같은 방법으로 화강기암반에서 채석과 운반을 하였을 것으로 본다. 그리고 영국의 스톤핸지에 사용 된 큰돌들이나 이스터섬의 모아이도 289면에 소개되는 방법으로 채석하였을 것으로 본다.

고대 수도 멤피스에 있는 람세스 2세의 거상
이 거상이 얼마나 큰지 우측에 있는 관리인과 대조를 이룬다.

오벨리스크는 고대 이집트의 찬란한 기념 석주

오벨리스크는 석재 하나의 무게가 무려 200~300톤이나 되고 약 25~30m이며 거대한 화강암으로 되어 있다. 오벨리스크는 사각기둥으로, 꼭대기 부분은 피라미드형으로 끝이 뾰족하며, 성전 안팎이나 탑문 앞에 2개에서 4개를 1조로 세우는 것이 보통이다. 사면에는 신에 대한 찬가와 왕의 실적이 고대 이집트의 상형문자인 히 에로글리프로 새겨져 있다.

카르나크 신전에 파이론이라 불리는 벽 앞에 오벨리스크(그리스어로 '사냥 창' 또는 '작은 쇠 꼬치'를 뜻한다. 신전의 입구 양쪽에 세워져 있던 오벨리스크는 태양을 상징했다) 중에서 최대인, 높이 30m나 되는 거대한 오벨리스크가 우뚝 서 있다. 이 오벨리스크는 하트셉스트가 세넨무 트에게 명하여 아스완의 화강암 채석장에서 가져온 것이다. 이것을 세워 놓을 당시엔 두 개가 한 쌍이었고, 정상에는 금과 은 합금이 엘렉트람이 덮여 있어 찬란하게 빛났다고 한 다. 현재 그 중 하나는 넘어져버리고 나머지 하나만 건재하다. 지금은 엘렉트람이 없어졌 지만 하늘을 찌를 듯이 웅장한 모습은 그 위용을 자랑한다. 하트셉스트 여왕의 장례 사원 에는 이 오벨리스크를 운반할 때의 모습이 부조로 세밀하게 묘사되어 있으니 기회가 닿으 면 꼭 보기 바란다.

또한 카르나크 신전의 오벨리스크 본제 비문에는 운반 방법이 히에로글리프로 기록되어 있다. 그에 따르면 오벨리스크의 채석에서 세울 때까지의 작업은 7개월이 걸렸는데, 나일강 물이 불어나 수량이 최대가 되었을 때 거대한 거룻배를 싣고 오기로 미리 예정하고 계획을 세웠다고 한다. 비문에는 또 이렇게 씌어 있다.

'훗날 이 오벨리스크를 보는 사람은 이것이 어떻게 세워졌는지 불가사의해 하리라'

길쭉한 모양으로 깎은 길이 30m의 돌을 그대로 운반해서 수직으로 세워놓은 것이다. 운반해올 때는 당연히 옆으로 누운 상태였을 텐데 그것을 어떻게 세웠을까? 물론 오늘날 이라면 대형 크레인을 사용하겠지만 대형 크레인 같은 게 없었던 시대의 일이니 정말이지 불가사의하다고 하는 수밖에 없다. 유감스럽게도 오벨리스크의 비문에는 해답이 나와 있 지 않다.

하트셉스트 여왕 시대에 위대한 건축가 세넨무트가 오벨리스크를 어떤 방법으로 세웠을 까. 이것 역시 '잃어버린 기술'의 하나라고 할 수 있지 않을까. 몇 가지 설은 있지만 모두 불 가능한 방법들인데 그 중에 한 가지 방법은 우측에 소개되는 방법이다. 독자들도 혹시 카르 나크 신전에 갈 기회가 생기면 이 책에서 소개되는 오벨리스크를 채석장에서 채석하여 꺼내고 운반한 다음 세우는 방법들을 모두 상상하면서 곰곰이 생각해보기 바란다.

(앞서 비문에서는 오벨리스크를 거룻배에 선적 하역하는 방법에 대한 설명이 없지만 필자가 이것을 많은 설명 과 전개도가 있어야 독자들이 이해가 가능한데 지면 관계로 표현하지 않았다 참고로 설명한다면, 오벨리스크 무 게가 300톤이나 되고, 좁은 선착장 입지 때문에 대형 거중기 여러대를 사용하거나, 혹은 약 천 명의 인부들이 목 도의 방법으로도 오벨리스크를 들어서 선적, 하역이 절대 불가능하다.)

오벨리스크의 비문

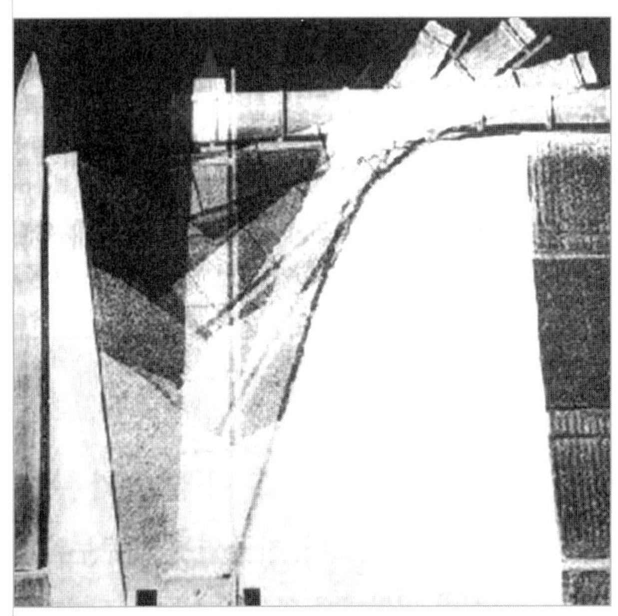

오벨리스크를 설치하기 위해 내리는 장면

아직도 많은 학자들은 아래 그림과 같은 방법으로 오벨리스크를 세웠을 것으로 추정하고 있다. 왼쪽에 서 있는 것이 가설재에 고정된 오벨리스크이며, 이것을 롤러에 의해 운반하여 내려 세워 놓았다.

오벨리스크 설치 작업은 우선 오벨리스크가 세워질 자리의 동쪽에 흙으로 빚은 벽돌로 임시 경사로를 설치하고 정좌할 방향으로 모래더미를 만들었다. 경사로에 묽은 진흙을 발라서 미끄럽게 하고 밑동을 앞세운 오벨리스크를 수백 미터 행렬의 인부들이 가설재 위에 높이 2/3 이상 되게 끌어올렸다. 거기에서 모래더미 위에 얹어 밧줄로 기울기를 조정하면서 미리 자리 잡은 기초석 위에 맞도록해서 세웠다고 한다.

이것은 영화에서 소개된 방법인데, 수십 년 동안 오벨리스크 설치 절차를 연구한 프랑스 건축학자들이 최근 카르나크 현지에서 모형을 만들어 시뮬레이션 작업을 여러 차례 시도한 끝에 가장 실현성이 있다고 제시한 것이다. 그러나 필자가 판단하기로는 이러한 방법은 매우 어렵거나 거의 불가능하다고 보는 것이다. 독자들은 뒤에 이어지는 필자의 오벨리스크 세우는 방법과 프랑스 건축학자들의 방법 중 어느 것이 실현 가능성이 있는지 비교해보기 바란다.

오벨리스크 뒤에 왜 두꺼운 벽을 세우고 구멍을 만들어 놓았는가

　　모든 오벨리스크가 세워진 곳을 관찰하면 뒤쪽에 반드시 두꺼운 벽이 오벨리스크 높이와 같게 세워져 있고 구멍을 만들어 놓은 것을 알 수 있다. 학자들은 여기에 대하여 아직도 그 이유를 밝히지 못하고 있다. 다만, 이 벽의 구멍 속으로 밧줄에 연결된 긴 막대에 상징적인 깃발을 장식하였다고 추정하고 있을 뿐이다. 그러나 깃발을 세우기 위해 엄청난 체적의 벽을 세웠을까? 이건 분명 아니다. 필자의 견해로는 세넨무트가 길이 약 30m, 무게 약 300톤의 매우 크고 무거운 오벨리스크를 효율적으로 세우기 위해서 벽과 구멍을 만들었을 것으로 생각된다. 오벨리스크 크기가 약 30m이면 벽도 같은 높이로 상하 부분에 구멍이 두 개이고, 오벨리스크 크기가 약 25m이면 벽도 같은 높이로 윗부분에 구멍이 하나이기 때문이다.

　　(이러한 과학적·물리적인 원리를 독자들에게 쉽게 설명한다면, 현대 대형 크레인의 높은 철골 지지대는 높게 세운 벽이고 높은 철골 지지대 위에 있는 도르래와 와이어는 높은 위치에 있는 구멍 속으로 반대편에서 거중기로 밧줄을 당기는 방식이다.)

　　(고대 이집트에서는 ∐자형 구조 즉 격관식 공법을 철저하게 사용한 것을 알 수 있다. 많은 거석, 거상, 오벨리스크 등의 채석, 운반, 세우기 방법과 스핑크스 앞 밸리신전 참배로 등에서도 이러한 격관식 공법과 피라미드 축조 방법(공법, 공정, 기술) 등과 접목돼 일치되는 부분이 많은 것을 알 수 있다.)

오벨리스크와 뒷벽 - 본래는 높이가 약 25m 되는 오벨리스크 4개가 나란히 세워졌으나 지금은 하나만 남아있다.

본래는 높이가 약 30m 되는 오벨리스크 4개가 나란히 세워졌으나 지금은 하나도 남아있지 않다. (오벨리스크가 있었던 뒷벽에 상하부분으로 구멍이 2개가 있고 오벨리스크를 세울 때 밀리거나 앞으로 넘어오는 것을 방지한 목재 받침대를 세웠던 곳이 수직으로 격관된 것을 알 수 있다)

오벨리스크는 어떻게 세워졌는가

뒷장에서 전개도로 설명되지만, 오벨리스크를 세우는 방법은 종합적으로 다음과 같다. 벽의 뒤편에서 구멍 속으로 오벨리스크 상단에 밧줄을 묶고 대형 거중기 2대에 연결하여 끈다. 앞쪽에서는 목재로 받침대 위에 대형 거중기 2대를 설치하여 들어올린다. 길이 약 30m, 무게 약 300톤의 엄청난 규모의 오벨리스크를 세우려면 대형 거중기 4대를 사용하여 전체 무게의 1/2인 약 150톤 이상을 다음과 같은 방법으로 장력을 발생시켜야 한다.(다음 장 전개도 참고)

1. 벽 상단이나 작업받침대 위에 미리 비축된 포대를 인부들이 어깨에 메고 포대 무게와 체중을 이용하여 대형 거중기의 회전판을 돌린다.

2. 인부들이 2, 3층 구조로 된 작업받침대 위에서 대형 거중기의 회전판을 돌린다.

3. 회전판 간살(+자 부분)에 밧줄을 묶어 갈고리를 끼우고 그물망 속에 인부가 모래를 담은 포대 무게를 이용하여 대형 거중기의 회전판을 돌린다.

4. 대형 거중기의 회전판 간살에 밧줄을 묶어 갈고리를 끼우거나, 대형 거중기의 회전판에 미리 감아놓은 밧줄을 소나 인부가 바닥에서 당긴다.

5. 벽 건너편 받침대 위에 설치한 대형 거중기 2대로 위 1~4번과 같이 오벨리스크를 조금씩 올릴 때마다 인부들이 오벨리스크 뒤 아랫 부분에서 H형태의 정지 지지목을 사용한다.

오벨리스크를 세우기 위한 종합적인 방법의 전개도

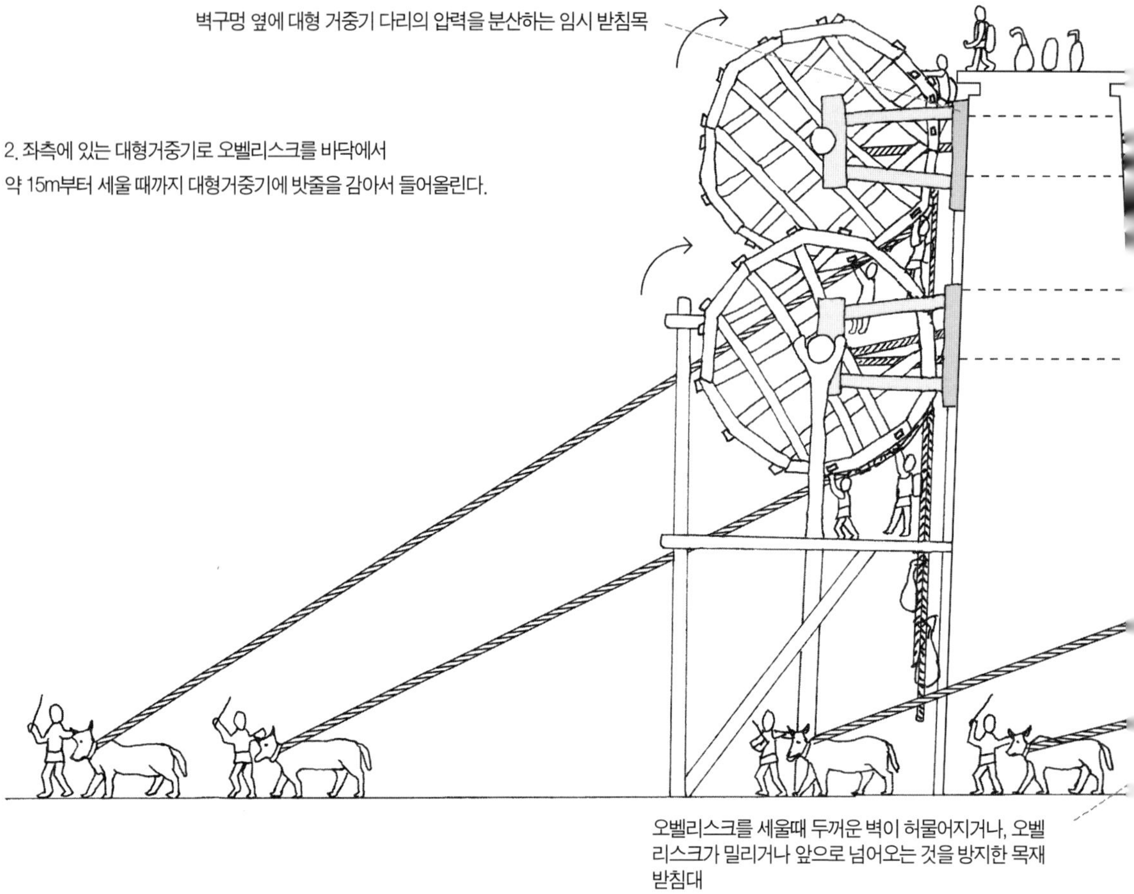

벽구멍 옆에 대형 거중기 다리의 압력을 분산하는 임시 받침목

2. 좌측에 있는 대형거중기로 오벨리스크를 바닥에서
약 15m부터 세울 때까지 대형거중기에 밧줄을 감아서 들어올린다.

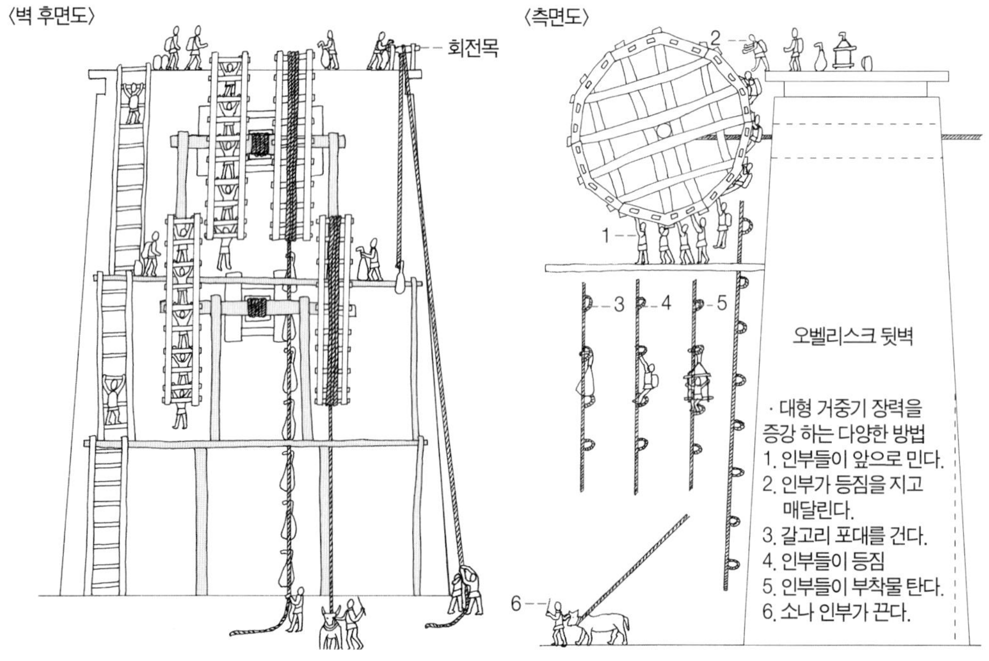

1. 먼저 우측에 있는 대형거중기로 오벨리스크를 바닥에서
약 15m 정도(좌측 대형 거중기의 밧줄을 묶는 지점)까지 대형
거중기에 밧줄을 감아서 들어올린다.

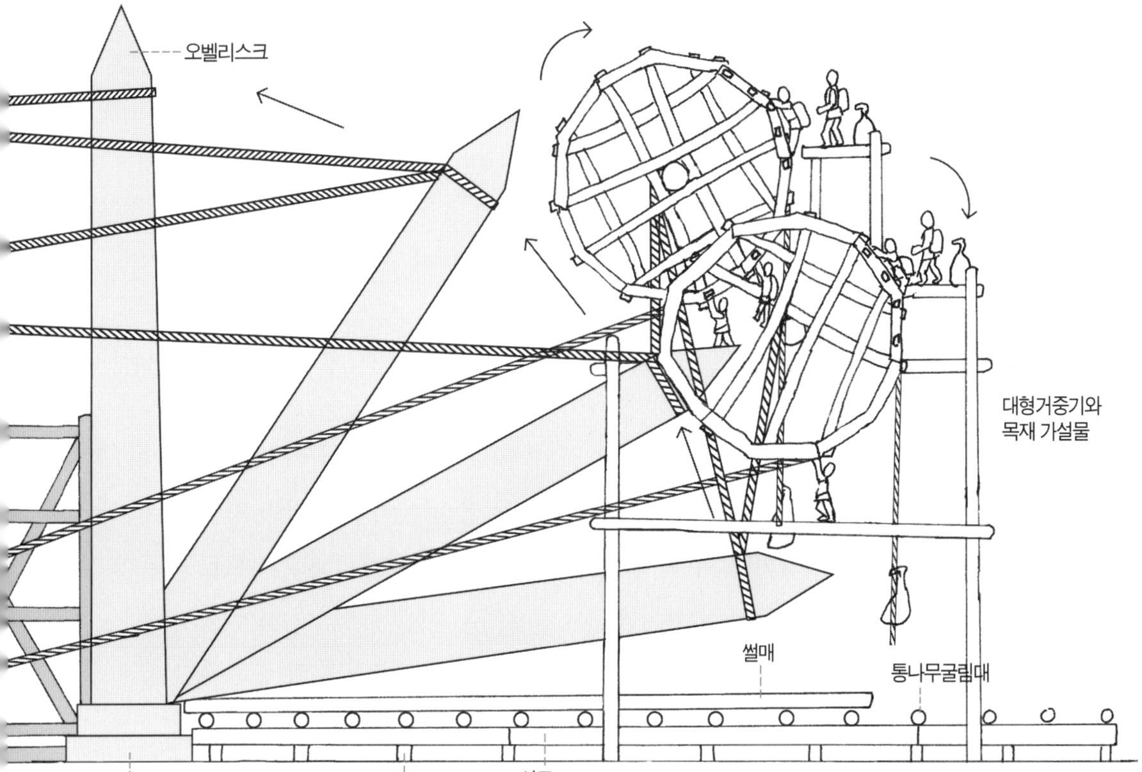

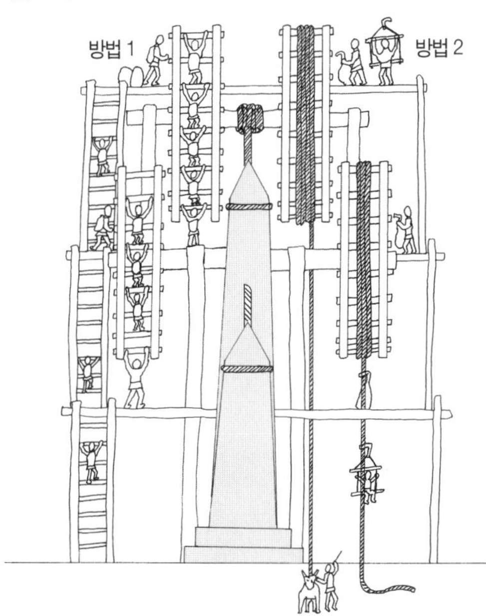

오벨리스크를 안전하고 효율적으로 세우기 위해서는
H형태의 정지 지지목을 4~5개 사용해야 한다.
(이 정지 지지목은 세로는 굵은 나무, 가로는 밧줄로 만들 수 있다.)
우측에 있는 대형 거중기 두 대로 오벨리스크를 점차적으로 들어 올
려 세울 때 아래 부분에서 인부들이 4~5개의 정지 지지목을
높이 8m까지(오벨리스크를 세우는 15m 지점) 계속 받치면
효율적이고 안전하게 작업할 수 있다. 이것을 알기 쉽게 설명한다면,
현대의 장비 호이스트와 같은 역할을 할 수 있는 것이다.
(이 그림들은 지면 관계상 여기에서 표현하지 않았다.)

그림이 매우 복잡하여 상세도를 모두 표현하지 않았다.
이것을 부분적으로 삭제되었기 때문에 전개도, 후면도,
측면도, 정면도를 아울러 보아야 이해가 될 수 있다.

부록

　이 내용들은 대피라미드 축조 방법과 기술 수준을 비교 분석하기 위하여 간략하게 참고로 구성한 것이다.

　거중기에 대하여 거듭되는 설명이지만 수천 년 전의 영국 스톤헨지, 이스터섬 모아이, 그리스(로마)신전, 이집트 피라미드 외에도 어느 시대, 어느 곳을 막론하고 인간의 지능으로 얼마든지 만들어 사용할 수 있는 것이다. 수백 년 동안 석재를 다루면 거의 기본적으로 터득할 수 있는 지렛대의 원리를 이용하여 거중기를 만들어 사용하는 기술(노하우)이 있었을 것이다. 이러한 거중기는 형태는 다르지만 몇 천 년 전 많은 무거운 석재 건축물 시공에 사용된 이후에는 계속하여 무거운 석재로 건축물이 시공하지 않았기 때문에 후세에 전수되지 않고 현대에 와서 그 기술력이 크레인으로 변모하지 않았을까 생각된다.

　앞서 설명한 바와 같이 필자는 고대의 작업조건과 같은 입지에서 석재를 많이 다루어 필

필자가 만든 거중기 기본 형태

요 발생적으로 이러한 거중기를 만들었던 것은 단지 일찍 터득하였을 뿐이라고 생각한다.

그리스(로마)신전과 이집트 대피라미드는 3000년 이상 차이가 나지만 기본적으로 격관식 공법을 사용하였을 것이다. 그리고 직각, 수직, 수평, 길이, 높이, 기울기 등의 종합적인(척도) 매우 정확하게 측정을 한 것을 비교 분석해보면, 그 높은 기술력은 거의 같다고 본다.

군이 기술 수준을 비교한다면 영국 스톤헨지, 이스터섬 모아이를 세운 비교적 단순한 기술력으로는 매우 발달된 그리스(로마)신전을 축조할 수 없다. 그러나 만약 그리스(로마)시대에 이집트 대피라미드를 축조한다면 가능할 것이라 본다. 왜냐하면 기둥에 사용된 수 톤짜리 석재를 수십 미터까지 들어올려 세웠고, 신전 바닥부터 지붕까지 이어지는 정확한 시공을 하였기 때문이다. 그리고 직각, 수직, 높이, 길이, 수평, 기울기 등을 대피라미드와 같이 매우 정확한 측정을 통하여 정확하게 맞추어 시공할 수 있는 기술력이 있기 때문이다.

(참고로 현대의 건축 기술적인 측면에서 비교 분석한다면, 영국의 스톤헨지나 이스터섬 모아이(거상)은 2층의 건축물을, 그리스(로마)신전과 이집트 대피라미드는 100층 이상의 건축물을 축조할 수 있는 고도의 기술적인 차이가 있다고 보는 것이다.)

1. 이스터섬의 모아이(거상)

이스터섬은 남태평양 폴리네시아의 동쪽 끝에 위치한 조그마한 화산섬으로, 넓이가 약 166㎢이고, 칠레(1888년 이후 칠레의 영토가 됨) 앞바다 3,800㎞에 위치하고 있다. 남위 27도, 서경 109분에 있고, 아열대의 온화한 기후의 섬이다.

'이스터섬' 의 이름은 이 섬의 발견자인 네덜란드 제독 로헤벤이 1722년 4월 5일, 즉 이스터(부활절) 날에 발견한 것에서 유래한다. 섬사람들은 이스터섬을 '라파누이(큰섬)' 또는 '테피트오테헤누아(세계의 배꼽)' 라고 부르고 있다.

이 조그마한 섬이 유명하게 된 이유는 '모아이(Moai)' 라고 불리는 거대한 석상들이 여기저기 서있기 때문이다. 이 거대한 석상들은 다리가 없고 몸통만 있는 위풍당당하면서도 거북스러운 모습에 머리는 어울리지 않게 크고, 턱은 힘차게 앞으로 뻗고, 귀는 괴상할 정도로 길다. 지금까지 이런 거대한 석상들이 약 1,000개 가량 발견되었는데 키가 3.5~4.5m에 달하고, 무게가 20톤쯤 되는 것이 많다. 그중에서 가장 큰 것은 무게가 90톤이고, 키는 10m나 된다. 대부분 B.C. 400~1680년 사이에 만들어졌고, 11세기경에 가장 많이 제작된 것으로 알려졌다.

모아이 군상

　1722년 처음으로 이곳을 발견한 네덜란드 제독 야코프 로헤벤은 지도에도 표시되지 않은 섬을 키가 10m가 넘는 거대한 군인들이 지키고 있었기 때문에 매우 놀랐다. 제독은 침착하게 배를 섬에 접근시킨 후에야 그 거대한 군인들이 단순한 석상이라는 것을 알았다. 제독이 상륙한 다음날 몸에 여러 가지 색을 칠한 원주민의 환영을 받았다. 그들은 보통 키에 붉은 머리의 백인이었다. 1968년 스위스인 다니켄은 주민들과 밀접한 대화를 나눈 결과 이스터섬에 있는 거석들의 진실을 알아냈다고 발표했다. 그의 말은 세상을 깜짝 놀라게 했다. 외계의 지적 생물체가 거석을 만들었다는 것이다.

　다니켄은 원주민들이 돌로 된 연장만으로 조각할 수 없을 정도로 거석의 질이 단단하다는 점을 지적했다. 더욱이 거석의 규모가 너무 크고 많았다. 원주민의 숫자가 많지 않았고, 거석을 옮기기 위해 사용했을 통나무를 만들 숲이 주위에 없었다. 이스터섬의 천연적인 환경은 이런 거석들을 만들기에 부적합하다는 것이다.

　다니켄의 책은 세인의 관심을 끌기 시작했다. 그 영향으로 비슷한 류의 책들이 수없이 발간됐다. 수많은 관광객들이 외계인의 작품이라는 모아이를 보기 위해 이스터섬을 방문했다. 초호화 유람선의 일정에 이스터섬이 단골메뉴로 포함됐다. 그러나 이스터섬을 체계적으로 연구한 학자들은 외계인이 모아이를 만들었다는 설명은 한마디로 책을 팔기 위한 장삿속이라고 일축했다. 모아이는 신비에 가득 찬 유물이 아니라 이스터섬 주민들이 만들어낸 작품이라는 것이다.

전설에 따르면 이곳에 정착한 최초의 이주민은 호트 마트아를 추장으로 하는 단이족(短耳族:귀가 작은 민족)이다. 마트아 추장은 한 여자를 두고 사랑 때문에 벌어진 장이족(長耳族:귀가 큰 민족)과의 전쟁에서 패하고 이곳에 왕국을 세운다.

섬에는 식량이 부족해 고구마를 주식으로 삼았고, 닭과 쥐를 길러 식량을 대신했다. 그러나 장이족이 다시 이곳을 침략해 섬 전체를 지배했다. 이들은 단이족이 반란을 일으킬 틈을 주지 않기 위해 대규모 건설 작업을 감행했다. 모아이 건설이 그것이다.

장이족은 단이족이 농사지을 시간을 제외하곤 모아이를 만드는 노동에만 전념케 했다. 하지만 장이족은 사람을 잡아먹는 습관이 있어 단이족의 아이를 곧잘 잡아먹었다. 참다못한 단이족은 또다시 전쟁을 일으켰고, 이번에는 장이족이 싸움에 패배했다. 단이족은 권력을 되찾자 장이족이 자행한 탄압의 상징인 모아이를 쓰러뜨리기 시작했다.

이 전설이 사실일까.

한번은 싸움터로 알려진 곳의 도랑 밑바닥에서 채취한 재를 탄소연대 측정법으로 조사한 일이 있다. 그 결과 전쟁은 1680년을 전후로 일어났다는 점이 밝혀졌는데, 그것은 유럽인들이 도착하기 42년 전이다.

모아이는 어떻게 만들어졌을까?

다니켄을 비롯한 일부 탐험가들은 모아이가 모두 철과 같이 강한 돌이라고 말했다. 하지만 실제로 모아이의 재질은 화산석이다. 화산석은 돌연장으로 거대한 석상을 단시간 내에 조각할 수 있을 정도로 무른 재질을 갖췄다.

이스터섬에 나무가 자라지 않았다는 점도 과장이었다. 예전에는 산림이 무성했지만 큰 화재로 모두 불타버려 현재와 같이 황폐한 섬이 됐다는 설명이 유력하다.

모아이는 누구를 대상으로 조각한 것일까?

여러 가지 설이 있으나 가장 많은 지지를 받는 것은 원주민들의 선조로 선왕이나 고관 또는 존경할만한 사람들이 모아이의 모델이라는 설명이다. 하지만 의문은 말끔히 풀리지 않는다. 왜 하필이면 이 거대한 석상을 만들었을까?

결국 이스터섬의 표정 없는 거석들은 앞으로도 계속 풀리지 않는 질문을 계속 던지게 만들 것이다. 그러나 분명한 것은 숨겨진 비밀이 어떻든 섬의 원주민이 수많은 모아이를 만들었다는 점이다.

여러 학자들은 선사시대에 이 무거운 모아이를 어떠한 방법으로 채석하고 운반하여 세웠는지 아직 규명을 못하고 있다. 단지 방법을 알아내려고 학자들이 수 톤짜리 모아이를 시멘트로 재현하여 만들어서 인부 수십 명이 가까스로 운반하여 스톤헨지 입석과 상석을 세우는 유사한 방법으로 세워보았다고 한다. 아울러 일본에서는 현대의 중장비 2대, 50톤 크레인으로 쓰러진 많은 모아이를 세워놓았다고 한다.

필자는 여기에서 소개되는 방법으로 모아이를 채석하고 꺼낸 다음 운반 후 세웠을 것으로 보는 것이 이와 같은 방법들은 그 당시 이 기술력 수준으로도 가능하다고 생각한다. 앞에서 설명 하였지만, 석재를 수십 수백 년 동안 다루어온 이들은 지렛대의 기본원리로 원목의 나무형태에 따라 간단하게 만든 거중기 형태의 장비를 만들어서 사용하였을 것이다.

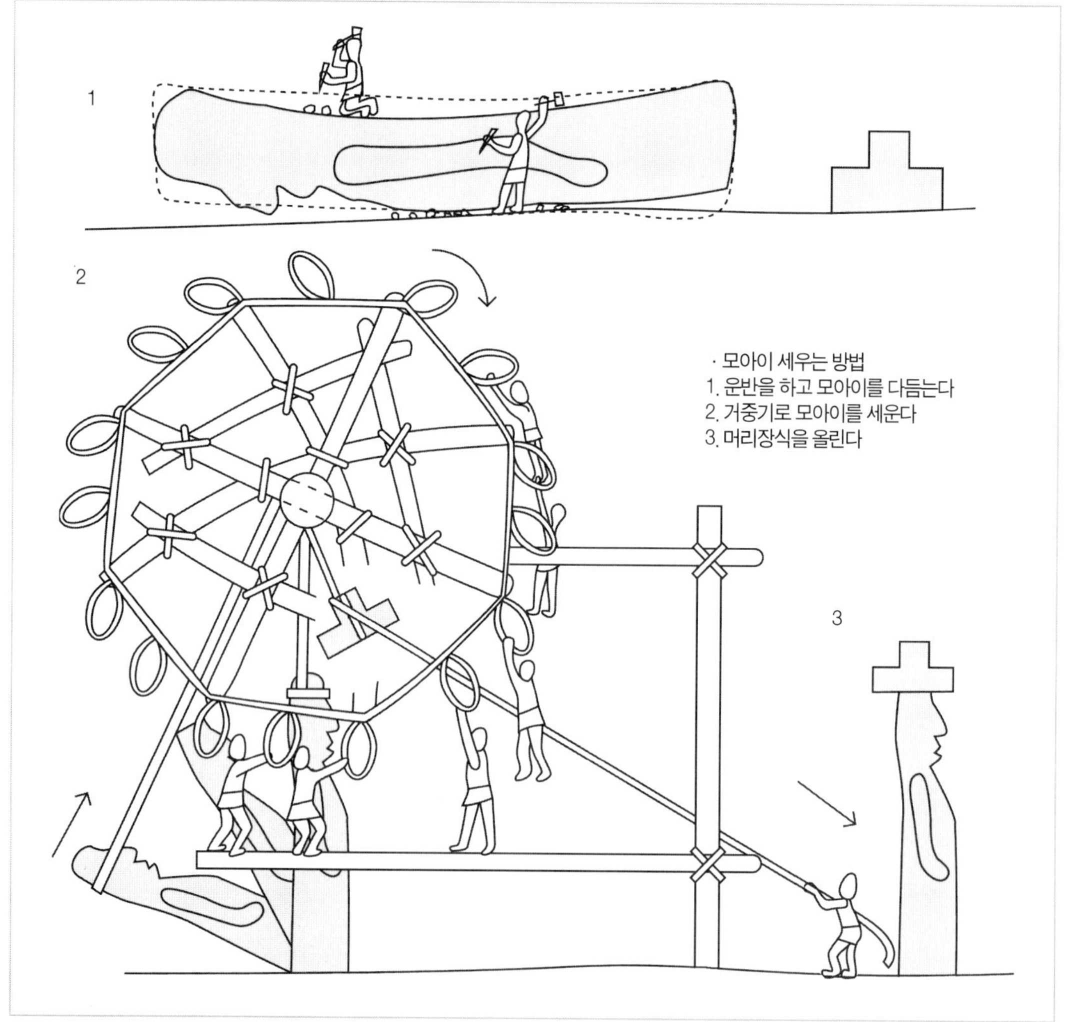

이러한 방법으로 모아이를 세우고 머리장식을 올려놓지 않았을까.

모아이를 어떻게 채석하고 꺼냈나

필자는 수톤짜리 석재를 채석한 경험을 바탕으로 약 50톤이나 되는 모아이 채석하고 꺼내는 방법을 추정하여 그림으로 구성해보았다. (276면 오벨리스크 채석 방법 설명 참고)

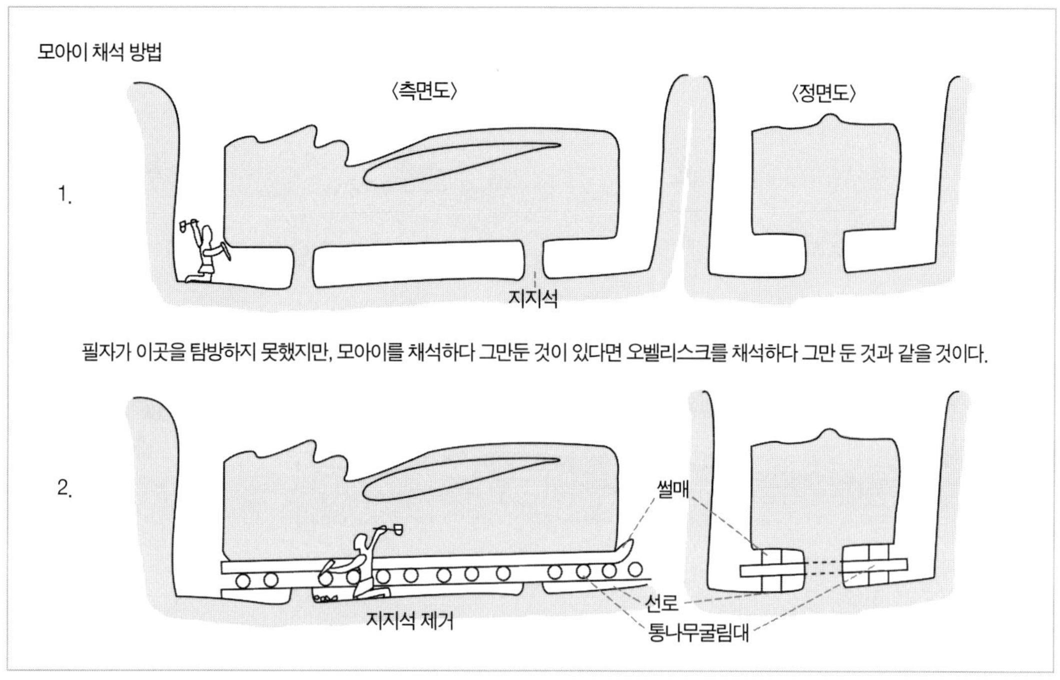

모아이를 어떠한 방법으로 운반하였나

이스터섬의 옛날부터 전해 내려오는 구전에 의하면 모아이를 운반할 때 바닥에 진흙이나 얌 고구마 등을 으깨서 점성이 있게 만들어 이것을 사용하여 모아이를 운반하였다고 한다.

필자의 견해로는 이 구전이 일리가 있다고 본다. 왜냐하면 이스터섬이 대체적으로 경사진 지형에서는 모아이를 아래로 운반하려면 매우 가파른 곳에서는 굴려서 운반하고, 경사가 완만한 곳에서는 썰매를 사용할 수 밖에 없는데, 썰매 아래에 이스터섬에 많은 천연 둥근 자갈이나, 통나무굴림대를 이용하였다고 본다. 그리고 경사가 있는 곳에서 이것들이 아래로 굴러 내려가는 것을 방지하기 위해 얌, 진흙, 고구마 등을 으깨서 점성을 이용하였을 것으로 추정된다.

물론 평지에서는 얌, 진흙, 고구마 등이 필요없이 받침목, 선로, 통나무굴림대, 썰매 만으로 모아이를 운반할 수 있다. (뒤의 그림 참조)

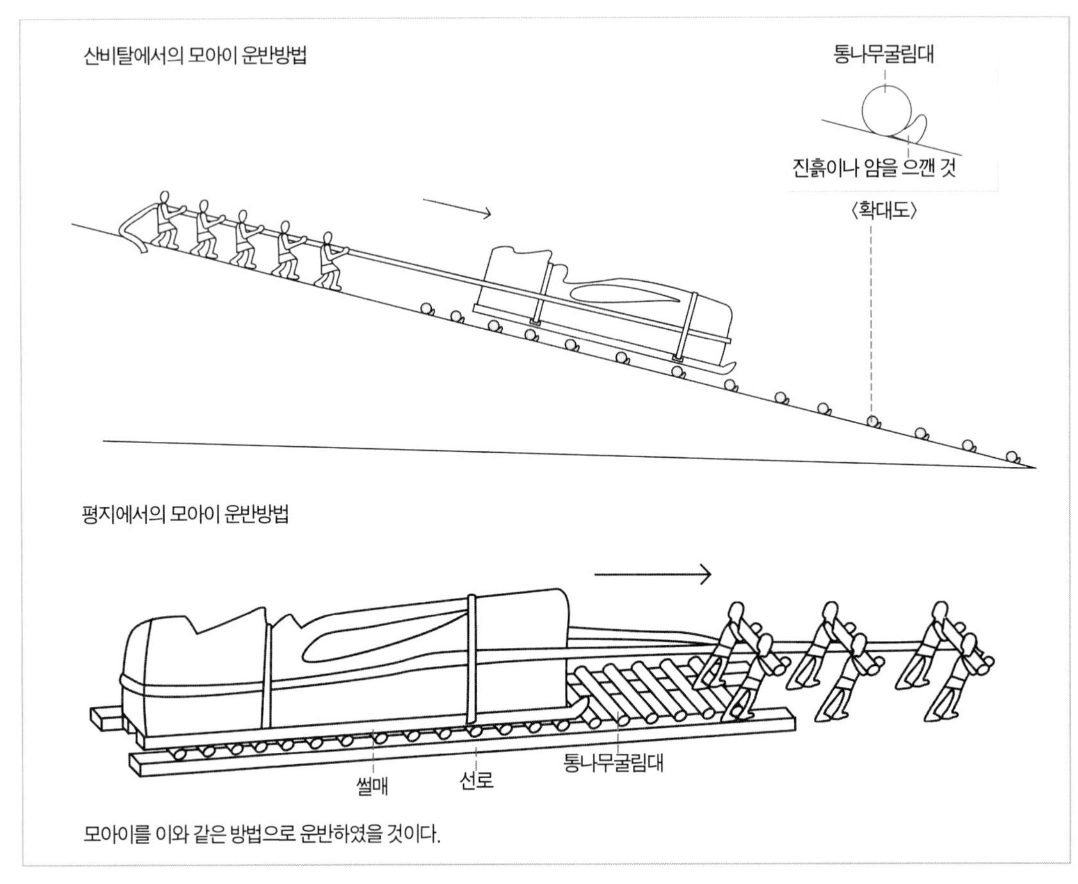

모아이를 이와 같은 방법으로 운반하였을 것이다.

2. 영국의 스톤헨지 (StoneHenge)

영국의 스톤헨지는 4,000에이커(490만 평)에 이르는 원형의 흙 구조물 한가운데에 15~40톤이나 되는 거대한 돌들이 두개의 원형 형태로 세워져 있는 선돌 유적으로 세계문화유산에 등재되어 있다.

스톤헨지는 영국 남부 솔즈베리 평야(Salisbury Plain)에 위치하며, 고대 영어로 '공중에 걸쳐 있는 돌' 이라는 의미이다.

학자들의 주장에 의하면, 대략 B.C. 1900년경부터 시작하여 B.C. 1600년경 신석기시대 말기에 완성되었다고 하는 거대한 석조물이고, 무려 40톤이나 되는 거석들이 줄지어 세워져 있으며 그중 청석(blue stone)들은 여기에서 500km 넘는 곳에서 실어 왔다고 한다.

스톤헨지의 건조가 착수된 것은 B.C. 2800년경이며, 우리가 보고 있는 형태로 완성된 것은 B.C. 1560년경으로 추정되고 있다. 스톤헨지는 원형(圓形)의 유적으로 각각의 거석들은 모두 한 중심점을 향해 두개의 원형으로 배열되어 있으며, 바깥 도랑과 둑, 네모꼴 광장과 방향표시석인 힐스톤, 돌기둥을 세워 놓은 입석군(立石群), 중앙 석조물 등으로 이루어졌다.

스톤헨지에서 빼놓을 수 없는 방향표시석 힐스톤은 동쪽을 가리키는데, 그것도 하지(夏至)에 해가 뜨는 방향을 정확히 나타내고 있다. 하지에 힐스톤이 가리키는 방향에서 해가 떠올라 중앙제단을 비췄던 시기는 천문학적으로 B.C. 1840년이라는 계산이 나온다는 것이다. 그래서 힐스톤을 세운 시기를 과학적으로 측정한 연대와도 맞아 떨어져 기묘한 생각이 들 수밖에 없다. 이것은 당시 건축자들이 상당한 천문학적 지식체계를 갖추고 있었으며, 그래서 파종과 수확의 시기를 완전히 파악하고 있었음을 알 수 있다는 것이다.

처음에는 로마 유적지로 알려지다가 수차례 발굴 및 조사과정에서 그 역사가 석기시대까지 올라가게 되었다. 실상 부근의 바쓰(bath)라는 도시는 로마의 유적지이다. 고대에서부터 원시인들이 숭배했던 초인적인 힘, 그 힘을 이곳 스톤헨지는 매우 적나라하게 고금을 통해서 보여주고 있다. 비록 전설 속에서는 멀린(merlin)이라는 마술사가 공중으로 돌을 날려 이 스톤헨지를 만들었다고 하나 이를 믿을 사람은 아무도 없을 것이다. 하지만 실제로 석기시대 사람들이 이를 만들었다 하기에는 상당히 거대한 돌들이고 또한 운반 거리조차 상상을

스톤헨지 전경, 영국

초월하고 있다. 요즘에도 드류이드 교인(Druids)들이 하지 때마다 제사를 지내고 있는데, 이 곳은 원시시대 인간의 초월적인 힘을 보여주는 그 대표적인 증거물임과 동시에 현시대 인간들이 까마득히 잊어버린 과거에 대해 다시 한번 생각하게끔 만들어주기도 하는 곳이다.

스톤헨지에 관한 최초의 기록은 A.D. 1130년 무렵 영국 역사를 집필한 헌팅턴의 성직자 헨리의 저서이다. 그는 스톤헨지를 자신의 역사책에 언급할 가치가 있는 유일한 고대유적이라고 생각했다.

스톤헨지는 거대한 돌들을 누가 이렇게 큰 돌을 세웠는지 그리고 왜 그곳에 세웠는지는 아무도 모른다.

여기서부터 필자 견해를 밝힌다면, 고대에서 어떠한 방법으로 수십 톤짜리 석재를 채석하고 꺼낸 다음 운반하여 스톤헨지를 축조하였는지 아직 명확하게 밝혀진 바는 없다.

다만, 1990년대에 영국의 학자들이 고대의 방법을 추정하여 통나무 굴림대와 썰매를 이용하여 석재를 운반한 다음 스톤헨지를 축조하여 입증(검증)하려고 시도한 적이 있다. 아래 그림과 같은 방법으로 수십 명의 인부들이 수개월에 걸쳐 직선 경사로를 만들어 밧줄, 통나무굴림대를 사용하여 입석, 상단석 2개를 매우 비효율적인 방법으로 겨우 세웠다. 이와 같

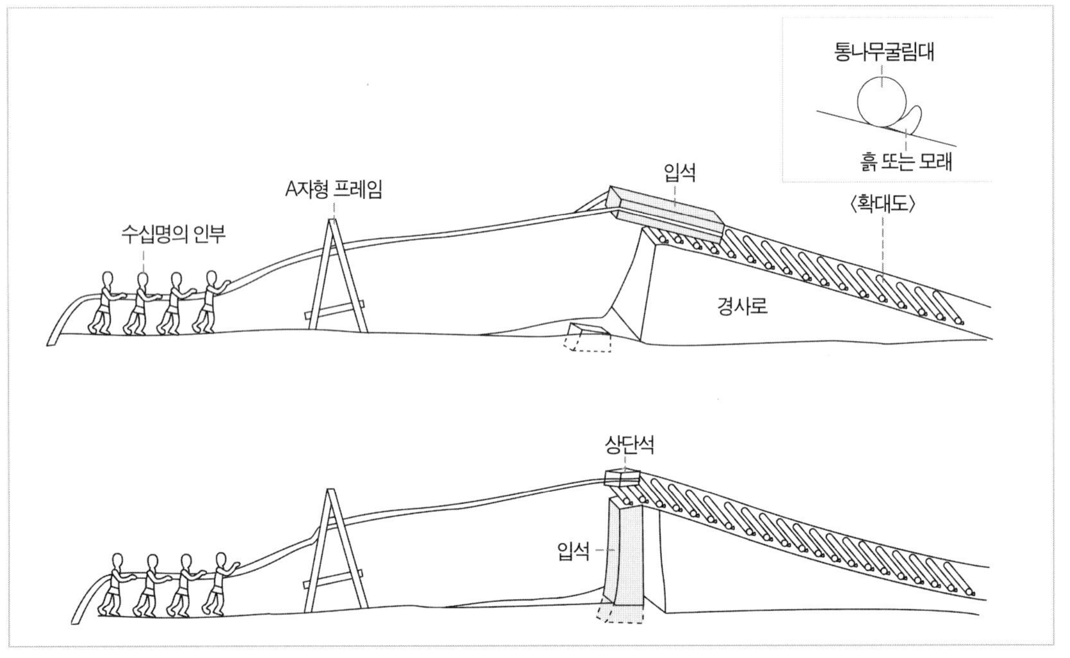

영국의 학자들이 시도한 방법

은 방법은 넓은 공간에서는 그럭저럭 가능하다. 그러나 2개의 원형으로 축조된 입석과 상단석의 암수로 끼워 맞추는 것도 문제지만, 스톤헨지 전체의 직선 경사로를 조성할 수 있는 입지공간이 적어서 실제로 스톤헨지를 조성하는 것은 불가능하다. 그렇기 때문에 거중기로 상단석을 완전히 들어 올린 후 입석 위에 끼워 맞추어야만 가능하다. 그래서 필자는 스톤헨지를 축조할 때 거중기를 사용하지 않았을까 보는 것이다.

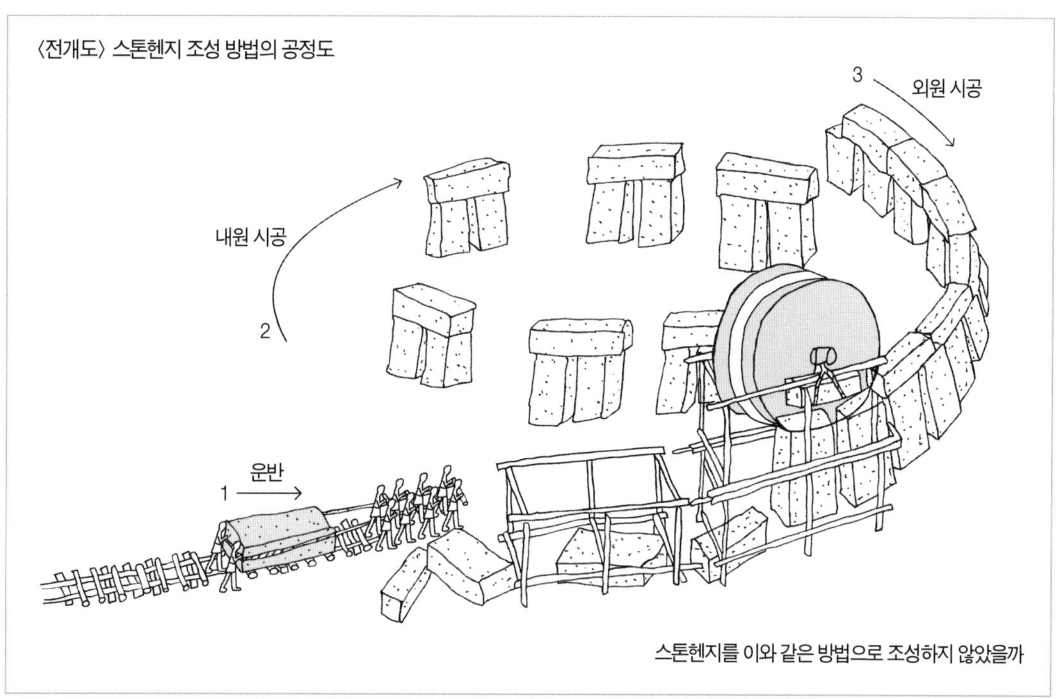

영국 학자들이 시도한 방법은 선사시대 우리나라에 고인돌을 조성했던 것과 매우 유사한 방법이다. 그러나 만약 거중기를 간단하게 만들어 사용한다면 직선 경사로가 필요 없이 약 20명의 인부로 2시간가량이면 2개의 입석과 상단석을 세우는 것이 가능하고, 수십 개의 석재로 축조된 스톤헨지 전체를 완성하려면 약 20명의 인부로 3주 정도면 충분히 가능했을 것이다.

스톤헨지에 사용된 직사각형의 커다란 돌들을 어떻게 채석하고 운반하였나

스톤헨지를 보면 축조된 모든 돌들은 거의 직사각형으로 만들어진 것을 알 수 있다. 이런 직사각형의 큰 돌이 자연적으로 반듯하게 수십 개나 만들어질 수는 없다. 그렇다면 이 큰

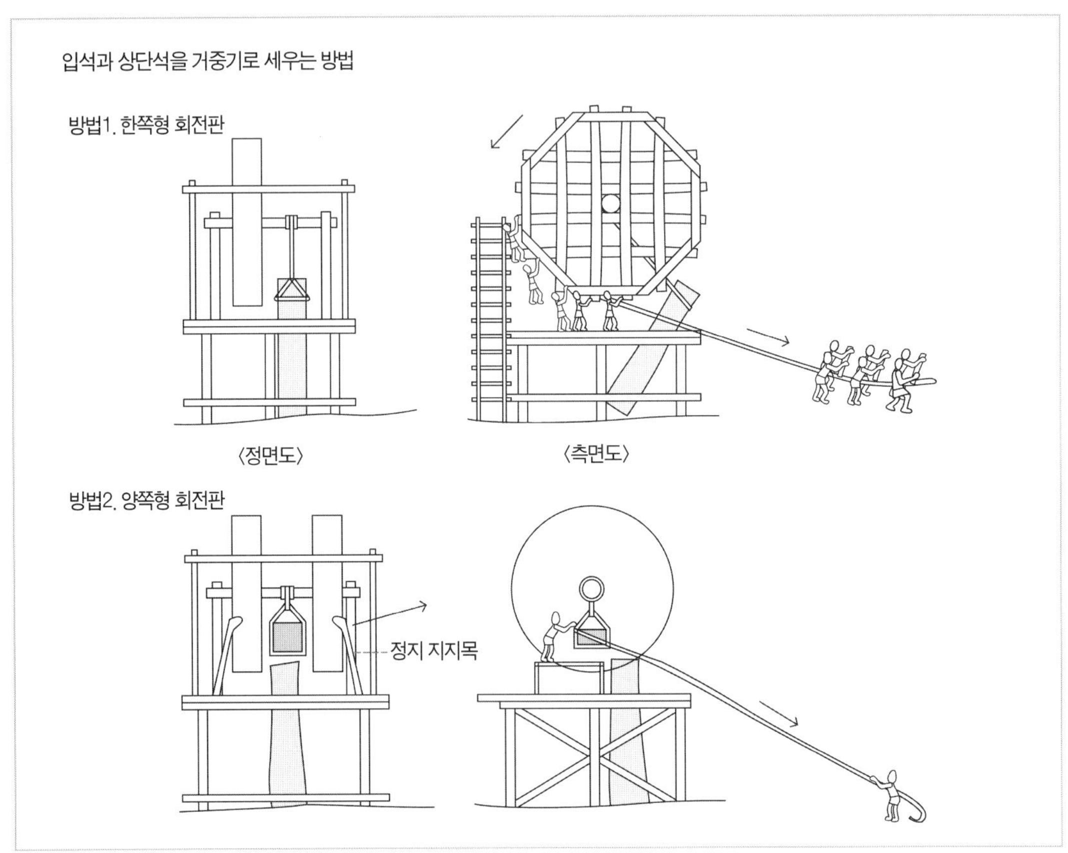

약 20명의 인부들이 거중기를 사용하여 내부원, 외부원으로 입석과 상단석을 세우며 돌아가면서 시공하는 방법이다.

돌들을 채석장에서 만들 수밖에 없는데, 과연 이 큰 돌을 어떻게 채석하고 운반하였을까.

그 방법은 앞서 설명된 이집트의 오벨리스크나 이스터섬의 모아이를 채석하고 꺼내는 방식으로 직사각형의 큰 돌들을 만들었을 것으로 짐작된다.

그리고 스톤핸지의 수십 개나 되는 돌들을 사용하려고 무려 500km가 넘는 굴곡진 곳에서 통나무 굴림대만으로 운반하였다고 하나 이것은 상식적으로 거의 불가능한일이다.

그렇다면 어디에서 큰 돌을 채석하였나. 필자는 이 곳을 탐방하지 못했기 때문에 추정할 수밖에 없는데, 스톤핸지와 멀지 않은 곳에 채석장이 반드시 있었다고 본다.

어쨌든 채석장에서 채석한 약 40톤이나 되는 큰 돌들은 거의 평평하게 길을 만든 후 이곳으로 통나무굴림대와 썰매를 이용하였을 것이다. 그리고 약 15톤 정도 되는 상단석들은 인부들이 목도의 방법으로 대부분 운반 하였을 것으로 추정된다.

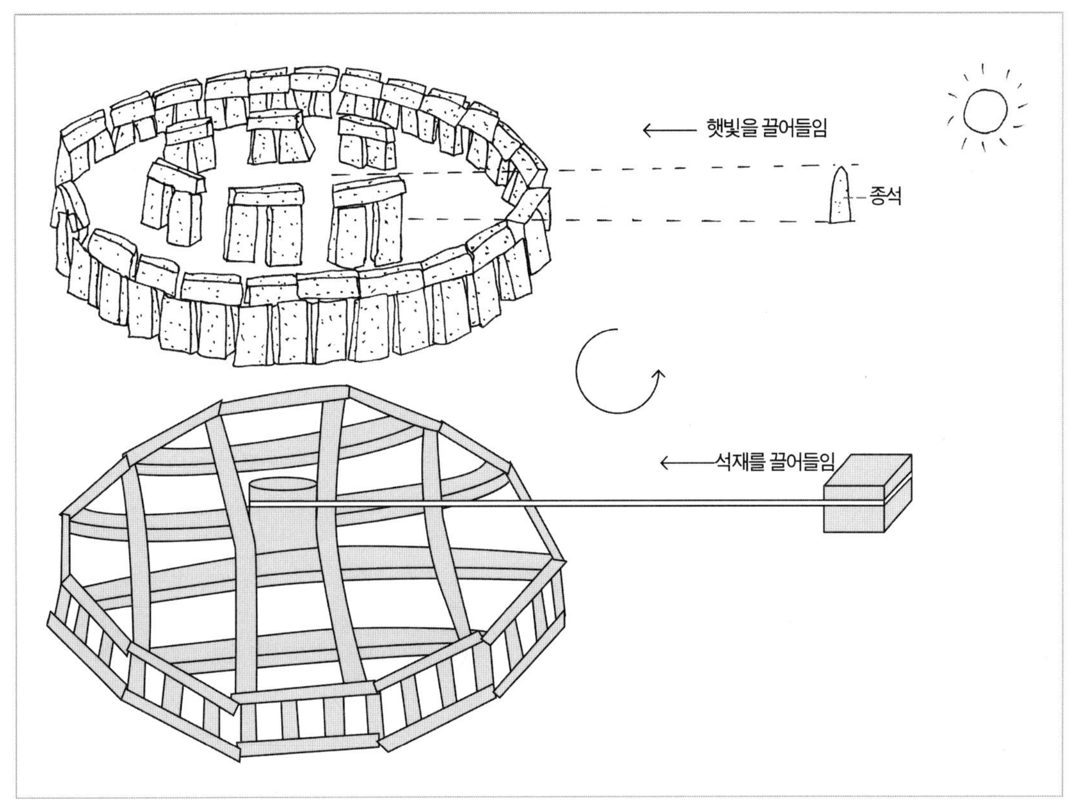

스톤헨지의 두 개 원형구조는 무엇을 의미하는가

여기에 대해 학자들은 앞서 말한 '목욕탕', '고대 왕의 무덤', '여자 자궁' 등 여러 가지로 추정을 하고 해석하였다.

그러나 두 개 원형구조인 스톤헨지를 잘 관찰해 보면 거중기의 형태와 매우 유사한 부분이 있다. 따라서 스톤헨지를 축조한 이유는 영국의 고대인들이 혹시 이러한 거중기의 원리와 방법을 후세에 전하려고 하는 의도가 아닐까하는 생각이 든다. 왜냐하면 위 그림과 같이 고대에 영국은 지금과 같이 햇빛이 부족하여 하지 때 태양을 거중기로 끌어 가깝게 하려는 주술적인 의미로 만들어 놓은 것은 아닐까.

무슨 이유인지는 모르겠지만 스톤헨지의 축조된 형태가 거중기의 형태와 매우 유사한 구조로 된 것으로 보아 스톤헨지를 축조한 고대 사람들이 이러한 전체적인 구조를 이해하였다면 거중기를 만들어 스톤헨지 축조 시에 사용할 수도 있다고 추정을 해본 것이다.

그리고 최근에 영국 고고학자들이 스톤헨지 주위를 발굴조사 했는데 많은 석기시대의 돌

연장들과 유골들이 발견 되었다.

앞서 말한 대부분의 학자들 주장은 스톤핸지가 신석기 시대 말기에 톨망치로 만든 연장만으로 대충 큰 돌들을 잘라내고 반듯하게 다듬어서 석재를 만들었다고 한다. 그러나 이것이 실제는 거의 불가능한 일이다.

고대 영국에서 청동기 혹은 철기시대가 언제 도래했는지 필자가 영국의 고고학을 전공하지 않았기 때문에 정확한 시대를 알 수 없다.

앞서 학자들이 주장한 것처럼 스톤핸지 근처 땅 속에서 석기시대 유물이 발견 되었다고해서 스톤핸지를 석기시대의 것이라고 단정하는 것은 상당한 무리가 있다고 본다. 왜냐하면 만약 500년 전의 어떤 건축물의 땅 속에서 3000년 전의 유물이 발견 되었다고 해서 500년 전의 건축물도 3000년 전의 건축물로 인정하는 중대한 오류가 생기기 때문이다.

어째든 이런 것을 연관지어 추정하자면 스톤핸지가 실제 만들어진 시기는 학자들이 주장하는 신석기시대 말기가 아니라 청동기 혹은 철기시대에 만들어진 것은 아닐까.

왜냐하면 단순하게 만든 돌망치로 만든 연장만으로 앞서 말한 것처럼 거의 불가능하기 때문이고, 더욱이 입석과 상단석에 만든 요철의 암수형태를 돌망치로 정교하게 깍아내고 구멍을 파내는 것이 불가능하기 때문이다.

그렇기 때문에 실제 청동이든 철이든 큰 망치, 정, 쐬기를 만들어 사용했어야 스톤핸지에 사용된 큰 돌들을 만들 수 있기 때문이다.

3. 요르단의 그리스(로마)시대 제라시

그리스(로마)시대에 신전을 어떠한 방법으로 축조하였나

우리나라에 다산 정약용의 거중기 실물은 있지만, 세계의 고대, 중세 거중기에 대하여 알아보기 위해 필자는 많은 서적을 찾아보았으나 정확하게 알려진 바는 없었다. 다만 여러 가지 형태의 그림으로만 간단하게 제시한 것이 있으나, 상식적으로 봐도 이런 형태의 거중기는 장력을 증강할 수 없는 구조이다.

(거중기 구조는 다람쥐 쳇바퀴와 같은 물레방아이다. 쳇바퀴 내부에서 한두 사람이 빨리 걸어서 돌리는 방법으로 장력은 약 10배라고 한다. 즉, 두 사람 체중 70kg×2=140kg×장력 10배=1,400kg이다.)

그러나 문제는 과연 이러한 거중기로 수 톤짜리 석재를 들어올려 용이하게 시공할 수 있나이다. 왜냐하면 이러한 구조는 매우 위험할 뿐 아니라, 장력을 증강할 수 없는 구조이기 때문이다. 필자는 직접 만든 비슷한 형태의 거중기를 사용하여 그리스(로마) 파르테논 신전이나 요르단, 제라시에 시공한 열주, 제우스 신전을 간단하게 그림으로 구성하여 보았다.

또한 요르단의 바로 이웃나라인 이집트는 그때 당시에는 가보지 않았지만, 피라미드 축조 방법을 머릿속에서 항상 그려 보았다. 고대 이집트의 많은 카르나크 신전(171면 사진) 도 이와 같은 방법으로 축조되었을 것으로 본다.

그리스(로마)신전(파르테논, 니케, 제우스, 풀룩스)은 약 1600년 전에 축조된 고대의 석조물로, 하나의 석재가 수 톤짜리로 시공된 기둥과 지붕석들이 있다. 따라서 이런 건축물을 시공한다면 목재 비계(가설물)를 설치한다 하여도 약 20m 높이까지 수 톤이나 되는 석재를 목도의 방법으로도 운반하여 시공이 어렵다. 따라서 이러한 대형석재를 들어 올릴 수 있는 가장 효율적인 방법으로 거중기가 반드시 필요하다.

뒤의 사진들은 필자가 1977년 요르단에 약 1년을 머물면서 페트라와 함께 탐방한 제라시 유적이다. 기독교 성서에 '거라사' 로 기록되어 있는 제라시는 암만에서 북서쪽으로 48km

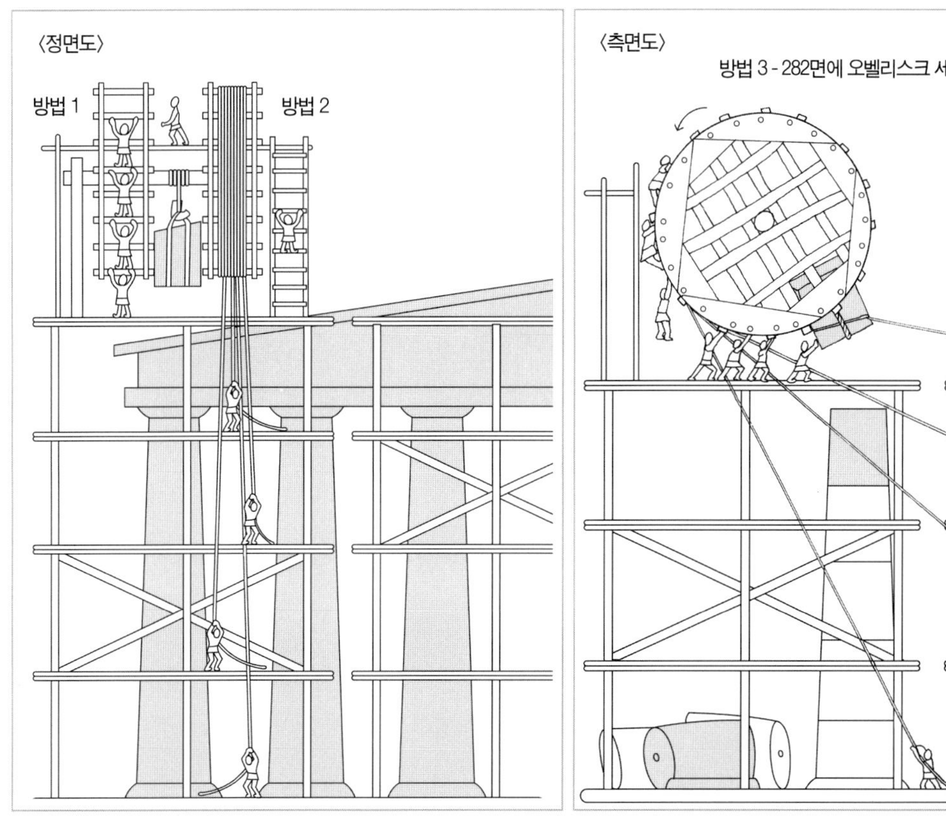

그리스 파르테논 신전 전경

지점에 있다. 자동차로 1시간쯤 달려가면 로마 유적이 잘 보존된 제라시의 위용이 드러난다. 세기의 정복자 알렉산더에 의해 처음 건설된 도시인 제라시는 이후 로마의 지배에 들어가면서 더욱 발전하였다. 4세기 이후에는 기독교가 전파되었고, 7세기경 이슬람 제국에 정복되어 이슬람 문화가 덧입혀졌다.

제라시에 접근하면 제일 먼저 눈에 띄는 것이 A.D. 129년 하드리아누스 황제가 지은 개선문(Triumphal Arch)과 15,000명을 수용할 수 있다는 고대 원형 경기장인 히포드롬이다. 영화 〈벤허〉 등에서 봤던 히포드롬의 어마어마한 규모에 우선 놀라게 되고, 그 다음엔 그 배경인 로마제국의 위상이 높았다는 것을 알 수 있다.

히포드롬을 지나면 널찍한 광장 왼쪽으로는 제우스 신전이 있고, 그 옆에는 5천 명을 수용할 수 있는 원형극장이 나온다. 이 원형극장은 원형이 거의 그대로 보존되어 있다. 특히 원형극장 객석 꼭대기에 올라 오른쪽의 아르테미스 신전 쪽을 바라보면, 극장을 내려와 아르테미스 신전으로 가는 길목의 광장을 둘러싼 열주들은 그야말로 장관이다. 광장을 지나 아르테미스 신전으로 이어지는 화려한 코린트식 기둥의 길게 이어진 길목은 제라시에서 가장 큰 규모의 유적이다.

필자는 이곳을 탐방하면서 제우스 신전과 아르테미스 길목에 세워진 열주(원형기둥, 수 톤짜리 석재로 4~5개가 조성되었다)를 보면서 필자가 직접 만들어 사용하였던 거중기로 들어 올려 축조할 수 있다는 생각을 했다. 또 대칭의 기하학적으로 축조된 이러한 건축물의 정확한 수평, 수직, 직각, 기울기, 길이, 높이 등의 척도를 당시 로마에서는 어떠한 기구로 측정(관측)하였을까 상상해 보면서 이곳을 모두 둘러보았다.

요르단 제라시의 열주

1977년, 제라시 앞에서 필자
제우스신전 기둥 위의 섬세한 조각이 금방 깎아낸 것 같다.

아르테미스 길목에 있는 코린트식 열주들

제우스신전, 이 석재 기둥들이 얼마나 큰 지 사진 속의 필자와 대조가 된다.

전망

이집트 피라미드가 어떠한 방법으로 축조되었는지에 대한 연구는 앞서 언급한 바와 같이 2600년 전 고대 헤로도토스부터이다.

근대에 와서도 세계 여러 분야의 수많은 학자들에 의해 200년 넘게 연구되어 왔지만 대피라미드는 물론 소형 피라미드도 어떠한 방법으로 축조 되었는지 아직 정확한 답을 줄 수 있는 수준에 이르지 못한 것이 사실이다. 그렇다고 문제의 실체에 접근할 수가 없거나, 다른 비전통적이고 비과학적인 견해에 발목이 잡혀서 그런 것은 아니다. 거듭되는 말이지만, 고대부터 지금까지도 세계의 수많은 학자들이 피라미드 축조에 관련된 필수적인 여러 가지 일들을 실제 경험하지 못했거나 기본적으로 기술적인 실험들 조차 하지 않았기 때문에 구체적, 심층적, 논리적, 체계적, 실증적으로 연구가 되지 않은 것이라 생각한다.

따라서 소형, 계단식, 중형, 대형 피라미드를 어떠한 방식으로 시공했는지 전혀 모르면서 기술이 없는 자기의 기준에서는 고대 이집트인들이 뛰어난 기술력들을 알 수도 없었겠지만, 이것을 깊이 이해 하려고도 하지 않고 원시인이 시공한 것처럼 막연히 무시하고 있는 것 뿐이다.

지금까지 발견된 118여 기 피라미드는 천 년이 넘는 장구한 세월에 걸쳐 만들어진 것들이다. 장소도 광대한 지역에 흩어져 있을 뿐만 아니라, 축조에 사용된 석재 크기와 피라미드 크기도 매우 다양하다. 그리고 대부분의 피라미드들은 많은 석재들이 필요하기 때문에 아예 채석장 위나 바로 옆 근처에서 석재들을 채석하고 운반하여 피라미드를 축조하였다.

이집트 피라미드의 발전사는 무엇보다도 왕과 뛰어난 건축가 그리고 여러 분야에서 기술자들의 장인정신이 돋보이는 합작품이고, 기록된 산물의 인류역사다. 선대에 축조된 피라미드에서 축조방식에 대한 결함을 끊임없이 많은 기술적인 요소들을 개선하고 극복한 것을 알 수 있다.

그리고 사용된 석재와 피라미드의 크기와 기울기, 구조물(왕의 묘실) 등 그 형태 사이의 최고 접점을 찾기 위해 사카라 초기 소형, 계단식, 중형(대형과 거의 같다), 대형 피라미드로 이어지는 세 번의 혁신적인 새로운 방식의 기술적인 요소가 곁들여졌고, 그에 맞는 건축 방식을 개발하기 위해 애쓴 것이 피라미드의 발전사다.

분명 여기에는 선대보다 더 크고 더 화려하며 전체 묘역의 균형을 더욱 잘 살리려는 부단한 경쟁적 노력이 있었음을 무시할 수 없다. 그러다보니 극한 상황까지 치고 나간 적도 많다.

예를 든다면, 사카라 조세르 계단식 피라미드와 다슈르 메이둠 그 외 여러 곳의 피라미드도 증축되었다. 따라서 아예 피라미드에 대한 구상 자체가 혁신적으로 달라지기도 했다. 이것이 다시 축조 방식(공법, 공정, 기술)에 지대한 영향을 끼쳤음은 두말할 나위가 없다. 그리고 지리적인 입지, 경제 상황, 종교적 환경, 기후의 변화 또는 피라미드 자체의 미학적인 미관에 있었음도 따로 강조할 필요는 없겠다.

거듭되는 말이지만, 세인키(계단형)과 멘카우라, 붉은, 대피라미드들에서 격관식 공법으로 축조되었다는 명백한 근거(흔적)으로 밝혔다. 그러나 세계의 수많은 학자들이나 독자들이 납득하지 못한다면, 피라미드의 축조방식을 철저히 정확하게 규명할 수 있는 방법은 피라미드를 그대로 분해하고 다시 짜맞추는 것이다. 아니면 수만 년이 지난 후 피라미드가 허물어진 내부를 보고 축조한 방법을 알아낼 수는 있을 것이다. 그러나 우리가 이와 같은 우직한 결과를 기대할 수는 없는 것이다.

과거에도 수백개의 석재로 매우 단순하게 소형 피라미드 축조를 재구성한 시도들이 있었지만, 이 방식으로는 대피라미드 시공이 절대 불가능하다. 앞서도 언급했듯이 이미 대피라미드에서는 프랑스 고고학자들이 다양한 방법을 끌어다 쓰고 있다. 그렇기 때문에 혹시 이 책 속에서 밝혀지는 방법들의 입증(검증)을, 실험을 통해 시도를 할 수 있는지 매우 흥미로운 연구 결과가 기대된다.

이 책 속에서 필자 나름대로 풀어 본 50여 가지의 의문점과 문제점과 여러가지 많은 기술적인 요소 등을 지면상 아직 밝히지 못한 것들을 모두 상세하게 설명한다면 매우 지루하고 복잡한 전문적인 내용일 것이다.

이러한 내용들을 독자들이 책을 보는 순간 덮어 놓지 않기를 바라는 마음으로 가능한 모든것을 알기 쉽게 요약한 것을 밝혀둔다.

그리고 만약 이 책 내용으로 독자들이 한눈에 이해되도록 모든 것을 영상물을 만들 수 있거나, 책의 내용대로 피라미드를 고대 방법만으로 재현해 보는 바람이다. 더불어 피라미드에 관한 학술세미나에서 이 책에서는 책으로 다 표현하지 못하는 한계성 때문에 밝히지 못한 모든 것들을 심층적으로 소상하게 밝힐 수 있는 기회를 기대해 본다.

맺음말

　이 책을 마치면서 광대한 고대 이집트의 기후, 지정학적, 카이로 박물관, 민속 박물관, 생활상 등과 피라미드와 관련될 수 있는 모든 것들 그리고 역사, 문화, 종교, 미술, 상형문자, 언어, 기술력, 건축 등의 여러 분야에서 필자 나름대로 분석을 하였고, 실제적인 경험을 토대로 피라미드 축조 방법을 가능한 한 고대의 방법으로 접근하여 보았다.

　그동안 정설로 알려진 석재 절단의 방법부터 운반, 피라미드 축조(경사로, 샤두프, 거중기 방법), 측정(관측) 등에 관한 세계의 학자들이 막연하게 주장하는 거의 모든 부분이 실제로는 전혀 불가능한 방법들로 생각되었다. 그렇기 때문에 피라미드 축조 방법을 규명하기 위해 지금도 연구하고 있는 세계의 수많은 학자나 독자들에게 피라미드가 어떻게 축조되었는지 좀더 정확하게 알리고 조금이나마 도움이 됐으면 하는 생각에 이 책을 출간하게 되었다.

　거듭 언급한다면 필자의 시각으로 피라미드 축조 방법(공법, 공정, 기술)에 대한 많은 추정근거(흔적)들을 토대로 집필했다. 그러나 아직 이 책의 내용은 미흡하고, 일부는 비약되거나 객관적이지 못하거나 편향되고 독단적인 판단으로 구성된 부분이 있을 수 있으니 독자들의 넓은 아량으로 이해하여 주기 바란다.

　세계 여러 분야의 수많은 학자들이 모여 연구하는 이집트학계에서 이 책을 평가한다면, 어쩌면 한국의 한 아마추어가 이러한 가설을 주장하였다고 치부할 수도 있다. 그러나 언뜻 보기와는 달리 피라미드는 많은 석재를 위로 무조건 쌓는 주먹구구로 시공된 것이 절대 아니다. 정확하게 피라미드 축조 방법을 이해하려면 실제적으로 피라미드와 축조 방법이 거의 같은 격관식 공법으로 축대를 적어도 십여 개 이상 쌓아보아야 윤곽이나마 조금은 알 수 있는 것이다. 피라미드와 관련된 여러 가지 건축과 특히, 축대 하나도 쌓아본 경험이 없는 학자들이 과연 책상에서 연구한다고 소형, 계단식, 중형, 대형 피라미드들마다 여러 가지 많은 기술적인 요소 때문에 다른 축조 방법은 물론 모르는 것이 어쩌면 당연하다. 왜냐하면 피라미드와의 개연성으로 이어지는 다양하고 포괄적인 축적된 기술과 경험에 의한 통찰할 수 있는 안목이 없으면 이해와 해석이 매우 어렵기 때문이다.

　　앞서 언급했던 것처럼 필자는 약 13년 동안 매우 열악한 고대의 작업조건과 같은 곳에서 암반을 절단하고 석재들을 운반하여 피라미드와 거의 같은 축대 위에 축대를 격관식 공법으로 30여 개 축조해 보았다. 그리고 피라미드와 관련된 석공, 목수, 조적, 건축 등 상당한 기간 동안의 경험에서 축적된 기술(노하우)을 바탕으로한 무한한 상상력, 응용력, 창의력, 분석력, 직관력, 열정들을 모두 접목하지 않고서는 피라미드 축조에 대한 많은 문제점과 의문점과 많은 기술적인 요소들을 나름대로 풀 수가 없을 것이다.
　　피라미드 축조 방법에 필수적으로 관련된 이러한 모든 일들을 실제 경험하지 못하였다면 소형, 계단식, 중형, 대형 피라미드에 이르기까지 어떠한 방식으로 축조되었는지 가늠할 수조차 없기 때문에 아예 연구 자체와 책의 출간을 시도하지 않았을 것이다.
　　따라서 필자는 이 모든 것을 두루 응용하여 원천의 기술력을 바탕으로 한 깊은 통찰력으로 연구한 것이다. 앞서 언급한 세계의 수많은 학자들이 밝혀내지 못한 것들에 대하여 고대 그림들과 더불어 헤로도토스의 증언을 해석하고 재발견한 것들을 여러 곳에 남겨진 흔적(근거)으로 재구성하여 보았다. 특히 이 분야는 일반적인 학문이 아니다. 피라미드 축조에 관련된 실제적인 경험 없이는 모든 문제점이나 의문점과 많은 기술적인 요소에 대하여 정확하게 해석이 거의 불가능하기 때문에 소형, 계단식, 중형, 대형 피라미드들마다 기술력이 다른 축조 방법을 명실상부하게 규명할 수 없다는 것이 필자의 지론이다.

　　피라미드 한 기만 놓고 보더라도 대상이 매우 장대한 나머지 그 걸출함에 압도당하기 일쑤다. 그리고 정통 이집트 학자의 경우, 단, 소형 피라미드 하나 만이라도 어떻게 축조하였는지 납득 할만한 근거와 여러가지 많은 기술들을 제시하지 못하면서 자기 학문에 대한 아집이나 전통을 지키려는 나머지 새로운 학설이나 가설에 대해 관념적이거나 생리적으로 강한 거부감을 갖고 무조건 부정하는 극단에 빠져 있다.
　　그러나 필자는 앞으로도 이 책에서 밝히지 못한, 피라미드에 관련된 것과 고대 이집트의 많은 수수께끼들의 해명에 노력을 경주해보겠다.

　　지금까지 세계의 많은 학자들은 약 4500년 전에 대피라미드 축조가 어떠한 기술들로 가능할 수 있었는지, 속 시원하게 밝히지 못했기 때문에, 우리들은 이것을 세계 7대 불가사의 중 첫 번째로 인정한다.

그러나 필자의 생각은 대피라미드 뿐만 아니라, 이 세상에는 실제로 불가사의한 것은 없다고 본다. 다만 그것들을 아직 명확하게 밝히지 못한 것뿐이다.

그리스 파르테논 신전이나 대피라미드 등이 인간들이 집단으로 수백 년을 생활하면서 이룩한 결과인 것을 분석해 보면 이것들을 통해 과거의 물리학, 과학, 기하학, 건축학 등의 놀라운 수준을 알 수 있다. 또한 여러 분야의 뛰어난 장인들의 기술도 무시할 수 없다.

수천년 과거의 공법·공정·기술들과, 연장·장비·기구들은 실제 우리가 현재 사용되고 있는 것들과 단지 기계화만 되지 않았을 뿐 대부분 알게 모르게 이어져 왔다. 이것이 우리가 현재 높이 600m 이상, 150층 이상이나 되는 초고층 건물을 시공 가능하게 한 토대가 되는 것이다.

이집트의 모든 피라미드들과 특히 기자의 3대 피라미드를 축조할 수 있었던 여러가지 기술적인 요소들을 분석해 보면, 세계의 학자들 주장처럼 많은 석재들을 아래에서 위로만 쌓는 식으로 매우 단순하게 만들어진 것이 결코 아니다. 크고 작은 피라미드 축조가 가능했던 것은 앞서 말한 모든 기술들이 점차적으로 발달 하였고 축적된 모든 것들을 집약했기에 비로소 가능했던 것이다.

과거의 기본적인 기술들을 살펴보면 대부분 현재까지 그대로 이어졌다. 역시 미래에서도 그러한 기본적인 개념은 크게 변하지 않을 것이다. 그렇기 때문에 우리가 가야 할 미래에 대한 것을 피라미드에서 뿐만 아니라 과거의 모든 것들에서 찾아보는 것은 어떨지.

이집트 피라미드 발굴, 연구에 특별한 공적을 남긴 학자들

• 고네임 (1905~1959)

이집트 출신의 고고학자. 특히 사카라의 미완성 계단식 피라미드의 발굴과 깊은 관련이 있는 인물이다.

• 나비유 (1844~1926)

스위스 출신의 고고학자이자 성서연구가. 렙시우스의 제자였던 그는 세기의 전환기에 이집트 연구를 주도한 인물로 손꼽힌다. 델타 동쪽과 아비도스, 그리고 데이르 엘바하리의 발굴작업을 이끌기도 했다.

• 드 모르강 (1857~1924)

프랑스의 고고학자이자 지리학자. 무엇보다도 이집트 선사시대의 고고학 연구에 초석을 놓은 사람이다. 사카라의 네크로폴리스에 관한 고고학 지도를 준비하는 작업도 했다. 그가 주도한 발굴작업은 다흐슈르와 사카라가 주 무대였다.

• 라이스너 (1867~1942)

미국의 고고학자. 하버드대학에 재직했으며, 이집트와 수단 지역을 발굴한 미국 탐사대를 이끌기도 했다. 그가 벌인 발굴은 아주 여러 곳에서 이루어졌는데, 특히 수단의 피라미드 묘역과 기자의 피라미드 묘역 등에 대한 연구 성과가 두드러진다.

• 렙시우스 (1810~1884)

독일의 고고학자. 샹폴리옹 이래 이집트 연구사에서 가장 중요한 인물로 꼽힌다. 베를린 대학의 이집트학과를 창설하기도 한 그는, 베를린에 소재한 이집트 박물관의 건립을 주도하다시피 했다. 1842년에서 1845년까지 이루어진 저 유명한 프로이센 탐사대를 이끈 것도 렙시우스다. 탐사의 목적지는 이집트와 누비아였다. 그 성과를 정리해서 펴낸 『이집트와 에디오피아의 유적들』은 아마도 지금가지 나온 이집트학 관련 연구서들 중에서 가장 방대한 것임에 틀림없다.

• 로에르

프랑스 출신의 고고학자. 1920년대부터 이집트에서 활약하고 있는 이집트 연구의 거목이다. 그의 연구는 거의 사카라의 피라미드 묘역, 특히 조세르의 그것에 집중되어 있다. 이 묘역에서 그는 원래의 축조상황을 재현해 보는 데 성공했다. 이는 이론적인 관점에서도 매우 의미심장한 일이다. 로에르는 고대 이집트의 피라미드 건축에 관한 한 자타가 공인하는 최고의 전문가로 손꼽힌다.

• 르클랑

프랑스 출신의 당대 최고 이집트 전문가. 역사학, 문헌학, 고고학 등에 연구를 집중하고 있는 그는 현재 파리 소르본대학의 교수로 재직 중이다. 특히 고대 이집트와 그리스 로마시대의 이집트 문화를 탐구하고 있으며, 이집트와 수단 등지에서 이루어진 발굴작업의 성과들을 검토, 정리하고 있다. 피라미드와 관련해서 그가 관심을 갖고 있는 것은 이른바 피라미드 텍스트를 정리하고 판독하는 일이다.

• 마리에트 (1821~1881)

프랑스의 고고학자. 근대적인 고고학적 발굴을 창시한 사람이나 다름없다. 이집트 문화유적 관리는 그의 손에 시작되었다고 해도 과언이 아니다. 그는 놀라운 끈기를 갖고 이집트와 누비아 전역에 걸쳐 수없이 많은 발굴작업을 펼쳤다. 프랑스가 지원한 카이로 소재의 오리엔트 고고학 연구소가 설립되는 데 결정적인 역할을 한 사람도 마리에트다. 그는 베르디의 오페라 〈아이다〉의 대본을 쓰기도 했다.

• 마스페로 (1846~1916)

프랑스의 고고학자. 프랑스가 파견한 고고학 탐사대의 대장을 맡았다. 이 탐사대가 나중에 카이로 소재의 오리엔트 고고학 연구소로 변신하게 된다. 카이로 교회에 설립된 볼라크 이집트 고대유물 박물관 관장을 역임한 마스페로는 이집트 문화재 관리국을 오랫동안 책임지기도 했다. 많은 이집트학 관련 서적을 편찬하기도 했는데, 특히 이집트 카이로 박물관의 카달로그(전4권)도 그의 작품에 속한다.

• 바이스 (1784~1853)

영국군 장교 출신의 탐험가이자 고고학자. 이집트의 부왕(副王) 무함마드 알리를 위해 종사하기도 했다. 그는 몹시 거칠기는 했지만 발굴작업을 벌이면서 기록을 남기고 유물들을 수집했다. 그러나 1818년 카프라 피라미드 입구를 발굴하는 작업에서는 신중한 태도를 보이기도 했다.

• **보르하르트** (1863~1938)

독일의 고고학자이자 건축학자. 아부시르, 아부 구랍, 아마르나 등지에서 활동하면서 유명해진 인물이다. 아마르나에서 유명한 왕비 네페르티티의 흉상을 발굴한 사람이 바로 보르하르트다. 그는 피라미드 묘역에 담긴 비밀을 건축학의 관점에서 밝혀내는 데 결정적인 기여를 했다. 카이로에 독일 고고학 연구소를 설립했으며, 뒤이어 역시 카이로에 스위스의 이집트 건축술 및 유적 연구소도 세웠다.

• **샹폴리옹** (1790~1832)

프랑스의 고고학자이자 이집트 상형문자를 해독한 인물. 이집트학은 그에 의해 시작되었다고 해도 과언이 아니다. 이집트의 역사, 종교, 언어, 문화 유적 등에 관한 많은 연구서들을 펴냈으며, 직접 이집트를 방문해서 유적들을 연구하고 폭넓은 기록들을 남기기도 했다.

• **슈타델만**

현재 활동 중인 독일의 고고학자. 카이로 소재 독일 고고학 연구소의 소장이다. 이집트 전역에 걸쳐 활발하게 발굴작업을 펼쳤으며, 특히 다흐슈르의 피라미드 묘역에 관한 연구 성과가 두드러진다. 현재 살아 있는 이집트 피라미드의 최고 전문가로 손꼽히는 인물이다.

• **아르놀트**

독일 건축학자이자 이집트학 연구자. 카이로에 설립된 독일 고고학 연구소를 운용하면서 타리프, 데이르 엘바하리, 다흐슈르 등에서 발굴작업을 펼쳤다. 그는 특히 중왕국시대와 그 피라미드 건축을 집중적으로 다뤘다. 현재는 리슈트와 다흐슈르에서 뉴욕 메트로폴리탄 박물관의 고고학 탐사단을 이끌고 있다.

• **에드워즈** (1909~1996)

영국의 고고학자. 대영박물관에 오랫동안 근무했으며, 이집트 피라미드의 주요 전문가 중 한 사람이다. 그의 책 『이집트의 피라미드』는 이 분야의 필독서로서 판을 거듭하고 있으며 세계 각국에 번역되기도 했다.

• **에르만** (1854~1937)

독일의 고고학자이자 언어학자. 이른바 베를린 이집트학 학파를 세운 인물이기도 하다.

그는 이집트어의 이해에 결정적인 기여를 한 사람으로, 특히 이집트어와 셈족 언어 사이의 관계를 집중 탐구하면서 이집트 고대어와 신(新) 이집트어의 문법을 체계적으로 정리해냈다. 이집트어 사전의 편찬 작업에도 관여했으며, 고대 이집트 문학의 걸작들을 편집하는 등 이집트 역사에 정통한 인물이다.

• 에머리 (1903~1971)

영국의 고고학자. 누비아에서 벌인 발굴작업과 특히 사카라의 초기 네크로폴리스를 밝혀낸 것으로 유명해진 인물이다.

• 융커 (1877~1962)

독일의 고고학자. 처음에는 빈 대학에 재직하다가 나중에 카이로의 독일 고고학 연구소로 자리를 옮겼다. 그 역시 이집트 전역에 걸친 여러 발굴작업에 참가했는데, 그 중에서 가장 중요한 것은 기자의 네크로폴리스에 대한 조사 활동이다. 이 작업의 성과를 책(전 10권)으로 펴낸 그의 업적은 고왕국시대의 이집트 역사를 밝히는 데 결정적인 공헌을 한 것이다.

• 윈록 (1884~1950)

이집트 전역에 걸쳐 활발한 발굴작업을 벌인 미국 출신의 고고학자. 뉴욕 메트로폴리탄 박물관의 이집트 탐사대를 이끈 바 있다.

• 제퀴에 (1868~1946)

스위스의 고고학자. 고대 이집트 예술과 건축에 능통한 사람으로, 이집트 여러 곳의 발굴작업에 참여했다. 그 중에서 특히 중요한 것은 사카라 남부 지역의 발굴이다.

• 체르니 (1898~1970)

체코 출신의 고고학자. 제2차 세계대전이 끝난 뒤에 영국에서 살았다. 전쟁 발발 전에는 프랑스 팀이 데이르 엘메디나에서 벌인 발굴작업에 참여했다. 상형문자와 신왕국시대의 이집트 역사 등, 특히 신(新) 이집트에 정통한 인물이다.

• 카터 (1874~1939)

영국의 이집트학 연구자이자 화가. 이집트 각지를 순회하며 발굴작업과 함께 그 기록을 맡은 고고학자다. 특히 1922년 이른바 '왕의 계곡'을 탐사하면서 투탕카멘의 암석 묘를 발굴해 유명해졌다.

• **파크리** (1905~1973)

이집트 출신의 본토박이 이집트학 연구가. 특히 서부 사막의 고고학적 탐구와 다흐슈르의 묘역 등에 대한 연구 활동으로 유명해진 인물이다.

• **퍼스** (1878~1931)

영국의 고고학자. 누비아에 대한 고고학 탐구에 참여했으며, 사카라의 초기 네크로폴리스와 조세르피라미드 묘역 등의 조사 활동에도 관여했다.

• **페링** (1813~1869)

영국 출신의 기술자이면서 고고학자. 이집트 피라미드를 연구하면서 유명해진 인물이다.

• **포즈네르 크리에제** (1925~1996)

프랑스 출신의 여성 고고학자. 특히 상형문자로 된 이집트 유적의 비문들을 정리하고 편집하면서 유명해진 인물이다. 네페리르카라의 장제 신전 파피루스 보관소의 기록들을 해독함으로써 고왕국시대의 피라미드 묘역에서 이루어진 왕의 제사가 어떤 형태였는지를 밝혀내는 데 큰 기여를 했다.

• **피트리** (1853~1942)

영국의 고고학자. 근대 이집트 관련 고고학의 창설자이기도 하다. 따로 대학 교육을 받지 않았지만 독학으로 전공 분야에서 일가견을 이룬 인물이다. 이집트 전역에 걸친 숱한 발굴 작업을 주도하며 남들이 생각지 못하는 조직력과 방법적 독창성을 뽐어냈다. 대단한 지구력과 근면성을 가진 그는 특히 기자의 피라미드들에 관한 연구에서는 이후 모든 연구가 나아갈 바를 제시하였다.

• **하산** (1886~1961)

이집트 출신의 고고학자. 특히 카이로대학의 이집트학과 개설 및 발전에 공이 큰 사람이다. 그의 현장 탐구의 중점은 기자의 묘역을 발굴하는 데 있었다. 그 결과를 그는 모두 10권의 전집으로 펴냈다.

• 자히 하와스

현재 활발하게 활동 중인 이집트 출신의 고고학자. 기자 묘역에 대한 고고학 발굴을 주도
했다. 특히 대피라미드의 주변에서 피라미드 축조에 참여한 직인들과 화가들의 묘역을 발견
했다.

• 요시무라 사쿠지

일본 출신의 고고학자. 현재 와세다 대학 고고학 주임과 단장으로서 태양의 배 발굴 복원
등을 하였고, 현재도 활발하게 활동 중이다.

대표적인 피라미드 계측치

현재 118여 기의 많은 피라미드가 있지만 지면상 몇 개만 소개한다. 이런 실측자료에 대해서는 전문가들 사이에서도 그 정확성을 놓고 논란이 계속되고 있다. 대개의 경우 피라미드의 크기와 경사각(기울기)의 정확한 수치는 연구자들마다 조금씩 다르다.

'피라미드는 처음부터 대칭의 기하학적으로 완벽하게 측정해서 축조된 것이 아니다.'

사각형의 마스터바에서 시작된 소형 피라미드는 사카라지구에서 초기에는 우리가 알고 있는 삼각형으로 축조되지 않았고 어머니 젖가슴 같은 형태의 봉분 모양에서 시작되었다.

그 이후 계단식 피라미드가 축조 되었는데 여기서 삼각형의 피라미드로 이어지는 과정에서 직각, 높이, 수직, 특히 기울기를 염두에 두고, 이후에 축조된 스테푸르가 축조한 무너진, 굴절, 붉은 등 피라미드에서부터 거의 완벽한 대칭의 기하학이 나타난다.

이때부터 기하학이 눈부시게 발달되었고, 측정 기구들로는 창자 수평 측정기, 종합 측정자 청동선을 사용하여 종합적인 측정을 하였을 것으로 본다.

• 네체리케트(조세르)의 계단식 피라미드

M1 71.5×71.5m, 높이 8.4m

P2 109×121m, 높이 62.5m

주벽(묘역 담장)

544.9×277.6m, 높이 10.5m

• 세켐케트의 계단식 피라미드

주벽 262×185m (확장 후 약 500×185m)

• 카바의 중층 피라미드

밑변 길이 84m

피라미드 중심부 부가구조의 경사각 68°

• 메이둠의 스네프루 피라미드

E3 밑변 길이 144m

사면 경사각 51° 53′

높이 92m

• 세일라의 계단식 피라미드

중심부 기초의 한 변 길이 약 25m

중심부 부가구조의 경사각 76°

• 엘레판티네의 계단식 피라미드

중심부 기초의 한 변 길이 약 23.4m

중심부 부가구조의 경사각 약 80° 30′ 와 77°

• 스네프루의 꺾인피라미드

기초부의 한 변 길이 189.43m

굴절부의 한 변 길이 123.58m

피라미드 높이 104.71m

굴절부 이하 높이 47.0m

굴절부 이상 높이 57.67m

굴절부 이하 경사각 55°

굴절부 이상 경사각 43°

경사각 52° 15′

• 켄트카우스1세의 계단형 무덤

제1단의 저면 45.80×45.50m

높이 약 10m

제1단의 경사각 74°

제2단의 저면 28.50×21.00m

높이 약 7m

• 우세르카프의 피라미드

밑변 길이 73.30m

높이 49m

경사각 53°

경배용 피라미드의 밑변 길이 20.10m

경사각 53°

높이 약 15m

왕비의 피라미드의 밑변 길이 26.15m

경사각 52°

높이 17m

• 사후레의 피라미드

밑변 길이 78.50m

경사각 50° 30′

높이 약 48m

경배용 피라미드의 밑변 길이 15.70m

경사각 56°

높이 11.60m

• 네페리르카라의 피라미드

제1단 : 밑변 길이 약 72m

높이 약 52m

경사각 76°

제2단 : 밑변 길이 약 104m

경사각 54° 30′

높이 약 72m

• 네페레프레의 (미완성)피라미드

원래 설계에 따른 밑변 길이 150엘레(약 78m)

(마스타바로 개축된 중심부의) 밑변 길이 65.40m

경사각 64° 30′

높이 7m

• 나우세라의 피라미드

밑변 길이 약 78.5m

경사각 51° 50′ 35″

높이 약 50m

경배용 피라미드의 밑변 길이 15.50m

참도 길이 368m

• 제드카라의 피라미드

밑변 길이 78.5m

경사각 52°

높이 약 52m
경배용 피라미드의 밑변 길이 약 15.50m
경사각 65°
높이 약 16m
참도 길이 220m

• 우나스의 피라미드
밑변 길이 57.75m
경사각 56°
높이 43m

• 테티의 피라미드
밑변 길이 78.5m
경사각 53° 13′
높이 52.5m
경배용 피라미드의 밑변 길이 15.70m
경사각 63°
참도(오르막길) 길이 704m

• 스네프루의 붉은피라미드
기초부의 한 변 길이 220
높이 104m
경사각 45°

• 쿠푸의 대피라미드
밑변 길이 230.38m
높이 146.50m
경사각 51° 50′ 35″
대회랑 : 길이 47.85m, 높이 8.48~8.74m
(마라졸리오와 리날디)
천장 경사각 26° 16′ 40″

왕비의 묘실 : 길이 5.76m, 너비 5.23m, 높이
6.26m
왕의 묘실 : 길이 10.49m, 너비 5.42m, 높이
5.84m
참도 길이 825m
피라미드 북동 및 남동 모서리에 있는 배 묘 :
길이 52m, 너비 7.5m, 깊이 8m

• 카프라의 피라미드
밑변 길이 215.25m
높이 143.50m
경사각 53° 10′
경배용 피라미드의 밑변 길이 20.90m
경사각 53° ~54°
참도 길이 494.60m

• 제데프라의 피라미드
기초부 한 변의 길이 106m
현재의 높이 11.40m
경사각 60°
경배용 피라미드의 밑변 길이 60m
참도 길이 1,500m

• 멘카우라의 피라미드
밑변 길이 104.6m(마라졸리오와 리날디)
높이 66.45m
경사각 51° 20′ (마라졸리오와 리날디)

• 페피2세의 피라미드
밑변 길이 78.75m
경사각 53° 13′

높이 52.50m
경배용 피라미드의 밑변 길이 15.75m
경사각 63°

• 우젭텐의 피라미드
밑변 길이 약 23.5m
경사각 63° 30′

• 멘투호텝2세의 테라스형 무덤
중간 테라스의 저면 60.18×43m

• 아메넴헤트1세의 피라미드
밑변 길이 84m
경사각 54° 27′
높이 약 59m

• 세누스레트1세의 피라미드
밑변 길이 105.2m
경사각 49° 24′
높이 61.25m

• 세누르레트2세의 피라미드
밑변 길이 107m
경사각 42° 35′
높이 48.65m

• 세누스레트3세 피라미드
밑변 길이 105m
경사각 약 56°
높이 61.25m

• 다흐슈르에 있는 아메넴헤트3세의 피라미드
밑변 길이 105m
경사각 54° 30′ ~56°
높이 75m

• 사카라에서 새로 발굴된 피라미드
밑변 길이 미상
경사각 미상
높이 미상

| 참고문헌 |

『Museum Aegiptium guide』, Edouard Lambelet, Egyption Museum

『The glory of Egypt』, Al Ahram & Elsevier, A.Vander Heyden

『Denderah, Karnak, Luxor』, Al Ahram & Elsevier, A.Vander Heyden

『Guide to the Pyramid of Egypt』, Alberto Silotti, 카이로 미국대학교 편집실

『창세의 수호신』, 그레이엄 핸콕, 로버트 보발(윤인경, 김신진 역), 까치

『이집트의 신비』, 폴 브런튼(이균형 역), 정신세계사

『이집트 문명과 예술』, 키릴 알 드레드(신복순), 대원사

『피라미드』, 미로슬라프 베르너(김희상), 심산

『이집트 상형문자 이야기』, 크리스티앙 자크(김진경), 예문

『고대 이집트 문명』, 고대이집트문명전조직위원회, API & A Gate

『Hatchepsut』, Joyce Tyldesley, penguine, U.K

『Art and History LUXOR』, Giovanna Magi, Casa Editrice Bonechi

『Daughters of Isis』, 조이스 틸더즐리, Penguine

『Abusimbel』, Casa Editrice Bonechi

『고고학자와 함께 하는 이집트 역사 기행』, 김이경, 서해컬처북스4

『이집트 피라미드 기행』, 이봉규, 화산문화

『세계 7대 불가사의』, 이종호, 뜨인돌

『옛 문명의 풀리지 않는 의문들』, 피터 제임스, 닉소프(오성환), 까치

『이스터섬의 수수께끼』, 존 플렌리, 폴반(유정화), 아침이슬

『BONECHI』, Abbas chalaby(일본출판사)

『시간 박물관』, 움베르토 에코, 에른스트 곰브리치, 크리스틴 리핀콧 外(김석희), 푸른숲

『그리스 로마 신화』, 토머스 불핀치, 하서

『돌에 새겨진 인간의 정념』, NHK 취재반, 우주문명사

『라이프 인간세계사』, 새뮤얼 노아 크레이머, 타임 라이프

『미스터리 세계사』, 프랜시스 히칭, 가람기획

『발명의 역사』, G.I. 브라운, 세종서적

『서양고대사』, 헨리 C 보렌, 탐구당

『서양 과학사』, 오진곤, 전파과학사

『서양 문화의 수수께끼』, 찰스 페너티, 일출

『세계사의 뒷이야기』, 박은봉, 실천문학사

『세계의 마지막 불가사의』, 동아출판사

『신의 지문』, 그레이엄 핸콕, 까치

『문명의 안식처, 이집트로 가는 길』, 정규영, 르네상스

『현대 과학으로 다시 보는 세계의 불가사의 21가지』, 이종호, 새로운 사람들

『이집트의 피라미드(The Pyramids of Egypt, London)』, 에드워즈, 1947

『이집트의 피라미드: 돌로 쌓은 세계의 기적』, 라이너 슈타델만, 1985

『피라미드 대백과(The Compiete Pyramids, London/Kairo)』, 마크 레너, 1997

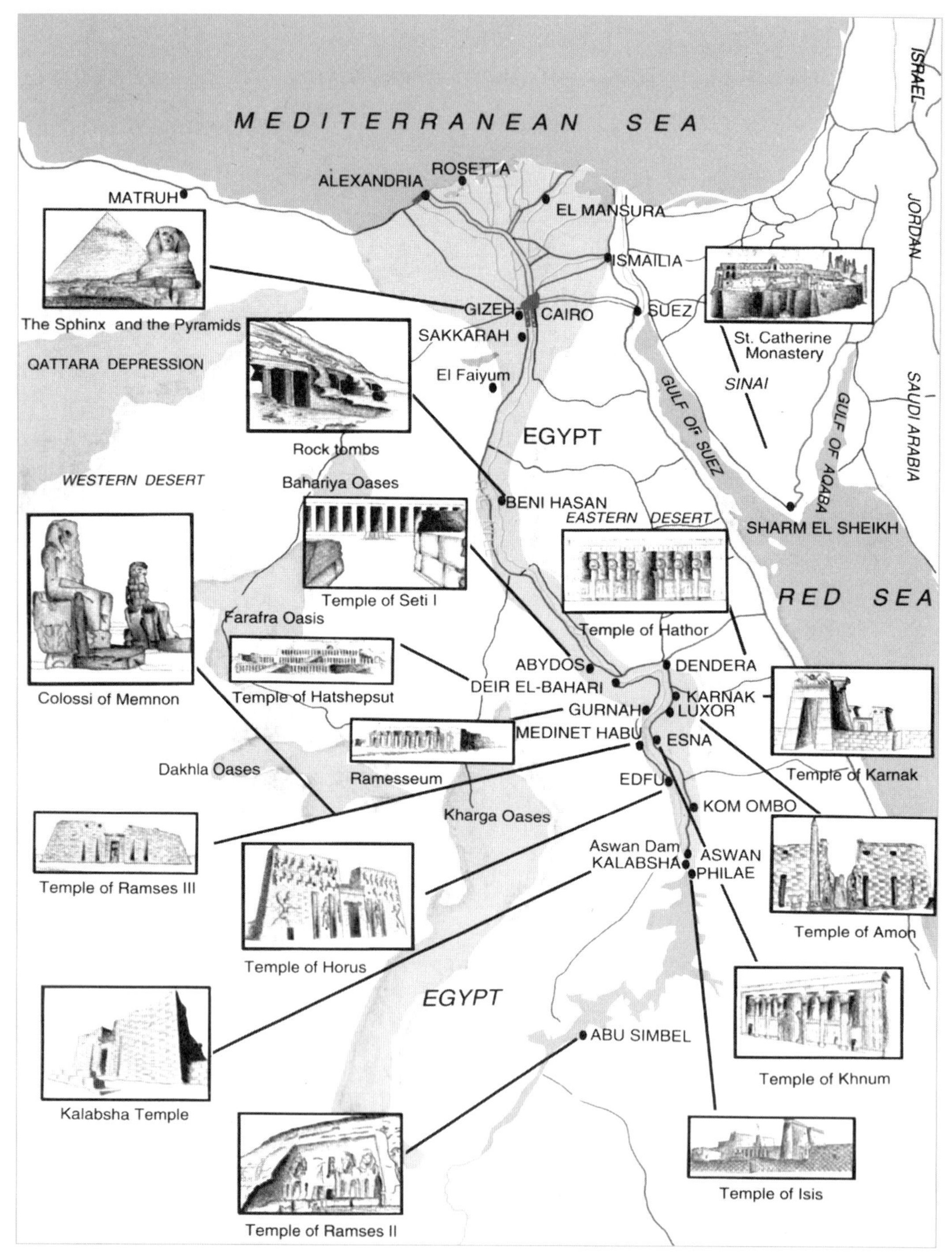

MEDITERRANEAN SEA
ISRAEL
JORDAN
SAUDI ARABIA
MATRUH
ALEXANDRIA
ROSETTA
EL MANSURA
ISMAILIA
GIZEH
CAIRO
SUEZ
SAKKARAH
El Faiyum
The Sphinx and the Pyramids
QATTARA DEPRESSION
St. Catherine Monastery
SINAI
GULF OF SUEZ
GULF OF AQABA
EGYPT
Rock tombs
WESTERN DESERT
Bahariya Oases
BENI HASAN
EASTERN DESERT
SHARM EL SHEIKH
Temple of Seti I
Farafra Oasis
Temple of Hathor
RED SEA
Colossi of Memnon
Temple of Hatshepsut
ABYDOS
DENDERA
DEIR EL-BAHARI
KARNAK
GURNAH
LUXOR
MEDINET HABU
ESNA
Dakhla Oases
Ramesseum
EDFU
Temple of Karnak
Kharga Oases
KOM OMBO
Temple of Ramses III
Aswan Dam
ASWAN
KALABSHA
PHILAE
Temple of Horus
Temple of Amon
EGYPT
Temple of Khnum
Kalabsha Temple
ABU SIMBEL
Temple of Isis
Temple of Ramses II

16세기에 그려진 이집트 지도

학문은 무한한 상상력과 실증적인 경험을 바탕으로 하는
직관적인 안목과 통찰력 그리고 응용력, 창의적 열정이다

피라미드 축조의 비밀
김경제 지음

발행처 · 도서출판 **청어**
발행인 · 이영철
영 업 · 이동호
기 획 · 강보임 ㅣ 김홍순
편 집 · 김영신 ㅣ 방세화
디자인 · 오주연
등 록 · 1999년 5월 3일(제22-1541호)
1판 1쇄 인쇄 · 2009년 7월 15일
1판 1쇄 발행 · 2009년 7월 25일
주소 · 서울시 서초구 서초동 1588-1 신성빌딩 A동 412호
대표전화 · 586-0477   팩시밀리 · 586-0478
블로그 · http://blog.naver.com/ppi20
E-mail · ppi20@hanmail.net
ISBN · 978-89-93563-40-5 (03810)